Mathematik trainieren: Brüche, Funktionen & Co.

Joachim Siegert · Nataliya Togobytska

Mathematik trainieren: Brüche, Funktionen & Co.

Womit man im MINT-Studium rechnen muss

2. Auflage

Joachim Siegert
Zinnowitz, Deutschland

Nataliya Togobytska
Hochschule für Technik und Wirtschaft
Berlin - University of Applied Sciences
Berlin, Deutschland

ISBN 978-3-662-70606-0 ISBN 978-3-662-70607-7 (eBook)
https://doi.org/10.1007/978-3-662-70607-7

Die Deutsche Nationalbibliothek verzeichnet diese Publikation in der Deutschen Nationalbibliografie; detaillierte bibliografische Daten sind im Internet über https://portal.dnb.de abrufbar.

Planung/Lektorat: Gabriele Ruckelshausen
Springer Spektrum ist ein Imprint der eingetragenen Gesellschaft Springer-Verlag GmbH, DE und ist ein Teil von Springer Nature.
Die Anschrift der Gesellschaft ist: Heidelberger Platz 3, 14197 Berlin, Germany

Vorwort

Dieser Kurs bietet die Chance, vor Beginn und auch während eines Studiums ausgewählte elementare mathematische Kenntnisse und Sachverhalte interaktiv zu trainieren, die vor allem für MINT-Studiengänge relevant sind.
Neben dem Reaktivieren bekannter Inhalte und dem Überprüfen des Wissensstandes werden vor allem selbstständige Umformungen und die Bearbeitung von Aufgaben bei einer vorgegebenen Zeit geübt. Viele grafische Darstellungen, ausführliche Lösungswege und Kommentare zu möglichen Fehlern unterstützen das Selbststudium. Hinweise zum Lernverhalten und Tipps zum Bewältigen von Klausuren runden das Ganze ab.

In der Hoffnung, Ihnen mit dem Trainingskurs insbesondere bei der Vorbereitung auf ein Studium eine zusätzliche Hilfe zur Selbsthilfe gegeben zu haben, wünschen wir Ihnen beim Durcharbeiten viel Geduld und Erfolg.
Falls sich dabei Hinweise und Anregungen ergeben, sind wir stets dafür dankbar.

Aus Gründen der besseren Lesbarkeit verwenden wir in diesem Buch überwiegend das generische Maskulinum. Dies impliziert immer alle Formen, schließt also die weibliche und diverse Form mit ein.

Danksagung

Bei allen Beteiligten des früheren eLearning-Projekts „Online-Kompaktkurs Elementarmathematik für Studienanfänger technischer Studiengänge“ der HTW-Berlin, bei unseren Studierenden und Tutoren, die durch ihre Mitwirkung und wiederholte fleißige Durcharbeitung zum Gelingen der zwei Auflagen, zu einer verbesserten Darstellung und zum Ausmerzen von Fehlern beigetragen haben, möchten wir uns herzlich bedanken.
Bei der 1. Auflage hatten daran besonders Anett Arndt, Daniel Elstner, Olga Gejer, André Heber, Benjamin Hoffmann, Kevin Jüngel, Nadja Kohlsmann, Sanaz Mortazavi, Tanja Opitz, Ali Sinai und Anja Willuhn Anteil. An der 2. Auflage hat Thach Thao Hoang umfangreich mitgearbeitet.

Frau Margit Maly, Frau Anja Dochnal, Frau Gabriele Ruckelshausen und Frau Bianca Alton vom Springer-Verlag danken wir für die vielen freundlichen Ratschläge, ihre Unterstützung und die ausgezeichnete Zusammenarbeit bei Erstellung der beiden Auflagen.

Der Berliner Firma sofatutor.com danken wir für das Einverständnis, die für die HTW Berlin produzierten Videos in der Mediathek der HTW Berlin ohne Einschränkungen weiterhin öffentlich nutzen zu dürfen.

Besonders danken wir unseren Ehepartnern Simone und Evgeny für ihre Hilfe, ihr Verständnis und die große Geduld.

Zinnowitz und Berlin, Dezember 2024 — Joachim Siegert und Nataliya Togobytska

Einführung

Bei Studienanfängern im MINT-Bereich werden seit längerer Zeit große Lücken in den elementaren mathematischen Kenntnissen festgestellt. Häufig können einfachste Aufgaben mit Umformungen von Termen, Brüchen und Wurzeln, gebrochenen Exponenten sowie Logarithmen nicht ausreichend gut und schnell gelöst werden. Die Vereinfachung eines Ausdruckes bereitet ebenso Probleme, die Graphen der Sinus- und Kosinusfunktion sind unbekannt, die Berechnung der Steigung einer Geraden wird nicht beherrscht. Die Lösung linearer algebraische Gleichungssysteme mit zwei Unbekannten gelingt nicht, wenn Parameter enthalten sind.
Derartige Defizite wirken sich dann im Studium nicht nur im Fach Mathematik, sondern auch in anderen Fächern mit hohem Mathematikinhalt wie Elektrotechnik, Statik und Technische Mechanik negativ aus, sogar bis in höhere Semester. Manchmal ist dies letztendlich das bekannte „Zünglein an der Waage", welches über einen Studienabbruch entscheidet.

Falls Sie beabsichtigen, demnächst ein MINT-Studium zu beginnen, sollten Sie unbedingt die Zeit davor nutzen, um Ihre elementaren mathematischen Kenntnisse und Fertigkeiten zu überprüfen und ggf. auszubauen. Später im Studium ist dies zusätzlich und parallel zum Verstehen der neuen Lehrinhalte oft nur sehr schwer zu bewältigen.
Mit unserem interaktiven Trainingskurs bieten wir Ihnen eine Unterstützung an. Er versteht sich nicht als ein Lehrbuch im eigentlichen Sinne, sondern verfolgt das Ziel, einige ausgewählte grundlegende Kenntnisse zu trainieren und den Umgang damit unmittelbar vor dem Studium interaktiv aufzuarbeiten. Wir versuchen Sie bei dem Wissensstand abzuholen, den Sie mitbringen. Selbst wenn Sie sich längere Zeit nicht mit Mathematik beschäftigt haben, möchten wir Sie motivieren und Ihnen Erfolgserlebnisse verschaffen.

Das methodisch-didaktische Konzept für ein derartiges Lehrmaterial wurde viele Jahre lang von einer Arbeitsgruppe um Dr. E. Berane, K.-H. Gärtner, Dr. H. Knorr und Prof. Dr. H. Lohse erforscht und in der Ingenieurausbildung in Sachsen erfolgreich erprobt [1]. Die dabei entwickelte Methodik und die speziellen Vorgehensweisen hat ein studentisches Team unter Leitung von Prof. Dr. J. Siegert an der HTW Berlin aufgegriffen und im Rahmen eines eLearning-Projekts im Umfang und Inhalt dem zweiwöchigen Brückenkurs Elementarmathematik für MINT-Studienanfänger an der HTW Berlin angepasst [7]. Darauf basiert dieses Buch.

Mit dem Mut zur Lücke beschränkten wir uns in der ersten Auflage auf einige vor allem für MINT-Studiengänge relevante Gebiete und Sachverhalte: Bruchrechnung, Gleichungen, Ungleichungen, Potenz-, Wurzel- und Logarithmengesetze, elementare Funktionen einer reellen Variablen und deren Abhängigkeit von Parametern, trigonometrische Funktionen und Polarkoordinaten.
In der 2. Auflage wurden die Kapitel lineare algebraische Gleichungssysteme mit zwei Unbekannten, zweidimensionale Vektorrechnung sowie (besonders ausführlich) komplexe Zahlen und komplexwertige Rechnung neu aufgenommen, weil sich bei diesen Themen gleichfalls immer wieder unzureichende Kenntnisse offenbarten.

Andere mathematische Gebiete wie Differenzial- und Integralrechnung oder auch Wahrscheinlichkeitsrechnung hätten den Rahmen unseres Trainingskurses deutlich gesprengt. Im Studium werden diese Inhalte entsprechend der jeweiligen Notwendigkeit des Studienfachs angeboten und dann auch neu eingeführt.

In den einzelnen Kapiteln des Buches besteht nach einer kurzen Darstellung der grundlegenden Theorie und der ausführlichen Erläuterung an Beispielen die Möglichkeit, Übungs- und Testaufgaben zu lösen.
Ein Schwerpunkt des Trainingskurses ist das selbstständige Üben der Elementarmathematik, teilweise auch mit umfangreicher händischer Rechnung.
Bei den elementaren Funktionen stehen das Üben von Skizzen einfacher Graphen ohne Benutzung einer Wertetabelle im Fokus. Damit werden Situationen trainiert, wo Funktionen freie Parameter enthalten und ein Taschenrechner nicht eingesetzt werden kann.

In Kap. 5 und 6 reduzieren wir die Behandlung der häufig gut bekannten Themen der Mengenlehre und des Funktionsbegriffs auf die wichtigsten Zusammenhänge, diese werden im Folgenden weiter geübt.
Die Kap. 14 und 15 geben eine grundlegende Einführung in die Vektorrechnung bzw. in komplexe Zahlen und die komplexwertige Rechnung. Damit sollen insbesondere Studierende unterstützt werden, die keine oder nur geringe Vorkenntnisse auf diesen Gebieten besitzen.
In Kap. 16 und 17 finden Sie die von uns vorgeschlagenen kompletten Lösungswege. Wesentliche Teilschritte und mögliche Fehler werden durch zusätzliche Hinweise kommentiert, Zwischenergebnisse detailliert und in kleinen nachvollziehbaren Schritten erklärt.
Im Vergleich zu den Übungen besitzen die Testaufgaben i. d. R. einen höheren Schwierigkeitsgrad. Die Tests könnten Sie auch schon vor Beginn der Bearbeitung eines Kapitels durchführen und nach dem Durcharbeiten des Stoffes wiederholen.
Das Kap. 18 enthält Tipps zum Studium und zum Verhalten in Klausuren, die nicht nur im Fach Mathematik hilfreich sein sollten. Dabei sind langjährige Erfahrungen von Lehrkräften und Studierenden eingeflossen.

Beim Durcharbeiten des Übungsbuches reaktivieren Sie nicht nur wichtige Sachverhalte des Schulstoffes und testen Ihr Wissen, sondern trainieren gleichzeitig eine gewisse Lernmethodik.
Dabei geht es nicht nur um das Verstehen, sondern auch um eine zügige Umsetzung von elementaren Umformungen und die Lösung der Aufgaben bei einer vorgegebenen Zeit. Die zeitlichen Vorgaben sind nur eine Orientierung. Sie basieren auf der durchschnittlichen Bearbeitungszeit von Studierenden, setzen eine fehlerfreie Rechnung voraus und sollen Ihnen einen Hinweis geben, ob Sie mit dem entsprechenden Sachverhalt bereits ausreichend vertraut sind.
Es würde uns sehr freuen, wenn Ihnen die Lösung schneller als vorgegeben gelingt.

Am Schluss findet man Links zu ergänzenden Videos in der Mediathek der HTW Berlin, die von der Firma sofatutor.com für die Hochschule im Rahmen des eLearning-Projekts „Online-Kompaktkurs Elementarmathematik“ produziert wurden. Diese waren zu jeder Zeit ohne Einschränkung frei zugänglich und sollen weiterhin zur Verfügung stehen.
Falls Sie ausführlicher und tiefgründiger das mathematische Schulwissen nachlesen möchten, können Sie gern die zahlreichen ausgezeichneten Lehrbücher mit Brücken- bzw. Vorkursen oder die große Anzahl online angebotener Materialien nutzen, beispielsweise [2 - 6].

Inhaltsverzeichnis

1 Bruchrechnung und Umstellen von Gleichungen

1.1 Theorie

Beim Umstellen von Gleichungen und beim Zusammenfassen von Termen kommt man selten ohne Anwendung der Bruchrechnung aus.
Die grundlegenden Zusammenhänge für das **Rechnen mit Brüchen** sind folgende[1]:

- Addition bzw. Subtraktion gleichnamiger Brüche:

$$\frac{a}{c} \pm \frac{b}{c} = \frac{a \pm b}{c}.$$

- Addition bzw. Subtraktion ungleichnamiger Brüche:

$$\frac{a}{c} \pm \frac{b}{d} = \frac{a \cdot d \pm b \cdot c}{c \cdot d}.$$

  Die Brüche werden durch Erweitern gleichnamig gemacht und dann addiert (bzw. subtrahiert). Der Ausdruck $c \cdot d$ wird **Hauptnenner** genannt.

  Tipp: Falls c und d gemeinsame Faktoren besitzen, wählt man als Hauptnenner das **kleinste gemeinsame Vielfache (kgV)** der beiden Nenner.

- Multiplikation von Brüchen:

$$\frac{a}{c} \cdot \frac{b}{d} = \frac{a \cdot b}{c \cdot d}.$$

- Division von Brüchen:

$$\frac{a}{c} : \frac{b}{d} = \frac{a}{c} \cdot \frac{d}{b} = \frac{a \cdot d}{c \cdot b}.$$

  Tipp: Brüche werden dividiert, indem man den links stehenden Bruch („Dividend") mit dem Kehrwert des anderen (rechts stehenden) Bruchs („Divisors") multipliziert.

- Beseitigung von Doppelbrüchen:

$$\left(\frac{a}{b}\right) : \left(\frac{c}{d}\right) = \frac{a}{b} \cdot \frac{d}{c} = \frac{a \cdot d}{b \cdot c}.$$

[1]Im gesamten Buch wird vorausgesetzt, dass der Divisor in einem Quotienten von null verschieden ist, i. d. R. ohne dies jeweils noch einmal anzugeben bzw. darauf hinzuweisen.

J. Siegert und N. Togobytska, *Mathematik trainieren: Brüche, Funktionen & Co.*, https://doi.org/10.1007/978-3-662-70607-7_1

- Umkehrung von Brüchen in einer Gleichung:

$$\frac{a}{b} = \frac{c}{d} \Leftrightarrow \frac{b}{a} = \frac{d}{c}.$$

Tipp: Sind zwei Brüche (für von null verschiedene Zähler a und c) gleich, darf man auf beiden Seiten Zähler mit dem Nenner vertauschen; die Gleichheit bleibt erhalten.
Das Zeichen $\Leftrightarrow$ symbolisiert eine Äquivalenz.

Hinweis: Neben Gleichungen werden oft auch **Ungleichungen** benutzt, die an den Relationszeichen $<$, $\leq$, $>$ und $\geq$ zu erkennen sind. Die Zeichen $<$ bzw. $>$ stehen für „kleiner als" bzw. „größer als". Ungleichungen mit diesen Zeichen nennt man „stark". Bei den Zeichen $\leq$ und $\geq$ wird zusätzlich die Gleichheit beider Seiten zugelassen. Wenn diese in der Ungleichung auftreten, handelt es sich um eine „schwache" Ungleichung.
Mit Ungleichungen wird bis auf wenige Fälle umgegangen wie mit Gleichungen; sie können umgestellt und gelöst werden. Auf beiden Seiten darf beispielsweise die gleiche Größe addiert bzw. auch subtrahiert werden, ohne dass sich das Zeichen ändert. Bei der Multiplikation beider Seiten mit einer negativen Größe dreht sich jedoch das Zeichen um; dies gilt ebenso für die Division durch eine negative Größe. Das Rechnen mit Ungleichungen im Bereich der reellen Zahlen wird in Abschn. 6.1 im Zusammenhang mit monotonen Funktionen erläutert und in Abschn. 7.1 sowie in Kap. 8 weiter vertieft.
Im Bereich der komplexen Zahlen treten ebenfalls Ungleichungen auf, die jedoch grundsätzlich andere Herangehensweisen erfordern (vgl. Abschn. 15.3).

1.2 Beispiele

1.2.1 Beispiel

a) Stellen Sie die Formel

$$a \cdot \frac{\boldsymbol{x}}{b} = c$$

nach der Variablen $\boldsymbol{x}$ um.

b) Stellen Sie folgende Gleichung nach $\boldsymbol{f}$ um:

$$\frac{1}{\boldsymbol{f}} = \frac{1}{g} + \frac{1}{b}.$$

Lösungsweg:[2]

a) Dividiert man auf beiden Seiten durch den Parameter a und multipliziert mit b, ergibt sich die Lösung:

$$\boldsymbol{x} = \frac{b \cdot c}{a}.$$

[2] Die hier im Kurs angegebenen Lösungswege beschreiben i. d. R. eine von mehreren möglichen Vorgehensweisen. Bei der Wahl und der Erläuterung unserer Methode verfolgten wir das Ziel, in möglichst kleinen und gut nachvollziehbaren Teilschritten zur Lösung zu gelangen, selbst auf Kosten eines höheren manuellen Aufwands an Schreibarbeit. Oft können auch einzelne Zwischenschritte weggelassen oder vertauscht werden.

b) Addieren Sie zuerst die Brüche der rechten Seite durch Bildung eines Hauptnenners:

$$\begin{aligned}\frac{1}{\boldsymbol{f}} &= \frac{1}{g}\cdot\frac{b}{b}+\frac{1}{b}\cdot\frac{g}{g},\\ \frac{1}{\boldsymbol{f}} &= \frac{b}{b\cdot g}+\frac{g}{b\cdot g},\\ \frac{1}{\boldsymbol{f}} &= \frac{b+g}{bg}.\end{aligned}$$

Nun stellen Sie nach $\boldsymbol{f}$ um (oder Sie vertauschen auf beiden Seiten jeweils Zähler mit Nenner):

$$\begin{aligned}\boldsymbol{f} &= \frac{1}{\frac{b+g}{bg}},\\ \boldsymbol{f} &= \frac{bg}{b+g}.\end{aligned}$$

Hinweis: Sie sollten versuchen, derartige einfache Formeln in einem Schritt umzuformen.

1.2.2 Beispiel

Stellen Sie folgende Gleichung nach $\boldsymbol{\mu}$ um:

$$F_\mathrm{L} = \frac{1-4\frac{H}{D}\boldsymbol{\mu}}{1+4\frac{h}{d}\boldsymbol{\mu}}\cdot F_\mathrm{k}\cdot\left(\frac{D}{d}\right)^2.$$

Lösungsweg:

Beachten Sie, dass $\boldsymbol{\mu}$ an zwei Stellen in der Formel vorkommt. Um nach $\boldsymbol{\mu}$ umstellen zu können, darf $\boldsymbol{\mu}$ nicht im Nenner stehen. Deshalb sollte zunächst auf beiden Seiten mit $\left(1+4\frac{h}{d}\boldsymbol{\mu}\right)$ multipliziert werden:

$$F_\mathrm{L}\cdot\left(1+4\frac{h}{d}\boldsymbol{\mu}\right) = \left(1-4\frac{H}{D}\boldsymbol{\mu}\right)\cdot F_\mathrm{k}\cdot\frac{D^2}{d^2}.$$

Nun wird auf beiden Seiten ausmultipliziert:

$$F_\mathrm{L}+4F_\mathrm{L}\cdot\frac{h}{d}\cdot\boldsymbol{\mu} = F_\mathrm{k}\cdot\frac{D^2}{d^2}-4\frac{H}{D}\cdot\boldsymbol{\mu}\cdot F_\mathrm{k}\cdot\frac{D^2}{d^2}.$$

Es bietet sich an, bereits zu kürzen und zu vereinfachen, um die Übersichtlichkeit zu erhöhen:

$$F_\mathrm{L}+\frac{4F_\mathrm{L}h\boldsymbol{\mu}}{d} = \frac{F_\mathrm{k}D^2}{d^2}-\frac{4H\boldsymbol{\mu}F_\mathrm{k}D}{d^2}.$$

Zur weiteren Vereinfachung werden auf einer Seite der Gleichung alle Terme sortiert, die $\boldsymbol{\mu}$ enthalten, alle anderen Terme auf der anderen. Ziel ist es, $\boldsymbol{\mu}$ auszuklammern:

$$\begin{aligned}
\frac{4F_{\mathrm{L}}h\boldsymbol{\mu}}{d}+\frac{4H\boldsymbol{\mu}F_{\mathrm{k}}D}{d^2} &= \frac{F_{\mathrm{k}}D^2}{d^2}-F_{\mathrm{L}},\\
\boldsymbol{\mu}\cdot\left(\frac{4F_{\mathrm{L}}h}{d}+\frac{4HF_{\mathrm{k}}D}{d^2}\right) &= \frac{F_{\mathrm{k}}D^2}{d^2}-F_{\mathrm{L}},\\
\boldsymbol{\mu}\cdot\left(\frac{4F_{\mathrm{L}}hd+4HF_{\mathrm{k}}D}{d^2}\right) &= \frac{F_{\mathrm{k}}D^2-F_{\mathrm{L}}d^2}{d^2},\\
\boldsymbol{\mu}=\frac{\dfrac{F_{\mathrm{k}}D^2-F_{\mathrm{L}}d^2}{d^2}}{\dfrac{4F_{\mathrm{L}}hd+4HF_{\mathrm{k}}D}{d^2}} &= \frac{(F_{\mathrm{k}}D^2-F_{\mathrm{L}}d^2)\cdot d^2}{d^2\cdot(4F_{\mathrm{L}}hd+4HF_{\mathrm{k}}D)}.
\end{aligned}$$

Um die Übersichtlichkeit eines Terms zu erhöhen, werden Doppelbrüche i. d. R. beseitigt und es wird weitestgehend gekürzt:

$$\boldsymbol{\mu}=\frac{F_{\mathrm{k}}D^2-F_{\mathrm{L}}d^2}{4\,(F_{\mathrm{L}}hd+F_{\mathrm{k}}HD)}.$$

1.3 Übungen

1.3.1 Übung

(4 Min.)

Stellen Sie nach $\boldsymbol{\mu}$ um:

$$P_{\mathrm{Ü}}=\frac{F}{d\pi\left(\dfrac{d}{4}+\boldsymbol{\mu}h\right)}.$$

→ *Lösung auf Seite 170*

1.3.2 Übung

(6 Min.)

Vereinfachen Sie folgenden Doppelbruch:

$$i_1=\frac{\dfrac{u_1}{R+\dfrac{1}{j\omega C}}}{R+\dfrac{1}{j\omega}}.$$

→ *Lösung auf Seite 170*

1.3.3 Übung

(6 Min.)

Stellen Sie folgende Gleichung nach $\boldsymbol{x}$ um:

$$\frac{\boldsymbol{x}}{\varrho_{\mathrm{Ag}}}+\frac{10-\boldsymbol{x}}{\varrho_{\mathrm{Sx}}}=\frac{10}{\varrho_0}.$$

→ *Lösung auf Seite 171*

1.3.4 Übung

(8 Min.)

Stellen Sie folgende Gleichung nach $\boldsymbol{R_1}$ um:

$$U_2 = \frac{R_2}{\boldsymbol{R_1} + R_2} U_1 - \frac{\boldsymbol{R_1} R_2}{\boldsymbol{R_1} + R_2} I_2.$$

→ *Lösung auf Seite 172*

1.4 Tests

1.4.1 Test

(6 Min.)

Stellen Sie die folgende Gleichung nach $\boldsymbol{g}$ um:

$$y = \frac{\boldsymbol{g}^2 \cdot R_3 \cdot R_2}{\boldsymbol{g} \cdot R_4} - \frac{R_0 \cdot 10 \cdot x^2 \cdot \boldsymbol{g}}{C_4 \cdot R_3}.$$

1 $\boldsymbol{g} = y \cdot \left(\frac{R_3 \cdot R_2}{R_4} - \frac{R_0 \cdot 10 \cdot x^2}{C_4 \cdot R_3} \right)$

2 $\boldsymbol{g} = \frac{y \cdot R_3 \cdot R_4 \cdot C_4}{C_4 \cdot R_2 \cdot {R_3}^2 - R_0 \cdot R_4 \cdot 10 \cdot x^2}$

3 $\boldsymbol{g} = \frac{C_4 \cdot R_3^2 \cdot R_2 - R_4 \cdot R_0 \cdot 10 \cdot x^2}{y \cdot R_3 \cdot R_4 \cdot C_4}$

4 $\boldsymbol{g} = \frac{y}{\frac{R_3 \cdot R_2}{R_4} - \frac{R_0 \cdot 10 \cdot x^2}{C_4 \cdot R_3}}$

→ *Lösung auf Seite 226*

1.4.2 Test

(5 Min.)

Stellen Sie die folgende Gleichung nach $\boldsymbol{f_L}$ um:

$$m_1 = \sqrt[3]{a^5} + \beta \left(\frac{1}{\sqrt{\boldsymbol{f_L}}} \right) + u_t.$$

1 $\boldsymbol{f_L} = \left((m_1 - \sqrt[3]{a^5} - u_t) \cdot \beta \right)^2$

2 $\boldsymbol{f_L} = \left(\frac{m_1 - \sqrt[3]{a^5} - u_t}{\beta} \right)^2$

3 $\boldsymbol{f_L} = \left(\frac{\beta}{m_1 - \sqrt[3]{a^5} - u_t} \right)^2$

4 $\boldsymbol{f_L} = \left((m_1 + \sqrt[3]{a^5} + u_t) \cdot \beta \right)^2$

→ *Lösung auf Seite 227*

1.4.3 Test

(6 Min.)

Stellen Sie folgende Gleichung nach $\boldsymbol{c}$ um:

$$f = \frac{U_a - U_b}{\frac{U_c}{A} - \frac{U_d}{\boldsymbol{c}}}.$$

[1] $\boldsymbol{c} = U_d \cdot \frac{1}{-\frac{U_a - U_b}{f} + \frac{U_c}{A}}$

[2] $\boldsymbol{c} = U_d \cdot \frac{1}{-\frac{U_a - U_b}{f} + \frac{U_c}{A}}$

[3] $\boldsymbol{c} = \frac{U_d \cdot f \cdot A}{(U_b - U_a) \cdot A + U_c \cdot f}$

[4] $\boldsymbol{c} = \frac{(U_a - U_d) \cdot f}{(U_a - U_b) \cdot A}$

→ *Lösung auf Seite 227*

1.4.4 Test

(10 Min.)

Stellen Sie die folgende Gleichung nach $\boldsymbol{r_2}$ um:

$$\phi = \frac{Q_1}{4\pi\varepsilon}\left(\frac{1}{r_1} - \frac{r_0}{d}\frac{A}{\sqrt{\boldsymbol{r_2} + B}} + \frac{r_0}{d} \cdot \frac{1}{r_3}\right).$$

[1] $\boldsymbol{r_2} = \left(\frac{A \cdot Q_1 \cdot r_0 \cdot r_1 \cdot r_3}{-4 \cdot \phi \cdot \pi \cdot \varepsilon \cdot r_1 \cdot d \cdot r_3 + Q_1 \cdot d \cdot r_3 + r_0 \cdot Q_1 \cdot r_1}\right)^2 - B$

[2] $\boldsymbol{r_2} = \left(-\frac{4\phi\pi\varepsilon}{Q_1} + \frac{1}{r_1} + \frac{r_0}{d \cdot r_3}\right)^2 \cdot \left(\frac{r_0 A}{d}\right)^2 + B$

→ *Lösung auf Seite 229*

2 Potenzen und Wurzeln

2.1 Theorie

In diesem Kapitel sollen Ausdrücke, die Potenzen und Wurzeln enthalten, zusammengefasst und vereinfacht werden. Als Grundlage dienen die **Potenz- und Wurzelgesetze:**

- Multiplikation bzw. Division von Potenzen mit gleicher Basis:

$$a^n \cdot a^m = a^{(n+m)}, \quad a^n : a^m = a^{(n-m)}.$$

- Multiplikation bzw. Division von Potenzen mit gleichem Exponenten:

$$a^n \cdot b^n = (a \cdot b)^n, \quad a^n : b^n = (a : b)^n.$$

- Potenzieren von Potenzen:

$$(a^n)^m = a^{(n \cdot m)}.$$

Zudem gelten für $a \neq 0$ folgende Definitionen:

$$\begin{aligned} a^{-n} &\stackrel{def}{=} \frac{1}{a^n}, \quad a^0 \stackrel{def}{=} 1, \\ \sqrt[m]{a^n} &\stackrel{def}{=} a^{n/m} \quad \text{für } a > 0,\ n, m \text{ positiv ganzzahlig.} \end{aligned}$$

Hinweis: Mit Wurzeln ungerader Exponenten wird für $a < 0$ unterschiedlich umgegangen. Die eine Betrachtungsweise besagt, dass diese Wurzeln im Bereich der reellen Zahlen $\mathbb{R}$ per Definition im strengen mathematischen Sinn nicht erklärt sind. Die zweite Meinung lässt Wurzeln mit ungeradem Exponenten unter bestimmten Einschränkungen zu; beispielsweise gilt dann $\sqrt[3]{-8} = -2$ als Umkehrung des Potenzierens $(-2)^3 = -8$. Bei dieser Herangehensweise ist jedoch bei Termen der Art

$$\sqrt[m]{a^n} = a^{n/m}$$

das Erweitern und Kürzen von m und n durch bzw. mit geraden Zahlen im Exponenten nicht erlaubt. Anderenfalls entsteht ein Widerspruch, beispielsweise:

$$\sqrt{(-2)^6} = (-2)^{\frac{6}{2}} = (-2)^3 = -8 \quad \neq \quad \sqrt{(-2)^6} = \sqrt{64} = 8.$$

In den folgenden Aufgaben wird stets vorausgesetzt, dass die jeweilige Basis positiv ist.
Im Bereich der komplexen Zahlen wird Radizieren grundsätzlich anders erklärt, damit wird auch diese Diskrepanz bereinigt (vgl. Abschn. 15.1).

J. Siegert und N. Togobytska, *Mathematik trainieren: Brüche, Funktionen & Co.*, https://doi.org/10.1007/978-3-662-70607-7_2

Für den **Betrag** $|a|$ eines beliebigen reellen Wertes $a \in \mathbb{R}$ gilt:

$$\sqrt{a^2} = |a| \overset{def}{=} \begin{cases} a, & \text{falls } a \geq 0, \\ -a, & \text{falls } a < 0. \end{cases}$$

Das Symbol $\in$ gehört zur Mengenschreibweise. Es wird gelesen als „enthalten in“ bzw. „Element von“ und in Kap. 5 weiter erläutert.

Hinweis: Tritt im Nenner eines Bruches eine Wurzel auf, wird der Term oft noch umgeformt, um die Wurzel im Nenner zu beseitigen; dies bezeichnet man als **Rationalmachen** des Nenners. Dabei erweitert man den Bruch mit einer entsprechend gewählten Potenz, um im Nenner einen ganzzahligen Exponenten zu erzeugen (vgl. Bsp. 2.2.1).

2.2 Beispiele

2.2.1 Beispiel

Schreiben Sie folgende Brüche um, indem Sie die Nenner rational machen:

$$\textbf{a)}\ \frac{1}{\sqrt{2}}, \qquad \textbf{b)}\ \frac{1}{\sqrt[3]{7}}, \qquad \textbf{c)}\ \frac{1}{\sqrt[5]{9}}, \qquad \textbf{d)}\ \frac{1}{\sqrt[7]{3^4}}.$$

Lösungsweg:

$$\textbf{a)}\quad \frac{1}{\sqrt{2}} = \frac{1\cdot\sqrt{2}}{\sqrt{2}\cdot\sqrt{2}} = \frac{\sqrt{2}}{2^{\frac{1}{2}+\frac{1}{2}}} = \frac{\sqrt{2}}{2^1} = \frac{\sqrt{2}}{2},$$

$$\textbf{b)}\quad \frac{1}{\sqrt[3]{7}} = \frac{1\cdot\sqrt[3]{7^2}}{\sqrt[3]{7}\cdot\sqrt[3]{7^2}} = \frac{1\cdot\sqrt[3]{7^2}}{7^{\frac{1}{3}+\frac{2}{3}}} = \frac{\sqrt[3]{49}}{7^1} = \frac{\sqrt[3]{49}}{7},$$

$$\textbf{c)}\quad \frac{1}{\sqrt[5]{9}} = \frac{1\cdot\sqrt[5]{9^4}}{\sqrt[5]{9}\cdot\sqrt[5]{9^4}} = \frac{1\cdot\sqrt[5]{6561}}{9^{\frac{1}{5}+\frac{4}{5}}} = \frac{\sqrt[5]{6561}}{9^1} = \frac{\sqrt[5]{6561}}{9},$$

$$\textbf{d)}\quad \frac{1}{\sqrt[7]{3^4}} = \frac{1\cdot\sqrt[7]{3^3}}{\sqrt[7]{3^4}\cdot\sqrt[7]{3^3}} = \frac{1\cdot\sqrt[7]{27}}{3^{\frac{4}{7}+\frac{3}{7}}} = \frac{\sqrt[7]{27}}{3^1} = \frac{\sqrt[7]{27}}{3}.$$

2.2.2 Beispiel

Vereinfachen Sie unter Anwendung der Potenzgesetze folgenden Term weitestgehend:

$$\frac{5a^n b^{n+4} c^{2n+1}}{abx^{n+1}y^{n+2}z^{n+3}} : \frac{3a^{n-1}b^3c^{n+1}}{2xy^{2-n}z^{3-n}}.$$

Lösungsweg:

Als Erstes sollte der Doppelbruch umgeschrieben werden:

$$\frac{5a^n b^{n+4} c^{2n+1}}{abx^{n+1}y^{n+2}z^{n+3}} : \frac{3a^{n-1}b^3c^{n+1}}{2xy^{2-n}z^{3-n}} = \frac{\left(5a^n b^{n+4} c^{2n+1}\right)\cdot\left(2xy^{2-n}z^{3-n}\right)}{\left(abx^{n+1}y^{n+2}z^{n+3}\right)\cdot\left(3a^{n-1}b^3c^{n+1}\right)}.$$

Um die Übersichtlichkeit zu erhöhen, sollte man den Term sortieren:

$$= \frac{10a^n b^{n+4} c^{2n+1} x y^{2-n} z^{3-n}}{3aa^{n-1} bb^3 c^{n+1} x^{n+1} y^{n+2} z^{n+3}}.$$

Entweder kürzt man nun direkt und reduziert damit die folgenden Zwischenschritte, oder man schreibt einen Term für jede Basis, um die Potenzgesetze einzeln anwenden zu können:

$$= \frac{10}{3} \cdot \frac{a^n}{a \cdot a^{n-1}} \cdot \frac{b^{n+4}}{b \cdot b^3} \cdot \frac{c^{2n+1}}{c^{n+1}} \cdot \frac{x}{x^{n+1}} \cdot \frac{y^{2-n}}{y^{n+2}} \cdot \frac{z^{3-n}}{z^{n+3}}.$$

Als Nächstes wird das Gesetz für die Multiplikation bzw. Division von Potenzen mit gleicher Basis angewendet:

$$\begin{aligned}
&= \frac{10}{3} \cdot a^{n-(1+n-1)} \cdot b^{n+4-(1+3)} \cdot c^{2n+1-(n+1)} \cdot x^{1-(n+1)} \cdot y^{2-n-(n+2)} \cdot z^{3-n-(n+3)} \\
&= \frac{10}{3} \cdot a^{n-1-n+1} \cdot b^{n+4-1-3} \cdot c^{2n+1-n-1} \cdot x^{1-n-1} \cdot y^{2-n-n-2} \cdot z^{3-n-n-3} \\
&= \frac{10}{3} \cdot a^0 \cdot b^n \cdot c^n \cdot x^{-n} \cdot y^{-2n} \cdot z^{-2n} \\
&= \frac{10}{3} \cdot \frac{b^n c^n}{x^n y^{2n} z^{2n}} = \frac{10}{3} \cdot \left(\frac{bc}{xy^2 z^2}\right)^n.
\end{aligned}$$

2.2.3 Beispiel

Der folgende Term ist so weit wie möglich durch Anwendung der Potenz- und Wurzelgesetze zu vereinfachen:

$$\frac{125a^7b^{11}}{138x^{10}y^8} : \frac{175a^4b^{18}}{92x^9y^8}.$$

Lösungsweg:

Zuerst wird der Doppelbruch beseitigt und ein einziger Bruch hergestellt:

$$\frac{125a^7b^{11}}{138x^{10}y^8} : \frac{175a^4b^{18}}{92x^9y^8} = \frac{(125a^7b^{11}) \cdot (92x^9y^8)}{(138x^{10}y^8) \cdot (175a^4b^{18})}.$$

Statt direkt zu kürzen, sollten Sie zuerst Zähler und Nenner sortieren, um damit die Übersichtlichkeit zu erhöhen und Fehler zu vermeiden:

$$= \frac{125 \cdot 92 \cdot a^7 b^{11} x^9 y^8}{138 \cdot 175 \cdot a^4 b^{18} x^{10} y^8}.$$

Treten in derartigen Ausdrücken ganzzahlige Faktoren auf empfiehlt es sich, diese durch Zerlegung in Produkte mit **Primzahlen** („Primfaktoren") umzuschreiben.
Primzahlen nennt man natürliche Zahlen (ohne null und eins), die nur durch eins oder sich selbst teilbar sind: $2, 3, 5, 7, 11, 13, 17,\ldots$
Für die Zerlegung einer gegebenen Zahl in Primfaktoren werden ihre ganzzahligen Teiler beginnend mit 2 in wachsender Reihenfolge der Primzahlen ermittelt.

Oft sind diese Faktoren mehrfach vorhanden, wodurch entsprechende Potenzausdrücke entstehen:

$$\begin{aligned} 125 &= 5 \cdot (25) = 5 \cdot (5 \cdot 5) &&= 5^3, \\ 92 &= 2 \cdot (46) = 2 \cdot (2 \cdot 23) &&= 2^2 \cdot 23, \\ 138 &= 2 \cdot (69) = 2 \cdot (3 \cdot 23) &&= 2 \cdot 3 \cdot 23, \\ 175 &= 5 \cdot (35) = 5 \cdot (5 \cdot 7) &&= 5^2 \cdot 7. \end{aligned}$$

Durch Anwendung von Potenzgesetzen kann man als Nächstes im Zähler und im Nenner die Faktoren mit den Zahlen zusammenfassen bzw. kürzen:

$$\Rightarrow \frac{125 \cdot 92}{138 \cdot 175} = \frac{(5^3) \cdot (2^2 \cdot 23)}{(2 \cdot 3 \cdot 23) \cdot (5^2 \cdot 7)} = \frac{5^{3-2} \cdot 2^{2-1} \cdot 23^{1-1}}{3 \cdot 7} = \frac{5 \cdot 2}{3 \cdot 7} = \frac{10}{21}.$$

Die separate Berechnung erhöht die Übersichtlichkeit und verringert etwas die Schreibarbeit. In den weiteren Schritten darf man das Einfügen dieses Quotienten nicht vergessen.

Tipp: Manchmal hilft es, die Terme mit gleicher Basis einzeln zu betrachten, damit besser erkannt wird, welches Potenzgesetz angewendet werden kann:

$$\begin{aligned} \Rightarrow \quad & \frac{10}{21} \cdot \frac{a^7}{a^4} \cdot \frac{b^{11}}{b^{18}} \cdot \frac{x^9}{x^{10}} \cdot \frac{y^8}{y^8} = \frac{10}{21} \cdot a^{7-4} \cdot b^{11-18} \cdot x^{9-10} \\ = \quad & \frac{10}{21} \cdot a^3 \cdot b^{-7} \cdot x^{-1}. \end{aligned}$$

Das Endergebnis lautet demnach $\frac{10}{21} \cdot \frac{a^3}{b^7 x}$.

Hinweis: Brüche werden stets weitestgehend vereinfacht. Dazu kürzt und dividiert man durch den **größten gemeinsamen Teiler (ggT)**.
Bei Anwendung des Potenzgesetzes der Division liefert demnach jede der gekürzten Potenzen einen Faktor im ggT.
Im Beispiel 2.2.3 lautet dieser größtmögliche Faktor, durch den gekürzt wurde:

$$2^1 \cdot 5^2 \cdot 23^1 a^4 b^{11} x^9 y^8 = 2 \cdot 25 \cdot 23 a^4 b^{11} x^9 y^8 = 1\,150 a^4 b^{11} x^9 y^8.$$

2.3 Übungen

2.3.1 Übung

(5 Min.)

Vereinfachen Sie so weit wie möglich:

$$\left(\frac{a^{-4} b^{-5}}{x^{-1} y^3}\right)^2 \cdot \left(\frac{a^{-2} x}{b^3 y^2}\right)^{-3}.$$

→ *Lösung auf Seite 172*

2.3.2 Übung

(6 Min.)

Vereinfachen Sie den Ausdruck $\sqrt[6]{vw^3} \cdot \sqrt[4]{n^5 v^8 w^{-2}} \cdot \sqrt{nv^3}$.

→ Lösung auf Seite 173

2.3.3 Übung

(6 Min.)

Vereinfachen Sie so weit wie möglich folgenden Ausdruck:

$$\frac{\sqrt{a^x}\left(a^{2x}\right)^{\frac{1}{3}}\left(b^2\right)^x}{\sqrt[6]{a^x}\left(b^x\right)^3}.$$

→ Lösung auf Seite 173

2.4 Tests

2.4.1 Test

(6 Min.)

Vereinfachen Sie folgenden Ausdruck:

$$y = \frac{(\alpha \cdot \beta)^{k-3} \cdot \mu^2 \cdot \psi^{m+2}}{\alpha^{m+f} \cdot \gamma^5} : \frac{\Omega \cdot \alpha^{l-1}}{\sqrt{\beta \cdot \mu}}.$$

[1] $y = \alpha^{k-m-f+l-4} \cdot \beta^{k-\frac{7}{2}} \cdot \mu^{\frac{3}{2}} \cdot \psi^{m+2} \cdot \gamma^{-5} \cdot \Omega$

[2] $y = \alpha^{\frac{k-3}{(m+f)(l-1)}} \cdot \beta^{\frac{k-3}{2}} \cdot \mu \cdot \psi^{m+2} \cdot \gamma^{-5} \cdot \Omega$

[3] $y = \alpha^{k-m-f-l-2} \cdot \beta^{k-\frac{5}{2}} \cdot \mu^{\frac{5}{2}} \cdot \psi^{m+2} \cdot \gamma^{-5} \cdot \Omega^{-1}$

[4] $y = \alpha^{k+m+f+l-4} \cdot \beta^{k-\frac{5}{2}} \cdot \mu^{\frac{5}{2}} \cdot \psi^{m+2} \cdot \gamma^{-5} \cdot \Omega^{-1}$

→ Lösung auf Seite 230

2.4.2 Test

(4 Min.)

Stellen Sie folgende Gleichung nach $\boldsymbol{r}$ um:

$$y = \frac{\boldsymbol{r}^{n+1} \cdot a^{pq}}{\boldsymbol{r}^{n-1} \cdot y^m}.$$

[1] $\boldsymbol{r} = \pm\sqrt{\frac{y^{m+1}}{a^{pq}}}$

[2] $\boldsymbol{r} = \pm\sqrt{\frac{y}{a^{pq}}}$

[3] $\boldsymbol{r} = \pm\sqrt[2n]{\frac{y^{m+1}}{a^{pq}}}$

[4] $\frac{\boldsymbol{r}^n - \boldsymbol{r}}{\boldsymbol{r}^n + \boldsymbol{r}} = \frac{a^{pq}}{y^{m+1}}$

→ Lösung auf Seite 230

2.4.3 Test

(10 Min.)

Vereinfachen Sie folgenden Ausdruck:

$$y = \sqrt[3]{\sqrt{\left(\frac{a^{0,5}}{b^{\frac{1}{4}}}\right)^{24}}} : \sqrt[3]{\sqrt[3]{\left(\frac{\sqrt[3]{b \cdot a}}{a}\right)^{81}}}.$$

1 $y = \frac{b^2}{a^4}$

2 $y = \frac{a^8}{b^4}$

3 $y = \frac{a^2}{b}$

4 $y = a \cdot b^2$

→ *Lösung auf Seite 231*

2.4.4 Test

(12 Min.)

Stellen Sie die folgende Gleichung nach $\boldsymbol{h}$ um:

$$\frac{\sqrt[3]{\alpha^4 \cdot \beta^5}}{\sqrt[4]{\frac{\lambda^3}{\boldsymbol{h}^7}}} = \frac{\sqrt[3]{(x \cdot \beta)^6 \cdot \sqrt[7]{\frac{\boldsymbol{h}^4}{\alpha^5}}}}{\sqrt[5]{(x \cdot \beta)^{125}}}.$$

1 $\boldsymbol{h} = \alpha^{\frac{2772}{917}} \cdot \beta^{-\frac{2016}{131}} \cdot x^{\frac{1596}{131}} \cdot \lambda^{-\frac{63}{131}}$

2 $\boldsymbol{h} = \sqrt[131]{\frac{\lambda^{63}}{\alpha^{132} \cdot \beta^{2072} \cdot x^{1932}}}$

3 $\boldsymbol{h} = \alpha^{\frac{63}{262}} \cdot \beta^{\frac{1344}{655}} \cdot x^{\frac{4536}{131}} \cdot \lambda^{-\frac{273}{131}}$

4 $\boldsymbol{h} = \alpha^{\frac{924}{917}} \cdot \beta^{\frac{1344}{655}} \cdot x^{\frac{1932}{131}} \cdot \lambda^{-\frac{273}{131}}$

→ *Lösung auf Seite 232*

3 Binomische Formeln und binomischer Lehrsatz

3.1 Theorie

Ein wichtiger mathematischer Begriff für viele Anwendungen ist der **Binomialkoeffizient**, den man auf der Grundlage der nichtnegativen ganzen Zahlen $\mathbb{N}_0$ folgendermaßen definiert:

$$\binom{n}{k} \stackrel{def}{=} \frac{n!}{k! \cdot (n-k)!} \qquad \text{für } n, k \in \mathbb{N}_0 = \{0, 1, 2, 3, \ldots\},\ n \geq k.$$

Der Ausdruck für den Binomialkoeffizienten wird „n über k" gelesen. Das Symbol $\in$ („enthalten in") wurde bereits verwendet (vgl. Abschn. 2.1); in Kap. 5 wird es weiter erläutert. Gleiches gilt für die geschweiften Klammern, die zur Mengenschreibweise gehören.
Das Zeichen **!** nennt man **Fakultät**. Damit bezeichnet man symbolisch das Produkt aller natürlichen Zahlen von 1 bis n. Weiterhin definiert man im Sonderfall $\mathbf{0!} \stackrel{def}{=} 1$.
Für $1! = 1$ und $2! = 1 \cdot 2 = 2$ ist das Symbol entbehrlich. Die nächstfolgenden Fakultäten lauten:

$$\begin{aligned} 3! &= 1 \cdot 2 \cdot 3 = 6, \\ 4! &= 1 \cdot 2 \cdot 3 \cdot 4 = 24, \\ 5! &= 1 \cdot 2 \cdot 3 \cdot 4 \cdot 5 = 120. \end{aligned}$$

Für größere n benutzt man als abgekürzte Schreibweise:

$$n! = 1 \cdot 2 \cdot 3 \cdot \ldots \cdot (n-2) \cdot (n-1) \cdot n.$$

Hinweis: Die Zahl $n!$ wächst sehr schnell an. Ab einem bestimmten n werden die Fakultäten mit dem Taschenrechner nur noch gerundet angegeben oder sie übersteigen sogar den intern zur Verfügung stehenden Zahlenbereich, sodass der Computer abstürzt und „Überlauf" anzeigt.
Bei der Berechnung der Binomialkoeffizienten sollte man demnach weitestgehend kürzen.
Beispielsweise gilt stets:

$$\binom{n}{n-1} = \frac{n!}{(n-1)! \cdot 1!} = \binom{n}{1} = \frac{n \cdot (n-1)!}{(n-1)!} = n.$$

Allgemein gibt der Binomialkoeffizient die Anzahl der zur Verfügung stehenden Möglichkeiten an, um k Elemente aus einer n-elementigen Menge (s. Kap. 5) nacheinander schrittweise auszuwählen, ohne dabei die Reihenfolge zu beachten und ohne die ausgewählten Elemente zurück in die Menge zu geben.

J. Siegert und N. Togobytska, *Mathematik trainieren: Brüche, Funktionen & Co.*, https://doi.org/10.1007/978-3-662-70607-7_3

Der Name Binomialkoeffizient stammt von der Verwendung dieses Terms im binomischen Lehrsatz. Dieser dient zur Berechnung der Potenzen von Binomen der Art $(a+b)^n$ oder $(a-b)^n$ mit $a, b \in \mathbb{R}$ und erspart das formale Ausmultiplizieren.

Der **binomische Lehrsatz** gilt für natürliche Exponenten $n \in \mathbb{N} = \{1, 2, 3, \dots\}$:

$$(a+b)^n = \binom{n}{0} a^n b^0 + \binom{n}{1} a^{n-1} b^1 + \ldots + \binom{n}{n-1} a^1 b^{n-1} + \binom{n}{n} a^0 b^n = \sum_{k=0}^{n} \binom{n}{k} a^{n-k} b^k.$$

Das Symbol $\sum\limits_{k=0}^{n}$ nennt man „Summenzeichen“, summiert wird von $k = 0$ bis $k = n$.
Die benötigten Binomialkoeffizienten können entweder per Definition berechnet oder alternativ für $n \in \mathbb{N}$ aus der $(n+1)$-ten Zeile des **Pascal'schen Dreiecks** abgelesen werden:

$$\begin{array}{ccccccccccccc}
 & & & & & & 1 & & & & & & \\
 & & & & & 1 & & 1 & & & & & \\
 & & & & 1 & & 2 & & 1 & & & & \\
 & & & 1 & & 3 & & 3 & & 1 & & & \\
 & & 1 & & 4 & & 6 & & 4 & & 1 & & \\
 & 1 & & 5 & & 10 & & 10 & & 5 & & 1 & \\
1 & & 6 & & 15 & & 20 & & 15 & & 6 & & 1 \\
 & & & & & & \ldots & & & & & &
\end{array}$$

Die Binomialkoeffizienten besitzen bzgl. der Mitte des Dreiecks eine „Symmetrieeigenschaft“:

$$\binom{n}{k} = \frac{n!}{k! \cdot (n-k)!} = \binom{n}{n-k} = \frac{n!}{(n-k)! \cdot k!}.$$

Für das Binom $(a-b) = (a+(-b))$ treten im binomischen Lehrsatz alternierende Vorzeichen auf:

$$(a-b)^n = \binom{n}{0} a^n b^0 - \binom{n}{1} a^{n-1} b^1 + \ldots + (-1)^n \binom{n}{n} a^0 b^n = \sum_{k=0}^{n} \binom{n}{k} (-1)^k a^{n-k} b^k.$$

Im einfachsten Fall $n = 2$ liefert der binomische Lehrsatz die bekannten **binomischen Formeln**:

$$(a+b)^2 = 1a^2 + 2ab + 1b^2, \quad (a-b)^2 = 1a^2 - 2ab + 1b^2,$$

wobei die Binomialkoeffizienten $\binom{2}{k}$, $k = 0, 1, 2$ in der dritten Zeile des Pascal'schen Dreiecks zu finden sind.

Darüber hinaus gibt es viele weitere binomische Formeln, beispielsweise

$$(a+b) \cdot (a-b) = a^2 - b^2,$$

die oft als „dritte binomische Formel“ bezeichnet wird.

Hinweis: In Abschn. 4.2 wird der Zusammenhang von binomischen Formeln mit der Polynomdivision erläutert. Damit kann man alle binomischen Formeln beweisen. Alternativ könnte man binomische Formeln auch durch Ausmultiplizieren überprüfen.

Hinweis: Oft benötigt man Verallgemeinerungen binomischer Formeln der Art:

$$\begin{aligned}(a+b+c)^2 = ((a+b)+c)^2 &= (a+b)^2 + 2(a+b)c + c^2,\\ (a+b-c)^2 = ((a+b)-c)^2 &= (a+b)^2 - 2(a+b)c + c^2.\end{aligned}$$

Eine wichtige Eigenschaft für Binome ist die **Dreiecksungleichung**:

$$|a \pm b| \leq |a| + |b|,$$

die für beliebige Zahlen gilt. Der Zusammenhang mit den Seiten eines Dreiecks wird in der Vektorrechnung erläutert (s. Abschn. 14.1).

3.2 Beispiele

3.2.1 Beispiel

Berechnen Sie den Binomialkoeffizienten $\binom{10}{6}$.

Lösungsweg:

Ein Taschenrechner wird bei dieser Aufgabe nicht benötigt. Im Quotienten sollte man kürzen:

$$\begin{aligned}\binom{10}{6} &= \frac{10!}{6! \cdot 4!}\\ &= \frac{1 \cdot 2 \cdot 3 \cdot 4 \cdot 5 \cdot 6 \cdot 7 \cdot 8 \cdot 9 \cdot 10}{(1 \cdot 2 \cdot 3 \cdot 4 \cdot 5 \cdot 6) \cdot (1 \cdot 2 \cdot 3 \cdot 4)}\\ &= \frac{(1 \cdot 2 \cdot 3 \cdot 4 \cdot 5 \cdot 6) \cdot (7 \cdot 8 \cdot 9 \cdot 10)}{(1 \cdot 2 \cdot 3 \cdot 4 \cdot 5 \cdot 6) \cdot (1 \cdot 2 \cdot 3 \cdot 4)}\\ &= \frac{7 \cdot 8 \cdot 9 \cdot 10}{2 \cdot 3 \cdot 4} = 3 \cdot 7 \cdot 10 = 210.\end{aligned}$$

Hinweis: Der Kürzungsfaktor bzw. ggT lautet in diesem Fall $24 \cdot (6!)$, wobei die Priorität des Terms mit der Fakultät zu beachten ist, auch wenn die Klammer um 6! nicht geschrieben wird:

$$(24 \cdot 6)! \neq 24 \cdot (6!).$$

3.2.2 Beispiel

Wie viele Möglichkeiten …

a) hat man bei der Auswahl von zwei Sorten Eis aus einem Angebot von sechs?

b) gibt es bei der Ziehung von 6 Lottozahlen aus 49?

Lösungsweg:

a) Bei der Leckerei hat man „6 über 2“ Möglichkeiten. Die Anzahl kann ohne Zuhilfenahme eines

Taschenrechners bestimmt werden. Durch Kürzen vereinfacht sich die Berechnung:

$$\begin{aligned}\binom{6}{2} &= \frac{6!}{2!\cdot 4!}\\ &= \frac{1\cdot 2\cdot 3\cdot 4\cdot 5\cdot 6}{(1\cdot 2)\cdot(1\cdot 2\cdot 3\cdot 4)}\\ &= \frac{(2\cdot 3\cdot 4)\cdot(5\cdot 6)}{2\cdot(2\cdot 3\cdot 4)} = \frac{5\cdot 6}{2} = 15.\end{aligned}$$

Hinweis: Wenn drei Sorten ausgewählt werden, hätte man 20 Möglichkeiten, bei vier ausgewählten Sorten jedoch erneut nur 15.
Die Binomialkoeffizienten stehen in der siebten Zeile des Pascal'schen Dreiecks.

b) Bei der Ziehung von 6 Lottozahlen aus 49 gibt es „49 über 6" Möglichkeiten. Die Anwendung des Pascal'schen Dreiecks ist in diesem Fall zu aufwendig.
Bei der Berechnung ist es von Vorteil, 43! komplett und aus den restlichen Faktoren $15 \cdot 48$ zu kürzen:

$$\begin{aligned}\binom{49}{6} &= \frac{49!}{6!\cdot 43!}\\ &= \frac{1\cdot 2\cdot 3\cdot\ldots\cdot 47\cdot 48\cdot 49}{(1\cdot 2\cdot 3\cdot 4\cdot 5\cdot 6)\cdot(1\cdot 2\cdot 3\cdot\ldots\cdot 41\cdot 42\cdot 43)}\\ &= \frac{(1\cdot 2\cdot 3\cdot\ldots\cdot 41\cdot 42\cdot 43)\cdot(44\cdot 45\cdot 46\cdot 47\cdot 48\cdot 49)}{(1\cdot 2\cdot 3\cdot 4\cdot 5\cdot 6)\cdot(1\cdot 2\cdot 3\cdot\ldots\cdot 41\cdot 42\cdot 43)}\\ &= \frac{44\cdot 45\cdot 46\cdot 47\cdot 48\cdot 49}{2\cdot 3\cdot 4\cdot 5\cdot 6}\\ &= 3\cdot 44\cdot 46\cdot 47\cdot 49 = 13\,983\,816.\end{aligned}$$

3.2.4 Beispiel

Bestimmen Sie $(a \pm b)^3$ mithilfe des binomischen Lehrsatzes!

Lösungsweg:

Für $n = 3$ ergibt sich mit den entsprechenden Binomialkoeffizienten aus dem Pascal'schen Dreieck:

$$\begin{aligned}(a+b)^3 &= \sum_{k=0}^{3}\binom{3}{k}a^{3-k}\,b^k\\ &= \binom{3}{0}a^3b^0 + \binom{3}{1}a^2b^1 + \binom{3}{2}a^1b^2 + \binom{3}{3}a^0b^3\\ &= 1\cdot a^3 + 3\cdot a^2b + 3\cdot ab^2 + 1\cdot b^3.\end{aligned}$$

Für das Binom $(a-b)$ wird noch ein Vorzeichenwechsel berücksichtigt:

$$\begin{aligned}(a-b)^3 &= \sum_{k=0}^{3}\binom{3}{k}(-1)^k a^{3-k}\,b^k \\ &= \binom{3}{0}(-1)^0a^3b^0+\binom{3}{1}(-1)^1a^2b^1+(-1)^2\binom{3}{2}a^1b^2+\binom{3}{3}(-1)^3a^0b^3 \\ &= 1\cdot a^3-3\cdot a^2b+3\cdot ab^2-1\cdot b^3.\end{aligned}$$

3.3 Übungen

3.3.1 Übung

(3 Min.)

Berechnen Sie den Binomialkoeffizienten $\binom{90}{87}$.

→ *Lösung auf Seite 174*

3.3.2 Übung

(8 Min.)

Bestimmen Sie die Formel für $(a-b)^4$ mithilfe des binomischen Lehrsatzes!

→ *Lösung auf Seite 174*

3.3.3 Übung

(8 Min.)

Vereinfachen Sie folgenden Ausdruck so weit wie möglich:

$$\frac{4a^2}{2a(2a+b)-2ab-b^2}+\left(b^2+\frac{4ab-2a^2b}{a-2}\right)\frac{a}{b^3-4ab^2+4a^2b}.$$

→ *Lösung auf Seite 174*

3.3.4 Übung

(8 Min.)

Vereinfachen Sie den folgenden Ausdruck so weit wie möglich:

$$\frac{1}{a^2+2ab+b^2}+\frac{1}{a^2-b^2}-\frac{b^2}{a^4-a^2b^2}-\frac{1}{a^2}.$$

→ *Lösung auf Seite 175*

3.3.5 Übung

(10 Min.)

Vereinfachen Sie den folgenden Ausdruck:

$$\left(\sqrt{1+\left(\left(a^{\frac{2}{3}}-x^{\frac{2}{3}}\right)^{\frac{1}{2}}x^{-\frac{1}{3}}\right)^{2}}\right)^{-6}-\frac{1}{a^2}\sqrt{\left(a^2-x^2\right)^2+4a^2x^2}.$$

→ *Lösung auf Seite 176*

3.4 Tests

3.4.1 Test

(7 Min.)

Vereinfachen Sie den folgenden Ausdruck:

$$y=\sqrt{\binom{n}{n-1}\cdot\frac{(n^2+2n+1)(n+1)}{(n^3-n)(n-1)}}.$$

[1] $y=\dfrac{n+1}{n-1}\cdot\sqrt{\dfrac{1}{n-1}}$ [2] $y=\dfrac{n+1}{n-1}$ [3] $y=\dfrac{n+1}{n-1}\cdot\sqrt{\dfrac{n+1}{n-1}}$

→ *Lösung auf Seite 233*

3.4.2 Test

(10 Min.)

Vereinfachen Sie für $\alpha,\beta>0$ die folgende Gleichung und stellen Sie diese nach $\boldsymbol{h}$ um:

$$\frac{(\alpha-\beta)(\beta-\mu)}{\left(0.25\boldsymbol{h}^2+2\boldsymbol{h}+4\right)\left(0.04\mu^2-1\right)}=\frac{(\beta^2-\mu^2)}{(\alpha+\beta)\left(0.2\mu+1\right)},\quad \mu\neq\pm5,\beta^2\neq\mu^2.$$

[1] $\boldsymbol{h}=\pm\sqrt{\dfrac{(\alpha-\beta)^2}{(\beta-\mu)\left(\dfrac{\mu}{5}-1\right)}}-2$

[2] $\boldsymbol{h}=\pm2\sqrt{\dfrac{(\alpha-\beta)^2}{(\beta-\mu)\left(\dfrac{\mu}{5}-1\right)}}-4$

[3] $\boldsymbol{h}=\pm2\sqrt{\dfrac{5\left(\alpha^2-\beta^2\right)}{(\beta+\mu)\left(\mu-5\right)}}-4$

→ *Lösung auf Seite 234*

3.4.3 Test

(8 Min.)

Der binomische Ausdruck $(x+y)^{15}$ kann mithilfe des binomischen Lehrsatzes als Summe dargestellt werden. Bestimmen Sie die Koeffizienten A und B der Summanden mit den Potenzen x^4y^{11} bzw. $x^{12}y^3$.

[1] $A = 1\,365,\ B = 455$ [2] $A = 455,\ B = 1\,365$ [3] $A = 330,\ B = 220$

→ *Lösung auf Seite 235*

3.4.4 Test

(12 Min.)

Vereinfachen Sie folgenden Term, die Ausdrücke im Nenner unter der Wurzel seien positiv:

$$y = \sqrt{\frac{\alpha^3 + \alpha^2 + 3\alpha\gamma^2 + 2\alpha\gamma + 3\alpha^2\gamma + \gamma^3 + \gamma^2}{(\alpha^4 + \gamma^4 - 2\alpha^2\gamma^2) \cdot (\alpha^2 - \gamma^2 - 2\gamma - 1)}}.$$

[1] $y = \dfrac{1}{(\alpha^2 - \gamma^2)} \sqrt{\dfrac{\alpha^5 + 8\alpha^4\gamma^4 + \gamma^5}{\alpha^2 - (\gamma^2 + 2\gamma + 1)}}$

[2] $y = \dfrac{1}{\alpha - \gamma} \sqrt{\dfrac{1}{(\alpha - \gamma - 1)}}$

[3] $y = \dfrac{\alpha\sqrt{\alpha} + 2\alpha^2\gamma^2\sqrt{2} + \gamma\sqrt{\gamma}}{(\alpha^2 - \gamma^2) \cdot (\alpha - (\gamma + 2))}$

→ *Lösung auf Seite 236*

4 Polynomdivision

4.1 Theorie

Polynome sind Ausdrücke der Form

$$P_n(x) = \sum_{i=0}^{n} a_i x^i = a_n x^n + a_{n-1}x^{n-1} + \ldots + a_1 x + a_0, \qquad a_i \in \mathbb{R}, \quad i, n \in \mathbb{N}_0 = \{0, 1, 2, 3, \ldots\}\,.$$

Dabei wird $a_n \neq 0$ vorausgesetzt, n ist der **Grad** des Polynoms (Polynom n-ten Grades).
Die Zahlen a_i werden als Koeffizienten bezeichnet und sind i. d. R. vorgegeben.

Ein Polynom n-ten Grades $P_n(x)$ kann durch ein anderes Polynom m-ten Grades $P_m(x)$ dividiert werden, wenn $n \geq m$ erfüllt ist:

$$\frac{P_n(x)}{P_m(x)} = P_n(x) : P_m(x) = \ldots$$

Das Verfahren der **Polynomdivision** bzw. **Partialdivision** funktioniert analog zur schriftlichen Division von Zahlen mit Rest. Dabei wird vom Dividenden das passende Vielfache des Divisors abgezogen, bis die Rechnung komplett aufgeht oder ein Rest übrig bleibt, der nicht mehr durch den Divisor teilbar ist, weil der Grad des Nennerpolynoms den des aktuellen Restes übersteigt. Die Details der Vorgehensweise werden anhand der folgenden Beispiele erläutert.

Oft benötigt man von einem Polynom die **Nullstellen** x_*, d. h. diejenigen x-Werte, für die $P_n(x_*) = 0$ gilt.
Bei einfachen Beispielen kann man versuchen, eine Nullstelle durch Probieren zu finden. Ist der Koeffizient bei der höchsten Potenz x^n gleich eins, könnte man die ganzen Teiler des Absolutgliedes überprüfen. Die Begründung liegt in den **Vieta'schen Wurzelsätzen**, auf die hier für Polynome dritten Grades nicht weiter eingegangen wird (vgl. Abschn. 8.1).
Wenn man eine derartige Nullstelle x_* gefunden hat, kann das Polynom $P_n(x)$ ohne Rest durch das Binom $(x - x_*)$ geteilt werden:

$$\frac{P_n(x)}{x - x_*} = P_n(x) : (x - x_*) = P_{n-1}(x) \qquad \Leftrightarrow \qquad P_n(x) = (x - x_*) \cdot P_{n-1}(x).$$

Das Binom nennt man in diesem Fall „Linearfaktor des Polynoms $P_n(x)$".
Das entstehende Restpolynom $P_{n-1}(x)$ kann dann weiter auf Nullstellen untersucht werden.
Ist beispielsweise zunächst ein Polynom 3. Grades $P_3(x)$ gegeben und kennt man davon eine Nullstelle x_*, liefert die Division ein Restpolynom 2. Grades $P_2(x)$:

J. Siegert und N. Togobytska, *Mathematik trainieren: Brüche, Funktionen & Co.*, https://doi.org/10.1007/978-3-662-70607-7_4

$$\frac{P_3(x)}{x - x_*} = P_3(x) : (x - x_*) = P_2(x) \quad \Leftrightarrow \quad P_3(x) = (x - x_*) \cdot P_2(x).$$

Dann ermöglicht es die p-q-Formel (s. Abschn. 8.1), aus dem Restpolynom $P_2(x)$ zwei weitere Nullstellen zu berechnen. Diese können reell oder auch komplexwertig sein (vgl. Abschn. 15.1).

4.2 Beispiele

4.2.1 Beispiel

Es soll der Quotient $(x^2 + 2x^3 - 1) : (-2 + x^2)$ berechnet werden.

Lösungsweg:

Bevor die Division gestartet werden kann ist es vorteilhaft, die Terme absteigend nach dem Grad der Potenzen von x zu sortieren, weil beim Dividieren stets mit der höchsten Potenz begonnen wird:

$$\left(2x^3 + x^2 - 1\right) : \left(x^2 - 2\right).$$

Demnach soll ein Polynom 3. Grades durch ein Polynom 2. Grades geteilt werden.

Als Erstes überlegt man, wie oft der erste Summand x^2 des Divisors in $2x^3$ passt. Dividiert man $2x^3 : x^2$, erhält man $2x$, das ist bereits der erste Anteil des Ergebnisses.
Diesen Term $2x$ multipliziert man mit dem gesamten Divisor:

$$2x \cdot \left(x^2 - 2\right) = 2x^3 - 4x$$

und subtrahiert das Resultat vom Dividenden, um den aktuellen Rest zu bestimmen.

Analog zur schriftlichen Division von Zahlen kann man dafür ein Schema benutzen, wobei zur besseren Übersicht gleiche Potenzen untereinander geschrieben werden:

$$\begin{array}{rllll} & (2x^3 & +x^2 & & -1) \quad : (x^2 - 2) = 2x. \\ - & (2x^3 & & -4x) & \\ \hline (=) & & x^2 & +4x & -1 \end{array}$$

Die Terme x^2 und -1 resultieren aus dem Übertrag der ersten Zeile.
Der bei der Subtraktion entstandene Restterm $x^2 + 4x - 1$ ist ein quadratisches Polynom, das erneut durch den Divisor dividiert wird.

Dazu wird der Summand mit der höchsten Potenz x^2 des Terms $x^2 + 4x - 1$ durch den ersten Summanden x^2 des Divisors dividiert, das Ergebnis $x^2 : x^2 = 1$ mit dem gesamten Divisor multipliziert und der entstehende Ausdruck $1 \cdot (x^2 - 2)$ im Schema vom aktuellen Restterm subtrahiert:

$$\begin{array}{rllll} & (2x^3 & +x^2 & & -1) \quad : (x^2 - 2) = 2x + 1. \\ - & (2x^3 & & -4x) & \\ \hline (=) & & x^2 & +4x & -1 \\ & - & (x^2 & & -2) \\ \hline & (=) & & 4x & +1 \end{array}$$

Der entstandene **Rest der Division** $4x + 1$ besitzt den Grad eins und ist demnach nicht mehr durch $x^2 - 2$ teilbar. Das Ergebnis lautet:

$$\frac{2x^3 + x^2 - 1}{x^2 - 2} = 2x + 1 + \frac{4x + 1}{x^2 - 2}.$$

Nach Multiplikation mit dem Nenner erhält man:

$$2x^3 + x^2 - 1 = \left(x^2 - 2\right) \cdot (2x + 1) + 4x + 1.$$

Hinweis: Bitte beachten Sie die Klammersetzung bei Produkten aus Faktoren mit Summen und Differenzen, die Klammern dürfen Sie nicht einfach weglassen. „Vergessene“ Klammern sind keine Bagatelle, sondern leicht vermeidbare Fehler mit einer fatalen Wirkung!
Beispielsweise gilt:

$$a - b \cdot \left(a^2 + ab + b^2\right) \neq (a - b) \cdot \left(a^2 + ab + b^2\right).$$

4.2.2 Beispiel

Dieses Beispiel zeigt, dass eine Polynomdivision mit zwei Variablen ebenso funktioniert. Es soll folgende Division ausgeführt werden:

$$\frac{a^3 - b^3}{a - b} = \left(a^3 - b^3\right) : (a - b).$$

Lösungsweg:

Hier sind die Terme nach Variablen und Potenzen bereits sortiert, es kann $(a^3 - b^3)$ durch $(a - b)$ geteilt werden. Zunächst ergibt die Zwischenrechnung:

$$a^3 : a = a^2 \quad \Rightarrow a^2 \cdot (a - b) = a^3 - a^2 b.$$

Dieser Term wird vom Dividenden subtrahiert:

$$\begin{array}{rllll}
 & (a^3 & & -b^3) & : (a - b) = a^2. \\
- & (a^3 & -a^2 b) & & \\
\hline
(=) & & a^2 b & -b^3 &
\end{array}$$

Der Ausdruck $-b^3$ resultiert aus dem Übertrag der ersten Zeile. Der verbliebene Term $(a^2 b - b^3)$ wird als Nächstes durch $(a - b)$ dividiert:

$$\begin{array}{rlllll}
 & (a^3 & & & -b^3) & : (a - b) = a^2 + ab. \\
- & (a^3 & -a^2 b) & & & \\
\hline
(=) & & a^2 b & & -b^3 & \\
 & - & (a^2 b & -ab^2) & & \\
\hline
 & (=) & & ab^2 & -b^3 &
\end{array}$$

Der neue Restterm $(ab^2 - b^3)$ erlaubt noch einmal die Division durch $(a - b)$.

Mit $ab^2 : a = b^2$ wird der Divisor $(a - b)$ multipliziert und entsprechend subtrahiert:

$$
\begin{array}{rllll}
 & (a^3 & & & -b^3) \quad : (a-b) = a^2 + ab + b^2. \\
- & (a^3 & -a^2b) & & \\
\hline
(=) & & a^2b & & -b^3 \\
 & - & (a^2b & -ab^2) & \\
\hline
 & (=) & & ab^2 & -b^3 \\
 & & - & (ab^2 & -b^3) \\
\hline
 & & (=) & & 0
\end{array}
$$

In diesem Beispiel geht die Division **ohne Rest** auf.
Das Ergebnis kann in der folgenden kompakten Form geschrieben werden:

$$\frac{a^3 - b^3}{a - b} = \left(a^3 - b^3\right) : (a - b) = a^2 + ab + b^2.$$

Multipliziert man mit dem Nenner, entsteht eine weitere binomische Formel:

$$a^3 - b^3 = (a - b) \cdot \left(a^2 + ab + b^2\right).$$

Hinweis: Alle übrigen binomischen Formeln kann man ebenso mithilfe der Polynomdivision oder alternativ durch Ausmultiplizieren beweisen.

4.3 Übungen

4.3.1 Übung

(5 Min.)

Lösen Sie die folgende Aufgabe:

$$\left(2x^4 - x^2\right) : (x - 5).$$

→ *Lösung auf Seite 177*

4.3.2 Übung

(8 Min.)

Berechnen Sie alle Nullstellen des Polynoms

$$x^3 + x^2 - 10x + 8.$$

→ *Lösung auf Seite 177*

4.3.3 Übung

(8 Min.)

Führen Sie die folgende Polynomdivision aus:

$$\left(3x^4 - 3x^2 - 54x - 54\right) : \left(2x - x^2 + 3\right).$$

→ *Lösung auf Seite 178*

4.3.4 Übung

(10 Min.)

Führen Sie folgende Division aus:

$$\left(a^2b - 3b^3 + ab^2 + a^3\right) : (a - b).$$

→ *Lösung auf Seite 179*

4.4 Tests

4.4.1 Test

(6 Min.)

Bestimmen Sie mithilfe der Polynomdivision die Nullstellen des Polynoms

$$P_3(x) = x^3 - 6x^2 - x + 6.$$

1 $x_1 = 1,\ x_2 = -2,\ x_3 = -3$

2 $x_1 = 1$, der Rest der Polynomdivision lautet acht

3 $x_1 = 1,\ x_2 = 6,\ x_3 = -1$

→ *Lösung auf Seite 237*

4.4.2 Test

(8 Min.)

Führen Sie folgende Division durch und bestimmen Sie den Rest R:

$$\left(2a^5b^{x+2} - 2a^3b^{x+5} + 3a^4b^{2x-1} - 3a^2b^{2x+2}\right) : \left(a^2 - b^3\right).$$

1 $2a^3b^{x+2} + 3a^2b^{2x-1}$, $R = 0$

2 $2a^3$, $R = b^{x+2} + 2a^2b^3 - 2a^3b^{x+5} + 3a^4b^{2x-1} - 3a^2b^{2x+2}$

3 $2a^3b^{x+2} + 3a^2b^{2x-1}$, $R = 2a^3b^{x+2} - 2a^3b^{x+5} - 3a^2b^{2x-1}$

→ *Lösung auf Seite 238*

4.4.3 Test

(9 Min.)

Führen Sie folgende Division durch und bestimmen Sie den Rest R:

$$(5\lambda^8 - 3\lambda^4 + 2\lambda^3 + \lambda^2 - 1) : (\lambda + 1).$$

1 $5\lambda^7 + 5\lambda^6 + 5\lambda^5 + 5\lambda^4 + 2\lambda^3 + \lambda + 1,\qquad R = 0$

2 $5\lambda^7 - 5\lambda^6 + 5\lambda^5 - 5\lambda^4 + 2\lambda^3 + \lambda - 1,\qquad R = 0$

3 $5\lambda^8 - 3\lambda^4 + 2\lambda^3,\qquad R = \lambda$

→ *Lösung auf Seite 239*

4.4.4 Test

(12 Min.)

Führen Sie folgende Division durch und bestimmen Sie den Rest R:

$$\left(\alpha^4\beta^{x+4} - \alpha^2\lambda^{y+6}\beta^{x-6} + \alpha^2\lambda^6\beta^{x+8}\right) : \left(\alpha^2\beta^4 + \lambda^6\beta^8\right).$$

1 $\alpha^2\beta^x - \lambda^{y+6}\beta^{x-10},\qquad R = \lambda^{y+12}\beta^{x-2}$

2 $\alpha^2\beta^x - \lambda^{y+6}\beta^{x-10},\qquad R = 0$

3 $\alpha^2\lambda^{y-1}\beta^x - \lambda^y\beta^x,\qquad R = \lambda^{y+12}\beta^{x-2}$

→ *Lösung auf Seite 239*

5 Mengenlehre

5.1 Theorie

Ein wichtiger Bestandteil der Mathematik ist die Mengenlehre. Sie liefert die Grundlage für viele andere Gebiete. Mit den Grundbegriffen und Schreibweisen der Mengenlehre sollten Sie vertraut sein. Den Mengenbegriff selbst setzen wir hier als bekannt voraus.

Gehört ein Element x zu einer **Menge** A, schreibt man das oft symbolisch mit $x \in \mathsf{A}$ oder auch mit der Angabe der *Eigenschaft* der Elemente:

$$\mathsf{A} = \{x \mid \textit{Eigenschaft}\}.$$

Diese Menge enthält alle Elemente x, die die entsprechende *Eigenschaft* besitzen; den senkrechten Strich $\mid$ liest man als „mit der Eigenschaft". Gehört ein Element nicht zu einer Menge, wird dies mit $x \notin \mathsf{A}$ bezeichnet.

Eine Menge kann endlich oder unendlich viele Elemente besitzen. Werden beispielsweise alle in einer Stadt vergebenen Autokennzeichen durchnummeriert, kann man dies als Menge schreiben:

$$\mathsf{A} = \{a_1, a_2, \ldots, a_n\},$$

wobei die Anzahl der Elemente $a_k \in \mathsf{A}$, $k = 1, 2, \cdots, n$ mit jeder neuen PKW-Zulassung anwächst.

Üblich ist die Darstellung einer Menge als **Euler-Diagramm** (s. Abb. 5.1).

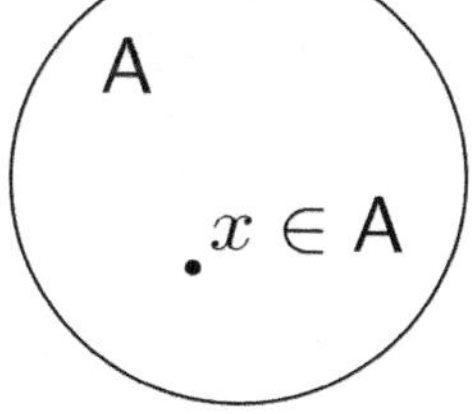

Abb. 5.1 Euler-Diagramm

Die leere Menge, die kein Element enthält, wird durch $\emptyset$ oder $\{\}$ symbolisiert, jedoch niemals durch die Kombination $\{\emptyset\}$.

Die Mengen A und B sind gleich, wenn beide genau die gleichen Elemente enthalten; man schreibt $\mathsf{A} = \mathsf{B}$.

J. Siegert und N. Togobytska, *Mathematik trainieren: Brüche, Funktionen & Co.*, https://doi.org/10.1007/978-3-662-70607-7_5

Die Menge B ist eine Teilmenge der Menge A, wenn jedes Element von B auch ein Element von A ist; das Symbol für eine Teilmenge lautet $\mathsf{B} \subset \mathsf{A}$.

Teilmengen der Menge der reellen Zahlen $\mathbb{R}$ sind beispielsweise:

- Die Menge der natürlichen Zahlen: $\mathbb{N} = \{1, 2, 3, 4, \cdots\} \subset \mathbb{R}$.
- Die Menge der positiven reellen Zahlen $\mathbb{R}^+ = \{x \mid x \in \mathbb{R}, x > 0\} \subset \mathbb{R}$.
- $\mathsf{A} = [a,b] \subset \mathbb{R}$ (**Intervallschreibweise** einer Zahlenmenge): Diese Menge beinhaltet alle reelle Zahlen zwischen a und b inklusive der Grenzen a und b; das Intervall ist abgeschlossen. Sind die Grenzen kein Teil der Menge (offenes Intervall), zeigen die Klammern nach außen, oder es werden runde Klammern gesetzt: $]a,b[= (a,b)$.
- $\mathsf{A} =]a,b] = (a,b] \subset \mathbb{R}$: Diese Menge beinhaltet alle Zahlen von a bis einschließlich b, a ist jedoch kein Element der Menge. Dieses Intervall heißt halboffen.

Verknüpfungen von Mengen

Schnittmenge

Der Durchschnitt der Mengen A und B („Schnittmenge“) umfasst alle Elemente, die in beiden Mengen gleichzeitig enthalten sind. Die Schnittmenge wird mit einem **Venn-Diagramm** (s. Abb. 5.2) dargestellt und besitzt die Schreibweise:

$$\mathsf{A} \cap \mathsf{B} = \{x \mid (x \in \mathsf{A}) \wedge (x \in \mathsf{B})\};$$

das Symbol $\wedge$ bezeichnet die Konjunktion und wird als „und“ gelesen. Eine Anwendung der Schnittmenge sind Schnittpunkte von Kurven.

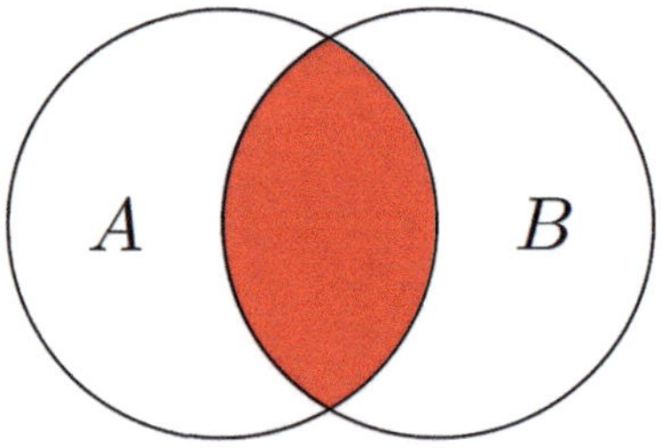

Abb. 5.2 Venn-Diagramm der Schnittmenge

Vereinigungsmenge

Die Vereinigung der Mengen A und B („Vereinigungsmenge“) beinhaltet alle Elemente, die zumindest zu einer der beiden Menge gehören (Abb. 5.3) Die Schreibweise der Vereinigungsmenge lautet:

$$\mathsf{A} \cup \mathsf{B} = \{x \mid (x \in \mathsf{A}) \vee (x \in \mathsf{B})\};$$

das Symbol $\vee$ steht für die Disjunktion und wird als „oder“ gelesen. Dies ist kein „ausschließendes oder“, x darf auch ein Element beider Mengen sein.

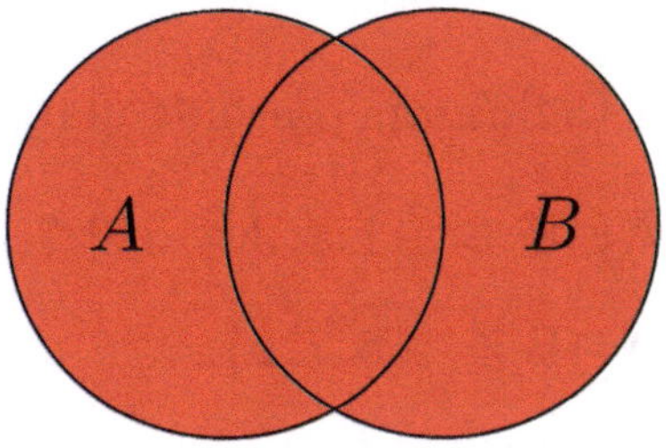

Abb. 5.3 Venn-Diagramm der Vereinigungsmenge

Differenzmenge

Die Differenz von A mit B („Differenzmenge") enthält alle Elemente von A, die nicht in B enthalten sind (Abb. 5.4). Der Backslash wird als „minus" bzw. „ohne" gelesen. Die Schreibweise der Differenzmenge lautet:

$$\mathsf{A} \setminus \mathsf{B} = \{x \mid (x \in \mathsf{A}) \wedge (x \notin \mathsf{B})\}.$$

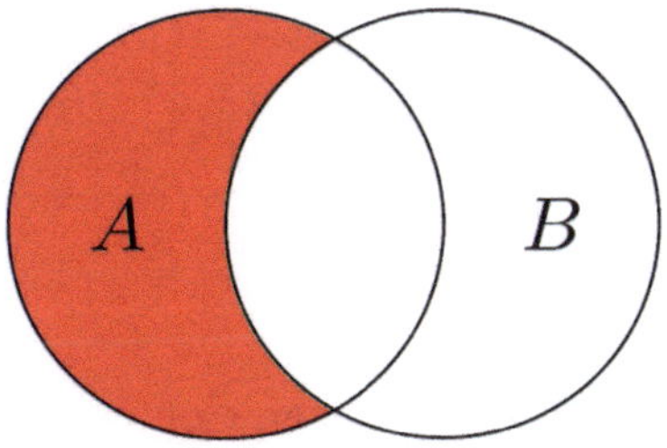

Abb. 5.4 Venn-Diagramm der Differenzmenge

Produkt von Mengen

Mengen treten oft als Punktmengen auf. Das Produkt $\mathsf{A} \times \mathsf{B}$ von A mit B wird aus allen geordneten Paaren (x,y) gebildet, wobei $x \in \mathsf{A}$ und $y \in \mathsf{B}$ in dieser Reihenfolge festgelegt sind:

$$\mathsf{A} \times \mathsf{B} = \{(x,y) \mid x \in \mathsf{A},\, y \in \mathsf{B}\}.$$

Die Menge der Punkte der x-y-Ebene wird mit $\mathbb{R} \times \mathbb{R} = \mathbb{R}^2$ bezeichnet.

Alle Verknüpfungen können ebenso für mehrere Mengen benutzt werden. Beispielsweise benötigt man oft die Punktmenge des Raumes mit $\mathbb{R} \times \mathbb{R} \times \mathbb{R} = \mathbb{R}^3$.

5.2 Beispiele

5.2.1 Beispiel

Gegeben sind die Mengen $\mathsf{A} = \{1, 2, 3, 5, 7, 8, 9\}$ und $\mathsf{B} = \{4, 5, 6, 7, 9\}$. Bestimmen Sie:

a) $\mathsf{A} \cup \mathsf{B}$, **b)** $\mathsf{A} \cap \mathsf{B}$, **c)** $\mathsf{B} \setminus \mathsf{A}$.

Lösungsweg:

Bei Anwendung der entsprechenden Definitionen erhält man:

$$\begin{aligned} \text{a)}\quad \mathsf{A} \cup \mathsf{B} &= \{1,2,3,4,5,6,7,8,9\}, \\ \text{b)}\quad \mathsf{A} \cap \mathsf{B} &= \{5,7,9\}, \\ \text{c)}\quad \mathsf{B} \setminus \mathsf{A} &= \{4,6\}. \end{aligned}$$

5.2.2 Beispiel

Bestimmen Sie die Menge L der möglichen Augenpaare beim Spiel mit zwei Würfeln, wenn die Augensumme neun erzielt werden soll.

Lösungsweg:

Beim Werfen der zwei Würfel sind alle Paare (x,y) mit $x, y = 1, 2, \ldots, 6$ möglich. Diese Produktmenge umfasst 36 Elemente.
Davon ist die gesuchte Menge eine Teilmenge. Sie lautet:

$$\mathsf{L} = \{(3{,}6),\ (4{,}5),\ (5{,}4),\ (6{,}3)\}.$$

5.2.3 Beispiel

Finden Sie die Menge aller Punkte im I. Quadranten der x-y-Ebene, die vom Koordinatenursprung einen Abstand von einer Längeneinheit besitzen.

Lösungsweg:

Zunächst wird die Menge der positiven reellen Zahlen $\mathbb{R}^+ = \{x \mid x \in \mathbb{R},\ x > 0\}$ benötigt. Die Punktmenge im I. Quadranten ist die Produktmenge $\mathbb{R}^+ \times \mathbb{R}^+$; die (positiven) Koordinatenachsen und der Koordinatenursprung gehören nicht dazu.

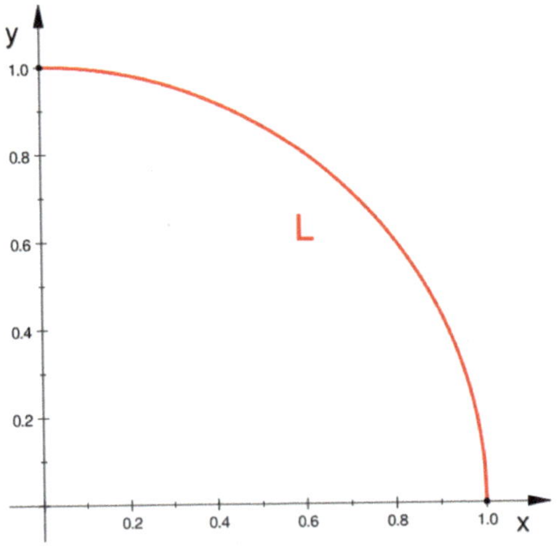

Abb. 5.5 Viertelkreis $x^2 + y^2 = 1$

Alle Punkte $P(x,y)$ mit dem Abstand eins vom Koordinatenursprung liegen auf einem Kreis mit dem Mittelpunkt im Koordinatenursprung $O(0,0)$. Es gilt der Satz des Pythagoras am Einheitskreis $x^2 + y^2 = 1$ (s. Abschn. 11.1); der Abstand eins ist dabei die Länge der Hypotenuse.

Die gesuchte Menge L ist die Schnittmenge dieser zwei Teilmengen, d. h. der Viertelkreis im I. Quadranten (s. Abb. 5.5), ohne die Punkte $P(1,0)$ und $P(0,1)$.

Unter Beachtung der gegebenen Eigenschaften lautet die Lösungsmenge demnach:

$$\mathsf{L} = \{(x,y) \in \mathbb{R}^+ \times \mathbb{R}^+ \mid x^2 + y^2 = 1\}.$$

5.3 Übungen

5.3.1 Übung

(5 Min.)

Wie viele Elemente besitzt die Menge aller möglichen Anordnungen („Permutationen“) der Buchstaben des Wortes **CAMPUS** ?

→ *Lösung auf Seite 179*

5.3.2 Übung

(7/2 Min.)

a) Wie viele Elemente besitzt die Menge aller vierstelligen PINs $****$?

b) Wie groß ist die Gewinnchance auf den Hauptgewinn bei einer Lotterie mit 10-ziffrigen Losen?

→ *Lösung auf Seite 180*

5.4 Tests

5.4.1 Test

(7 Min.)

Beim Werfen zweier Würfel werden die Paare der geworfenen Augen untersucht. Wie viele Elemente hat die Teilmenge der Ergebnisse, wenn die Augenzahl des ersten Würfels kleiner als die des zweiten sein soll?

[1] $n = 36$ [2] $n = 15$ [3] $n = 6$

→ *Lösung auf Seite 240*

5.4.2 Test

(7 Min.)

Wie viele Elemente (Buchstaben und Zeichen) sind mit den sechs Punkten im **Braille'schen Alphabet** („Blindenschrift“) darstellbar?

[1] $n = 12$ [2] $n = 720$ [3] $n = 64$

→ *Lösung auf Seite 240*

6 Funktionen

6.1 Theorie

Eine **Funktion** ordnet jedem Wert x aus einer Menge durch eine Vorschrift f eindeutig einen Wert y aus einer weiteren Menge zu. Dazu benutzt man grundsätzlich eine Zuordnungsvorschrift $y = f(x)$, dabei ist y eine von x abhängige Variable. Die Menge, aus der die Variable x stammt, nennt man Definitionsmenge $\mathsf{D}_f = \mathsf{D}(f)$ oder auch Definitionsbereich; y ist ein Element des Wertebereichs $\mathsf{W}_f = \mathsf{W}(f)$ bzw. des Bildbereichs.

Oft wird eine Funktion als Menge aller geordneten Paare dargestellt:

$$\mathsf{M} = \{(x,y) \mid y = f(x), x \in \mathsf{D}_f\}.$$

Häufig beschreibt man eine Funktion mithilfe einer Tabelle. In diesem Fall ist die Untersuchung der Eigenschaften der Funktion nur mit Einschränkungen möglich.

6.1.1 Eigenschaften von Funktionen

Monotonie

- Eine Funktion heißt **streng monoton wachsend**, wenn die Funktionswerte mit wachsendem x stets größer werden (s. Abb. 6.1a):

$$x_1 < x_2, \quad \forall x_1, x_2 \in \mathsf{D}_f \Rightarrow f(x_1) < f(x_2).$$

Das Symbol $\forall$ steht für die Wörter „für alle", der Pfeil $\Rightarrow$ wird gelesen als „daraus folgt".

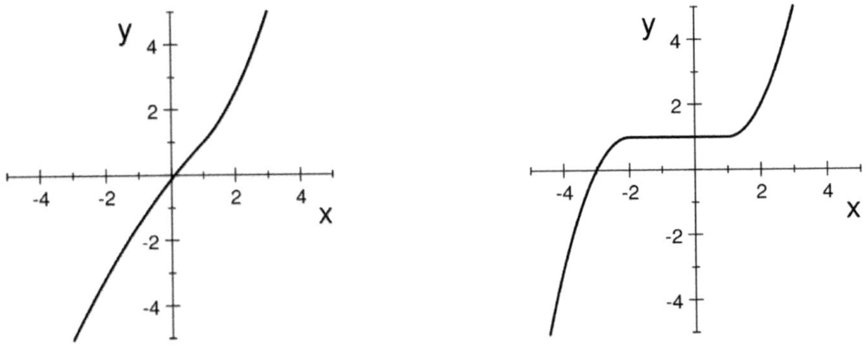

(a) (b)

Abb. 6.1 Beispiele monoton wachsender Funktionen, **a** streng monoton, **b** monoton

J. Siegert und N. Togobytska, *Mathematik trainieren: Brüche, Funktionen & Co.*, https://doi.org/10.1007/978-3-662-70607-7_6

Falls mit wachsendem x auch eine Gleichheit der Funktionswerte zugelassen wird, ist die Funktion nur **monoton wachsend** (vgl. Abb. 6.1b):

$$x_1 < x_2, \quad \forall x_1, x_2 \in \mathsf{D}_f \Rightarrow f(x_1) \leq f(x_2).$$

- Eine Funktion kann ebenso **streng monoton fallend** sein (s. Abb. 6.2a):

$$x_1 < x_2, \quad \forall x_1, x_2 \in \mathsf{D}_f \Rightarrow f(x_1) > f(x_2).$$

Analog heißt eine Funktion **monoton fallend**, wenn bei wachsendem x zusätzlich eine Gleichheit der Funktionswerte zugelassen ist (vgl. Abb. 6.2b):

$$x_1 < x_2, \quad \forall x_1, x_2 \in \mathsf{D}_f \Rightarrow f(x_1) \geq f(x_2).$$

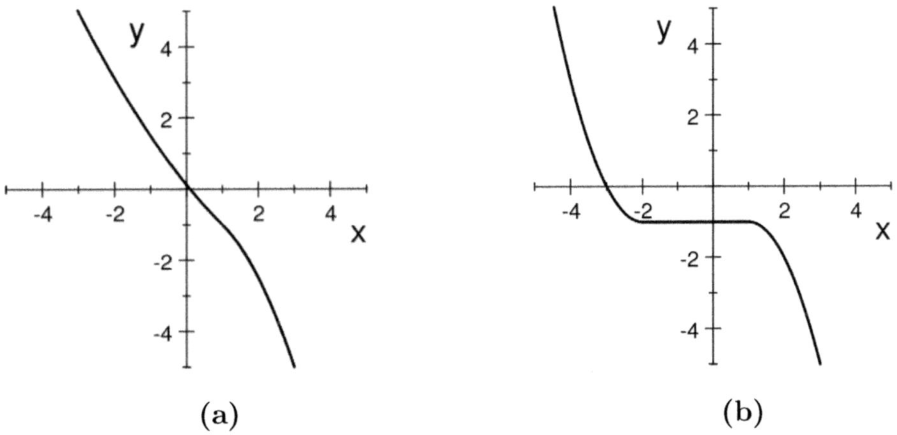

Abb. 6.2 Beispiele monoton fallender Funktionen, **a** streng monoton, **b** monoton

Hinweis: Oft bestehen Funktionsgraphen aus mehreren Kurvenstücken, auf denen die Monotonieeigenschaft wechselt (vgl. Abb. 6.3); der Graph besitzt in diesem Fall Monotonieäste.

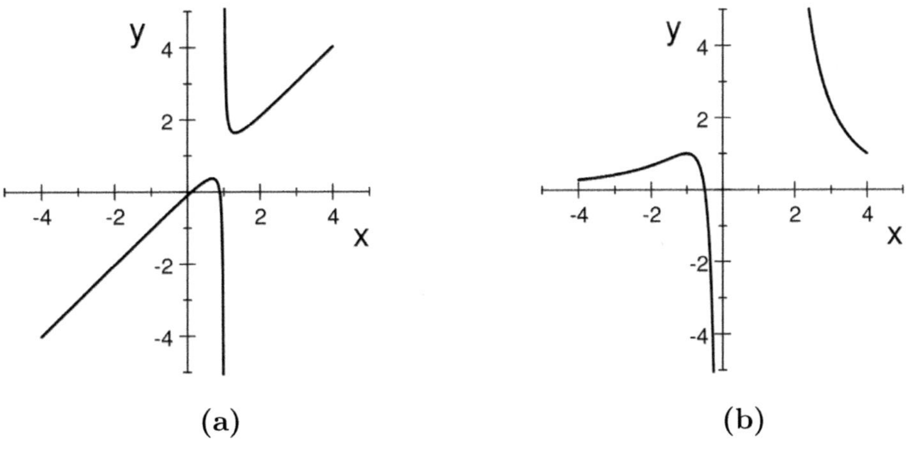

Abb. 6.3 Funktionsgraphen mit Monotonieästen, **a** Monotoniewechsel auf beiden Teilkurven, **b** Monotoniewechsel auf dem linken Teil des Graphen

Symmetrie

Für die Untersuchung des Verlaufs eines Funktionsgraphen ist es von Vorteil, wenn Symmetrieeigenschaften vorhanden sind, in diesem Fall kann man die Untersuchung auf $x \geq 0$ beschränken.

- **Achsensymmetrie:** Der Graph ist achsensymmetrisch zur y-Achse, wenn

$$\forall x \in \mathsf{D}_f : \quad f(-x) = f(x).$$

Der Funktionsgraph für $x \geq 0$ wird dabei einfach an der y-Achse gespiegelt. In diesem Fall handelt es sich um eine **gerade** Funktion.

Beispielsweise ist die Funktion $y = f(x) = x^2$ gerade (vgl. Abb. 6.4a), es gilt:

$$f(x) = x^2 = f(-x) = (-x)^2.$$

Hinweis: Es existiert auch Achsensymmetrie bezüglich anderer Achsen, die parallel zur y-Achse liegen, beispielsweise bei $f(x) = (x-1)^2$ (vgl. Abschn. 6.1.2).

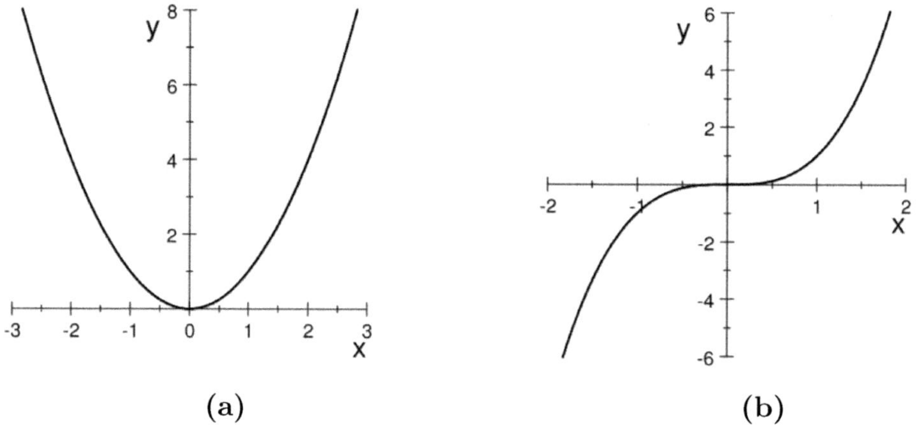

Abb. 6.4 Graphen symmetrischer Funktionen, **a** gerade, **b** ungerade

- **Punktsymmetrie:** Der Funktionsgraph wird als punktsymmetrisch zum Koordinatenursprung $O(0{,}0)$ bezeichnet, falls

$$\forall x \in \mathsf{D}_f : \quad f(-x) = -f(x).$$

Die Funktion heißt in diesem Fall **ungerade**. Der Graph für $x \geq 0$ wird dabei schrittweise an der x- und an der y-Achse gespiegelt; die Reihenfolge der Spiegelungen ist beliebig.

Beispielsweise ist die Funktion $y = f(x) = x^3$ ungerade, demnach gelten (s. Abb. 6.4b):

$$f(-x) = (-x)^3 = -x^3 = -f(x),$$

in dieser Darstellung sind die Achsen nicht gleich skaliert.

Hinweis: Der Bezugspunkt bei einer Punktsymmetrie muss nicht unbedingt der Koordinatenursprung sein. Diese Verallgemeinerungen werden hier im Übungsbuch nicht betrachtet.

Periodizität

Eine Funktion heißt periodisch, wenn sich die Funktionswerte in regelmäßigen Abständen im gesamten Definitionsbereich wiederholen. Dies kann mithilfe der **Periodendauer** (oder auch „Periode") T in mathematischer Form beschrieben werden:

$$f(x) = f(x + kT), \quad k = 0, \pm 1, \pm 2, \ldots$$

Wichtige periodische Funktionen sind die trigonometrischen Funktionen, wie beispielsweise die Sinus- und die Kosinusfunktion. Im Standardfall besitzen beide eine kleinste Periode von $T = 2\pi$ (s. Abb. 11.5).

Umkehrbarkeit

Funktionen sind umkehrbar, wenn sie im gesamten Definitionsbereich streng monoton wachsen oder streng monoton fallen. Dann existiert die Umkehrfunktion:

$$y = g(x) = f^{-1}(x).$$

Hinweis: Die Bezeichnung $y = f^{-1}(x)$ darf nicht mit $y = 1/f(x)$ verwechselt werden. Es handelt sich um eine formale Schreibweise, nicht um die Anwendung der Potenzrechnung.
Bitte beachten Sie im Zusammenhang mit Umkehrfunktionen die Notation und Tastenbeschriftung Ihres Taschenrechners. Oft finden Sie dafür INV oder auch f^{-1}.

Falls eine Funktion umkehrbar ist, besitzen der Definitionsbereich der Funktion und der Wertebereich der Umkehrfunktion die gleichen Elemente. Ebenso umfassen der Wertebereich der Funktion und der Definitionsbereich der Umkehrfunktion die gleichen Elemente:

$$\mathsf{D}_f = \mathsf{W}_{f^{-1}}, \qquad \mathsf{W}_f = \mathsf{D}_{f^{-1}}.$$

Für beliebige (streng monotone) Funktionen kann der Funktionsausdruck von $y = g(x) = f^{-1}(x)$ bestimmt werden, indem man:

1. die Funktion $y = f(x)$ umstellt, bis die Variable x allein auf einer Seite auftritt,
2. als Nächstes die Variablen formal vertauscht, sodass y durch x ersetzt wird und umgekehrt.

Die Reihenfolge dieser Schritte kann man vertauschen.
Für eine streng monotone Funktion lässt sich der Graph der Umkehrfunktion durch Spiegelung der gegebenen Funktionskurve an der Winkelhalbierenden $y = x$ im I. und III. Quadranten erzeugen. Dies bewirkt das formale Vertauschen der Koordinaten aller Punkte $P(x{,}y)$ des Graphen von $y = f(x)$. Ist beispielsweise $P(3{,}1)$ ein Punkt des gegebenen Graphen einer streng monotonen Funktion, gehört der gespiegelte Punkt $P(1{,}3)$ zum Graphen von $y = f^{-1}(x)$. Dieser Zusammenhang wird im Abschn. 10.1 ausführlich geübt.

Falls die Funktion mehrere Intervalle mit unterschiedlichen, d. h. wechselnden Eigenschaften strenger Monotonie besitzt, gibt es für jedes dieser Intervalle eine eigenständige Umkehrfunktion. Die Graphen der entsprechenden Umkehrfunktionen entstehen durch Spiegelung des ausgewählten monotonen Stücks des Graphen von $y = f(x)$ an $y = x$.

6.1.2 Wirkung von Parametern

In den Ingenieurwissenschaften ist es von Bedeutung zu verstehen, wie sich Parameter a, b, c und d grundsätzlich auf Funktionen der Art $y = a \cdot f(b\,x + c) + d$ auswirken, denn oft kennt man von derartigen Parametern keine genauen Zahlenwerte und kann deshalb den Funktionsverlauf nicht darstellen. Eine Wertetabelle ist dann gleichfalls nicht verfügbar.

Verschieben durch $c > 0$ und $d > 0$

$y = f(x) + d$: Verschiebung des Funktionsgraphen um d nach oben.
$y = f(x) - d$: Verschiebung des Funktionsgraphen um d nach unten.
$y = f(x - c)$: Verschiebung des Funktionsgraphen um c nach rechts.
$y = f(x + c)$: Verschiebung des Funktionsgraphen um c nach links.

In Abb. 6.5 werden die Auswirkungen und Effekte der Parameter c und d für positive Werte anhand des Graphen von $y = f(x) = x^2$ beispielhaft dargestellt:

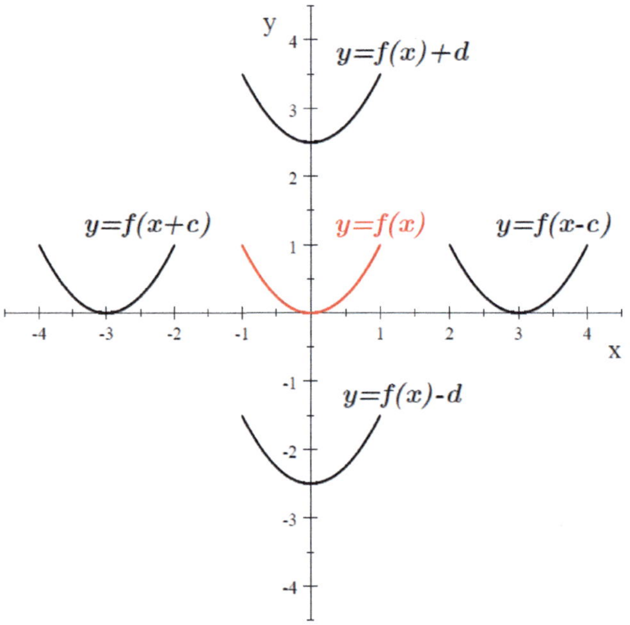

Abb. 6.5 Achsenparallele Verschiebung des Graphen von $y = f(x) = x^2$

Stauchen, Strecken und Spiegeln durch a und b

$\lvert a\rvert > 1$:	Streckung in y-Richtung,	$\lvert a\rvert < 1, a \neq 0$:	Stauchung in y-Richtung,
$\lvert b\rvert > 1$:	Stauchung in x-Richtung,	$\lvert b\rvert < 1, b \neq 0$:	Streckung in x-Richtung,
$a < 0$:	Spiegelung an der x-Achse,	$b < 0$:	Spiegelung an der y-Achse.

Abb. 6.6a zeigt Beispiele für die Streckung und Stauchung des Graphen von $y = f(x) = x^3$.

Ist der Graph einer beliebigen Funktion $y = f(x)$ gegeben, erhält man bei dessen Spiegelung an der x-Achse den Funktionsgraph von $y = -f(x)$ und bei Spiegelung an der y-Achse den Funktionsgraphen von $y = f(-x)$ (s. Abb. 6.6b).

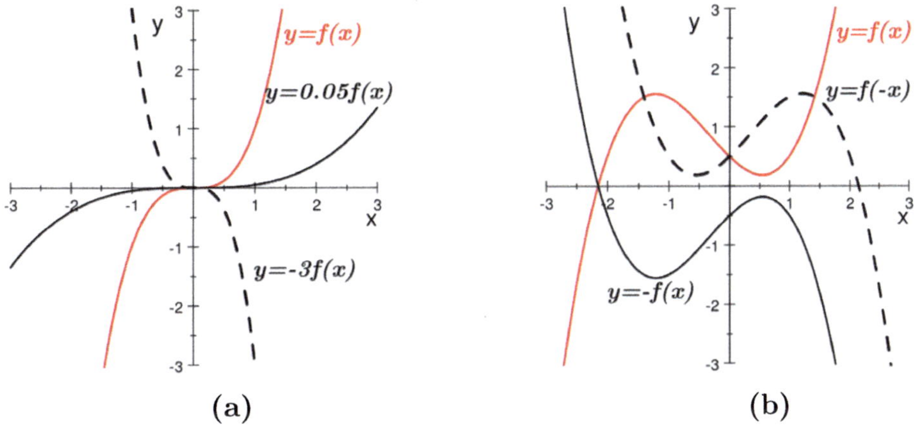

Abb. 6.6 Wirkung von Parametern in Funktionen, **a** Streckung bzw. Stauchung und Spiegelung an der x-Achse des Graphen von $y = f(x) = x^3$, **b** Spiegelung des Graphen von $y = f(x)$ an den Koordinatenachsen

Hinweis: Ist $b \neq 1$, wird der Graph von $y = f(bx + c)$ der um b in x-Richtung gestreckten bzw. gestauchten Kurve um $-\frac{c}{b}$ horizontal verschoben, nicht um $-c$; nur im Fall $b = 1$ liefert $-c$ die exakte Verschiebung. Dieser Sachverhalt wird beispielsweise bei trigonometrischen Funktionen benötigt (vgl. Abb. 11.5).

6.1.3 Polynomfunktionen

Häufig benutzt man **Polynomfunktionen**:

$$y = f(x) = P_n(x) = \sum_{i=0}^{n} a_i x^i = a_n x^n + a_{n-1} x^{n-1} + \ldots + a_1 x + a_0, \quad a_i \in \mathbb{R}, \quad i, n \in \mathbb{N}_0, \, a_n \neq 0.$$

Dazu zählen $y = f(x) = x^2$ (vgl. Abb. 6.5) und $y = f(x) = x^3$ (vgl. Abb. 6.6a).
In den folgenden Kapiteln werden die linearen (s. Abschn. 7.1) und quadratischen Funktionen (s. Abschn. 8) ausführlich geübt.

6.1.4 Zahlenfolgen als Sonderfall von Funktionen

Wird die Menge der natürlichen Zahlen $\mathbb{N} = \{1, 2, 3, 4, \ldots\}$ auf eine abzählbare Teilmenge der reellen Zahlen abgebildet, bezeichnet man dies als „diskrete Funktion“ bzw. als Zahlenfolge, wobei $f_n = f(n), n \in \mathbb{N}$.
Die übliche Schreibweise für eine Zahlenfolge lautet:

$$\langle\, f_n \,\rangle = f_1, f_2, f_3, f_4, \ldots$$

Oft wählt man als Definitionsbereich die Menge $\mathbb{N}_0$; die Nummerierung beginnt demnach mit null.
Zahlenfolgen können ebenfalls monoton sein.
Wechselt in jedem Glied das Vorzeichen, handelt es sich um eine **alternierende** Zahlenfolge.

6.2 Beispiele

6.2.1 Beispiel

Spiegeln Sie den Funktionsgraphen von $y = f(x) = x + 1$ an den Koordinatenachsen!

Lösungsweg:

Die Spiegelbilder der Geraden sind erneut Geraden (s. Abb. 6.7). Offenbar ändert sich beim Spiegeln jeweils die Monotonieeigenschaft.
In beiden Fällen steht der gespiegelte Graph jeweils orthogonal zur gegebenen Kurve.

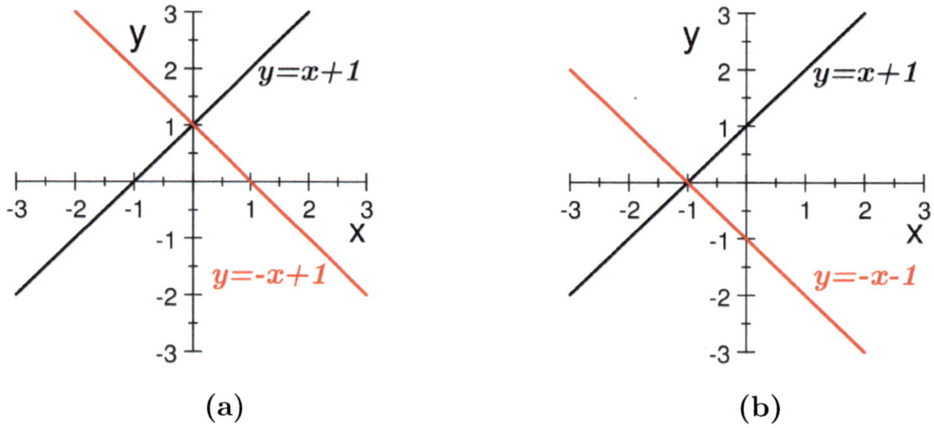

Abb. 6.7 Spiegelung einer Geraden, **a** an der y-Achse, **b** an der x-Achse

6.2.2 Beispiel

Eine der in Abb. 6.8 dargestellten Funktionen hat keine Umkehrfunktion $y = g(x) = f^{-1}(x)$. Für welche trifft dies zu?

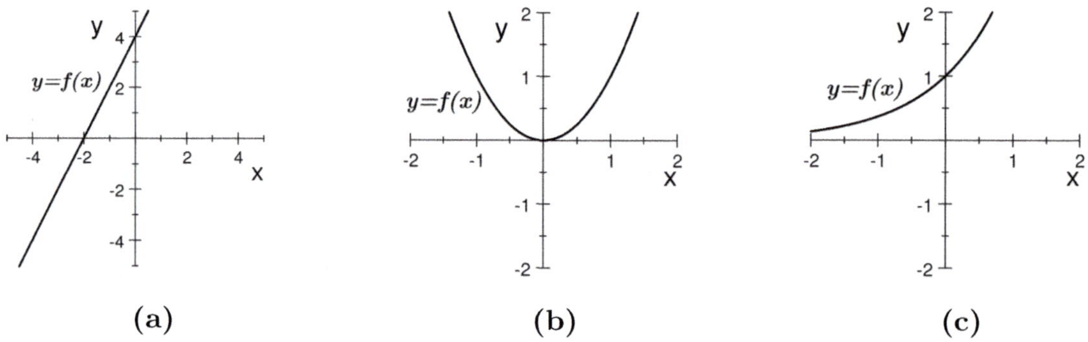

Abb. 6.8 Beispiele für Graphen einer, **a** Geraden, **b** Parabel, **c** Exponentialfunktion

Lösungsweg:

Die Graphen in Abb. 6.9a und 6.9c sind streng monoton steigend, deshalb sind die Funktionen umkehrbar, die Funktion in Abb. 6.9b ist jedoch nicht streng monoton, demnach nicht umkehrbar. Für jedes Monotonieintervall existiert eine eigene Umkehrfunktion, beispielsweise für $x \geq 0$.

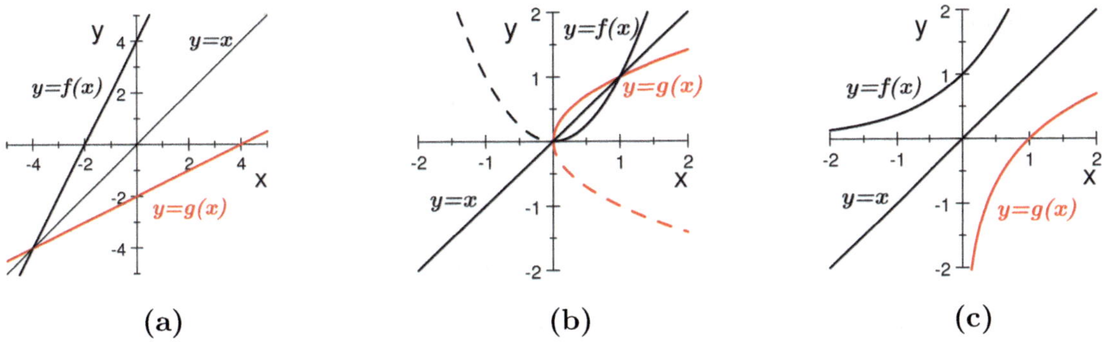

Abb. 6.9 **a**, **c**: Bestimmung der Umkehrfunktion $y = g(x) = f^{-1}(x)$ durch Spiegelung an $y = x$, **b** die Funktion ist $\forall x \in \mathbb{R}$ nicht umkehrbar

6.2.3 Beispiel

Welche der folgenden diskreten Funktionen (Zahlenfolgen) ist streng monoton fallend:

$$\begin{array}{lrcl} \text{a)} & \left\langle \frac{1}{n} \right\rangle & = & \frac{1}{1}, \frac{1}{2}, \frac{1}{3}, \frac{1}{4}, \ldots, \\ \text{b)} & \left\langle \frac{(-1)^n}{n} \right\rangle & = & -\frac{1}{1}, \frac{1}{2}, -\frac{1}{3}, \frac{1}{4}, \ldots, \\ \text{c)} & \left\langle -\frac{1}{n} \right\rangle & = & -\frac{1}{1}, -\frac{1}{2}, -\frac{1}{3}, -\frac{1}{4}, \ldots ? \end{array}$$

Lösungsweg:

a) Falls die Zahlenfolge streng monoton fallen würde, müsste gelten:

$$f_n = \frac{1}{n} > f_{n+1} = \frac{1}{n+1}, \quad \forall n \in \mathbb{N}.$$

Diese Eigenschaft ist vorhanden, weil die Brüche $\frac{1}{n}$ mit wachsendem n immer kleiner werden, der Nenner vergrößert sich zunehmend.

b) Bei dieser Zahlenfolge ändert sich beim nachfolgenden Glied jeweils das Vorzeichen; es handelt sich um eine alternierende Folge:

$$-1, \frac{1}{2}, -\frac{1}{3}, \frac{1}{4}, -\frac{1}{5}, \ldots$$

Die Brüche werden abwechselnd größer und kleiner. Eine derartige Zahlenfolge ist demnach nicht monoton.

c) Diese Zahlenfolge ist nicht streng monoton fallend, sondern streng monoton wachsend. Brüche der Form $-\frac{1}{n}$ werden mit wachsendem n offenbar nicht kleiner, sondern größer:

$$-\frac{1}{n} < -\frac{1}{n+1}, \quad \forall n \in \mathbb{N}.$$

6.3 Übungen

6.3.1 Übung

(2/3/4 Min.)

Gegeben sei der Funktionsgraph von $y = f(x)$. Welche der Aussagen trifft zu?

a) $y = f\left(\frac{1}{3}x\right)$ ergibt sich durch Strecken des gegebenen Graphen in x-Richtung auf das Dreifache,

b) $y = f(3x + 7)$ entsteht aus dem gegebenen Graphen durch Stauchung in x-Richtung auf ein Drittel und Verschiebung in x-Richtung um minus sieben,

c) $y = 2f(3x - 4)$ ergibt sich aus dem Graphen von $y = f(x)$ durch Streckung in y-Richtung auf das Zweifache, Stauchung in x-Richtung auf ein Drittel und Verschiebung in positiver x-Richtung um $\frac{4}{3}$.

→ *Lösung auf Seite 180*

6.3.2 Übung

(4/4/4 Min.)

Welche der Zahlenfolgen $\langle f_n \rangle$ ist streng monoton fallend:

a) $f_n = \frac{1}{n^2}$, **b)** $f_n = \frac{(-1)^n}{n^2}$, **c)** $f_n = -\frac{1}{n^2}$?

→ *Lösung auf Seite 180*

6.4 Tests

6.4.1 Test

(8/10/5 Min.)

Prüfen (und beweisen) Sie, welche Vorschrift für f_n eine streng monoton fallende Zahlenfolge $\langle\ f_n\ \rangle\ = f_1, f_2, f_3, \ldots$ erzeugt:

[1] $f_n = \frac{1}{n!}$, [2] $f_n = \frac{n}{(2n+1)!}$, [3] $f_n = \frac{(-1)^n}{(2n+3)!}$.

→ *Lösung auf Seite 241*

6.4.2 Test

(5/5/7 Min.)

Welche der Aussagen ist wahr?

[1] Das Produkt einer geraden Funktion mit einer ungeraden ergibt eine ungerade Funktion.

[2] Die Differenz zweier streng monoton wachsender Funktionen ist in jedem Fall eine streng monoton wachsende Funktion.

→ *Lösung auf Seite 242*

7 Lineare Funktionen

7.1 Theorie

Lineare Funktionen sind Polynomfunktionen der Form $y = f(x) = a_1x + a_0 = mx + n$.
Der Funktionsgraph einer linearen Funktion ist eine Gerade, dies darf nicht mit der Symmetrieeigenschaft einer geraden Funktion verwechselt werden.
Die **Gleichung einer Geraden** kann auf verschiedenen Wegen aufgestellt werden. Die Schreibweisen sind äquivalent und können leicht ineinander umgeformt werden:

- **Punktrichtungsformel**
Werden die Steigung m und ein beliebiger Punkt $P_0(x_0,y_0)$ vorgegeben, kann man die Punktrichtungsformel zur Beschreibung der Geraden benutzen, sie lautet:

$$y = m(x - x_0) + y_0.$$

- **Zwei-Punkte-Formel**
Die Gleichung der Geraden durch die Punkte $P_0(x_0,y_0)$ und $P_1(x_1,y_1)$ lautet:

$$\frac{y - y_0}{y_1 - y_0} = \frac{x - x_0}{x_1 - x_0}.$$

Wird nach y umgestellt, kann man die Koeffizienten $a_1 = m$ und $a_0 = n$ berechnen:

$$y = \underbrace{\frac{y_1 - y_0}{x_1 - x_0}}_{=m} x \underbrace{- \frac{y_1 - y_0}{x_1 - x_0} x_0 + y_0}_{=n} = mx + n,$$

$$m = \frac{y_1 - y_0}{x_1 - x_0}, \quad n = -\frac{y_1 - y_0}{x_1 - x_0} x_0 + y_0.$$

- **Parameterdarstellung**
Der Parameter m liefert den Tangens des Anstiegswinkel α der Geraden bzgl. der positiven x-Achse (**Steigungswinkel**):

$$m = \tan \alpha,$$

m wird „Anstieg der Geraden“ bzw. „Steigung“ genannt.
Der Parameter n ist offenbar der y-Wert für $x = 0$ (Schnittpunkt mit der y-Achse) und heißt deshalb „Achsenabschnitt (der y-Achse)“.
Eine Gerade ist demnach mit ihrer Steigung m und dem Punkt $P(0,n)$ festgelegt:

$$y = mx + n.$$

J. Siegert und N. Togobytska, *Mathematik trainieren: Brüche, Funktionen & Co.*, https://doi.org/10.1007/978-3-662-70607-7_7

Kennt man von der Geraden die Steigung m und einen Punkt P_0, kann ein weiterer Punkt P_1 mithilfe des **Steigungsdreiecks** bestimmt werden:
Vom gegebenen Punkt $P_0(x_0,y_0)$ geht man eine Längeneinheit parallel zur x-Achse nach rechts und dann parallel zur y-Achse in Abhängigkeit vom Vorzeichen von m bei positivem Anstieg m um m Einheiten nach oben oder bei negativem m nach unten. Das liefert den zweiten Punkt P_1 der Geraden. Seine Koordinaten lauten demnach $P_1(x_0 + 1,y_0 + m)$ (vgl. Abb. 7.3b, Abb. 16.1).

7.1.1 Weitere Eigenschaften linearer Funktionen

- Lineare Funktionen sind für $m \neq 0$ streng monoton. Für $m > 0$ handelt es sich um eine streng monoton steigende Funktion, für $m < 0$ ist sie streng monoton fallend. Demnach sind lineare Funktionen für $m \neq 0$ umkehrbar (s. Abb. 6.9a).
- Im Fall $m = 0$ verläuft eine Gerade parallel zur x-Achse, ist daher nicht streng monoton und somit auch nicht umkehrbar. Für $m = 0$ und $n = 0$ liegt die Gerade auf der x-Achse.
- Eine Gerade kann nur achsensymmetrisch sein, wenn $m = 0$ gilt.
  Für $n = 0$ sind lineare Funktionen punktsymmetrisch; sie verlaufen durch den Koordinatenursprung.
- Beim Addieren zweier (oder mehrerer) linearer Funktionen addieren sich stets die Steigungen und Absolutglieder. Die Summe von $y = f_1(x) = m_1x + n_1$ und $y = f_2(x) = m_2x + n_2$ ist demnach wieder eine lineare Funktion:

$$f_1(x) + f_2(x) = (m_1x + n_1) + (m_2x + n_2) = (m_1 + m_2)x + n_1 + n_2.$$

- Besitzen zwei Geraden den gleichen Anstieg, liegen sie parallel.
- Zwei Geraden nennt man **orthogonal**, wenn sie sich in einem rechten Winkel schneiden. Falls die Geraden nicht achsenparallel verlaufen, gilt für die Steigungen:

$$m_1 \cdot m_2 = -1 \quad \Leftrightarrow \quad m_1 = -\frac{1}{m_2}.$$

  Mithilfe dieser Gleichung kann man Geraden auf Orthogonalität prüfen.
  Das Symbol $\Leftrightarrow$ bezeichnet die Äquivalenz beider Gleichungen.
- Besitzt eine Gerade den Anstieg $m = 0$, sind dazu alle Parallelen zur y-Achse orthogonal.

Hinweis: Parallel zur y-Achse liegende Geraden sind keine Graphen linearer Funktionen und deshalb auch nicht mit einer Geradengleichung darstellbar. Da bei diesen Geraden alle Punkte den gleichen x_*-Wert besitzen, gilt demnach für eine Parallele zur y-Achse:

$$x = x_* = const \in \mathbb{R}.$$

Zu jeder dieser Geraden gibt es umgekehrt unendlich viele orthogonale Geraden, die alle parallel zur x-Achse verlaufen:

$$y = y_* = const \in \mathbb{R}.$$

7.1.2 Schnittpunkt von Geraden

Zwei nicht parallel verlaufende Geraden schneiden sich in der x-y-Ebene in einem Punkt $P_S(x_S,y_S)$. Der Schnittpunkt wird berechnet, indem man als Erstes die Geradengleichungen $y = f_1(x)$ und $y = f_2(x)$ „gleichsetzt". Weil der Punkt $P_S(x_S,y_S)$ auf beiden Geraden liegt, müssen die Koordinaten gleich sein, demnach gilt:

$$f_1(x_S) = y_S = f_2(x_S).$$

Aus der entstandenen Gleichung wird die x_S-Koordinate bestimmt.
Diesen x_S-Wert setzt man in eine der Geradengleichungen ein und berechnet daraus den y_S-Wert. Substituiert man auch in die zweite Gleichung, kann dies als Probe genutzt werden.
Im Abschn. 13.1 wird der Zusammenhang des Schnittpunktes zweier Geraden mit der Lösung linearer Gleichungssysteme erläutert.

7.1.3 Abstand eines Punktes von einer Geraden

Der Abstand d eines Punktes $P(x,y)$ von einer Geraden g ist die kürzeste Entfernung von P zur Geraden. Dafür muss derjenige Punkt P_S auf g bestimmt werden, der dem gegebenen Punkt P am nächsten liegt (s. Abb. 7.1), dies bezeichnet man auch als **Fällen des Lots** vom Punkt P auf die gegebene Gerade g.
Der Punkt P_S gehört offenbar zu der Geraden g_S, die orthogonal zu g steht und den Punkt P besitzt; g_S nennt man **Lotgerade**.
Der gesuchte Abstand d ist gleich der Länge der Strecke $\overline{PP_S}$.

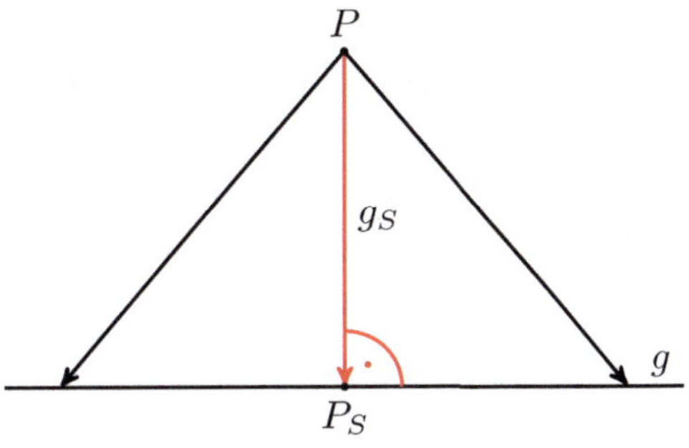

Abb. 7.1 Abstand eines Punktes zu einer Geraden

Als Erstes wird demnach die Gleichung der Lotgeraden g_S aufgestellt, indem man den Punkt P und den Zusammenhang zwischen den Anstiegen orthogonaler Geraden verwendet (s. Abschn. 7.1):

$$m \cdot m_S = -1.$$

Als Zweites berechnet man mit der bekannten allgemeinen Vorgehensweise den Schnittpunkt P_S von g mit der Lotgeraden g_S als Schnittmenge zweier Geraden.
Der gesuchte Abstand d zwischen den Punkten P und P_S wird als Drittes auf der Grundlage des Satzes des Pythagoras (vgl. Abschn. 14.1) berechnet:

$$d = \sqrt{(x - x_S)^2 + (y - y_S)^2}.$$

7.1.4 Betragsfunktion

Die Betragsfunktion $y = f(x) = |x|$ wird mithilfe des absoluten Betrags einer reellen Zahl x definiert (vgl. Abschn. 2.1):

$$y = f(x) = |x| \overset{def}{=} \begin{cases} x, \text{ für } x \geq 0, \\ -x, \text{ für } x < 0. \end{cases}$$

Der Graph besteht aus den Winkelhalbierenden der ersten zwei Quadranten und besitzt den Punkt $O(0{,}0)$ (s. Abb. 7.2). Die Funktion ist für $x \leq 0$ streng monoton fallend und streng monoton wachsend für $x \geq 0$.

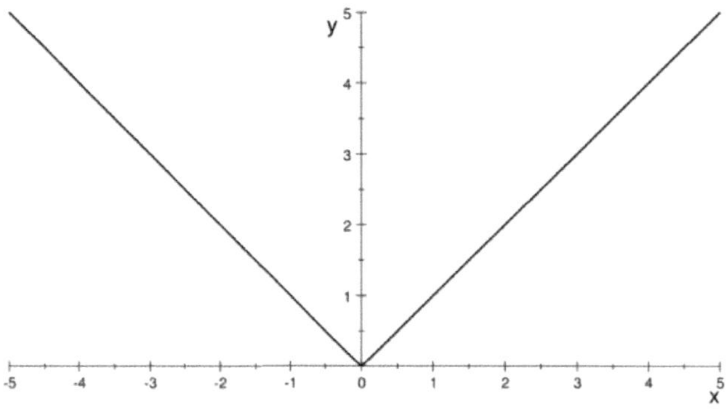

Abb. 7.2 Betragsfunktion $y = f(x) = |x|$

Hinweis: Beträge treten nicht nur im Zusammenhang mit linearen Funktionen auf.
Viele nichtlineare Funktionen sind gleichfalls damit verknüpft, beispielsweise $y = |x^2 - 4| + 1$, $y = |\sin x|$ oder $y = |\ln x| + 1$. Sie sollten versuchen, sich ohne Benutzung einer Wertetabelle die Auswirkung des Betrags auf diese nichtlinearen Funktionen selbst herzuleiten; im Abschn. 8.2 wird die Wirkung des Betrags ausführlich geübt.

7.1.5 Lineare Ungleichungen

Das Rechnen mit Ungleichungen in $\mathbb{R}$ wurde bereits bei Zahlenfolgen trainiert (s. Abschn. 6.2). Oft sind Ungleichungen gegeben, die eine Unbekannte wie etwa x enthalten. Unter dem „Lösen der Ungleichung" versteht man die Bestimmung der Menge aller x-Werte, für die diese Ungleichung erfüllt ist. Das Ergebnis kann mithilfe einer geeigneten Schreibweise als Lösungsmenge dargestellt werden. In einigen Fällen gibt es jedoch keine Lösung; die Lösungsmenge ist leer.

Treten nur lineare Terme auf, heißt die Ungleichung linear. Derartige Ungleichungen hängen eng mit linearen Funktionen bzw. Geraden zusammen und können rechnerisch oder auch in einfachen Fällen grafisch mit einer Skizze gelöst werden.
Die grafische Lösung hängt jedoch sehr von der Genauigkeit der Darstellung ab und ist deshalb i. d. R. nur zur Überprüfung der Plausibilität der Lösungsmenge geeignet.

Die Lösung nichtlinearer Ungleichungen wird in Abschn. 8.1 anhand quadratischer Ungleichungen erläutert.

7.2 Beispiele

7.2.1 Beispiel

Skizzieren Sie die Gerade g und bestimmen Sie deren Gleichung, wenn von g folgende Punkte bzw. Parameter gegeben sind:

a) $P_1(1{,}2),\ P_2(3{,}4),$ **b)** $m = 3,\ P_1(1{,}1),$ **c)** $m = 0,\ n = 1.$

Grafischer Lösungsweg:

a) Die Gerade lässt sich schnell und einfach bestimmen, indem die Punkte P_1 und P_2 in ein gemeinsames Koordinatensystem eingetragen und anschließend miteinander verbunden werden (s. Abb. 7.3a).

b) Die Gerade erhält man mittels Steigungsdreieck (s. Abschn. 7.1):
Ausgehend vom gegebenen Punkt $P_1(1{,}1)$ bewegt man sich um eine Einheit nach rechts (parallel zur x-Achse) und um $m = 3$ Einheiten nach oben (parallel zur y-Achse) (vgl. Abb. 7.3b). Dies liefert einen zweiten Punkt $P_2(1 + 1{,}1 + 3)$, womit die Gerade skizziert werden kann.

c) In diesem Fall handelt es sich um eine Gerade, die parallel zur x-Achse durch $y = 1$ verläuft (s. Abb. 7.3c).

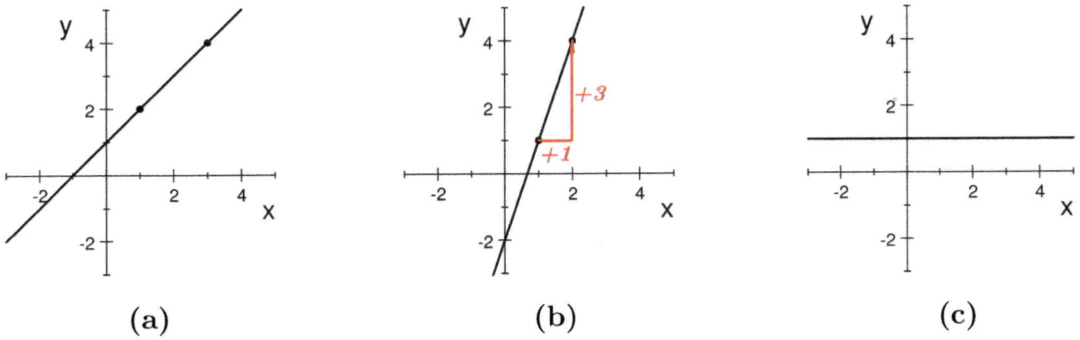

Abb. 7.3 Verlauf einer Geraden, **a** durch zwei Punkte, **b** durch einen Punkt bei gegebener Steigung, **c** parallel zur x-Achse

Rechnerischer Lösungsweg:

a) Mit den zwei gegebenen Punkten ergibt die Zwei-Punkte-Formel:

$$\frac{y-2}{4-2} = \frac{x-1}{3-1}.$$

Diese Formel kann durch Umstellen leicht in die Parameterform überführt werden:

$$\frac{y-2}{2} = \frac{x-1}{2} \quad \Rightarrow \quad y = x + 1.$$

b) Für dieses Beispiel bietet sich die Punktrichtungsformel an:

$$y = 3(x-1) + 1 = 3x - 2.$$

c) Die Angaben können direkt in die Parameterdarstellung übernommen werden:

$$y = 0 \cdot x + 1 = 1.$$

7.2.2 Beispiel

Bestimmen Sie den Schnittpunkt der Funktionsgraphen von $y = f_1(x) = 2x$ und $y = f_2(x) = x+1$.

Lösungsweg:

Die x_S-Koordinate des Schnittpunktes wird durch Gleichsetzen der beiden Funktionen berechnet:

$$2x_S = x_S + 1 \quad \Rightarrow \quad x_S = 1.$$

Die y_S-Koordinate erhält man durch Einsetzen des x_S-Werts in eine der beiden Funktionen:

$$y_S = f_1(x_S) = 2 \cdot 1 = 2.$$

Der Schnittpunkt beider Geraden lautet demnach $P_S(1{,}2)$.

7.2.3 Beispiel

Berechnen Sie den Abstand von Punkt $P(-1{,}3)$ zur Geraden:

$$\textbf{a)}\ y = x + 1, \qquad \textbf{b)}\ y = \frac{1}{3}x + \frac{5}{3}.$$

Lösungsweg:

a) Zunächst wird der Anstieg m_S der orthogonalen Lotgeraden g_S bestimmt:

$$m \cdot m_S = -1 \quad \Rightarrow \quad m_S = -\frac{1}{1} = -1.$$

Da für die Hilfsgerade der Punkt $P(-1{,}3)$ und der Anstieg $m_S = -1$ gegeben sind, kann als Nächstes die Punktrichtungsformel angewendet werden:

$$y = -1(x + 1) + 3 = -x + 2.$$

Anschließend wird die x_S-Koordinate des Schnittpunkts durch Gleichsetzen bestimmt:

$$x_S + 1 = -x_S + 2 \quad \Rightarrow \quad x_S = \frac{1}{2}.$$

Setzt man diesen Wert in die Geradengleichung $y = x + 1$ ein, ergibt sich die y_S-Koordinate des Schnittpunkts $y_S = \frac{3}{2}$.
Mit Hilfe des Satzes des Pythagoras kann der Abstand von $P_S\left(\frac{1}{2},\frac{3}{2}\right)$ zu $P(-1{,}3)$ ermittelt werden:

$$d = \sqrt{\left(-1 - \frac{1}{2}\right)^2 + \left(3 - \frac{3}{2}\right)^2} = \sqrt{\left(-\frac{3}{2}\right)^2 + \left(\frac{3}{2}\right)^2} = \sqrt{\frac{2 \cdot 9}{4}} = \frac{3}{2}\sqrt{2}.$$

b) Die Vorgehensweise wird analog zum vorherigen Beispiel wiederholt:

$$m \cdot m_S = -1 \quad \Rightarrow \quad m_S = -\frac{1}{\frac{1}{3}} = -3.$$

Für die Lotgerade ergibt sich aus $P(-1{,}3)$ und $m_S = -3$:

$$y = -3(x+1) + 3 = -3x.$$

Der Schnittpunkt P_S wird erneut durch Gleichsetzen bestimmt:

$$\begin{aligned} \frac{1}{3}x_S + \frac{5}{3} &= -3x_S, \\ x_S &= -\frac{3 \cdot 5}{10 \cdot 3} = -\frac{1}{2} \quad \Rightarrow \quad y_S = \frac{3}{2}. \end{aligned}$$

Zuletzt wird der gesuchte Abstand bzw. die Länge der Strecke zwischen $P_S\left(-\frac{1}{2},\frac{3}{2}\right)$ und $P(-1{,}3)$ berechnet:

$$d = \sqrt{\left(-1+\frac{1}{2}\right)^2 + \left(3-\frac{3}{2}\right)^2} = \sqrt{\left(-\frac{1}{2}\right)^2 + \left(\frac{3}{2}\right)^2} = \sqrt{\frac{1}{4}+\frac{9}{4}} = \sqrt{\frac{10}{4}} = \frac{\sqrt{10}}{2}.$$

7.2.4 Beispiel

Skizzieren Sie ohne Verwendung einer Wertetabelle die Funktionsgraphen von:

a) $y = f(x) = |2(x+1) - 4|$, **b)** $y = f(x) = 2|x-1| - 4$.

Lösungsweg:

a) Selbstverständlich könnte man den Graphen mithilfe der linearen Funktion $y = 2x - 2$ und dem Steigungsdreieck beispielsweise im Punkt $P(0,-2)$ direkt erhalten.

Als Alternative wird bei diesem und folgenden Beispielen erläutert, wie der Funktionsgraph schrittweise erzeugt werden kann. Diese vielleicht zunächst etwas umständlich erscheinende Methode kann jedoch völlig analog bei nichtlinearen Funktionen eingesetzt werden, wo die Kurve nicht allein durch zwei Punkte festgelegt wird. Darüber hinaus profitiert man von der Vorgehensweise, wenn in der Funktion unbekannte Parameter enthalten sind und man dennoch Informationen über den Funktionsgraphen erhalten möchte.

Zur Darstellung der linearen Funktion beginnt man beispielsweise mit dem Graphen der Funktion $y = f(x) = x + 1$.
Dieser wird zuerst in y-Richtung auf das Doppelte gestreckt und danach um vier Einheiten in negativer y-Richtung verschoben. Zuletzt werden alle unter der x-Achse liegenden Punkte an dieser gespiegelt (s. Abb. 7.4).

Zur Überprüfung der Plausibilität kann man beispielsweise die Schnittpunkte mit den Achsen einsetzen.

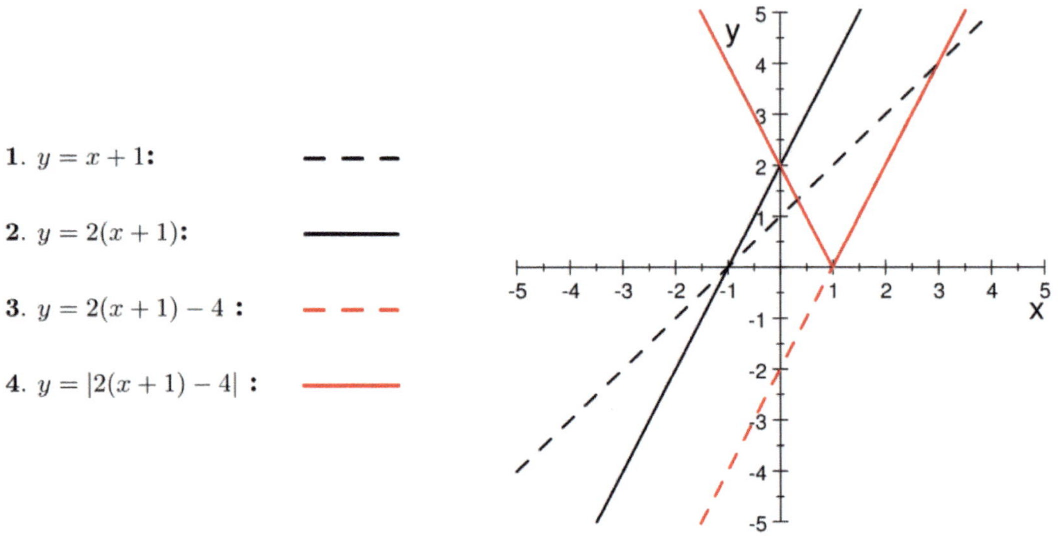

Abb. 7.4 Algorithmus zur Skizze des Graphen von $y = |2(x + 1) - 4|$

b) Die gesuchte Betragsfunktion erhält man, wenn der Graph von $y = f(x) = |x|$ um eine Einheit nach rechts verschoben, in y-Richtung um das Doppelte gestreckt und um vier Einheiten nach unten verschoben wird (s. Abb. 7.5).
Zur Kontrolle der Vorgehensweise kann der Punkt $O(0{,}0)$ des Graphen von $y = f(x) = |x|$ verwendet werden. Man erkennt, an welche Position er sich bei jedem Schritt verlagert.

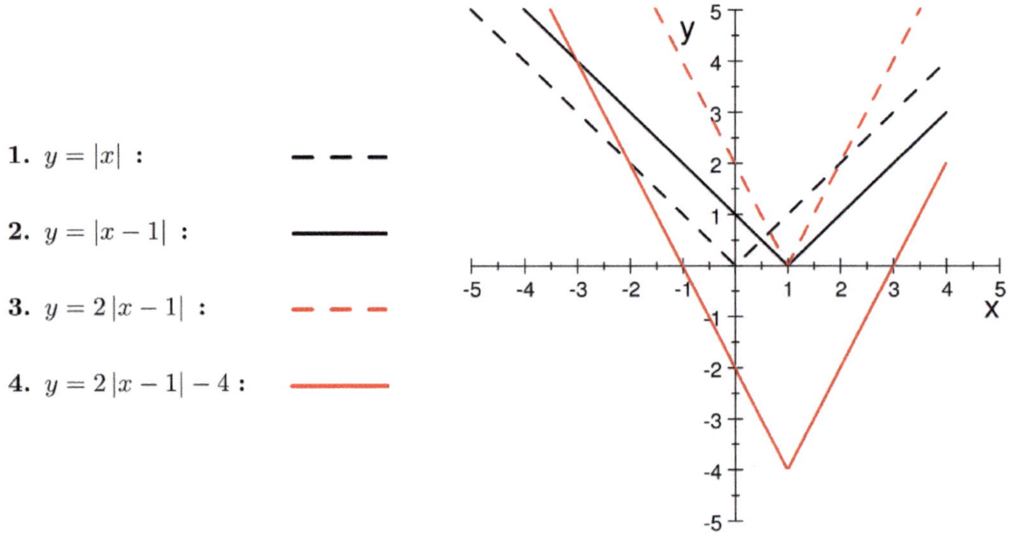

Abb. 7.5 Algorithmus zur Skizze des Graphen von $y = 2|x - 1| - 4$

7.2.5 Beispiel

Lösen Sie folgende Ungleichung **a)** rechnerisch und **b)** graphisch:

$$4(x + 3) + 20 > -17x - 4(2 - x).$$

Lösungsweg:

a) Die direkte Berechnung der Lösungsmenge linearer Ungleichungen gelingt mithilfe von Umformungen. Analog wie bei Gleichungen werden zunächst auf beiden Seiten die Klammern ausmultipliziert und die Terme zusammenfasst:

$$4x + 12 + 20 > -17x - 8 + 4x.$$

Als Nächstes kann die Ungleichung durch Addition und Subtraktion umgestellt und x auf einer Seite separiert werden:

$$4x + 17x - 4x \quad > \quad -8 - 12 - 20 \quad \Rightarrow \quad 17x > -40.$$

Dividiert man beide Seiten der Ungleichung durch eine positive Größe, bleibt das Relationszeichen erhalten (s. Abschn. 1.1). Demnach ergibt sich bei Division durch 17:

$$x > -\frac{40}{17}.$$

Da alle durchgeführten Schritte äquivalente Umformungen darstellen, ist die letzte Bedingung zur ursprünglichen Ungleichung ebenfalls äquivalent. Die Lösungsmenge lautet:

$$\mathsf{L} = \left\{x \;\middle|\; x > -\frac{40}{17}\right\} = \left(-\frac{40}{17}, +\infty\right).$$

Hinweis: Für die Lösung beliebiger (nichtlinearer) Ungleichungen kann alternativ eine allgemeinere Methode angewendet werden.
Statt der Ungleichung wird dabei zunächst die zugeordnete Gleichung aufgestellt und gelöst.
Bei der gegebenen Aufgabe erhält man demnach:

$$4(x+3) + 20 \quad = \quad -17x - 4(2-x) \quad \Rightarrow \quad x = -\frac{40}{17}.$$

Dieser x-Wert teilt $\mathbb{R}$ bzw. den Zahlenstrahl in zwei Teilmengen.
Man wählt eine der beiden Teilmengen und daraus wiederum einen beliebigen Wert $x_* \neq -\frac{40}{17}$, beispielsweise $x_* = 0$ oder auch eine andere ganze Zahl.
Dieser „Testwert“ x_* wird in die gegebene Ungleichung eingesetzt, es ergibt sich entweder eine wahre oder falsche Aussage.
Im ersten Fall bildet die gesamte Teilmenge, der x_* angehört die Lösungsmenge, anderenfalls der andere Teil von $\mathbb{R}$.
Beim Einsetzen von $x_* = 0$ in die Ungleichung der Ausgangsaufgabe des Beispiels erhält man die wahre Aussage $32 > -8$. Demnach ist das Intervall $\left(-\frac{40}{17}, +\infty\right)$ die Lösungsmenge.
Wäre eine schwache Ungleichung vorgegeben, würde die Intervallgrenze ebenfalls ein Element der Lösungsmenge sein. Das entsprechende Intervall wäre in diesem Fall halboffen.

b) Im zweiten Teil der Aufgabe war die grafische Lösung der Ungleichung gefordert. Dazu nutzt man den Verlauf von Geraden (s. Abb. 7.6a).
Man prüft, für welche x-Werte die lineare Funktion $y = f(x)$ auf der linken Seite der Ungleichung größere Funktionswerte annimmt als die lineare Funktion $y = g(x)$ auf der rechten Seite:

$$f(x) > g(x) \quad \Rightarrow \quad 4(x+3)+20 \;>\; -17x - 4(2-x),$$
$$4x + 32 \;>\; -13x - 8.$$

Die zugeordneten x-Werte fasst man in der Graphik zur Lösungsmenge L zusammen (s. Abb. 7.6a).

Als Alternative könnte auch die äquivalente Ungleichung

$$17x + 40 > 0$$

verwendet werden. In diesem Fall wäre zu untersuchen, für welche x-Werte die Hilfsfunktion

$$y = h(x) = f(x) - g(x) = 17x + 40$$

positive y-Werte besitzt (s. Abb. 7.6b).

Hinweis: Mit der grafischen Darstellung lässt sich die Plausibilität der rechnerischen Lösung kontrollieren. Der x-Wert des Schnittpunktes und damit auch die Lösungsmenge kann jedoch nur näherungsweise abgelesen werden.

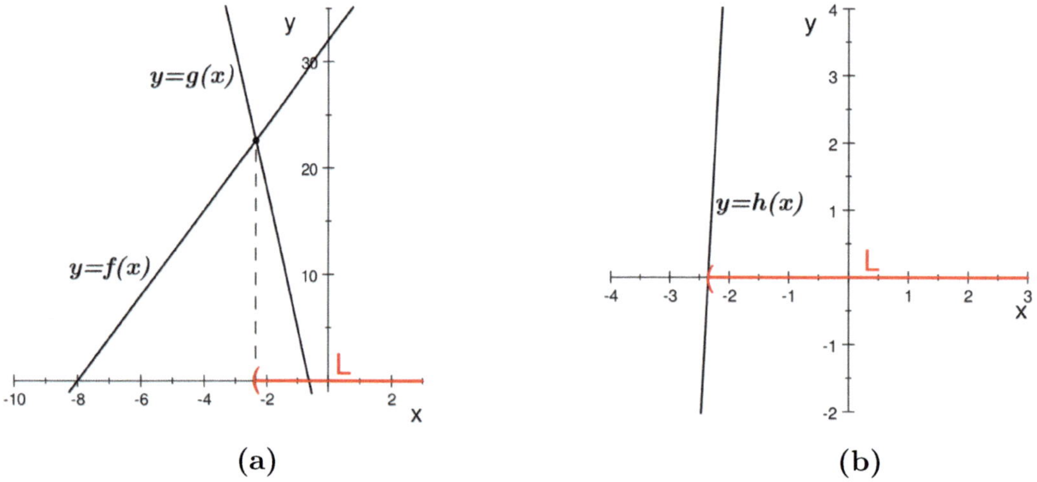

Abb. 7.6 Grafische Lösung der Ungleichung, **a** durch Vergleichen der zwei linearen Funktionen, **b** durch Verwendung der linearen Hilfsfunktion $y = h(x)$

7.3 Übungen

7.3.1 Übung

(3/4/4 Min.)

Stellen Sie die Gleichung der jeweiligen Geraden auf und skizzieren Sie deren Verlauf, wenn von der Geraden folgende Informationen gegeben sind:

a) $m = 2, \quad P(0{,}1),$ **b)** $P_1(0{,}1), \quad P_2(0{,}4).$

c) Die Gerade entsteht aus $y = x$ durch Verschiebung um zwei Einheiten in positiver x-Achsenrichtung und nachfolgender Spiegelung an der x-Achse. Streckung bzw. Stauchung und Spiegelung an der y-Achse treten nicht auf.

→ *Lösung auf Seite 181*

7.3.2 Übung

(4/6/4 Min.)

a) Welche Gerade besitzt den Punkt $P_1(0{,}3)$ und steht senkrecht zur Geraden $y = 4x - 2$?

b) Wie viele Längeneinheiten ist der Punkt $P_1(0{,}3)$ vom Punkt $P_2\left(\frac{20}{17},\frac{46}{17}\right)$ entfernt?

c) Bestimmen Sie den Schnittpunkt des Graphen der Funktionen $y = f_1(x) = 4x - 2$ und $y = f_2(x) = -\frac{1}{4}x + 3$.

→ *Lösung auf Seite 182*

7.3.3 Übung

(4/7/7 Min.)

Berechnen Sie die Lösungsmenge folgender Ungleichungen:

$$\textbf{a) } 2x - 1 \leq 3, \quad \textbf{b) } \frac{x+4}{3} - \frac{x-3}{4} > \frac{x+4}{2}, \quad \textbf{c) } (x-3)^2 - (x+2)^2 < 3(2-x).$$

Überprüfen Sie Ihr Resultat von **a)** grafisch.

→ *Lösung auf Seite 183*

7.3.4 Übung

(8/10/8 Min.)

Berechnen Sie $\forall a \in \mathbb{R}$ die Lösungsmenge folgender Ungleichungen:

$$\textbf{a) } -ax + 5 \geq -2ax + 10, \quad \textbf{b) } (ax+b)^2 - (ax-b)^2 \leq 5, \quad \textbf{c) } ax + 2 < 3x + 4.$$

Bitte beachten Sie, dass bei der Lösung Fallunterscheidungen notwendig sind.

→ *Lösung auf Seite 185*

7.4 Tests

7.4.1 Test

(6/6 Min.)

a) Gegeben sei eine Gerade durch die Punkte $A(-2{,}3)$ und $B(-5,-6)$. Wie lautet die Gleichung der dazu orthogonalen Geraden durch den Punkt $C(-1,-2)$?

b) Wie lautet die Gleichung der Geraden, die durch den Punkt $D(2,-4)$ verläuft und senkrecht zur Geraden $5x + 3y - 8 = 0$ steht?

1 a) $y = 3x - 5$, b) $y = \frac{5}{3}x - \frac{22}{3}$

2 a) $y = -\frac{1}{3}x - \frac{7}{3}$, b) $y = \frac{3}{5}x - \frac{26}{5}$

3 a) $y = \frac{1}{3}x - \frac{5}{3}$, b) $y = -\frac{3}{5}x - \frac{14}{5}$

→ *Lösung auf Seite 243*

7.4.2 Test

(2/6 Min.)

Gegeben seien zwei Geraden mit

$$2x - y - 4 = 0, \quad 6x - 2y = 10.$$

a) Liegen die beiden Geraden zueinander parallel?

b) Falls die beiden Geraden nicht parallel sind, ist der Schnittpunkt zu bestimmen.

1 a) Die Geraden sind parallel. b) Es gibt keinen Schnittpunkt.

2 a) Die Geraden sind nicht parallel. b) $P_S\left(\frac{1}{5}, -\frac{18}{5}\right)$

3 a) Die Geraden sind nicht parallel. b) $P_S\,(1, -2)$

→ *Lösung auf Seite 244*

7.4.3 Test

(6 Min.)

Welche der Funktionen gehört zur Abb. 7.7 ?

1 $y = |2x - 1|$ 2 $y = |x + 1| - x$ 3 $y = |x - 1| + x$

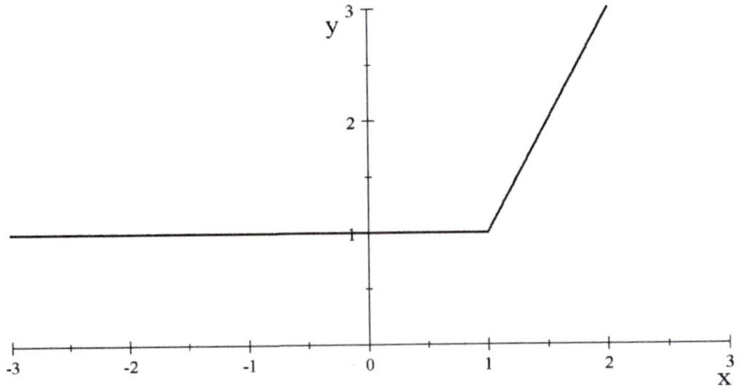

Abb. 7.7 Graph einer unbekannten Funktion

→ *Lösung auf Seite 244*

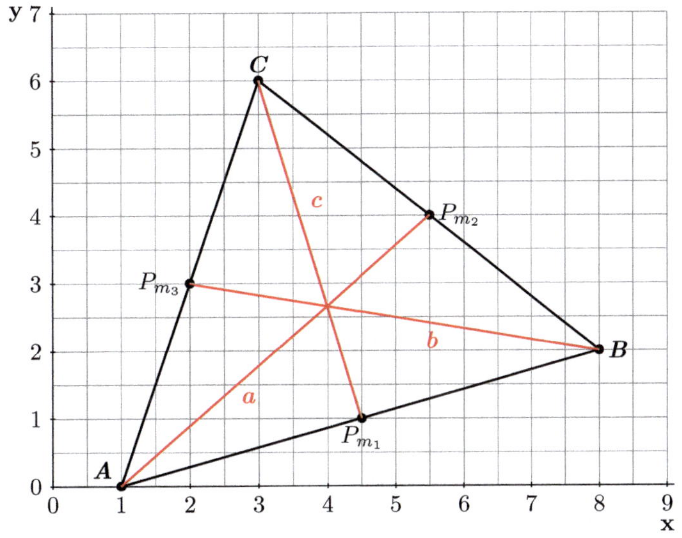

Abb. 7.8 Seitenhalbierende im Dreieck

7.4.4 Test

(12 Min.)

Zu berechnen sind die Längen der Seitenhalbierenden a, b und c des Dreiecks in Abb. 7.8.

1 $|a| = \frac{1}{2}\sqrt{233}$, $|b| = 5\sqrt{5}$, $|c| = \frac{1}{2}\sqrt{421}$

2 $|a| = \frac{1}{2}\sqrt{145}$, $|b| = \sqrt{37}$, $|c| = \frac{1}{2}\sqrt{109}$

3 $|a| = \frac{1}{2}\sqrt{85}$, $|b| = \sqrt{74}$, $|c| = \frac{1}{2}\sqrt{365}$

→ *Lösung auf Seite 246*

8 Quadratische Funktionen

8.1 Theorie

Eine quadratische Funktion ist eine Polynomfunktion zweiten Grades in der **algebraischen** Form:

$$y = f(x) = a_2 \cdot x^2 + a_1 \cdot x + a_0,\ a_2 \neq 0.$$

Diese Funktion besitzt eine Parabel als Graphen und wird deshalb auch als „Parabelfunktion“ bezeichnet. Parabelfunktionen höheren Grades werden in Abschn. 9.1 untersucht. Die **Normalparabel** $y = x^2$ wurde bereits erwähnt und in Abb. 6.4a dargestellt.
Genauer wird der Funktionsgraph, wenn zusätzlich zu den Punkten $P(-1{,}1), S(0{,}0), P(1{,}1)$ im Scheitel S ein Kreis mit dem Mittelpunkt $M(0{,}0.5)$ und einem Radius $r = 0.5$ benutzt wird. Dieser **Krümmungskreis** spannt die Parabel im Scheitel auf (s. Abb. 8.1).

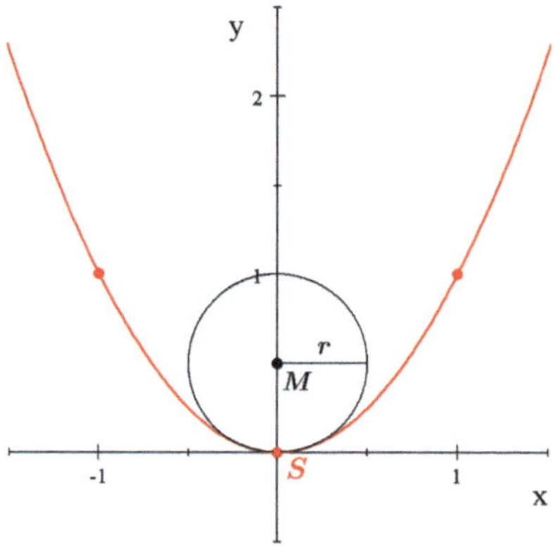

Abb. 8.1 Normalparabel mit dem Krümmungskreis im Scheitel

8.1.1 Scheitelpunktform

Eine zweite Schreibweise einer quadratischen Funktion ist die **Scheitelpunktform**:

$$y = m(x - x_S)^2 + y_S,\ m \neq 0.$$

Sie bietet den Vorteil, dass der Scheitelpunkt $S(x_S{,}y_S)$ der Parabel direkt abgelesen werden kann. Anhand dieser Darstellung kann man erkennen, wie die Normalparabel $y = x^2$ verschoben, gestreckt bzw. gestaucht und gespiegelt wird.
Der x_S-Wert des Scheitelpunktes liefert die Verschiebung in x-Richtung, dies entspricht dem Parameter c (vgl. Abschn. 6.1). Der y_S-Wert bewirkt eine Verschiebung in y-Richtung und steht für den Parameter d. Der Koeffizient m ist ein Streckungs- bzw. Stauchungsfaktor.

J. Siegert und N. Togobytska, *Mathematik trainieren: Brüche, Funktionen & Co.*, https://doi.org/10.1007/978-3-662-70607-7_8

Beide Darstellungsformen lassen sich schnell ineinander umschreiben.
Aus der Scheitelpunktform ergeben sich beim Ausmultiplizieren durch Anwendung der binomischen Formel die Koeffizienten a_2, a_1, a_0 in der Standardschreibweise.
Die algebraische Form $y = a_2 \cdot x^2 + a_1 \cdot x + a_0$ kann umgekehrt leicht durch eine **quadratische Ergänzung** in die Scheitelpunktform umgewandelt werden. Dazu wird zunächst der Koeffizient a_2 ausgeklammert:

$$y = a_2 \cdot \left(x^2 + \frac{a_1}{a_2} \cdot x + \frac{a_0}{a_2}\right).$$

In der Klammer betrachtet man die ersten zwei Summanden als Terme der binomischen Formel $x^2+2bx+b^2 = (x+b)^2$, der noch fehlende Anteil b^2 kann unter Verarbeitung des dritten Summanden $\frac{a_0}{a_2}$ bestimmt werden. Der Term b^2 ergänzt die ersten zwei Summanden zu einem vollständigen Quadrat und wird deshalb **quadratische Ergänzung** genannt.
Nach der Vervollständigung des Quadrats kann die Scheitelpunktform durch Multiplikation der beiden Summanden mit a_2 hergestellt werden.
Die quadratische Ergänzung und die Wirkung der Parameter auf die Veränderung der Parabeln werden anhand der folgenden Beispiele genauer erläutert und geübt.

8.1.2 Nullstellen einer quadratischen Gleichung

Nullstellen einer Funktion sind die x-Werte der Schnittpunkte mit der x-Achse.
Eine Parabel schneidet die x-Achse entweder zweimal, einmal oder an keiner Stelle (Abb. 8.2).
Im Fall Abb. 8.2b zählt man die Nullstellen doppelt. Sie fallen dann mit dem x_S-Wert des Scheitelpunkts zusammen. Im Fall Abb. 8.2c existieren keine reellen Nullstellen, sie sind komplexwertig (s. Abschn. 15.1).

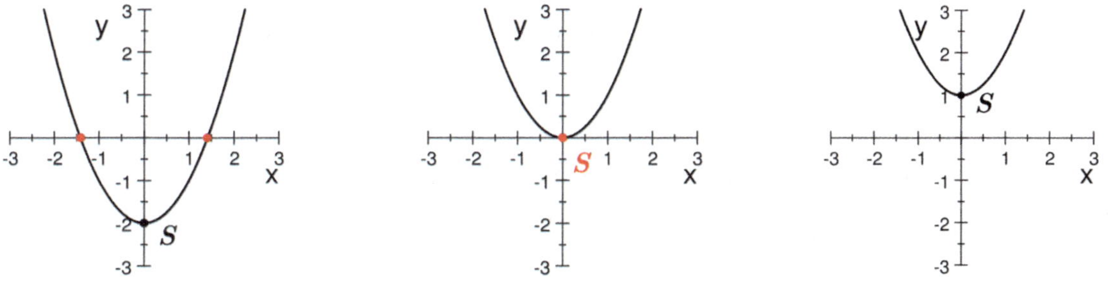

(a) (b) (c)

Abb. 8.2 Nullstellen einer quadratischen Funktion, **a** zwei Nullstellen, **b** eine (doppelte) Nullstelle, **c** keine reelle Nullstelle

Die Nullstellen werden bestimmt, indem man den Funktionsausdruck gleich null setzt.
Nach Division durch a_2 entsteht eine quadratische Gleichung in der **Normalform**:

$$a_2 \cdot x^2 + a_1 \cdot x + a_0 = 0 \quad \Rightarrow \quad x^2 + \frac{a_1}{a_2} \cdot x + \frac{a_0}{a_2} = 0.$$

Oft benutzt man dafür die Schreibweise mit den Parametern p und q:

$$x^2 + px + q = 0,\ \ p = \frac{a_1}{a_2},\ q = \frac{a_0}{a_2}.$$

Auf dieser Grundlage erfolgt die Berechnung der Lösungen der quadratischen Gleichung mithilfe der „p-q-Formel“:

$$x_{1,2} = -\frac{p}{2} \pm \sqrt{\left(-\frac{p}{2}\right)^2 - q}.$$

Dabei sind drei Fälle möglich, die in Abb. 8.2 dargestellt sind:

a) $\left(\frac{p}{2}\right)^2 - q > 0 \ \Rightarrow$ zwei reelle Lösungen: x_1, x_2,

b) $\left(\frac{p}{2}\right)^2 - q = 0 \ \Rightarrow$ eine doppelte Lösung: $x_1 = x_2$,

c) $\left(\frac{p}{2}\right)^2 - q < 0 \ \Rightarrow$ keine reelle Lösung.

Hinweis: Der Term unter der Wurzel in der p-q-Formel wird **Diskriminante** genannt und kann unterschiedlich geschrieben werden:

$$\left(-\frac{p}{2}\right)^2 - q = \left(\frac{p}{2}\right)^2 - q = \frac{p^2}{4} - q.$$

Hinweis: Eine alternative Vorgehensweise für die Bestimmung der Nullstellen ist die Anwendung der sogenannten „Mitternachtsformel“, auf die hier im Übungsbuch nicht eingegangen wird.

Kennt man die Nullstellen x_1 und x_2, lässt sich die Parabelfunktion als Produkt darstellen:

$$y = a_2 \cdot x^2 + a_1 \cdot x + a_0 = a_2(x - x_1)(x - x_2) = a_2(x^2 - (x_1 + x_2)x + x_1x_2),$$

Vergleicht man die Koeffizienten der Polynome auf beiden Seiten, ergeben sich die Gleichungen:

$$a_1 = -a_2(x_1 + x_2), \quad a_0 = a_2x_1x_2.$$

Diese Beziehungen zählen zu den **Vieta'schen Wurzelsätzen**.
Für quadratische Funktionen mit ganzzahligen Koeffizienten kann man mithilfe der Vieta'schen Wurzelsätze die Nullstellen schnell finden.

8.1.3 Schnittpunkt einer Parabel mit einer Geraden

Eine Gerade kann eine Parabel entweder zweifach, einfach oder nicht schneiden (s. Abb. 8.3).
Im Gegensatz zum Schnittpunkt zweier Geraden entsteht bei dieser Aufgabenstellung i. d. R. keine lineare, sondern eine quadratische Gleichung.
Schnittpunkte $P_S(x_S,y_S)$ werden ähnlich wie der Schnittpunkt zweier Geraden bestimmt.
Als Erstes setzt man die Funktionsausdrücke der Parabel $y = f_1(x)$ und der Geraden $y = f_2(x)$ „gleich“. Weil die Schnittpunkte $P_S(x_S,y_S)$ auf beiden Graphen liegen, gilt:

$$f_1(x_S) = y_S = f_2(x_S).$$

Diese Gleichung wird in eine quadratische Gleichung in Normalform umgeschrieben:

$$m \cdot x_S + n = a_2 \cdot x_S^2 + a_1 \cdot x_S + a_0 \quad \Rightarrow \quad x_S^2 + px_S + q = 0.$$

Mithilfe der p-q-Formel berechnet man die x_S-Koordinaten, dabei können drei Fälle auftreten, die sich unmittelbar aus den drei Lösbarkeitsfällen der p-q-Formel ergeben.
Die berechneten x_S-Werte setzt man in die Geradengleichung ein und bestimmt den y_S-Wert. Zur Probe kann man in die Parabelfunktion substituieren.

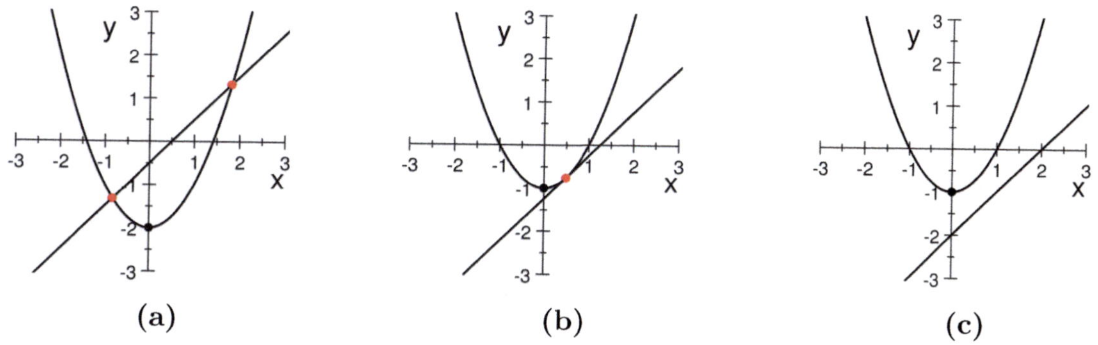

Abb. 8.3 Schnittpunkte einer Geraden mit einer Parabel, **a** zwei Schnittpunkte, **b** ein Schnittpunkt, **c** kein Schnittpunkt

8.1.4 Schnittpunkt von Parabeln

Zwei Parabeln können ebenfalls zwei, einen oder keinen gemeinsamen Punkt besitzen (s. Abb. 8.4). Die Berechnung beginnt erneut damit, dass beide Funktionsausdrücke gleichgesetzt werden. Falls sich die quadratischen Terme aufheben, entsteht eine lineare, anderenfalls eine quadratische Gleichung. Diese wird anschließend gelöst.
Liegt eine quadratische Gleichung vor, kann die p-q-Formel genutzt werden, wobei die bereits diskutierten drei Fälle möglich sind.
Zum Schluss werden die jeweiligen x_S-Koordinaten, falls sie existieren, in eine der beiden Funktionsgleichungen eingesetzt, um die entsprechenden y_S-Koordinaten zu berechnen.
Zur Kontrolle kann x_S im zweiten Funktionsterm substituiert werden.

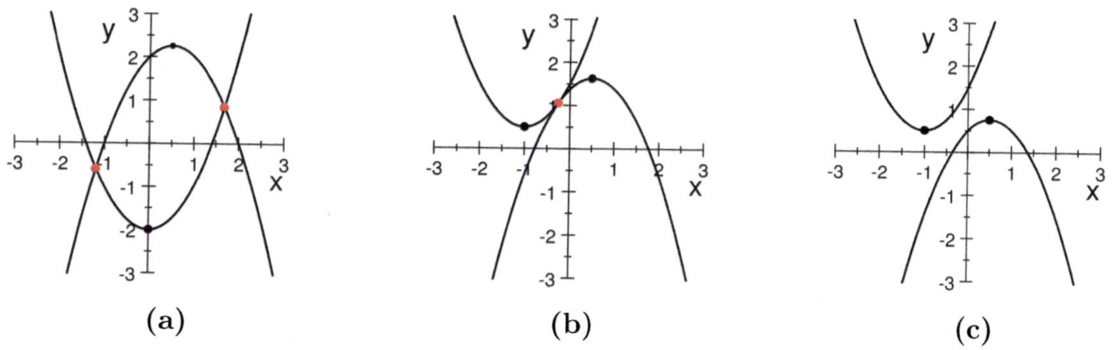

Abb. 8.4 Schnittpunkte von Parabeln, **a** zwei Schnittpunkte, **b** ein Schnittpunkt, **c** kein Schnittpunkt

8.1.5 Quadratische Ungleichungen

Quadratische Ungleichungen enthalten grundsätzlich neben linearen auch quadratische Ausdrücke der unbekannten Variablen. Wie bei linearen Ungleichungen wird für quadratische Ungleichungen gleichfalls die Menge der x-Werte gesucht, für die diese erfüllt ist.

Als Erstes sollte die gegebene Ungleichung stets vereinfacht und in eine der folgenden Typen in schwacher bzw. starker Form äquivalent umgeschrieben werden:

$$\text{Typ } \mathbf{I}: \quad x^2 + p \cdot x + q \geq 0 \quad \text{bzw.} \quad x^2 + p \cdot x + q > 0,$$

$$\text{Typ } \mathbf{II}: \quad x^2 + p \cdot x + q \leq 0 \quad \text{bzw.} \quad x^2 + p \cdot x + q < 0.$$

Beispielsweise erhält man:

$$x^2 - 5x \leq 2x^2 + 3x - 2 \quad \Rightarrow \quad x^2 + 8x - 2 \geq 0.$$

Derartige Ungleichungen können auf der Grundlage der drei möglichen Fälle der Scheitelpunktlage einer Normalparabel $f(x) = x^2 + p \cdot x + q$ (vgl. Abb. 8.2) interpretiert und untersucht werden. Man prüft beispielsweise für Ungleichungen vom Typ **I**, für welche reellen Zahlen x die Parabel über bzw. auf der x-Achse liegt, d. h. nicht negative bzw. positive Funktionswerte besitzt. Daraus ergibt sich die Lösungsmenge. Analog wird beim Typ **II** unter Beachtung des umgekehrten Relationszeichens vorgegangen.

Zur Bestimmung der Lösung stehen sowohl der grafische als auch der rechnerische Weg zur Verfügung. Bei einfachen Beispielen kann eventuell mithilfe einer Skizze des Graphen die Entscheidung getroffen werden, welche x-Werte zur Lösungsmenge gehören.
Falls bei den Koeffizienten große Zahlenwerte auftreten oder wenn sich die Koeffizienten in ihrer Größenordnung deutlich unterscheiden, wird ein Graph eventuell zu ungenau und die grafische Methode ist möglicherweise nicht nutzbar.
Wenn die Ungleichung unbekannte Parameter enthält, ist ein Graph nicht verfügbar; die grafische Methode kann demnach nicht angewendet werden.

Quadratische Ungleichungen lassen sich bequem **rechnerisch** lösen, wenn man zunächst anstelle der Ungleichung die dazu gehörende Gleichung betrachtet und auf dieser Grundlage mithilfe der p-q-Formel die Nullstellen einer Normalparabel bestimmt (s. Abb. 8.2).
Im ersten bzw. zweiten Fall unterteilen die Nullstellen die Menge der reellen Zahlen in drei bzw. zwei Teilmengen. Aus jedem dieser Intervalle wird ein Testwert x_* gewählt und in die Ausgangsungleichung eingesetzt. Vorteilhaft ist die Wahl $x_* = 0$ oder anderer ganzzahliger Werte.
Entsteht eine wahre Aussage, gehört die entsprechende Teilmenge zur Lösungsmenge, anderenfalls nicht.
Im dritten Fall ist keine Nullstelle vorhanden, demnach gibt es keine Unterteilung in Teilmengen. Man setzt dann einen beliebigen Testwert x_* in die Ungleichung ein und prüft, ob eine wahre Aussage entsteht.

Bei der Lösung schwacher Ungleichungen darf man nicht vergessen, als Letztes noch die Nullstellen der entsprechenden Normalparabel zur Lösungsmenge hinzuzufügen.

Hinweis: Bei der Lösung jeder anderen nichtlinearen Ungleichung kann die Vorgehensweise mithilfe der Lösung einer (nichtlinearen) Gleichung ebenso probiert werden.
Eine Formel zur Berechnung wie die p-q-Formel steht jedoch nicht zur Verfügung. Nur in einfachen Situationen lassen sich nichtlineare Gleichungen exakt lösen. Die Lösungen nichtlinearer Gleichungen kann man oft nur näherungsweise mit numerischen Verfahren bestimmen, die damit zusammenhängenden Sachverhalte übersteigen den Rahmen dieses Übungsbuches.
Wenn man die Nullstellen kennt, kann durch das Einsetzen von Testwerten analog wie bei den quadratischen Ungleichungen die Lösungsmenge gefunden werden.

8.2 Beispiele

8.2.1 Beispiel

Skizzieren Sie ohne Verwendung einer Wertetabelle den Graphen der Funktion $y = 0.5(x-1)^2-2$. Gehen Sie dabei schrittweise vor, beginnen Sie mit der Normalparabel.

Lösungsweg:

Skizzieren Sie zuerst die Normalparabel $y = x^2$.
Verschieben Sie diese um eine Einheit nach rechts. Anhand des Parameters 0.5 ist ersichtlich, dass die Parabel in y-Richtung gestaucht werden muss.
Anschließend wird der Graph um zwei Einheiten nach unten verschoben (vgl. Abb. 8.5).
Als Alternative und zur Kontrolle könnte man mit dem Scheitelpunkt beginnen und die Nullstellen benutzen.

Hinweis: Zum besseren Verständnis der Vorgehensweise kann man sich überlegen, wie sich die Lage des Scheitelpunktes schrittweise verändert.

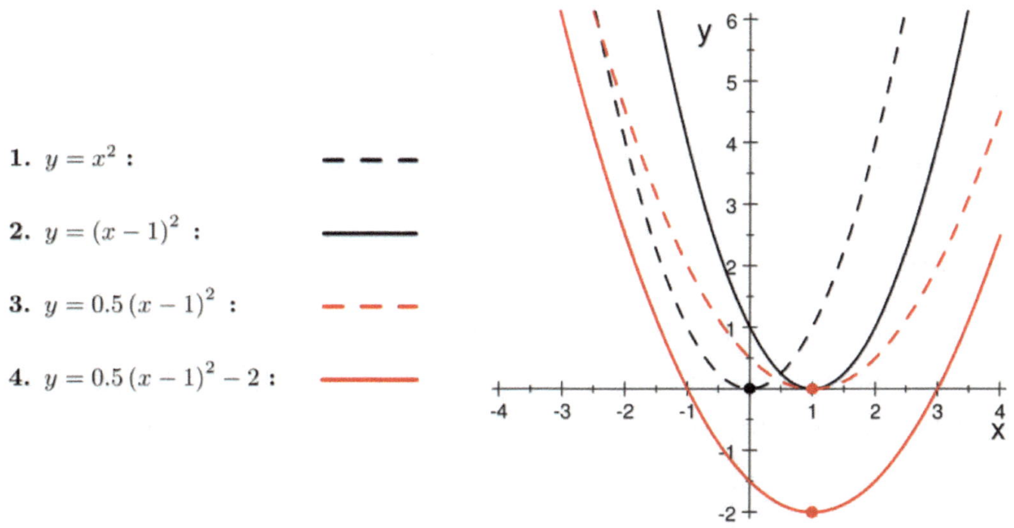

Abb. 8.5 Algorithmus zur Skizze des Graphen von $y = 0.5(x-1)^2 - 2$

8.2.2 Beispiel

Skizzieren Sie ohne Verwendung einer Wertetabelle den Graphen der Funktion $y = |0.5x^2 - 2|$. Gehen Sie dabei erneut schrittweise vor.

Lösungsweg:

Zeichnen Sie zuerst die Funktion $y = 0.5x^2 - 2$, indem Sie die Normalparabel in y-Richtung auf die Hälfte stauchen und um zwei Einheiten nach unten verschieben. Der Betrag ist definiert durch

$$|0.5x^2 - 2| = \begin{cases} 0.5x^2 - 2 & \text{für} \quad 0.5x^2 - 2 \geq 0, \\ -\left(0.5x^2 - 2\right) & \text{für} \quad 0.5x^2 - 2 < 0. \end{cases}$$

Die Berücksichtigung des Betrags führt im Graphen dazu, dass der unterhalb der x-Achse liegende Teil der Parabel $y = 0.5x^2 - 2$ an der $x-$Achse nach oben gespiegelt wird (s. Abb. 8.6).

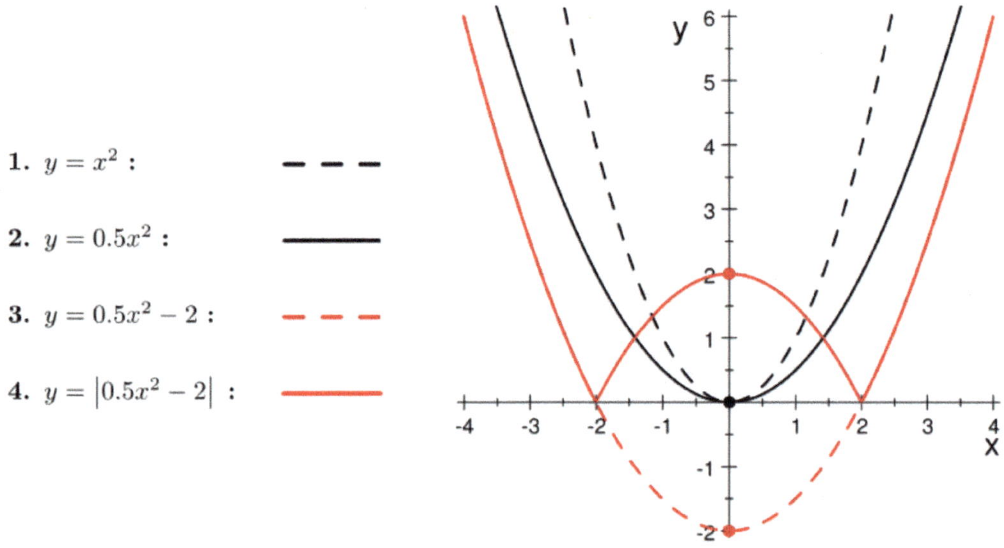

Abb. 8.6 Algorithmus zur Skizze des Graphen von $y = |0.5x^2 - 2|$

8.2.3 Beispiel

a) Skizzieren Sie Verlauf des Graphen der Funktion $y = 2x^2 + 12x + 24$. Formen Sie dazu den analytischen Ausdruck in die Scheitelpunktform um.

b) Prüfen Sie mithilfe der p-q-Formel, ob die Funktion aus a) reelle Nullstellen besitzt.

Lösungsweg:

a) Zuerst klammert man zwei aus, damit in der Klammer die Normalform entsteht:

$$y = 2(x^2 + 6x + 12).$$

Die ersten zwei Terme in der Klammer sollen Summanden einer binomischen Formel sein.

Die quadratische Ergänzung lautet:

$$(x+b)^2 = x^2 + 2xb + b^2 \quad \Rightarrow \quad (x+3)^2 = x^2 + 6x + 3^2.$$

Entweder wird nun das Absolutglied geeignet aufgeteilt, oder man addiert und subtrahiert die quadratische Ergänzung $3^2 = 9$ in der Klammer; ein derartiges Vorgehen bezeichnet man als **additive Null**. Damit kann die Funktionsvorschrift umgeformt werden:

$$y = 2\left(x^2 + 2\cdot 3\cdot x + \underbrace{3^2+3}_{=12}\right) = 2\left(x^2 + 2\cdot 3\cdot x + 12 + \underbrace{3^2 - 3^2}_{=0}\right).$$

Mithilfe der binomische Formel ergibt sich die Scheitelpunktform:

$$y = 2\left(x^2 + 6x + 9 + 3\right) = 2\left((x+3)^2 + 3\right) = 2(x+3)^2 + 6.$$

Es handelt sich um eine Parabel, die aus der Normalparabel entsteht, indem diese um drei Einheiten nach links in x-Richtung verschoben, in y-Richtung auf das Zweifache gestreckt und um sechs Einheiten in y-Richtung nach oben verschoben wird (s. Abb. 8.7).

Zum besseren Verständnis kann man sich überlegen, wie sich der Scheitelpunkt schrittweise verlagert.

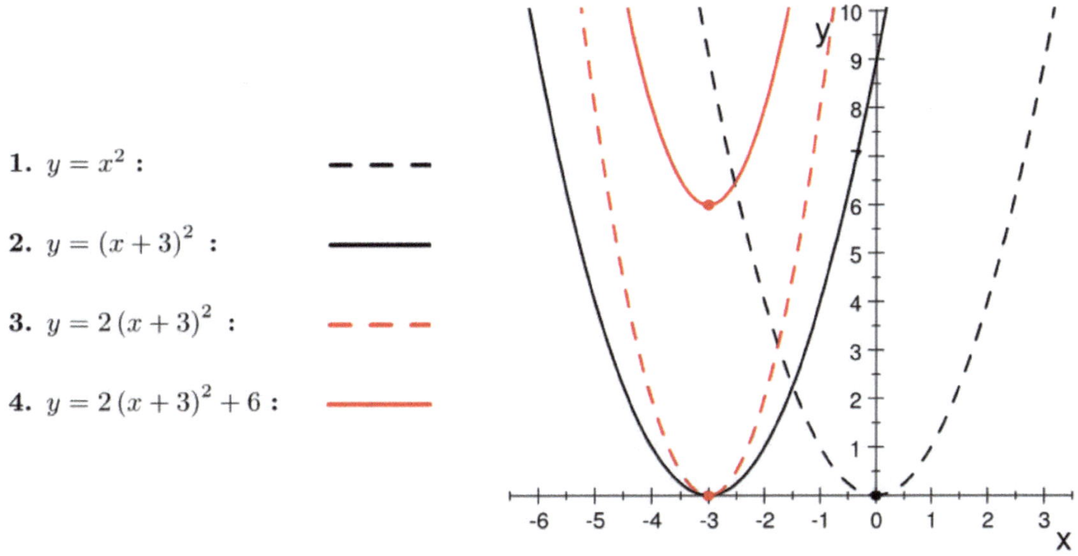

Abb. 8.7 Algorithmus zur Skizze des Graphen von $y = 2(x+3)^2 + 6$

b) Setzen Sie die Funktion gleich null und stellen Sie die Normalform der Gleichung her:

$$2x^2 + 12x + 24 = 0 \quad \Rightarrow \quad x^2 + 6x + 12 = 0.$$

Als Nächstes wird die p-q-Formel angewendet:

$$x_{1,2} \;=\; -\frac{6}{2} \pm \sqrt{\left(\frac{6}{2}\right)^2 - 12} = -3 \pm \sqrt{9-12} = -3 \pm \sqrt{-3}.$$

Diese Funktion hat demnach keine reellen Nullstellen (s. Abb. 8.7). Im Abschn. 15.1 wird erläutert, wie man in der Menge der komplexen Zahlen dennoch Lösungen der Gleichung erhalten kann.

8.2.4 Beispiel

Berechnen Sie mithilfe der p-q-Formel die Schnittpunkte der Funktionen:

$$y = 2x^2 + 12x + 24 \quad \text{und} \quad y = x^2 - 10x + 47.$$

Lösungsweg:

Zunächst werden beide Funktionsausdrücke gleichgesetzt:

$$2x^2 + 12x + 24 = x^2 - 10x + 47,$$

dabei wurde einfachheitshalber auf den Index S verzichtet.
Als Nächstes sollte die Gleichung in die Normalform umgeschrieben werden:

$$2x^2 - x^2 + 12x + 10x + 24 - 47 = 0 \quad \Rightarrow \quad x^2 + 22x - 23 = 0.$$

Die Gleichung wird nun mithilfe der p-q-Formel gelöst:

$$\begin{aligned} x_{1,2} &= -\frac{22}{2} \pm \sqrt{\left(\frac{22}{2}\right)^2 + 23} \\ &= -11 \pm \sqrt{121 + 23} = -11 \pm 12. \end{aligned}$$

$$x_1 = 1, \;\; x_2 = -23.$$

Um die Schnittpunkte zu berechnen, müssen noch die y-Koordinaten ermittelt werden:

$$\begin{aligned} f(1) &= 2 \cdot 1^2 + 12 \cdot 1 + 24 = 38, \\ f(-23) &= 2 \cdot (-23)^2 + 12 \cdot (-23) + 24 = 806. \end{aligned}$$

Als Probe kann man den zweiten Funktionsausdruck benutzen, es ergeben sich die gleichen Werte. Die Parabeln schneiden sich in den Punkten $P_1(1{,}38)$ und $P_2(-23{,}806)$.

8.2.5 Beispiel

Lösen Sie folgende Ungleichung mithilfe der zugeordneten Gleichung, der p-q-Formel und durch Einsetzen eines geeigneten Testwerts x_*:

$$x^2 - 10x \geq 510 - 23x.$$

Lösungsweg:

Damit die p-q-Formel benutzt werden kann, wird die Ungleichung zunächst umgestellt:

$$x^2 - 10x + 23x - 510 \;\geq\; 0,$$

$$x^2 + 13x - 510 \;\geq\; 0.$$

Als Nächstes können mithilfe der p-q-Formel die Nullstellen der nach oben geöffneten Normalparabel $f(x) = x^2 + 13x - 510$ berechnet werden:

$$x_{1,2} \;=\; -\frac{13}{2} \pm \sqrt{\left(\frac{13}{2}\right)^2 + 510} = -6.5 \pm \sqrt{42.25 + 510} = -6.5 \pm \sqrt{552.25}.$$

Die x-Werte lauten demnach:

$$x_1 = -6.5 + 23.5 = 17, \qquad x_2 = -6.5 - 23.5 = -30.$$

Um zu erkennen, wo die Funktionswerte größer null sind genügt es, einen x_*-Wert zwischen den Stellen -30 und 17 in die Funktion einzusetzen, beispielsweise $x_* = 0$:

$$f(0) = 0^2 + 13 \cdot 0 - 510 = -510.$$

Der Funktionsgraph liegt demnach zwischen den Nullstellen unterhalb der x-Achse, die Funktion ist links von $x_2 = -30$ und rechts von $x_1 = 17$ größer oder gleich null.

Bei der Bestimmung der Lösungsmenge ist darauf zu achten, dass die Nullstellen eingeschlossen werden, da die Ungleichung in schwacher Form gegeben ist.
Die Lösungsmenge lautet demnach:

$$\mathsf{L} = (-\infty, -30] \cup [17, +\infty) = \{x \,|\, (x \leq -30) \;\vee\; (x \geq 17)\}.$$

8.2.6 Beispiel

Lösen Sie die folgende Ungleichung mithilfe der p-q-Formel:

$$x(x + 7) < 5(x + 1.6).$$

Lösungsweg:

Stellen Sie die Ungleichung zuerst so um, dass auf einer Seite null entsteht:

$$\begin{aligned} x^2 + 7x \;&<\; 5x + 8, \\ x^2 + 7x - 5x - 8 \;&<\; 0 \;\Rightarrow\; x^2 + 2x - 8 < 0. \end{aligned}$$

Als Nächstes werden die Lösungen der zugeordneten Gleichung $x^2 + 2x - 8 = 0$ mithilfe der p-q-Formel ermittelt:

$$x_{1,2} \;=\; -\frac{2}{2} \pm \sqrt{\left(\frac{2}{2}\right)^2 + 8} = -1 \pm \sqrt{9},$$

$$x_1 = 2, \;\; x_2 = -4.$$

Die Lösungsmenge findet man mithilfe des Funktionsgraphen von $y = f(x) = x^2 + 2x - 8$.

Zunächst sollte diese Funktion mit einer additiven Null (bzw. quadratischen Ergänzung) in die Scheitelpunktform umgeschrieben werden:

$$f(x) = x^2 + 2 \cdot 1 \cdot x + 1 - 1 - 8 = (x+1)^2 - 9.$$

Es handelt sich offenbar um eine nach oben geöffnete Normalparabel, die um eine Einheit nach links und um neun Einheiten nach unten verschoben wird. Zwischen den Nullstellen liegt der Graph unter der x-Achse. Demnach sind die x-Werte zwischen den Nullstellen Lösungen.
Weil eine scharfe Ungleichung gegeben ist, sind die Nullstellen selbst keine Lösungen.
Die Lösungsmenge lautet:

$$\mathsf{L} = \{x \mid x \in (-4{,}2)\}.$$

8.2.7 Beispiel

Lösen Sie folgende quadratische Gleichung:

$$x^2 - \left(1 + \frac{1-2a}{a}\right) x - \frac{1}{a} = 0,\ a \in \mathbb{R}^+.$$

Lösungsweg:

Zuerst sollten Sie die linke Seite der Gleichung in die Normalform umschreiben:

$$\begin{aligned} x^2 - \left(\frac{a}{a} + \frac{1-2a}{a}\right) x - \frac{1}{a} &= 0, \\ x^2 - \left(\frac{1-a}{a}\right) x - \frac{1}{a} &= 0. \end{aligned}$$

Nun kann die p-q-Formel angewendet werden. Der Ausdruck unter der Wurzel wird umgeformt und vereinfacht; danach wird die Wurzel gezogen:

$$\begin{aligned} x_{1,2} &= \frac{1-a}{2a} \pm \sqrt{\left(\frac{1-a}{2a}\right)^2 + \frac{1}{a}} \\ &= \frac{1-a}{2a} \pm \sqrt{\frac{(1-a)^2}{4a^2} + \frac{4a}{4a^2}} \\ &= \frac{1-a}{2a} \pm \sqrt{\frac{1+2a+a^2}{4a^2}} \\ &= \frac{1-a}{2a} \pm \sqrt{\frac{(1+a)^2}{4a^2}} = \frac{1-a}{2a} \pm \frac{1+a}{2a}. \end{aligned}$$

$$x_1 = \frac{1-a}{2a} + \frac{1+a}{2a} = \frac{1-a+1+a}{2a} = \frac{2}{2a} = \frac{1}{a},$$

$$x_2 = \frac{1-a}{2a} - \frac{1+a}{2a} = \frac{1-a-1-a}{2a} = -\frac{2a}{2a} = -1.$$

Zum Schluss sollten Sie noch eine Probe durchführen, indem Sie die x-Werte in die Ausgangsgleichung einsetzen:

$$\begin{aligned}
x_1 = \frac{1}{a}: \qquad & \left(\frac{1}{a}\right)^2 - \left(1 + \frac{1-2a}{a}\right) \cdot \frac{1}{a} - \frac{1}{a} &= 0, \\
& \frac{1}{a^2} - \frac{1-a}{a^2} - \frac{1}{a} &= 0 \quad \Rightarrow \textit{wahre Aussage.} \\
x_2 = -1: \qquad & (-1)^2 - \left(1 + \frac{1-2a}{a}\right) \cdot (-1) - \frac{1}{a} &= 0, \\
& 1 + \frac{1-a}{a} - \frac{1}{a} &= 0 \quad \Rightarrow \textit{wahre Aussage.}
\end{aligned}$$

Die Probe war für beide Werte erfolgreich, x_1 und x_2 sind die Lösungen.

8.3 Übungen

8.3.1 Übung

(4/5/7/8 Min.)

Skizzieren Sie ohne Benutzung einer Wertetabelle den Graphen folgender Funktionen:

a) $y = -(x-1)^2 + 1$, **b)** $y = |-x^2 + 1| - 2$,

c) $y = x^2 + 14x + 52$, **d)** $y = 5x^2 - 30x + 2$.

Beginnen Sie jeweils mit der Normalparabel und verändern Sie den entsprechenden Graphen schrittweise ggf. durch Verschieben, Strecken oder Stauchen unter Verwendung der Scheitelpunktform.

→ *Lösung auf Seite 187*

8.3.2 Übung

(4/2/10 Min.)

Berechnen Sie die Nullstellen folgender quadratischer Funktionen:

a) $y = 5x^2 - 10x + 5$, **b)** $y = (x+5) \cdot (x-2)$,

c) $y = ax^2 - \left(a^2 m - m\right) x - am^2, \quad \forall\, a, m \in \mathbb{R}^+$.

→ *Lösung auf Seite 191*

8.3.3 Übung

(4/4/8 Min.)

Welche Schnittmenge besitzt die Parabel $y = 4x^2 + 10x - 3$ mit den Funktionen:

a) $y = 5x + 2$, **b)** $y = x^2 + x + 3$, **c)** $y = 3x^2 + (10 - 2a)x - 2 + 2a, \quad \forall\, a \in \mathbb{R}$.

→ *Lösung auf Seite 192*

8.3.4 Übung

(8/10/10 Min.)

Bestimmen Sie die Lösungsmenge folgender quadratischer Ungleichungen:

a) $x^2 + 3x - 2 < -2x^2 - 3x + 7$,

indem Sie die Funktion nach der Berechnung der Nullstellen skizzieren.

b) $x \cdot \frac{x+2}{5} - \frac{x+3}{15} > \frac{x+5}{3}$,

durch Einsetzen eines Probewertes nach Ermittlung der Nullstellen.

c) $(2x + 8)(2x - 8) < 4x$,

mithilfe eines selbstgewählten Verfahrens.

→ *Lösung auf Seite 195*

8.4 Tests

8.4.1 Test

(6 Min.)

Formen Sie die Funktionsgleichung $y = -x^2 + 6x - 8$ in die Form $y = a(x - b)^2 + c$ um. Bestimmen Sie die Nullstellen und skizzieren Sie den Funktionsverlauf in der Umgebung des Scheitels der Funktion.

[1] $y = -(x + 6)^2 - 8$, keine Nullstellen vorhanden

[2] $y = -(x + 3)^2 + 1$, $x_1 = -2$, $x_2 = -4$

[3] $y = -(x - 3)^2 + 1$, $x_1 = 2$, $x_2 = 4$

→ *Lösung auf Seite 247*

8.4.2 Test

(12 Min.)

Bestimmen Sie die Lösungsmenge der Ungleichung

$$-x^2 + 3x + 8 \leq |x - 1| + x.$$

[1] $\mathsf{L} = \left(-\infty, \frac{3-\sqrt{37}}{2}\right] \cup \left[\frac{1+\sqrt{37}}{2}, \infty\right)$

[2] $\mathsf{L} = \left(-\infty, \frac{1-\sqrt{37}}{2}\right] \cup \left[\frac{1+\sqrt{37}}{2}, \infty\right)$

[3] $\mathsf{L} = \left[\frac{3-\sqrt{37}}{2}, \frac{1+\sqrt{37}}{2}\right]$

→ *Lösung auf Seite 249*

8.4.3 Test

(8 Min.)

Gegeben ist eine Funktion (s. Abb. 8.8), die aus der Normalparabel erzeugt wurde. Welche Zuordnungsvorschrift gehört zu diesem Graphen?

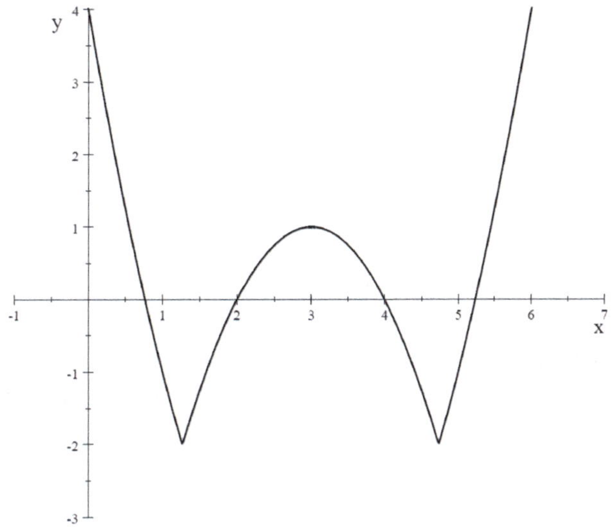

Abb. 8.8 Graph einer gesuchten Funktion

1 $y = (x-3)^2 - 2$ **2** $y = |(x-3)^2 - 3| + 1$ **3** $y = |(x-3)^2 - 3| - 2$

→ *Lösung auf Seite 250*

8.4.4 Test

(15 Min.)

Welche der angegebenen Terme sind für $b > 0, \quad a^2 \neq b^2$ die Lösungen der Gleichung:

$$x^2 - \frac{2a \cdot (a^2+b^2)}{a^2-b^2} \cdot x + \frac{(a^2+b^2)^2}{a^2-b^2} = 0\,?$$

Führen Sie die Probe durch.

1 $x_1 = \dfrac{(a+b)^2}{a-b}, \qquad x_2 = a+b$

2 $x_1 = a + \sqrt{a^2-a+b}, \qquad x_2 = a - \sqrt{a^2-a+b}$

3 $x_1 = \dfrac{a^2+b^2}{a-b}, \qquad x_2 = \dfrac{a^2+b^2}{a+b}$

→ *Lösung auf Seite 251*

9 Potenz- und Wurzelfunktionen

9.1 Theorie

9.1.1 Potenzfunktionen

Funktionen der Form

$$y = f(x) = x^n, \quad x \in \mathbb{R}, \quad n \in \{\dots, -3, -2, -1, 1, 2, 3, \dots\}$$

heißen Potenzfunktionen mit ganzzahligen Exponenten vom Grad n.
Für **negative** Exponenten sind Potenzfunktionen nur für $x \neq 0$ definiert, denn es gelten:

$$y = f(x) = x^{-n} = \frac{1}{x^n}.$$

Potenzfunktionen mit **positivem** Exponenten stellen einen Sonderfall der **Polynomfunktionen** dar (vgl. Abschn. 6.1). Potenzfunktionen besitzen für $n > 1$ als Funktionsgraph eine Parabel n-ter Ordnung (s. Abb. 9.1), deshalb werden sie Parabelfunktionen genannt.
Typische Vertreter sind die Normalparabel $y = f(x) = x^2$ (vgl. Abschn. 8.2) und $y = f(x) = x^3$ (s. Abb. 6.6b).

Eigenschaften der Parabelfunktionen

1. Für **gerade** n ($n = 2k$, $k \in \mathbb{N}$) (s. Abb. 9.1a) gelten:
   - Der Wertebereich lautet $\mathsf{W}_f = [0,\infty)$.
   - Der Graph liegt achsensymmetrisch zur y-Achse, d. h. die Funktion ist gerade.
   - Die Punkte $P(-1,1)$, $P(1,1)$ und der **Scheitelpunkt** $S(0,0)$ gehören zum Graphen.
   - Die Funktion ist für $x \in (-\infty,0)$ streng monoton fallend, für $x \in (0,\infty)$ streng monoton wachsend und demnach in $\mathbb{R}$ nicht umkehrbar.
2. Für **ungerade** n ($n = 2k - 1$, $k \in \mathbb{N}$) (s. Abb.9.1b) gelten:
   - Der Wertebereich lautet $\mathsf{W}_f = (-\infty,\infty)$.
   - Der Graph liegt punktsymmetrisch zu $O(0,0)$, d. h. die Funktion ist ungerade.
   - Die Punkte $P(-1,-1)$, $P(1,1)$ und $O(0,0)$ gehören zum Graphen; $O(0,0)$ ist jedoch kein Scheitelpunkt, stattdessen handelt es sich um einen horizontalen Wendepunkt.
   - Die Funktion ist $\forall x \in \mathbb{R}$ streng monoton steigend und demnach umkehrbar.

J. Siegert und N. Togobytska, *Mathematik trainieren: Brüche, Funktionen & Co.*, https://doi.org/10.1007/978-3-662-70607-7_9

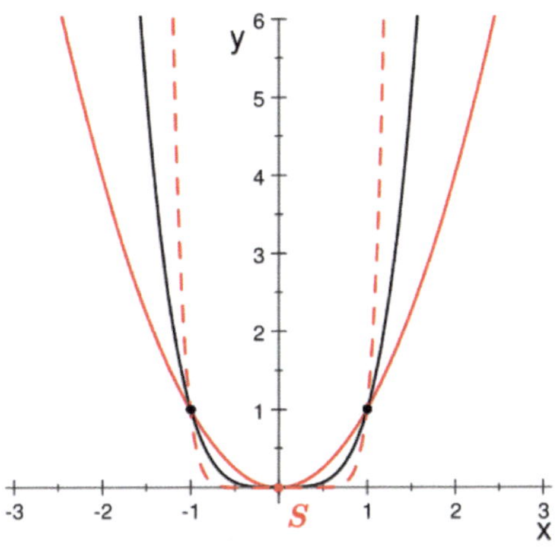

(a)

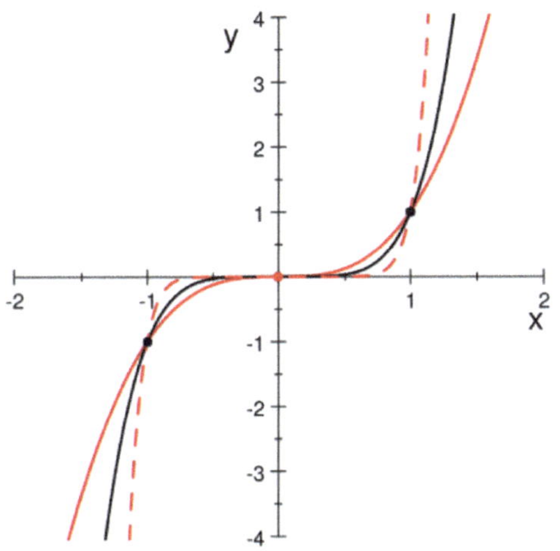

(b)

Abb. 9.1 Potenzfunktionen mit positivem Exponenten, **a** gerade, **b** ungerade

Eine Potenzfunktion mit **negativem** Exponenten nennt man **Hyperbelfunktion** vom Grad n. Der Graph dieser Funktion ist eine Hyperbel n-ter Ordnung (s. Abb. 9.2).
Weil $x = 0$ nicht zum Definitionsbereich gehört, existiert kein Schnittpunkt mit der y-Achse. Typischer Vertreter sind $y = f(x) = \frac{1}{x}$ und $y = f(x) = \frac{1}{x^2}$.

Weitere Eigenschaften der Hyperbelfunktionen

1. Für **gerade** n ($n = 2k, k \in \mathbb{N}$) (s. Abb. 9.2a) gelten:
   - Der Wertebereich lautet $\mathsf{W}_f = \mathbb{R}^+$.
   - Der Graph ist achsensymmetrisch zur y-Achse.
   - Der Graph besteht aus zwei Hyperbelästen und schmiegt sich an die positive y-Achse und an die x-Achse jeweils asymptotisch an.
   - $P(-1,1)$ und $P(1,1)$ gehören zum Graphen.
   - Die Funktion ist für $x \in (-\infty,0)$ streng monoton wachsend und für $x \in (0,\infty)$ streng monoton fallend. Auf jedem Monotonieast ist die Funktion umkehrbar.
2. Für **ungerade** n ($n = 2k - 1$, $k \in \mathbb{N}$) (Abb. 9.2b) gilt:
   - Der Wertebereich lautet $\mathsf{W}_f = \mathbb{R}\backslash\{0\}$.
   - Der Graph liegt punktsymmetrisch zum Koordinatenursprung.
   - Der Graph besteht aus zwei Hyperbelästen, die sich jeweils an die positiven und negativen Achsen asymptotisch anschmiegen.
   - $P(-1,-1)$ und $P(1,1)$ gehören zum Graphen.
   - Die Funktion ist sowohl für $x \in (-\infty,0)$ als auch für $x \in (0,\infty)$ streng monoton fallend. Auf jedem Monotonieast existiert die Umkehrfunktion.

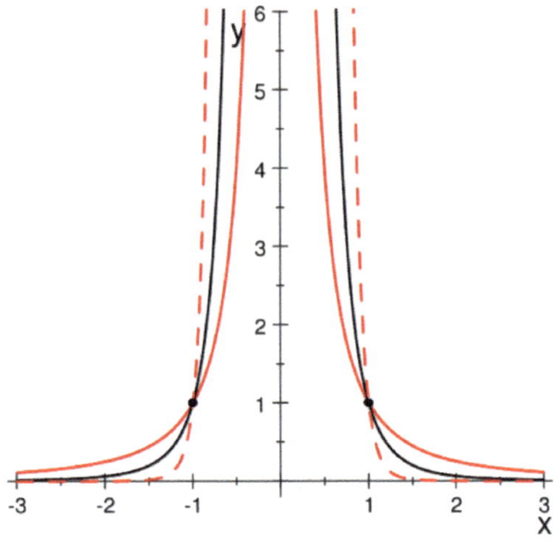

(a)

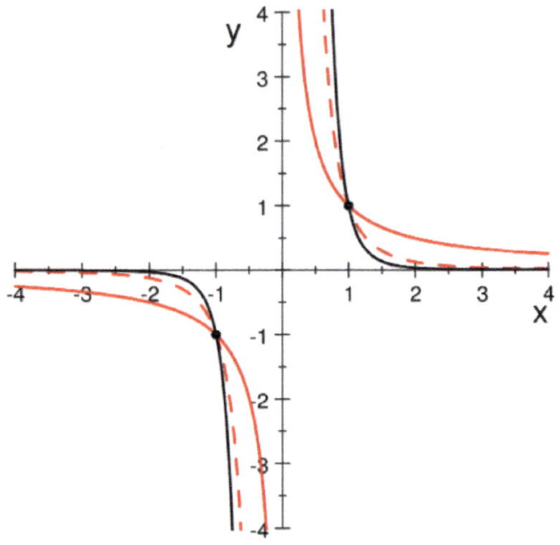

(b)

Abb. 9.2 Hyperbelfunktionen, **a** gerade, **b** ungerade

9.1.2 Wurzelfunktionen

Die Umkehrfunktion der Potenzfunktion $y = x^n$ ist die Wurzelfunktion

$$y = f(x) = \sqrt[n]{x} = x^{\frac{1}{n}}, \quad n \in \mathbb{N}.$$

Beim Definitionsbereich muss für $k \in \mathbb{N}$ unterschieden werden:

$$n = 2k: \quad \mathsf{D}_f = [0,\infty) = \mathbb{R}_0^+, \qquad n = 2k-1: \quad \mathsf{D}_f = \mathbb{R}.$$

Gerade Potenzfunktionen (mit achsensymmetrischen Graphen, vgl. Abschn. 6.1) sind nicht umkehrbar. Falls man jedoch bei diesen Potenzfunktionen den Definitionsbereich auf positive (oder negative Werte) einschränkt, kann jeweils eine Umkehrfunktion gebildet werden (s. Abb. 9.3).

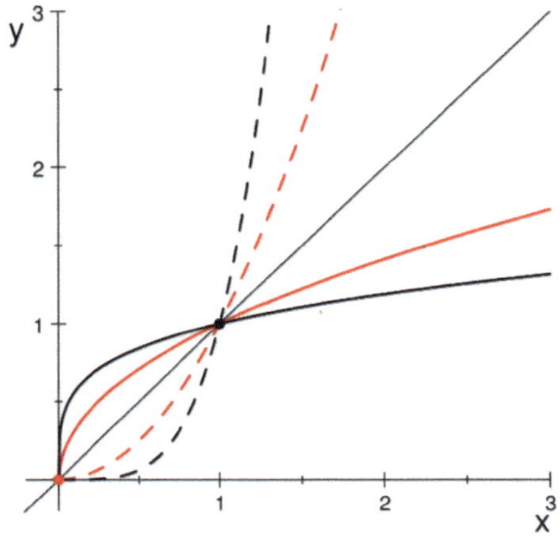

Abb. 9.3 Wurzelfunktionen (durchgezogene Kurve) für gerade n als Umkehrfunktion der Potenzfunktionen (gestrichelt dargestellt)

Ungerade Potenzfunktionen sind auf dem gesamten Definitionsbereich monoton steigend und damit umkehrbar. Diese Herangehensweise bedeutet, dass man damit ungerade Wurzeln aus negativen reellen Zahlen zulässt. Oft wird aus formalen Gründen jedoch ebenso die Lehrmeinung vertreten, dass für Wurzelfunktionen mit ungeraden Exponenten der Definitionsbereich mit $x \geq 0$ einzuschränken ist; dabei wird zugrunde gelegt, dass aus streng mathematischer Sicht auch Wurzeln mit ungeradem Exponenten aus negativen reellen Zahlen in $\mathbb{R}$ nicht erklärt sind (vgl. Abschn. 2.1).

Hinweis: In $O(0{,}0)$ schmiegen sich die Wurzelfunktionen an die y-Achse tangential an, dies sollte bei graphischen Darstellungen beachtet werden.
Die Funktion $y = \sqrt{x}$ kann man beispielsweise wie bei der Normalparabel mithilfe des Krümmungskreises mit dem Radius $r = 0.5$ und dem Mittelpunkt $M(0.5{,}0)$ skizzieren (s. Abb. 9.4).

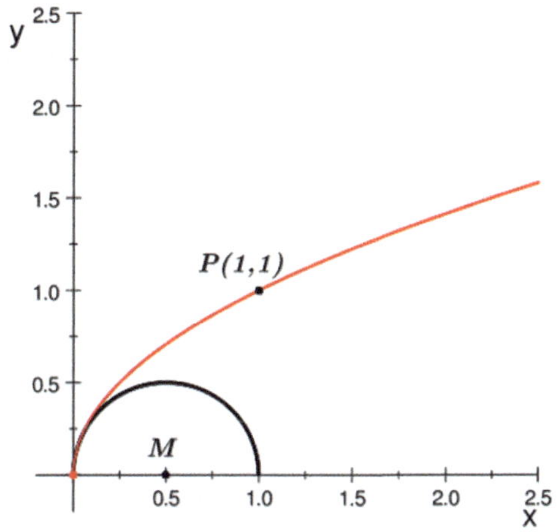

Abb. 9.4 Funktionsgraph von $y = \sqrt{x}$ und Krümmungskreis in $O(0{,}0)$

9.1.3 Wurzelgleichungen

Gleichungen, bei denen im Radikanden von Wurzeltermen eine Variable auftritt, nennt man Wurzelgleichungen. Bei der Lösung muss besonders beachtet werden, dass Wurzelausdrücke mit geraden Exponenten, beispielsweise Quadratwurzeln, im Bereich der reellen Zahlen nur für nichtnegative Radikanden erklärt sind.
Deshalb sollte man stets vor der Bestimmung der Lösungsmenge zunächst den entsprechenden Definitionsbereich untersuchen. Es wäre möglich, dass der Definitionsbereich eine leere Menge bildet und demnach keine Lösung existiert.
Die berechneten Lösungen sollten bei Wurzelgleichungen immer kontrolliert werden, weil das beim Lösen erforderliche Quadrieren keine äquivalente Umformung darstellt.
Wenn aus der Gleichheit $a = b$ die Gleichheit $a^2 = b^2$ folgt, gilt dies wegen $(-a)^2 = a^2$ nicht in umgekehrter Richtung.
Demnach können beim Lösen von Wurzelgleichungen unter Anwendung des Quadrierens **Scheinlösungen** erzeugt werden. In der Probe zeigt sich dann, dass diese scheinbar richtig berechneten Werte entweder nicht im Definitionsbereich liegen oder die Ausgangsgleichung nicht erfüllen.
Die Lösung der Wurzelgleichungen wird anhand der Beispiele und Übungen erklärt und trainiert.

9.2 Beispiele

9.2.1 Beispiel

Gesucht ist die Umkehrfunktion für die Funktion

$$y = f(x) = x^2 - 1, \quad x \geq 0.$$

Bestimmen Sie den Definitionsbereich der Umkehrfunktion und skizzieren Sie deren Graphen.

Lösungsweg:

Um die Umkehrfunktion zu erhalten wird zuerst die Funktion nach x umgestellt:

$$y + 1 \;=\; x^2 \quad \Leftrightarrow \quad \pm\sqrt{y+1} = x.$$

Weil $x \geq 0$ gilt, wird nur $+\sqrt{y+1}$ verwendet. Als Letztes vertauscht man die Variablen.
Somit lautet die Umkehrfunktion $y = f^{-1}(x) = \sqrt{x+1}$. Die Wurzel existiert in $\mathbb{R}$ nur für $x+1 \geq 0$, daraus ergibt sich der Definitionsbereich $\mathsf{D}_{f^{-1}} = [-1,\infty)$. Diese Menge enthält die gleichen Elemente wie der Wertebereich der Ausgangsfunktion W_f (s. Abb. 9.5).

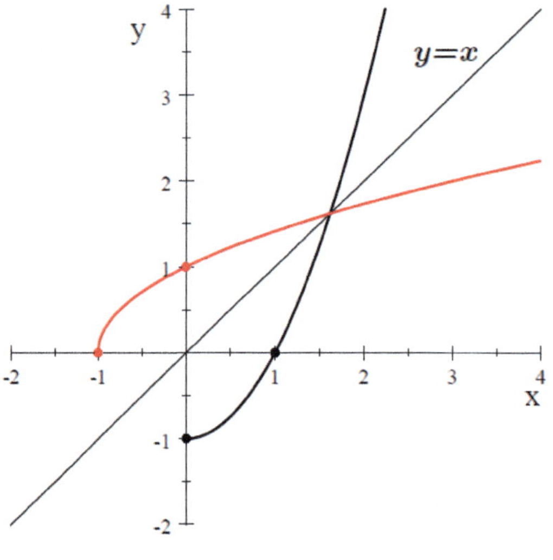

Abb. 9.5 Umkehrfunktion $y = f^{-1}(x) = \sqrt{x+1}$, $x \geq -1$ für $y = f(x) = x^2 - 1$, $x \geq 0$

Beim Spiegeln an $y = x$ entsteht ebenso aus dem Definitionsbereich der Ausgangsfunktion D_f der Wertebereich der Umkehrfunktion $\mathsf{W}_{f^{-1}}$.
An geeigneten Punkten kann dies nachvollzogen werden. Beispielsweise spiegelt sich der Scheitel $S(0,-1)$ der Parabel in den Anfangspunkt der Wurzelfunktion $P(-1,0)$.
Die Parabel schneidet die x-Achse in $P(1,0)$ und die Wurzelfunktion die y-Achse in $P(0,1)$.

9.2.2 Beispiel

Lösen Sie die Gleichung:

$$\sqrt{x+5} - 4 = 1.$$

Lösungsweg:

Zuerst sollte der Definitionsbereich bestimmt werden. Der Radikand darf nicht negativ sein:

$$x+5 \geq 0 \quad \Rightarrow \quad x \geq -5 \quad \Leftrightarrow \quad \mathsf{D} = [-5,\infty).$$

Als Nächstes wird die Gleichung gelöst. Durch Quadrieren kann die Wurzel beseitigt werden. In diesem Beispiel ist es jedoch nicht sinnvoll, die Gleichung auf beiden Seiten in der ursprünglichen Form zu quadrieren, weil anderenfalls links eine binomische Formel angewendet werden müsste. Deshalb wird die Gleichung zunächst umgeformt:

$$\sqrt{x+5} - 4 = 1 \quad \Rightarrow \quad \sqrt{x+5} = 5.$$

Nun kann die Gleichung quadriert werden:

$$\left(\sqrt{x+5}\right)^2 = 5^2.$$

Beim Anwendung der Potenzgesetze wird die Wurzel beseitigt:

$$x+5 = 25 \quad \Rightarrow \quad x = 20.$$

Dieser x-Wert ist die Lösung, er liegt im Definitionsbereich und erfüllt die Ausgangsgleichung, beim Einsetzen ergibt sich auf der linken Seite eins.

9.2.3 Beispiel

Gesucht wird die Lösung der Gleichung:

$$\sqrt{2x-1} = \sqrt{-1-3x}.$$

Lösungsweg:

Damit beide Wurzeln existieren, sind negative Radikanden unzulässig, demnach müsste gelten:

$$\left(x \geq \frac{1}{2}\right) \quad \wedge \quad \left(x \leq -\frac{1}{3}\right).$$

Dies ist jedoch ein Widerspruch, eine Lösung existiert nicht. Die Lösungsmenge ist leer.

9.3 Übungen

9.3.1 Übung

(10 Min.)

Bestimmen Sie den Definitionsbereich und lösen Sie die Gleichung:

$$\sqrt{x-1} + \sqrt{x+1} = \sqrt{2x+1}.$$

→ *Lösung auf Seite 198*

9.3.2 Übung

(10 Min.)

Lösen Sie die Gleichung:

$$5\sqrt{3x+4} - 3\sqrt{2x-5} = 4\sqrt{3x-5}.$$

→ *Lösung auf Seite 199*

9.3.3 Übung

(10 Min.)

Lösen Sie die Gleichung:

$$\sqrt{x+5a^2} = 4a - \sqrt{x-3a^2}, \quad a > 0.$$

→ *Lösung auf Seite 200*

9.3.4 Übung

(10 Min.)

Lösen Sie die Gleichung:

$$\sqrt{x-4ab} + \sqrt{9x+4ab} = 4\sqrt{x-ab}, \quad ab > 0.$$

→ *Lösung auf Seite 200*

9.4 Tests

9.4.1 Test

(10 Min.)

Wie lautet der Definitionsbereich und welcher x-Wert ist Lösung der Gleichung

$$\sqrt[4]{2x-8} + 5 = 7\,?$$

[1] $\mathsf{D} = [4,\infty)\,, x = 6$ [2] $\mathsf{D} = [4,\infty)\,, x = 8$ [3] $\mathsf{D} = [4,\infty)\,, x = 12$

→ *Lösung auf Seite 254*

9.4.2 Test

(10 Min.)

Bestimmen Sie die x-Werte der Schnittpunkte der Graphen folgender Funktionen:

$$y = f_1(x) = \sqrt{x^2+3} - 1, \; y = f_2(x) = \sqrt{x^2+2x-10}.$$

[1] $x = 6$ [2] $x = 7$ [3] $x = \frac{23}{7}$

→ *Lösung auf Seite 254*

9.4.3 Test

(10 Min.)

Gesucht ist der Definitionsbereich und die Lösung der Gleichung:

$$\sqrt{7x+8} = 4 + \sqrt{7x-24}.$$

1 $\mathsf{D} = \left[-\frac{8}{7}, \infty\right)$, $x = \frac{26}{7}$ 2 $\mathsf{D} = \left[\frac{24}{7}, \infty\right)$, $x = \frac{40}{7}$ 3 $\mathsf{D} = \left[\frac{24}{7}, \infty\right)$, $x = 4$

→ *Lösung auf Seite 255*

9.4.4 Test

(12 Min.)

Wie lautet die Lösung der folgenden Gleichung:

$$\frac{1}{\sqrt{x^4 - 18x^2 + 81}} = \frac{x+2}{(x-3)\sqrt{x^2+5x+6}}.$$

1 $x_{1,2} = -\frac{5}{2} \pm \frac{1}{2}\sqrt{5}$ 2 $x_1 = -2, \quad x_2 = -3$ 3 Die Aufgabe hat keine Lösung

→ *Lösung auf Seite 257*

10 Exponential- und Logarithmusfunktionen

10.1 Theorie

10.1.1 Exponentialfunktionen

Eine Funktion der Form

$$y = f(x) = a^x, \quad a \in \mathbb{R}^+ = (0,\infty)$$

heißt Exponentialfunktion zur Basis a.

Eigenschaften

- Der Definitionsbereich lautet $\mathsf{D}(f) = \mathbb{R}$. Als Wertebereich erhält man $\mathsf{W}(f) = \mathbb{R}^+$.
- Für $a > 1$ ist die Funktion streng monoton steigend (s. Abb. 10.1a), für $0 < a < 1$ streng monoton fallend (vgl. Abb. 10.1b). Exponentialfunktionen sind deshalb umkehrbar.
- Alle Graphen enthalten die Punkte $P_1(0,1)$ und $P_2(1,a)$; dies folgt aus $a^0 = 1$ bzw. $a^1 = a$.
- Die Funktionsgraphen von $y = a^x$ und $y = a^{-x}$ liegen spiegelsymmetrisch zur y-Achse (vgl. Abschn. 6.1).

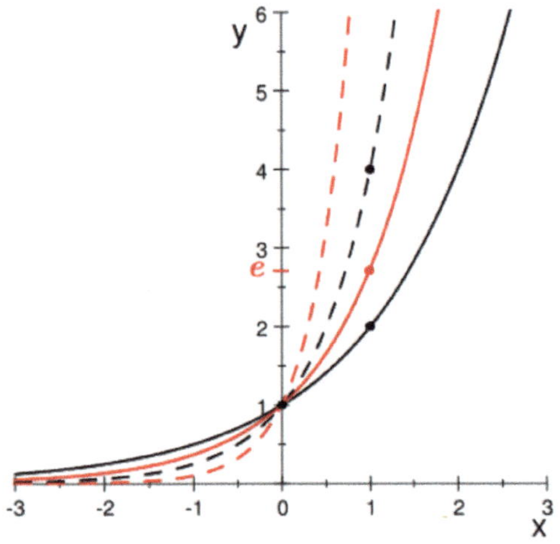

(a)

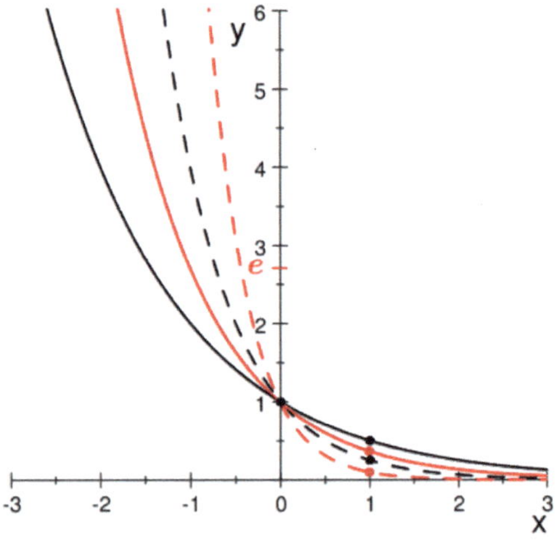

(b)

Abb. 10.1 Exponentialfunktionen mit charakteristischen Punkten, **a** $a > 1$, **b** $0 < a < 1$

J. Siegert und N. Togobytska, *Mathematik trainieren: Brüche, Funktionen & Co.*, https://doi.org/10.1007/978-3-662-70607-7_10

Bei vielen Anwendungen in Mathematik, Technik und Informatik werden die e-Funktionen mit der (irrationalen) **Euler'schen Konstanten** $e = 2.718\ldots$ (bzw. „Euler-Zahl") als Basis verwendet:

$$y = f(x) = e^x \quad \text{oder} \quad y = f(x) = e^{-x}.$$

Hinweis: Häufig wird in Computerprogrammen für die Funktionsausdrücke auch $e^x = \exp(x)$ bzw. $e^{-x} = \exp(-x)$ geschrieben.

10.1.2 Logarithmus und Logarithmusfunktion

Die Schreibweise ***log*** symbolisiert folgenden Zusammenhang:

Gegeben ist für positive Werte a und b die Gleichung $a^x = b$. Der Exponent x ist offenbar die Lösung dieser „Exponentialgleichung". Für diesen x-Wert der Gleichung schreibt man symbolisch einen **Logarithmus**:

$$a^x = b \quad \Leftrightarrow \quad x = \log_a b, \quad a, b \in \mathbb{R}^+,\ x \in \mathbb{R}.$$

Der Logarithmus einer positiven reellen Zahl b zur Basis a ist diejenige Zahl x, mit der man a potenzieren muss, um b zu erhalten. **Ein Logarithmus ist demnach nichts anderes als ein Exponent.**

Deshalb ist das Logarithmieren neben dem Radizieren eine weitere Umkehrung des Potenzierens, wie die folgenden Beispiele verdeutlichen:

$$\begin{aligned}
2^x &= 8 & &\Leftrightarrow & x &= \log_2 8 & &\Rightarrow & x &= 3,\\
3^x &= 27 & &\Leftrightarrow & x &= \log_3 27 & &\Rightarrow & x &= 3,\\
4^x &= 64 & &\Leftrightarrow & x &= \log_4 64 & &\Rightarrow & x &= 3,\\
5^x &= 125 & &\Leftrightarrow & x &= \log_5 125 & &\Rightarrow & x &= 3,\\
6^x &= 216 & &\Leftrightarrow & x &= \log_6 216 & &\Rightarrow & x &= 3,\\
7^x &= 343 & &\Leftrightarrow & x &= \log_7 343 & &\Rightarrow & x &= 3,\\
8^x &= 512 & &\Leftrightarrow & x &= \log_8 512 & &\Rightarrow & x &= 3,\\
9^x &= 729 & &\Leftrightarrow & x &= \log_9 729 & &\Rightarrow & x &= 3.
\end{aligned}$$

Hinweis: Offenbar gilt die Gleichung $1^x = 1$ für alle reellwertigen x-Werte. Diese Mehrdeutigkeit wird nicht zugelassen, weshalb $a \neq 1$ festgelegt wird.

Einige Logarithmen mit speziellen Werten der Basis a treten besonders häufig auf, weshalb dafür kürzere symbolische Schreibweisen eingeführt wurden:

$a = 2$:	$\log_2 b$	$=$	$\operatorname{lb} b$	**binärer** oder auch **dyadischer** Logarithmus,
$a = e$:	$\log_e b$	$=$	$\ln b$	**natürlicher** Logarithmus,
$a = 10$:	$\log_{10} b$	$=$	$\lg b$	**dekadischer** Logarithmus.

Beim Rechnen mit Logarithmen (d. h. mit Exponenten) werden Logarithmengesetze benötigt, die sich aus den Potenzgesetzen (s. Abschn. 2.1) ergeben:

$$\log_a(x \cdot y) = \log_a(x) + \log_a(y), \qquad \log_a\left(\frac{x}{y}\right) = \log_a(x) - \log_a(y),$$

$$\log_a(x^y) = y \cdot \log_a(x), \qquad \log_a\left(\sqrt[y]{x}\right) = \tfrac{1}{y} \cdot \log_a(x),$$

$$\log_a 1 = 0, \qquad \log_a a = 1,$$

$$\log_x b = \frac{\log_a b}{\log_a x} \quad \Leftrightarrow \quad \log_a b = \log_a x \cdot \log_x b.$$

Eine Funktion der Form

$$y = f(x) = \log_a x,\ a \in \mathbb{R}^+ \setminus \{1\}$$

heißt **Logarithmusfunktion**. Sie ist die Umkehrfunktion für $y = f(x) = a^x$. Der Graph der Logarithmusfunktion entsteht durch Spiegelung des Graphen der Exponentialfunktion an der Winkelhalbierenden im I. und III. Quadranten (s. Abb. 10.2, vgl. Abb. 6.9c).

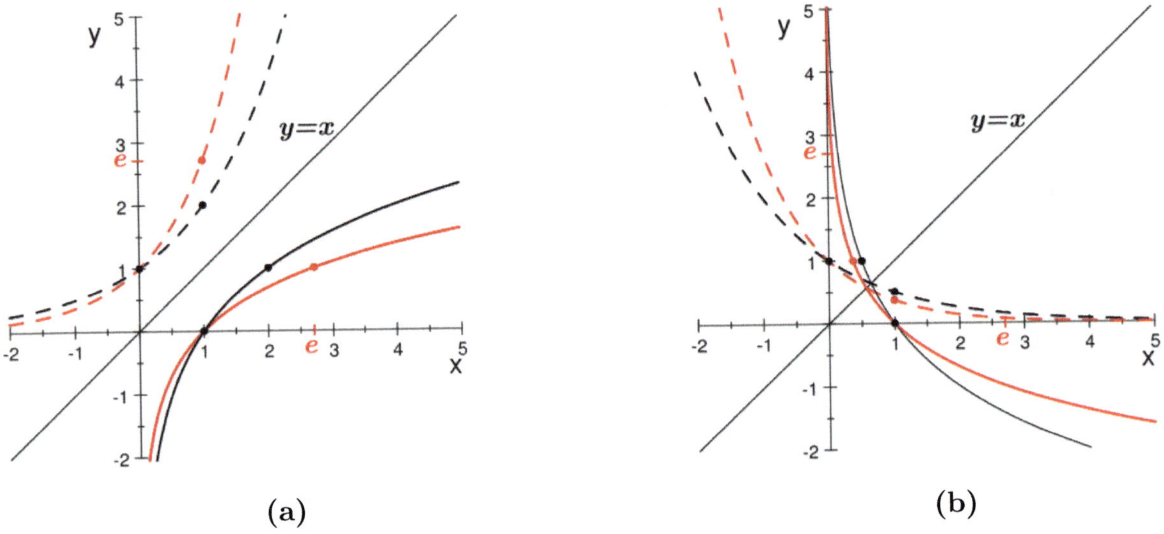

Abb. 10.2 Logarithmusfunktionen (mit durchgezogener Kurve) als Umkehrfunktionen von Exponentialfunktionen (gestrichelt dargestellt), **a** $a > 1$, **b** $0 < a < 1$

Eine Logarithmusfunktion besitzt folgende grundlegende Eigenschaften:

- Der Definitionsbereich lautet $\mathbb{R}^+$, der Wertebereich ergibt sich zu $\mathsf{W}(f) = \mathbb{R}$.
- $a^0 = 1 \ \Leftrightarrow\ \log_a 1 = 0$: Alle Graphen haben den gemeinsamen Punkt $P(1{,}0)$ (s. Abb. 10.2).
- Für $a > 1$ ist die Funktion streng monoton steigend, für $0 < a < 1$ streng monoton fallend.

10.1.3 Exponential- und Logarithmusgleichungen

Exponentialgleichungen sind Gleichungen, bei denen die Variable ausschließlich im Exponenten auftritt. Solche Gleichungen lassen sich auf der Grundlage der Potenz- bzw. der Logarithmengesetze lösen. Bei gleicher Basis werden die Exponenten gleichgesetzt bzw. man logarithmiert.

Für beliebige Ausdrücke oder Funktionen $f(x) > 0$ und $g(x) > 0$ gilt:

$$a^{f(x)} = a^{g(x)} \quad \Leftrightarrow \quad f(x) = g(x).$$

Logarithmusgleichungen beinhalten ausschließlich logarithmische Ausdrücke.
Beim Lösen dieser Gleichungen ist zu beachten, dass der Definitionsbereich der Gleichung eingeschränkt sein kann. Deswegen ist es wichtig, zu Beginn den Definitionsbereich zu ermitteln und jede Lösung durch das Einsetzen in die Ausgangsgleichung zu überprüfen.

Grundsätzlich lassen sich logarithmische Gleichungen durch geeignete Umformungen (vor allem durch Anwendung der Logarithmengesetze) lösen.
Für beliebige Ausdrücke oder Funktionen $f(x) > 0$ und $g(x) > 0$ gilt:

$$\log_a f(x) = \log_a g(x) \quad \Leftrightarrow \quad f(x) = g(x).$$

Die Vorgehensweise bei der Lösung dieser Art von Gleichungen wird ausführlich anhand der folgenden Beispiele erläutert.

10.2 Beispiele

10.2.1 Beispiel

Lösen Sie die Exponentialgleichung

$$6^{3x+9} = 36^{2x+5}.$$

Lösungsweg:

Zunächst sehen die beiden Basen unterschiedlich aus. Beim genaueren Betrachten fällt auf, dass sich 36 als Quadratzahl darstellen lässt. Der Term auf der rechten Seite wird demnach umgeschrieben:

$$6^{3x+9} = \left(6^2\right)^{2x+5}.$$

Jetzt kann man das Potenzgesetz $(a^n)^m = a^{nm}$ anwenden:

$$6^{3x+9} = 6^{2(2x+5)}.$$

Unter Beachtung des Logarithmengesetzes für eine Potenz und von $\log_6 6 = 1$ wird umgeformt, es entsteht die Gleichung der Terme der Exponenten:

$$\begin{aligned} (3x+9) \cdot \log_6 6 &= 2(2x+5) \cdot \log_6 6, \\ 3x + 9 &= 2(2x+5). \end{aligned}$$

Diese Vorgehensweise bezeichnet man als **Logarithmieren** (auf beiden Seiten der Gleichung): Wenn zwei Potenzen mit gleicher Basis gleich sein sollen, müssen auch die Terme in den Exponenten übereinstimmen.
Durch Logarithmieren erhält man demnach die Gleichung der Terme der Exponenten, damit lässt sich die Lösung bestimmen:

$$\begin{aligned} \log_6 6^{3x+9} &= \log_6 6^{2(2x+5)}, \\ 3x+9 &= 2(2x+5) \quad \Rightarrow x = -1. \end{aligned}$$

Dieser Wert ist die Lösung, beim Einsetzen in die Ausgangsgleichung ergibt sich:

$$\begin{aligned} 6^{3\cdot(-1)+9} &= 36^{2\cdot(-1)+5}, \\ 6^6 &= (6^2)^3 \quad \Rightarrow \textit{wahre Aussage}. \end{aligned}$$

10.2.2 Beispiel

Lösen Sie die Exponentialgleichung

$$5^x - 5^{x-1} = 100.$$

Lösungsweg:

Diese Gleichung kann man nicht sofort mit der gleichen Methode wie in Beispiel 10.2.1 lösen, da hier in der linken Seite eine Differenz von Potenzen auftritt und neben den Potenzen noch ein Term ohne Exponenten vorhanden ist.
Als Erstes wird der links stehende Term mithilfe der Potenzgesetze umgeschrieben und rechts in Primfaktoren zerlegt:

$$5^x - 5^x \cdot 5^{-1} = 2^2 \cdot 5^2.$$

Ausklammern von 5^x führt zu einer Exponentialgleichung, aus der x durch Logarithmieren bestimmt wird:

$$\begin{aligned} 5^x \left(1 - \frac{1}{5}\right) &= 2^2 \cdot 5^2, \\ 5^x \cdot \frac{4}{5} &= 2^2 \cdot 5^2, \\ 5^x &= 5^3, \\ x \cdot \log_5 5 &= 3 \cdot \log_5 5 \quad \Leftrightarrow \quad x = 3. \end{aligned}$$

Als Letztes sollte man eine Probe durch das Einsetzen in die Ausgangsgleichung durchführen:

$$\begin{aligned} 5^3 - 5^{3-1} &= 100, \\ 125 - 25 &= 100 \quad \Rightarrow \textit{wahre Aussage}. \end{aligned}$$

Demnach lautet die Lösungsmenge $\mathsf{L} = \{3\}$.

10.2.3 Beispiel

Lösen Sie die folgende Gleichung und führen Sie die Probe durch:

$$\log_x 9 = 1 + \log_x 3.$$

Lösungsweg:

Als Erstes sollten Sie die Gleichung mithilfe der Logarithmengesetze in die Form $\log_x b = a$ umschreiben; als Zweites wird das Logarithmieren umgekehrt:

$$\begin{aligned}\log_x 9 - \log_x 3 &= 1,\\ \log_x\left(\frac{9}{3}\right) &= 1,\\ \log_x 3 &= 1 \quad\Leftrightarrow\quad 3 = x^1 = x.\end{aligned}$$

Zur Kontrolle setzt man x in die Ausgangsgleichung ein und wendet die Logarithmengesetze an:

$$\begin{aligned}\log_3 9 &= 1 + \log_3 3,\\ \log_3 3^2 &= 1 + \log_3 3,\\ 2\cdot\log_3 3 &= 1 + \log_3 3 \quad\Rightarrow \textit{wahre Aussage}.\end{aligned}$$

Die Lösung lautet demnach $x = 3$.

10.2.4 Beispiel

Lösen Sie die Gleichung

$$\ln\left(x^2 + 4x + 2\right) - \ln(x + 12) = 0.$$

Lösungsweg:

Bei dieser Aufgabe sollte zuerst der Definitionsbereich untersucht werden. Da jeder der beiden Logarithmen nur für positive Größen erklärt ist, muss gelten:

$$(x^2 + 4x + 2 > 0) \wedge (x + 12 > 0).$$

Die Vorgehensweisen zur Auswertung dieser Bedingungen sind in Kap. 8 und Abschn. 7.1 erläutert worden. Die lineare Funktion $y = g(x) = x + 12$ ist positiv für $x > -12$. Die nach oben geöffnete Normalparabel $y = f(x) = x^2 + 4x + 2 = (x + 2)^2 - 2$ besitzt die Nullstellen

$$x_{NS_{1,2}} = -2 \pm \sqrt{2}.$$

Die Definitionsmenge ergibt sich aus der Schnittmenge und lautet demnach:

$$\mathsf{D} = \left(-12, -2 - \sqrt{2}\right) \cup \left(-2 + \sqrt{2}, \infty\right).$$

Um die Gleichung zu lösen, schreibt man diese zunächst um:

$$\ln\left(x^2 + 4x + 2\right) = \ln(x + 12).$$

Weil die beiden Logarithmen gleich sind, ergibt sich daraus eine quadratische Gleichung:

$$x^2 + 4x + 2 = x + 12 \quad\Leftrightarrow\quad x^2 + 3x - 10 = 0.$$

Nach Anwendung der p-q-Formel erhält man für diese Gleichung die Nullstellen:

$$x_{1,2} = -1.5 \pm \sqrt{2.25 + 10} = -1.5 \pm 3.5.$$

Beide x-Werte -5 und 2 sind Lösungen; sie gehören zur Definitionsmenge und liefern beim Einsetzen in der Ausgangsaufgabe wahre Aussagen:

$$x_1\colon\ \ln(25-20+2) - \ln(-5+12) = 0, \quad \ln 7 - \ln 7 = 0.$$

$$x_2\colon\ \ln(4+8+2) - \ln(2+12) = 0, \quad \ln 14 - \ln 14 = 0.$$

10.3 Übungen

10.3.1 Übung

(6 Min.)

Lösen Sie die Gleichung

$$2^{2x+3} + 3 \cdot 2^{2x} = 22.$$

→ *Lösung auf Seite 201*

10.3.2 Übung

(6 Min.)

Lösen Sie die Gleichung

$$\sqrt{a^{3x-7}} = \sqrt[3]{a^{4x-3}}.$$

→ *Lösung auf Seite 201*

10.3.3 Übung

(10 Min.)

Lösen Sie die Gleichung

$$4^{x+3} - 13 \cdot 4^{x+1} = 2^{3x-1} - 2^{3x-3}.$$

→ *Lösung auf Seite 202*

10.3.4 Übung

(10 Min.)

Lösen Sie die folgende Gleichung:

$$32^{\frac{2x+1}{x+2}} = 4^{\frac{6x-1}{4x-1}}, \quad x \neq -2, \quad x \neq \frac{1}{4}.$$

→ *Lösung auf Seite 202*

10.3.5 Übung

(6 Min.)

Lösen Sie die Gleichung

$$\ln(2x+3) = \ln(x+1) + 1.$$

→ *Lösung auf Seite 203*

10.3.6 Übung

(8 Min.)

Lösen Sie die Gleichung

$$\log_x \sqrt{2} + \log_x 4 = \frac{1}{2}.$$

→ *Lösung auf Seite 204*

10.3.7 Übung

(8 Min.)

Bestimmen Sie die Definitionsmenge und alle x-Werte, für die folgende Gleichung erfüllt ist:

$$\frac{1}{2}\lg(2x-1) + \lg\sqrt{x-9} = 1.$$

→ *Lösung auf Seite 205*

10.3.8 Übung

(12 Min.)

Lösen Sie die Gleichung

$$3 \cdot \sqrt{\lg(x)} - \lg(x) = 2.$$

→ *Lösung auf Seite 205*

10.4 Tests

10.4.1 Test

(6 Min.)

Berechnen Sie alle positiven x-Werte, für die folgende Gleichung erfüllt ist:

$$\log_3(\log_2 x) = 5.$$

1 $x = 30$ **2** $x = \frac{5}{6}$ **3** $x = 2^{243}$

→ *Lösung auf Seite 258*

10.4.2 Test

(8 Min.)

Bestimmen Sie ohne Anwendung des Taschenrechners den Wert von

$$A = \log_5(125) - 4\log_2\left(\sqrt{2}\right) + \left[\log_3\left(\frac{1}{27}\right)\right] \cdot \left(\log_7 \sqrt[3]{49}\right).$$

1 $A = 1$ **2** $A = -2$ **3** $A = -1$

→ *Lösung auf Seite 258*

10.4.3 Test

(8 Min.)

Welche x-Werte sind die Lösung(en) der folgenden Gleichung:

$$\log_3\left(x^2-1\right)=1+\log_3(x+3).$$

1 $x_1=\dfrac{1+\sqrt{29}}{2}$, $x_2=\dfrac{1-\sqrt{29}}{2}$

2 $x\ =9$

3 $x_1=5$, $x_2=-2$

→ *Lösung auf Seite 259*

10.4.4 Test

(10 Min.)

Lösen Sie die folgende Gleichung:

$$\lg(8x)-\lg\left(1+\sqrt{x}\right)=2.$$

1 $x_1\approx 12.188$, $x_2\approx 13.076$

2 $x_1\approx 180.384$, $x_2\approx 0.866$

3 $x\ \approx 10^{\frac{17}{4}}$

4 $x\approx 180.384$

→ *Lösung auf Seite 260*

11 Trigonometrische Funktionen

11.1 Theorie

Die Kenntnis trigonometrischer Funktionen und ihrer Eigenschaften sind für ein MINT-Studium von grundlegender Bedeutung. Die wichtigsten Zusammenhänge werden in diesem Kapitel bereitgestellt und trainiert.

11.1.1 Winkeleinheiten

Jeder Winkel kann durch einen Punkt auf einem Kreis mit dem Mittelpunkt $M(0{,}0)$ im kartesischen Koordinatensystem und dem Radius $r = 1$ („Einheitskreis") dargestellt werden (s. Abb. 11.1).

Teilt man den Kreis in 360 gleiche Teile, wird jedes einzelne Stück des Vollwinkels als Winkelmaß mit Grad bezeichnet (Notation: 1°). Dabei dreht man von der positiven x-Achse um diesen Anteil entgegen dem Uhrzeigersinn **in mathematisch positiver Drehrichtung**.

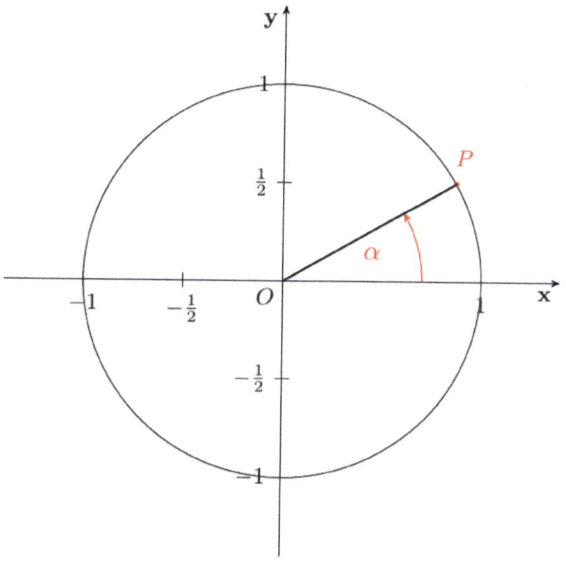

Abb. 11.1 Abtragen eines Winkels am Einheitskreis

Das Bogenmaß ist eine weitere Möglichkeit zur Messung von Winkeln, dabei gilt:

$$360° \mathrel{\widehat{=}} 2\pi.$$

Die Winkeleinheit im Bogenmaß lautet „rad" (Radiant), i. d. R. wird diese weggelassen.

J. Siegert und N. Togobytska, *Mathematik trainieren: Brüche, Funktionen & Co.*, https://doi.org/10.1007/978-3-662-70607-7_11

Für die Umrechnung sind folgende Beziehungen nutzbar:

$$1^\circ \mathrel{\widehat{=}} \frac{2\pi}{360} = \frac{\pi}{180}, \qquad 1 \mathrel{\widehat{=}} \frac{360^\circ}{2\pi} = \frac{180^\circ}{\pi}.$$

Hinweis: Bei Berechnungen mit dem Taschenrechner muss man stets auf die richtige Einstellung achten: DEG steht für Grad (Degree) und RAD für Radiant. Dies darf nicht mit der Einstellung Neugrad („Gon“) verwechselt werden. Auf Neugrad wird in diesem Buch nicht eingegangen.

11.1.2 Beziehungen am rechtwinkligen Dreieck

In einem rechtwinkligen Dreieck bezeichnet man die dem rechten Winkel gegenüberliegende Seite als **Hypotenuse** c (s. Abb. 11.2). Die beiden anderen Seiten werden **Katheten** genannt: Für den Winkel α sind a die Gegenkathete und b die Ankathete. Es gilt

$$\alpha + \beta = 90^\circ.$$

Den Winkel β nennt man **Komplementwinkel** des Winkels α zu 90°.

Hinweis: Beim Addieren und Subtrahieren von Winkeln ist zu beachten, dass diese stets die gleiche Maßeinheit besitzen, entweder Grad oder Radiant.

Der **Satz des Pythagoras** ist ein besonders wichtiger Zusammenhang:

$$a^2 + b^2 = c^2.$$

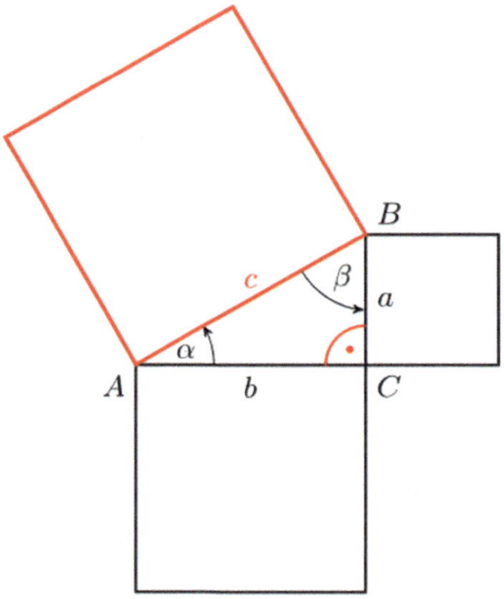

Abb. 11.2 Satz des Pythagoras am rechtwinkligen Dreieck

Das Verhältnis zweier Seiten eines rechtwinkligen Dreiecks kann mit Winkelfunktionen in Abhängigkeit eines Winkels dargestellt werden, beispielsweise für den Winkel α:

$$\sin\alpha \overset{def}{=} \frac{\text{Gegenkathete}}{\text{Hypotenuse}} = \frac{a}{c}, \qquad \tan\alpha \overset{def}{=} \frac{\text{Gegenkathete}}{\text{Ankathete}} = \frac{a}{b},$$

$$\cos\alpha \overset{def}{=} \frac{\text{Ankathete}}{\text{Hypotenuse}} = \frac{b}{c}, \qquad \cot\alpha \overset{def}{=} \frac{\text{Ankathete}}{\text{Gegenkathete}} = \frac{b}{a}.$$

Diese Definitionen lassen sich gut am Einheitskreis veranschaulichen (s. Abb. 11.3).

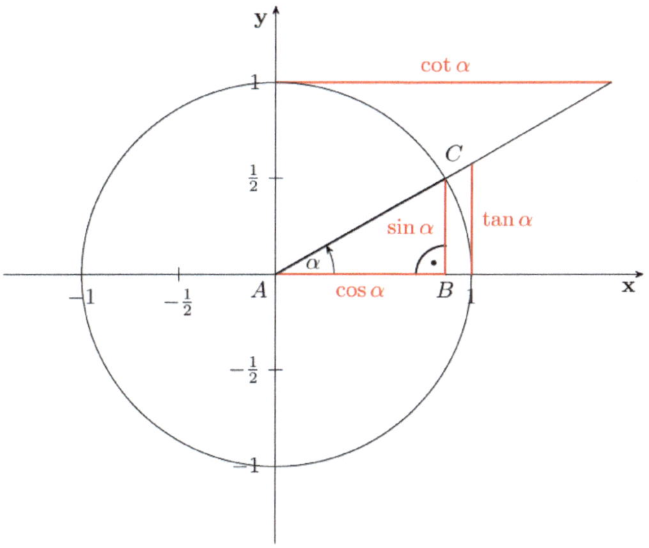

Abb. 11.3 Darstellung der Winkelfunktionen im I. Quadranten des Einheitskreises (Tantau T.: TeXample.net. http://www.texample.net/tikz/examples/tutorial/. Zugegriffen 20.01.2025)

Offenbar gelten für $\alpha \in (0°, 90°)$ die folgenden **Winkelbeziehungen**:

$$\begin{aligned}
\sin(180° - \alpha) &= \sin\alpha, & \sin(180° + \alpha) &= -\sin\alpha,\\
\cos(180° - \alpha) &= -\cos\alpha, & \cos(180° + \alpha) &= -\cos\alpha,\\
\sin(360° - \alpha) &= -\sin\alpha, & \cos(360° - \alpha) &= \cos\alpha.
\end{aligned}$$

$$\begin{aligned}
\tan(180° - \alpha) &= -\tan\alpha, & \tan(180° + \alpha) &= \tan\alpha,\\
\cot(180° - \alpha) &= -\cot\alpha, & \cot(180° + \alpha) &= \cot\alpha,\\
\tan(360° - \alpha) &= -\tan\alpha, & \cot(360° - \alpha) &= -\cot\alpha.
\end{aligned}$$

Verwendet man am Einheitskreis die Winkel $\alpha + k \cdot 360°$ bzw. $\alpha + k \cdot 2\pi$, $k \in \mathbb{N}$, gelangt man jeweils zum gleichen Punkt, weil damit eine Drehung von α um ein ganzes Vielfaches des Vollwinkels 360° (bzw. 2π) in mathematisch positiver Richtung verbunden ist. Gleiches gilt in umgekehrter Drehrichtung. Deshalb sind die Winkelfunktionen alle periodisch (vgl. Abschn. 6.1).

Stellt man den Satz des Pythagoras am Einheitskreis unter Beachtung der Winkelfunktionen auf, erhält man den „trigonometrischen Pythagoras“ (s. Abb. 11.4)

$$a^2 + b^2 = c^2 \quad \Rightarrow \quad \sin^2\alpha + \cos^2\alpha = 1^2 = 1.$$

Für den Komplementwinkel β von α zu $90°$ gilt

$$\beta = 90° - \alpha \quad \Rightarrow \quad \sin\beta = \cos\alpha, \quad \sin\alpha = \cos\beta,$$

weshalb der Satz des Pythagoras am Einheitskreis auch folgendermaßen geschrieben werden kann:

$$\cos^2\alpha + \cos^2\beta = 1.$$

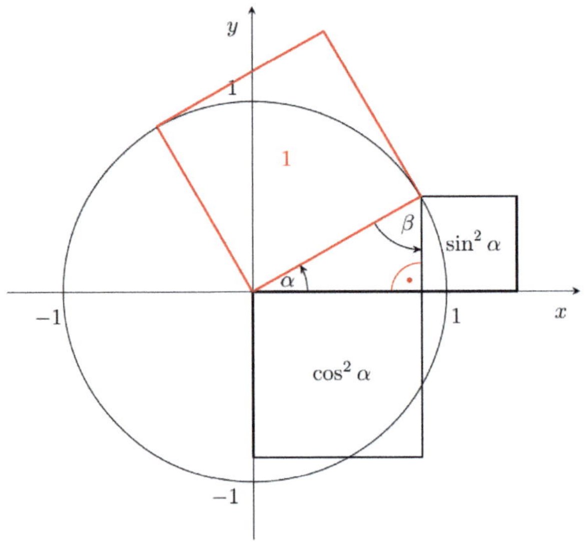

Abb. 11.4 Satz des Pythagoras am Einheitskreis

11.1.3 Eigenschaften der Sinus- und Kosinusfunktion

Die trigonometrischen Funktionen werden oft in Abhängigkeit von x betrachtet. Das Argument wird vorrangig in Bogenmaß angegeben (s. Abb. 11.5).

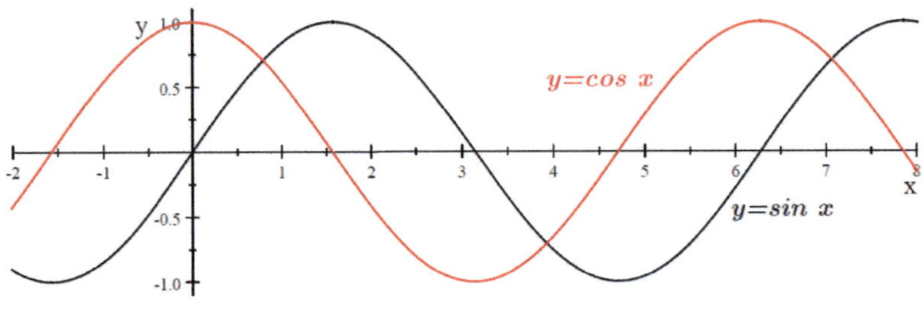

Abb. 11.5 Graphen der Sinus- und Kosinusfunktion

Die Funktionsgraphen weisen grundlegende Eigenschaften auf:

- Beide Funktionen besitzen als Definitionsbereich $\mathbb{R}$ und als Wertebereich das Intervall $[-1,1]$.

- $\sin x = \sin(x + 2\pi)$, $\cos x = \cos(x + 2\pi)$. Beide Funktionen sind 2π-periodisch.
- Die Graphen bestehen aus Monotonieintervallen.
- $\sin(-x) = -\sin x$. Die Sinusfunktion ist ungerade, ihr Graph ist punktsymmetrisch.
- $\cos(-x) = \cos x$. Die Kosinusfunktion ist gerade, ihr Graph liegt symmetrisch zur y-Achse.
- Sinus- und Kosinusfunktion sind miteinander verknüpft und lassen sich umschreiben:

$$\sin x = \cos\left(x - \frac{\pi}{2}\right), \quad \cos x = \sin\left(x + \frac{\pi}{2}\right).$$

Darüber hinaus sollten Sie einige weitere wichtigen Eigenschaften kennen und ohne Verwendung einer Formelsammlung beim Rechnen mit trigonometrischen Funktionen stets parat haben:

- Die Funktionswerte von $\sin x$ und $\cos x$ für ausgewählte Winkel $\alpha \in \left[0, \frac{\pi}{2}\right]$, die in der Tab. 11.1 enthalten sind:

Tab. 11.1 Werte der Sinus- und Kosinusfunktion für ausgewählte Winkel im I. Quadranten

Radiant	0	$\frac{\pi}{6}$	$\frac{\pi}{4}$	$\frac{\pi}{3}$	$\frac{\pi}{2}$
Grad	$0°$	$30°$	$45°$	$60°$	$90°$
$\sin x$	$0 = \frac{\sqrt{0}}{2}$	$\frac{1}{2} = \frac{\sqrt{1}}{2}$	$\frac{\sqrt{2}}{2}$	$\frac{\sqrt{3}}{2}$	$1 = \frac{\sqrt{4}}{2}$
$\cos x$	$1 = \frac{\sqrt{4}}{2}$	$\frac{\sqrt{3}}{2}$	$\frac{\sqrt{2}}{2}$	$\frac{1}{2} = \frac{\sqrt{1}}{2}$	$0 = \frac{\sqrt{0}}{2}$

Hinweis: Es ist von Vorteil, diese Funktionswerte auswendig zu lernen, vielleicht gelingt das mit der „Merkhilfe“ der Wurzeln besser. Auf der Grundlage der Winkelbeziehungen kann man diese Werte auf die anderen Bereiche des Einheitskreises übertragen (s. Abb. 11.6).

- Die „Formeln für den doppelten Winkel“:

$$\sin(2x) = 2\sin x \cdot \cos x, \qquad \cos(2x) = \cos^2 x - \sin^2 x.$$

- **Additionstheoreme** als Verallgemeinerung der Formeln für den doppelten Winkel:

$$\sin(x \pm y) = \sin x \cdot \cos y \pm \sin y \cdot \cos x,$$
$$\cos(x \pm y) = \cos x \cdot \cos y \mp \sin x \cdot \sin y.$$

Hinweis: Wenn mit dem Sinus oder einem anderen trigonometrischen Funktionswert einer Summe (oder Differenz) zweier Winkel gearbeitet wird, darf die Klammer nicht vergessen werden!

Anderenfalls entstehen Summen (oder Differenzen) eines Winkelfunktionswertes und eines Winkels, dies ist nicht erklärt und demnach falsch:

$$\sin(\alpha \pm \beta) \neq \sin \alpha \pm \beta, \qquad \cos(\alpha \pm \beta) \neq \cos \alpha \pm \beta.$$

Beachten Sie die Klammer um das Argument bei trigonometrischen Ausdrücken; obwohl diese oft nicht geschrieben wird, muss damit gerechnet werden:

$$\sin(2x) \neq \sin 2 \cdot x = x \cdot \sin 2, \qquad \cos(2x) \neq \cos 2 \cdot x = x \cdot \sin 2.$$

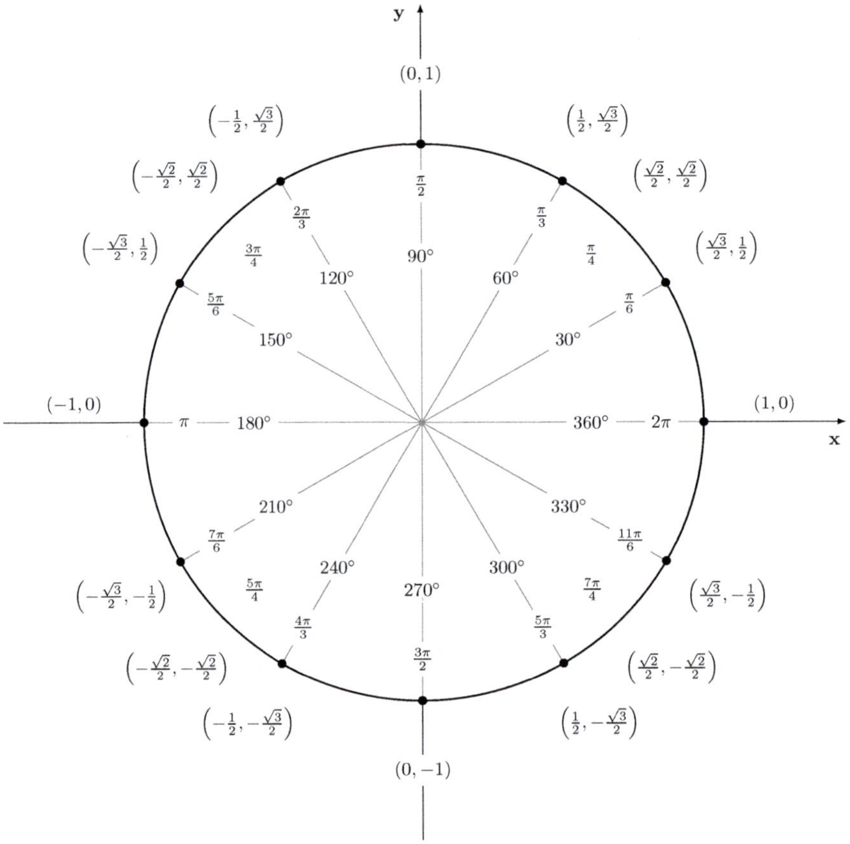

Abb. 11.6 Sinus- und Kosinuswerte am Einheitskreis (Aryal S.: TeXample.net. http://www.texample.net/author/supreme-aryal/. Zugegriffen 20.01.2025)

Umkehrfunktionen für die Sinus- und Kosinusfunktion

Die trigonometrischen Funktionen sind nicht im gesamten Definitionsbereich streng monoton. Für jedes Intervall mit strenger Monotonie kann man jeweils eine Umkehrfunktion erklären, die man **Arcusfunktion** nennt. Eines der Intervalle wird als **Grundintervall** festgelegt.

Beispielsweise wählt man für die Sinusfunktion das Grundintervall $\left[-\frac{\pi}{2}, \frac{\pi}{2}\right]$.
Für die Umkehrfunktion wird $y = g(x) = \arcsin x = \sin^{-1} x$ geschrieben. Um die Umkehrfunktion für das Grundintervall besonders zu kennzeichnen, notiert man oft auch $y = \text{Arcsin}\, x$.
Die Funktion $y = \text{Arcsin}\, x$ besitzt den Definitionsbereich $[-1{,}1]$ und den Wertebereich $\left[-\frac{\pi}{2}, \frac{\pi}{2}\right]$.

Beide Mengen ergeben sich durch die Spiegelung des zum Grundintervall gehörenden Monotonieastes der Sinusfunktion an $y = x$ (s. Abb. 11.7).

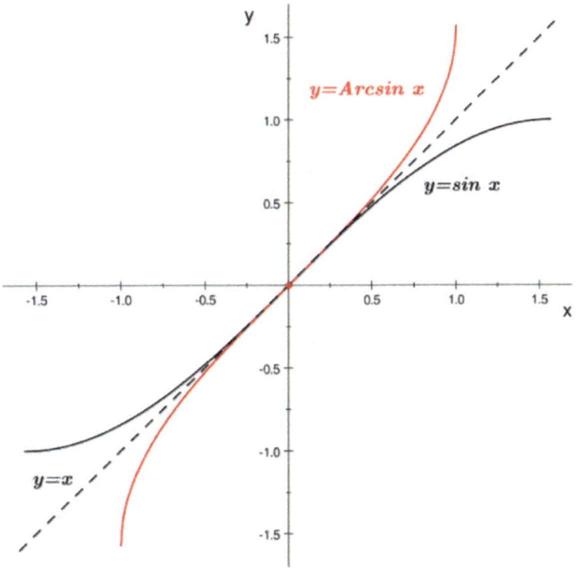

Abb. 11.7 Graph von $g(x)$ =Arcsin x

In jedem anderen Monotonieintervall existiert eine weitere Umkehrfunktion, deren Graph analog durch Spiegelung des jeweiligen Monotonieastes an der Winkelhalbierenden im I. bzw. III. Quadranten erhalten werden kann.

Für die Kosinusfunktion wählt man das Grundintervall $[0,\pi]$, wo die Funktion streng monoton fällt (s. Abb. 11.8). Die Umkehrfunktion lautet $y = g(x) = \arccos x = \cos^{-1} x$ bzw. y =Arccos x im Grundintervall.

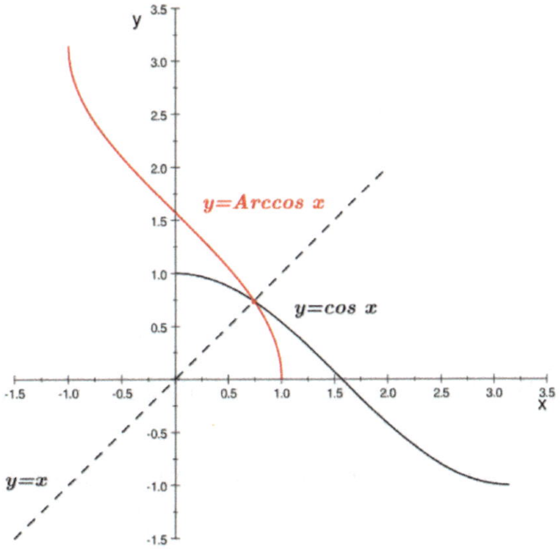

Abb. 11.8 Graph von $g(x)$ =Arccos x

Die Funktion $y = \text{Arccos}\, x$ besitzt den Definitionsbereich $[-1{,}1]$ und den Wertebereich $[0{,}\pi]$.
In den anderen Monotonieintervallen wird analog wie bei der Sinusfunktion vorgegangen. Es existiert dafür jeweils eine eigene Umkehrfunktion.

Hinweis: Die Ausdrücke $\sin^{-1} x = \arcsin x$ und $\cos^{-1} x = \arccos x$ bezeichnen keine Anwendung der Potenzrechnung mit dem Exponenten -1. Sie dürfen nicht mit den reziproken Werten verwechselt werden (vgl. Abschn. 6.1).

11.1.4 Tangens- und Kotangensfunktion

Auf der Grundlage der Sinus- und Kosinusfunktion kann man die Tangens- und Kotangensfunktion definieren:

$$\tan x \overset{def}{=} \frac{\sin x}{\cos x}, \qquad \cot x \overset{def}{=} \frac{\cos x}{\sin x} = \frac{1}{\tan x}\,.$$

Die Eigenschaften dieser Funktionen basieren auf den Eigenschaften der Sinus- und Kosinusfunktion. Demnach sind die Funktionsgraphen periodisch mit $T = \pi$ (s. Abb. 11.9).
Funktionswerte existieren für alle x-Werte, für die der jeweilige Nenner von null verschieden ist. Die Stellen x, wo der Nenner gleich null ist, sind in Abb. 11.9 mit Parallelen zur y-Achse gestrichelt dargestellt, beispielsweise für die Tangensfunktion in $x = \frac{\pi}{2} \pm k\pi,\, k \in \mathbb{N}_0$.

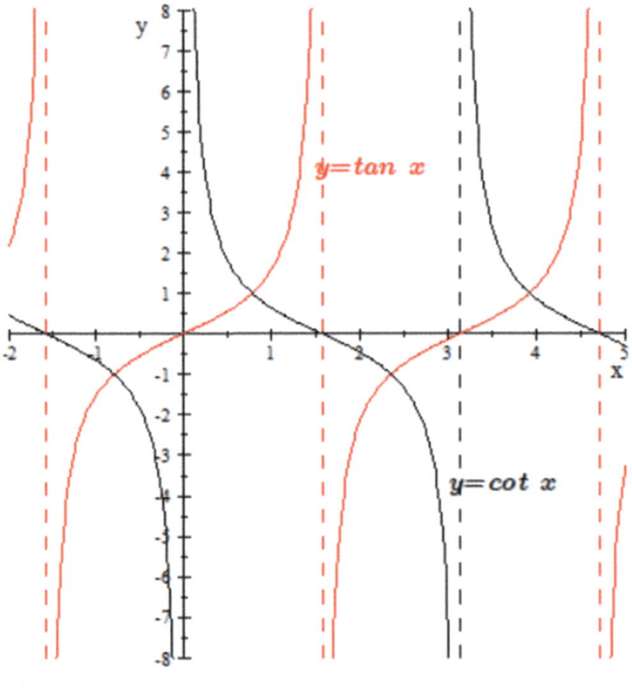

Abb. 11.9 Graphen der Tangens- und Kotangensfunktion

In jedem der Monotonieintervalle existiert eine Umkehrfunktion, d. h. eine **Arkusfunktion**.
Für die Tangensfunktion wählt man beispielsweise als Grundintervall $(-\frac{\pi}{2}, \frac{\pi}{2})$, die Umkehrfunktion wird mit $\arctan x$ bzw. $\text{Arctan}\, x$ bezeichnet (s. Abb. 11.10).
In vielen Anwendungen sucht man für einen gegebenen Tangens mithilfe der Funktion $\arctan \alpha$ den zugeordneten Winkel α (vgl. Abschn. 7.1, 15.1).

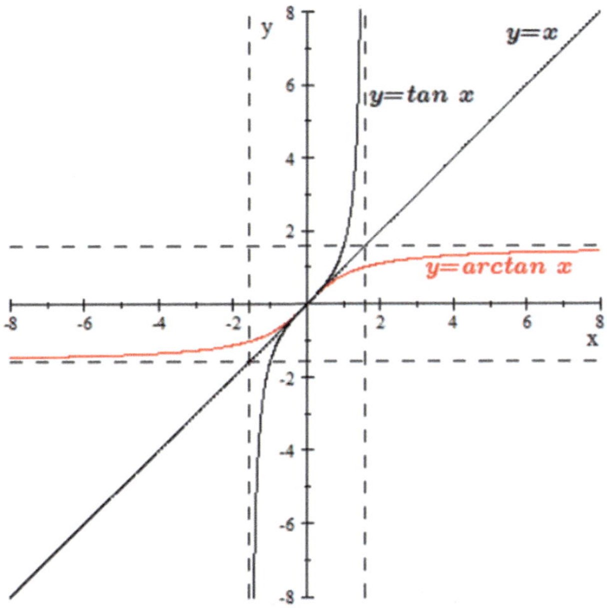

Abb. 11.10 Graphen der Tangens- und Arkustangensfunktion

11.2 Beispiele

11.2.1 Beispiel

Gesucht sind alle Lösungen x der Gleichung

$$\sin\frac{x}{3} = \frac{\sqrt{3}}{2}.$$

Lösungsweg:

Für die Lösung derartiger trigonometrischer Gleichungen benötigt man trigonometrische Funktionen und ihre Eigenschaften.
Als Erstes ermittelt man die zwei Winkel, die den Sinuswert $\frac{\sqrt{3}}{2}$ besitzen. Das geschieht entweder durch Berechnung oder mithilfe Abb. 11.6; ein Taschenrechner ist dazu nicht erforderlich.
Man erhält als Zwischenergebnisse:

$$\alpha = \frac{x_1}{3} = \frac{\pi}{3}, \quad \beta = \frac{x_2}{3} = \frac{2\pi}{3}.$$

Nach Umstellen der Gleichung ist ersichtlich, dass die Winkel $x_1 = \pi$ und $x_2 = 2\pi$ lauten.
Damit sind jedoch nicht alle möglichen x-Werte bestimmt. Wird die Periodizität der Sinusfunktion für die Winkel α und β (jedoch nicht für x_1 und x_2) berücksichtigt, gibt es weitere (unendlich viele) Lösungen, die man durchnummerieren kann:

$$\alpha_k = \frac{x_{1_k}}{3} = \frac{\pi}{3} \pm 2k\pi, \quad \beta_k = \frac{x_{2_k}}{3} = \frac{2\pi}{3} \pm 2k\pi, \quad k \in \mathbb{N}_0,$$
$$x_{1_k} = \pi \pm 6k\pi, \qquad x_{2_k} = 2\pi \pm 6k\pi, \qquad k \in \mathbb{N}_0.$$

Hinweis: Bitte beachten Sie bei der Lösung derartiger Aufgaben stets die Periodizitätseigenschaft. Falls der Definitionsbereich wie bei dieser Aufgabe nicht eingeschränkt ist, muss die Lösungsmenge entsprechend periodisch erweitert werden, anderenfalls ist die Lösung unvollständig.

11.2.2 Beispiel

Gesucht sind alle Lösungen x im Intervall $[0,2\pi)$ der Gleichung:

$$2\sin x + \sin(2x) = 0.$$

Lösungsweg:

Die Menge der gesuchten Werte wird von vornherein eingeschränkt, demnach ist die Periodizitätseigenschaft bei dieser Aufgabe irrelevant.
Zuerst sollten Sie die Gleichung vereinfachen. Es ist von Vorteil, wenn die Gleichung keinen doppelten Winkel enthält. Mithilfe der Formel für den doppelten Winkel (s. Abschn. 11.1) wird der Ausdruck mit $\sin(2x)$ entsprechend umgeschrieben:

$$\sin(2x) = 2\sin x \cdot \cos x \quad \Rightarrow \quad 2\sin x + 2\sin x \cdot \cos x = 0.$$

Als Nächstes kann $2\sin x$ ausgeklammert werden:

$$2\sin x \cdot (1 + \cos x) = 0.$$

Wenn ein Produkt gleich null ist, muss zumindest einer der Faktoren den Wert null annehmen; daraus resultieren zwei Fälle:

$$(2\sin x = 0) \quad \vee \quad (1 + \cos x = 0)\,,$$
$$(\sin x = 0) \quad \vee \quad (\cos x = -1)\,.$$

Die beiden trigonometrischen Gleichungen werden im vorgegebenen Intervall $[0,2\pi)$ gelöst.
Die entsprechenden Funktionswerte sollten Sie kennen (vgl. Abb. 11.6):

$$\sin 0 = 0, \quad \cos\pi = -1.$$

Man erhält demnach $x_1 = 0$ und $x_2 = \pi$.
Die Probe durch Einsetzen in die Ausgangsaufgabe liefert für beide x-Werte eine wahre Aussage.

11.3 Übungen

11.3.1 Übung

(6 Min.)

Bestimmen Sie im Intervall $[0,2\pi)$ die Lösungen folgender Gleichung:

$$\tan x + \sin x = 0.$$

→ *Lösung auf Seite 206*

11.3.2 Übung

(8 Min.)

Lösen Sie im Intervall $[0{,}2\pi)$ die Gleichung

$$\cos^2 x - 2\sin x + 2 = 0.$$

→ *Lösung auf Seite 207*

11.3.3 Übung

(8 Min.)

Vereinfachen Sie den Ausdruck $\sin^4 x + \frac{1}{2}\sin^2(2x) + \cos^4 x$.

→ *Lösung auf Seite 207*

11.3.4 Übung

(6 Min.)

Vereinfachen Sie den Term $\sin^4 x - \cos^4 x$.

→ *Lösung auf Seite 208*

11.4 Tests

11.4.1 Test

(6 Min.)

Berechnen Sie ohne Anwendung eines Taschenrechners den Wert von $\sin\frac{\pi}{3}$, wenn $\cos\frac{\pi}{3} = 0.5$ vorgegeben ist. Das Ergebnis lautet:

[1] $\frac{1}{2}$ [2] $\frac{123}{100}$ [3] $\frac{\sqrt{3}}{2}$

→ *Lösung auf Seite 261*

11.4.2 Test

(10 Min.)

Welche der folgenden Aussagen sind richtig?

a) $30^\circ \mathrel{\widehat{=}} \frac{\pi}{4}$, **b)** $60^\circ \mathrel{\widehat{=}} \frac{\pi}{3}$, **c)** $90^\circ \mathrel{\widehat{=}} \frac{\pi}{3}$,

e) $30^\circ \mathrel{\widehat{=}} \frac{\pi}{6}$, **h)** $150^\circ \mathrel{\widehat{=}} \frac{5\pi}{6}$, **i)** $45^\circ \mathrel{\widehat{=}} \frac{\pi}{4}$,

j) $60^\circ = \sin\frac{\pi}{6}$, **l)** $270^\circ \mathrel{\widehat{=}} \frac{3\pi}{2}$, **n)** $120^\circ \mathrel{\widehat{=}} \frac{2\pi}{3}$,

r) $\sin\pi = \sin(7\pi)$, **t)** $\frac{\sqrt{3}}{2} = \cos\frac{\pi}{6}$, **w)** $\sin 405^\circ = \sin\frac{\pi}{4}$.

[1] r-a-t-e-n [2] h-t-w-b-e-r-l-i-n [3] w-i-n-t-e-r

→ *Lösung auf Seite 262*

11.4.3 Test

(15 Min.)

Welche der folgenden Aussagen sind richtig?

a) $\frac{1}{\cos^2 x} - 1 = \tan^2 x,$ **b)** $\frac{1}{\sin x \cot x} = (\cos x)^{-1},$

c) $\sin x + (\cos x \cdot \cot x) = \frac{1}{\sin x},$ **d)** $\frac{\tan x \; - \; \sin x \; \cdot \; \cos x}{\tan x} = \sin^2 x,$

e) $\frac{1}{\cos x} - (\sin x \cdot \tan x) = \cos x.$

[1] c-d-e [2] a-b-c-d-e [3] a-c-e

→ *Lösung auf Seite 263*

11.4.4 Test

(14 Min.)

Welche der Aussagen sind richtig?

a) $\sin\left(\cos^{-1}\frac{1}{2}\right) = \frac{\sqrt{3}}{2},$ **b)** $\sin^{-1}\frac{\sqrt{2}}{2} = \frac{\pi}{4},$

c) $\sin^{-1} 1 + \sin^{-1}(-1) = 0,$ **d)** $\cos^{-1} 1 + \cos^{-1}(-1) = \pi,$

e) wenn $\cos(3x) = 0.5$, dann ist $x = 20° \; \pm k \cdot 120°$, $k = 0, \pm 1, \pm 2, \ldots$

[1] Keine der Aussagen trifft zu. [2] Alle Aussagen sind richtig. [3] a-b-d-e

→ *Lösung auf Seite 263*

12 Kurven und Funktionen in Polarkoordinaten

12.1 Theorie

12.1.1 Polarkoordinaten

Jeder Punkt in der x-y-Ebene kann sowohl mit kartesischen Koordinaten als auch mit Polarkoordinaten beschrieben werden. Bei Aufgaben, die mit Kreisen, Ellipsen und anderen Kurven zusammenhängen, ist die Benutzung von Polarkoordinaten oftmals vorteilhafter und an die Anwendung angepasster als die Verwendung kartesischer Koordinaten.
Viele der in der Technik auftretenden Kurven sind zudem mithilfe von Funktionen in Polarkoordinaten einfacher darstellbar und leichter zu analysieren. Im Folgenden werden grundlegende Sachverhalte erläutert und geübt.

Der Strahl, der vom Ursprung $O(0{,}0)$ der x-y-Ebene in Richtung der positiven x-Achse zeigt, wird bei den Polarkoordinaten als **Polarachse** bezeichnet.
Die Position eines Punktes P wird ebenso festgelegt, wenn anstelle der kartesischen Koordinaten $(x{,}y)$ der Abstand des Punktes P vom Koordinatenursprung, d. h. die Länge der Strecke $r = \overline{OP}$ und der Winkel φ zwischen der Polarachse und der Geraden von O in Richtung P benutzt werden (s. Abb. 12.1). Die Werte r und φ sind die **Polarkoordinaten des Punktes** in der x-y-Ebene. Für den Abstand r gilt definitionsgemäß $r \geq 0$.
Den Winkel φ trägt man i. d. R. in mathematisch positiver Drehrichtung (entgegen dem Uhrzeigersinn) ab und gibt ihn entweder in Grad oder Bogenmaß an.

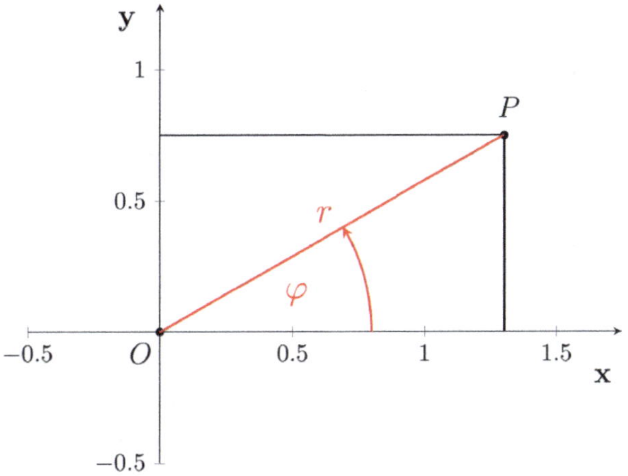

Abb. 12.1 Polarkoordinaten

J. Siegert und N. Togobytska, *Mathematik trainieren: Brüche, Funktionen & Co.*, https://doi.org/10.1007/978-3-662-70607-7_12

Um in die Position des Punktes zu gelangen, könnte zunächst zu φ auch ein beliebiges ganzzahliges Vielfaches des Vollkreises addiert werden, diese Mehrdeutigkeit ist oft unerwünscht. Der Winkel wird deshalb mit dem **Grundbereich** $\varphi \in [0°,360°) \mathrel{\widehat{=}} [0,2\pi)$ festgelegt.

Die Reihenfolge der Polarkoordinaten ist mit (r,φ) üblich. Um eine Verwechslung mit kartesischen Koordinaten zu vermeiden, trennt man die Polarkoordinaten oft durch ein Semikolon, demnach lässt sich ein Punkt in der Form $P(r;\varphi)$ schreiben. Der Winkel φ wird oft in Grad angegeben, damit kann man sich die Lage des Punktes besser vergegenwärtigen.

12.1.2 Zusammenhang zwischen kartesischen und Polarkoordinaten

Polarkoordinaten kann man leicht in kartesische Koordinaten umrechnen (vgl. Abschn. 11.1):

$$x = r \cdot \cos\varphi, \quad y = r \cdot \sin\varphi.$$

Werden r und φ vorgegeben, sind damit die kartesischen Koordinaten x und y ebenso verfügbar. Mithilfe des Satzes des Pythagoras kann r berechnet werden:

$$r = \sqrt{x^2 + y^2}.$$

Der Winkel φ ist offenbar zunächst nicht eindeutig festgelegt:

$$\tan\varphi = \frac{y}{x}, \; x \neq 0.$$

Die Gleichung $\tan\varphi = \frac{y}{x}$ besitzt wegen der Periodizitätseigenschaft unendlich viele Lösungen. Selbst im Grundbereich $[0,2\pi)$ gibt es immer noch zwei zur Auswahl. Um den richtigen Winkel auszuwählen, berücksichtigt man mithilfe der Vorzeichen von x und y den Quadranten, in dem der gegebene Punkt liegt, und nutzt die Winkelbeziehungen (s. Abschn. 11.1). Alternativ kann man auch die Arkustangensfunktion verwenden (vgl. Tab. 15.1).
Die Polarkoordinaten von Punkten auf den Achsen werden abgelesen, eine Berechnung ist nicht erforderlich. Für den Koordinatenursprung $O(0,0)$ ist kein Winkel definiert.

12.1.3 Kurvengleichungen

Kurven stellen Punktmengen dar. Eine Kurve kann demnach beschrieben werden, indem man die Berechnung der Koordinaten der Punkte erklärt. Oft benutzt man dafür eine Gleichung oder eine Zuordnungsvorschrift, entweder mit den Variablen x und y oder mit r und φ.
Bei einer Zuordnungsvorschrift spricht man von einer **expliziten Form** der Kurvengleichung, beispielsweise bei der Parabel $y = f(x) = x^2$.
Ist die Gleichung nicht nach einer der Variablen aufgelöst, handelt es sich um eine **implizite Form** der Kurvengleichung. Derartige Gleichungen werden oft zur mathematischen Beschreibung von Kreisen, Ellipsen und anderer Kurven in der x-y-Ebene verwendet.
Beispielsweise erhält man die implizite Gleichung eines **Kreises** mit dem Radius r und dem Mittelpunkt $O(0,0)$ (s. Abb. 12.2) auf der Grundlage der kartesischen Koordinaten der Punkte:

$$x = r \cdot \cos\varphi, \quad y = r \cdot \sin\varphi.$$

Beide Gleichungen werden quadriert:

$$x^2 = (r \cdot \cos\varphi)^2, \qquad y^2 = (r \cdot \sin\varphi)^2.$$

Addiert man diese und klammert aus der Summe r^2 aus, kann der Satz des trigonometrischen Pythagoras (vgl. Abschn. 11.1) genutzt werden:

$$x^2 + y^2 = r^2 \cdot \cos^2\varphi + r^2 \cdot \sin^2\varphi = r^2 \cdot (\cos^2\varphi + \sin^2\varphi).$$

Die (implizite) Gleichung des Kreises lautet demnach:

$$K: \quad x^2 + y^2 = r^2,$$

diese repräsentiert gleichfalls den Satz des Pythagoras am entsprechenden rechtwinkligen Dreieck mit der Hypotenuse r, x und y sind die kartesischen Koordinaten der Punkte des Kreises (s. Abb. 12.2); der Buchstabe K steht symbolisch für „Kurve“.

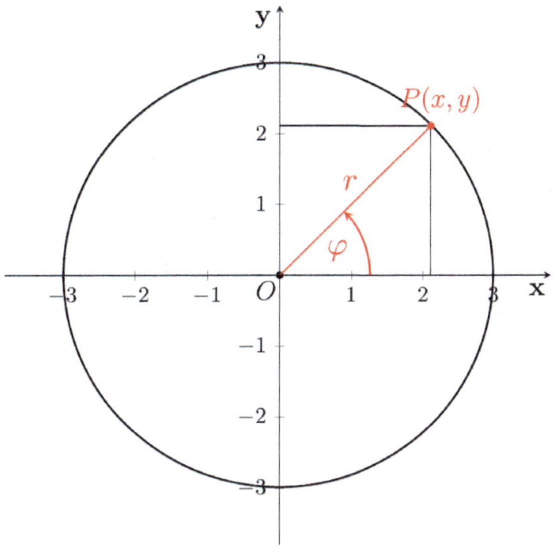

Abb. 12.2 Kreis mit dem Mittelpunkt $O(0,0)$ und $r = 3$

Analog kann man bei einem Kreis mit beliebigem Mittelpunkt $M(x_M,y_M)$ vorgehen.
Die Punkte verschieben sich ebenso wie der Mittelpunkt selbst (vgl. Abb. 12.3a), die Koordinaten der Punkte des Kreises lauten demnach:

$$x = r \cdot \cos\varphi + x_M, \quad y = r \cdot \sin\varphi + y_M.$$

Um daraus die implizite Gleichung des Kreises zu erhalten, subtrahiert man jeweils die Koordinaten des Mittelpunktes und quadriert:

$$(x - x_M)^2 = (r \cdot \cos\varphi)^2, \quad (y - y_M)^2 = (r \cdot \sin\varphi)^2.$$

Diese Gleichungen werden unter Beachtung des trigonometrischen Pythagoras addiert:

$$(x - x_M)^2 + (y - y_M)^2 = r^2 \cdot \cos^2\varphi + r^2 \cdot \sin^2\varphi = r^2 \cdot (\sin^2\varphi + \cos^2\varphi).$$

Die allgemeine Kreisgleichung lautet demnach:

$$K: \quad (x - x_M)^2 + (y - y_M)^2 = r^2.$$

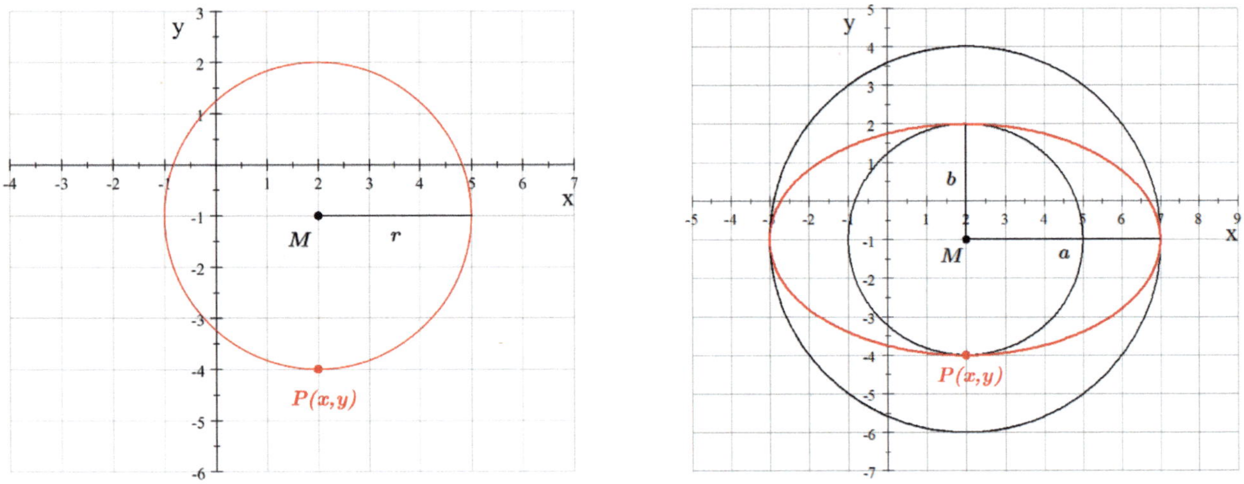

(a) (b)

Abb. 12.3 Kurven in der Ebene, **a** Kreis mit dem Mittelpunkt $M(2,-1)$ und dem Radius $r = 3$, **b** Ellipse mit dem Mittelpunkt $M(2,-1)$ und den Halbachsen $a = 5, b = 3$

Eine **Ellipse** mit dem Mittelpunkt $M(0{,}0)$ und den **Halbachsen** a und b in achsenparalleler Lage (s. Abb. 12.3b) entsteht aus einem Kreis beispielsweise durch Streckung (bzw. Stauchung) in x-Richtung um das a-Fache und durch Stauchung (bzw. Streckung) in y-Richtung um das b-Fache, die Koordinaten der Punkte lauten demnach:

$$x = a \cdot \cos\varphi, \quad y = b \cdot \sin\varphi.$$

Verschiebt man erneut den Mittelpunkt nach $M(x_M,y_M)$ und damit gleichfalls alle Punkte der Ellipse, ergeben sich analog wie beim Kreis die Koordinatengleichungen:

$$x = a \cdot \cos\varphi + x_M, \quad y = b \cdot \sin\varphi + y_M.$$

Die implizite Gleichung der Ellipse kann man ähnlich wie beim Kreis erhalten.
Als Erstes werden erneut die Koordinaten des Mittelpunktes subtrahiert und beide Gleichungen quadriert:

$$(x - x_M)^2 = (a \cdot \cos\varphi)^2, \quad (y - y_M)^2 = (b \cdot \sin\varphi)^2.$$

Als Nächstes dividiert man durch a^2 bzw. b^2:

$$\frac{(x - x_M)^2}{a^2} = \cos^2\varphi, \quad \frac{(y - y_M)^2}{b^2} = \sin^2\varphi.$$

Die Gleichungen werden unter Beachtung des trigonometrischen Pythagoras addiert:

$$\frac{(x - x_M)^2}{a^2} + \frac{(y - y_M)^2}{b^2} = \sin^2\varphi + \cos^2\varphi = 1.$$

Die Ellipsengleichung lautet demnach:

$$K: \quad \frac{(x-x_M)^2}{a^2} + \frac{(y-y_M)^2}{b^2} = 1.$$

Hinweis: Gilt in der Ellipsengleichung $a=b=r$, entsteht die Gleichung eines Kreises. Der Umkreis mit dem Radius der großen Halbachse und der Inkreis mit dem Radius der kleinen Halbachse verschmelzen miteinander (vgl. Abb. 12.3b).

Viele Kurven, die im x-y-Koordinatensystem keine Funktionsgraphen darstellen, lassen sich jedoch mithilfe von Polarkoordinaten als **Funktionen** $r = f(\varphi)$ in einem rechtwinkligen r-φ-Koordinatensystem mit elementaren Funktionen beschreiben, wobei beim entsprechenden Graphen bzw. bei der r-Achse stets $r \geq 0$ zu beachten ist. Den Winkel $\varphi \geq 0$ wählt man i. d. R. in Bogenmaß. Mit wachsendem φ kann man anhand der Reihenfolge der angesteuerten Punkte die Durchlaufrichtung der Kurve erkennen.
Die Koordinaten der Punkte in der x-y-Ebene lassen sich in Abhängigkeit von φ berechnen, indem man die Funktion $r = f(\varphi)$ in die bekannten Koordinatengleichungen (s. Abschn. 12.1) einsetzt:

$$x = f(\varphi) \cdot \cos\varphi, \quad y = f(\varphi) \cdot \sin\varphi.$$

Eine implizite Gleichung ist i. d. R. nicht angebbar, weil der Winkel φ nicht wie beim Kreis bzw. der Ellipse eliminiert werden kann.
Zu den häufigsten Arten zählen:

- **Spiralen**: Die Funktionen $r = f(\varphi)$ sind streng monoton wachsend; der Abstand der Punkte dieser Kurven vom Koordinatenursprung vergrößert sich demnach mit zunehmenden Winkel φ. Alle Punkte werden nur einmal durchlaufen; Spiralen gehören zu den **offenen** Kurven. Derartige Kurven entstehen beispielsweise für $a > 0$ aus $r = a\varphi$, $r = e^{\varphi}$ und $r = \lg\varphi$.

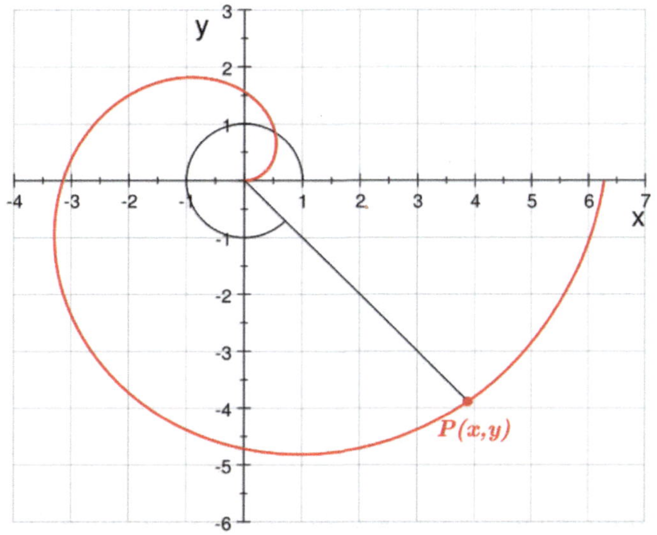

Abb. 12.4 Archimedische Spirale $r = \varphi$ für $\varphi \in [0{,}2\pi]$

Wählt man im rechtwinkligem r-φ-System ($r \geq 0$) die lineare Funktion $r = \varphi$, wird damit in der x-y-Ebene die von **Archimedes** entdeckte Spirale erzeugt (s. Abb. 12.4).

Auf jedem durch φ festgelegten Strahl wird in der x-y-Ebene ein Punkt P mit dem Abstand $r = \varphi$ vom Koordinatenursprung fixiert. Die Durchlaufrichtung ist leicht ersichtlich.
Die Koordinaten der Punkte lauten:

$$x = \varphi \cdot \cos\varphi, \quad y = \varphi \cdot \sin\varphi.$$

Beispielsweise liefert der Drehwinkel $\varphi = \frac{7\pi}{4}$ im x-y-System den Punkt auf der Winkelhalbierenden im IV. Quadranten (vgl. Abb. 12.4) auf dem entsprechenden Strahl, der Abstand lautet:

$$r = \frac{7\pi}{4} \approx 5.50 \quad \Rightarrow \quad P\left(\frac{7\pi}{8}\sqrt{2}, -\frac{7\pi}{8}\sqrt{2}\right).$$

Die Koordinaten des Punktes kann man mithilfe des Satzes des Pythagoras überprüfen.

- **Kardioiden (Herzkurven)**: Dies sind Kurven, die von Funktionen der Art

$$K: \quad r = f(\varphi) = 1 + \cos\varphi$$

erzeugt werden. Bei dieser Kardioide wird im r-φ-Koordinatensystem der Graph einer Kosinusfunktion festgelegt, der um eine Einheit in positiver r-Achsenrichtung verschoben ist.

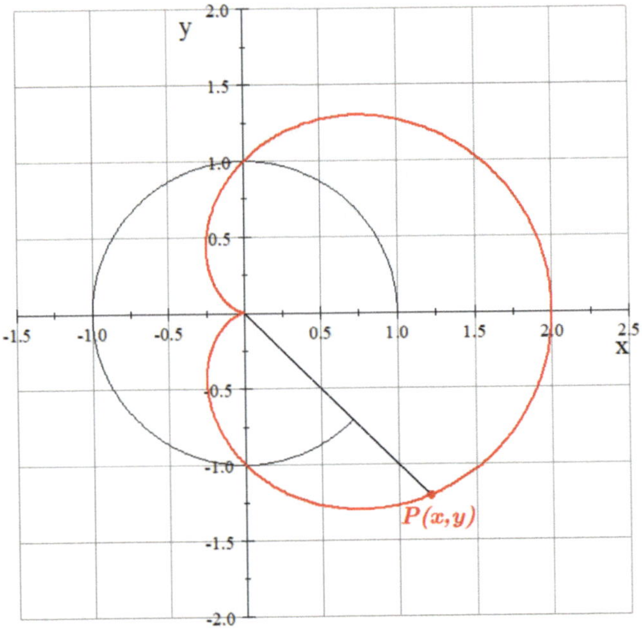

Abb. 12.5 Kardioide

Aufgrund der Periodizitätseigenschaft der Kosinusfunktion ist diese Kurve in der x-y-Ebene **geschlossen**; für $\varphi = 2\pi$ ergibt sich der gleiche Punkt $P(2,0)$ wie für $\varphi = 0$. Für Winkel außerhalb des Grundbereichs $[0,2\pi)$ wiederholen sich demnach die Abstände der Punkte von $O(0,0)$. Die Kurve wird mit wachsendem φ in mathematisch positiver Drehrichtung durchlaufen.
Die Punkte dieser Kardioide besitzen die Koordinaten:

$$x = (1 + \cos\varphi) \cdot \cos\varphi, \quad y = (1 + \cos\varphi) \cdot \sin\varphi.$$

Wählt man erneut den Drehwinkel $\varphi = \frac{7\pi}{4}$, lautet der damit fixierte Punkt im x-y-System auf dem entsprechenden Strahl im IV. Quadranten (s. Abb. 12.5):

$$r = 1 + \frac{\sqrt{2}}{2} \approx 1.71 \quad \Rightarrow \quad P\left(\frac{1+\sqrt{2}}{2}, -\frac{1+\sqrt{2}}{2}\right).$$

- **Lemniskaten**: Diese Kurve entsteht auf der Grundlage einer Funktion der Art:

$$K: \quad r = f(\varphi) = \cos^2 \varphi.$$

Die Lemniskate ist offenbar erneut geschlossen und 2π-periodisch (s. Abb. 12.6). Der Koordinatenursprung wird für $\varphi = \frac{\pi}{2}$ und $\varphi = \frac{3\pi}{2}$ in dieser Reihenfolge zweimal durchlaufen. Die Position der Punkte dieser Kurve in der x-y-Ebene kann man durch Substitution der Funktion $r = f(\varphi) = \cos^2 \varphi$ in die Koordinatengleichungen (s. Abschn. 12.1) berechnen:

$$x = \cos^2 \varphi \cdot \cos \varphi = \cos^3 \varphi, \quad y = \cos^2 \varphi \cdot \sin \varphi = (1 - \sin^2 \varphi) \cdot \sin \varphi.$$

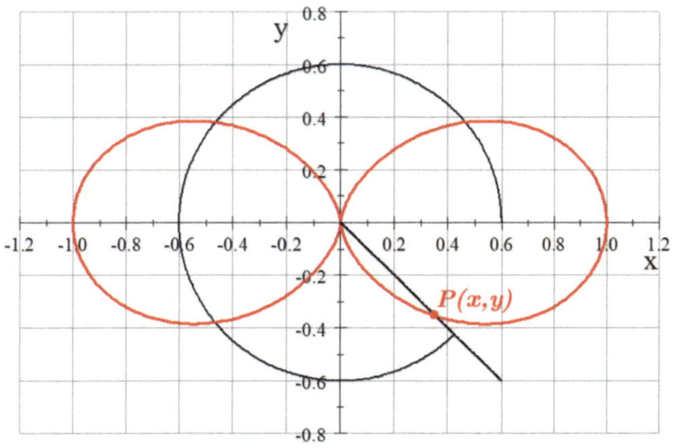

Abb. 12.6 Lemniskate

Für den Drehwinkel $\varphi = \frac{7\pi}{4}$ liegt der zugehörige Punkt auf dem entsprechenden Strahl entlang der Winkelhalbierenden im IV. Quadranten:

$$r = \frac{1}{2} \quad \Rightarrow \quad P\left(\frac{\sqrt{2}}{4}, -\frac{\sqrt{2}}{4}\right).$$

Mithilfe des Satzes des Pythagoras lassen sich diese Koordinaten leicht überprüfen.

12.2 Beispiele

12.2.1 Beispiel

Wie lauten die kartesischen Koordinaten des Punktes $P(4\sqrt{2}; 225°)$? Überprüfen Sie Ihr Ergebnis an einer Skizze!

Lösungsweg:

Zunächst bemerkt man sofort, dass der Punkt P im III. Quadranten liegt:

$$\begin{aligned} x &= r \cdot \cos\varphi \\ &= 4\sqrt{2} \cdot \cos 225° \\ &= 4\sqrt{2} \cdot \left(-\frac{\sqrt{2}}{2}\right) = -4. \end{aligned} \qquad \begin{aligned} y &= r \cdot \sin\varphi \\ &= 4\sqrt{2} \cdot \sin 225° \\ &= 4\sqrt{2} \cdot \left(-\frac{\sqrt{2}}{2}\right) = -4. \end{aligned}$$

Der Punkt P besitzt die kartesischen Koordinaten $P(-4,-4)$ (s. Abb. 12.7a).

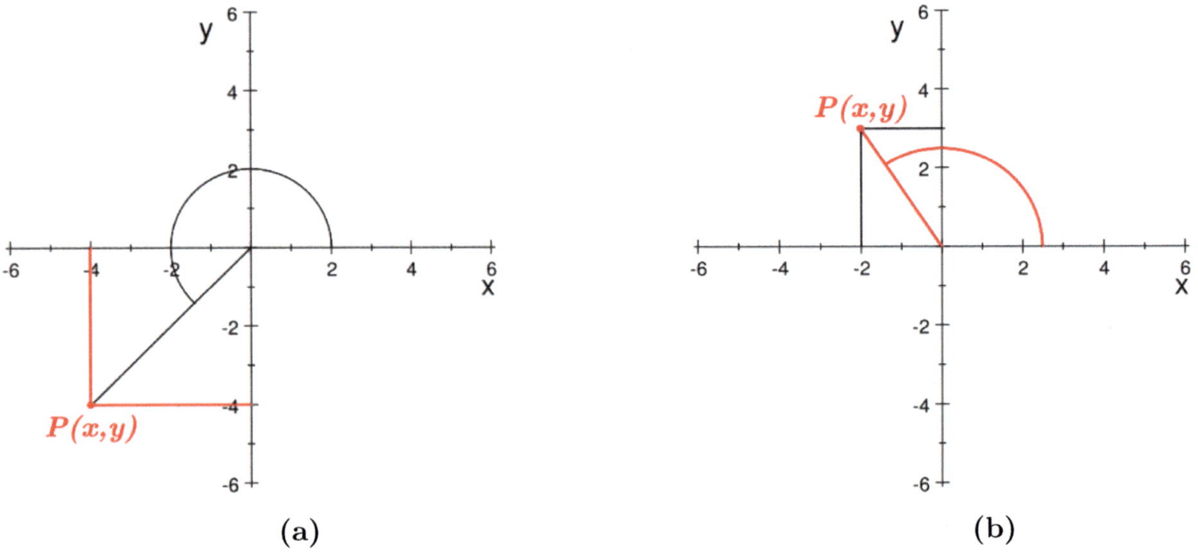

Abb. 12.7 Bestimmung der Lage und der Koordinaten eines Punktes, **a** Polarkoordinaten gegeben, **b** kartesische Koordinaten gegeben

12.2.2 Beispiel

Welche Polarkoordinaten besitzt der Punkt $P(-2{,}3)$? Überprüfen Sie Ihr Ergebnis an einer Skizze!

Lösungsweg:

Offenbar gehört P zum II. Quadranten (s. Abb. 12.7b).
Zur Bestimmung der Polarkoordinaten benötigt man einen Taschenrechner:

$$r = \sqrt{(-2)^2 + 3^2} = \sqrt{13} \approx 3.6,$$

$$\tan\varphi = \frac{3}{-2} = -1.5,$$

$$\varphi_1 \approx 123.7° \,, \qquad \varphi_2 \approx 303.7°.$$

Da der gegebene Punkt P im II. Quadranten liegt, entfällt φ_2. Die Lösung lautet $P(3.61; 123.7°)$.

12.2.3 Beispiel

Gegeben sei ein Kreis mit dem Mittelpunkt $M(0{,}0)$ und dem Radius $r = 5$. Wie lautet diese Kreisgleichung in Polarkoordinaten?

Lösungsweg:

In kartesischen Koordinaten besitzt der Kreis die Gleichung:

$$K: \quad x^2 + y^2 = 25.$$

Substituiert man für die kartesischen Koordinaten mithilfe der Formeln aus Abschn. 12.1:

$$x = r \cdot \cos\varphi, \quad y = r \cdot \sin\varphi,$$

wird die Kurvengleichung in Polarkoordinaten umgeschrieben:

$$\begin{aligned} (r\cos\varphi)^2 + (r\sin\varphi)^2 &= 25, \\ r^2\left(\cos^2\varphi + \sin^2\varphi\right) &= 25. \end{aligned}$$

Beachtet man $\sin^2\varphi + \cos^2\varphi = 1$, verschwinden die Ausdrücke mit φ:

$$r^2 = 25.$$

Die Kreisgleichung lautet demnach in Polarkoordinaten:

$$K: \quad r = r(\varphi) = 5.$$

12.2.4 Beispiel

Gegeben sei eine Kurve mit $r = 2\sin\varphi$. Gesucht ist ihre Gleichung in kartesischen Koordinaten.

Lösungsweg:

Zunächst substituiert man für r den Ausdruck mit x und y (vgl. Abschn. 12.1):

$$\begin{aligned} r = \sqrt{x^2+y^2} \quad &\Rightarrow \quad \sqrt{x^2+y^2} = 2\sin\varphi, \\ y = r\cdot\sin\varphi \quad &\Rightarrow \quad \sin\varphi = \frac{y}{r} = \frac{y}{\sqrt{x^2+y^2}}. \end{aligned}$$

Setzt man diesen Term in die Ausgangsgleichung ein, kann diese weiter umgeformt werden:

$$\sqrt{x^2+y^2} = 2\frac{y}{\sqrt{x^2+y^2}} \quad \Rightarrow \quad \left(\sqrt{x^2+y^2}\right)^2 = 2y.$$

Die Kurve besitzt demnach in kartesischen Koordinaten die Gleichung:

$$K: \quad x^2 + y^2 - 2y = 0.$$

12.2.5 Beispiel

Wie lautet die implizite Gleichung einer Ellipse mit dem Mittelpunkt $M(-2{,}1)$ und den Halbachse $a = 2$ in x- bzw. $b = 3$ in y-Richtung?
Geben Sie die Gleichung für die untere Ellipsenhälfte als Funktion $y = f(x)$ an und zeichnen Sie den Graphen.

Lösungsweg:

Die Ellipse ist in x-Richtung gestaucht und in y-Richtung gestreckt (s. Abb. 12.8), demnach ist a die kleine und b die große Halbachse. Die Gleichung dieser Ellipse lautet:

$$K: \quad \frac{(x+2)^2}{4} + \frac{(y-1)^2}{9} = 1.$$

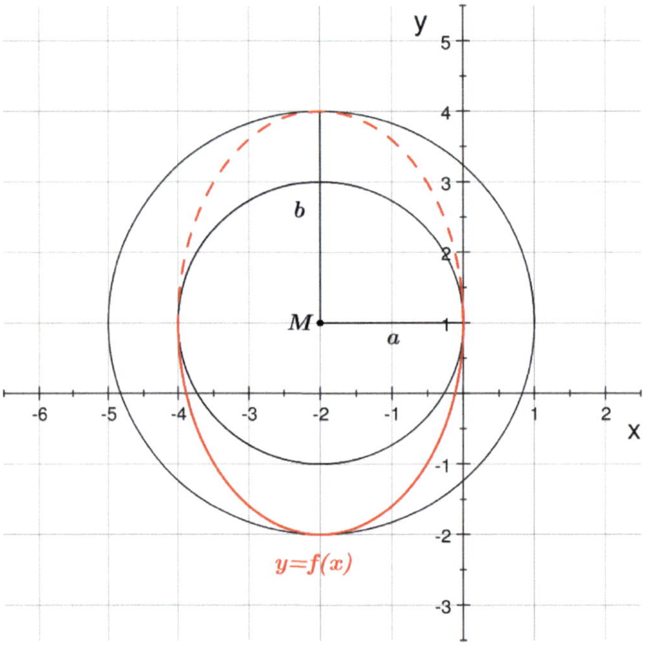

Abb. 12.8 Ellipse mit dem Mittelpunkt $M(-2{,}1)$ und den Halbachsen $a = 2, b = 3$

Hinweis: Die Koordinaten des Mittelpunkts $M(-2{,}1)$ werden in den quadratischen Ausdrücken in den Zählern subtrahiert. Im Nenner steht jeweils das Quadrat der entsprechenden Halbachse.

Um die Funktion der unteren Ellipsenhälfte zu erhalten, stellt man als Erstes die implizite Gleichung um, der quadratische Ausdruck mit y wird auf der linken Seite separiert:

$$(y-1)^2 = 9\left(1 - \frac{(x+2)^2}{4}\right) = 9 - \frac{9}{4}(x+2)^2.$$

Im nächsten Schritt wird radiziert und zum Schluss eins auf beiden Seiten addiert:

$$y = \pm\sqrt{9 - \frac{9}{4}(x+2)^2} + 1.$$

Die untere Ellipsenhälfte wird beschrieben, wenn das Minuszeichen vor dem Wurzelausdruck gewählt wird, die Punkte dieser Kurve liegen unterhalb von $y_M = 1$ (s. Abb. 12.8):

$$y = 1 \pm \sqrt{9 - \frac{9}{4}(x+2)^2} \Rightarrow y = f(x) = 1 - 3\sqrt{1 - \frac{1}{4}(x+2)^2}.$$

12.3 Übungen

12.3.1 Übung

(5/5 Min.)

a) Welche Polarkoordinaten besitzen die Punkte $A(3{,}2)$ und $B(-7, -9)$?

b) Wie lauten die kartesischen Koordinaten der Punkte $C(5; 30°)$ und $D(2.5; 270°)$?

→ *Lösung auf Seite 208*

12.3.2 Übung

(7 Min.)

Gesucht ist die Gleichung der folgenden Kurve in Polarkoordinaten:

$$K: \quad \left(x^2 + y^2\right)^2 - \left(x^2 - y^2\right) = 0.$$

→ *Lösung auf Seite 208*

12.3.3 Übung

(7 Min.) Wie lautet die folgende Kurvengleichung in kartesischen Koordinaten:

$$K: \quad r = \frac{a}{b\cos\varphi + c\sin\varphi} \, ?$$

→ *Lösung auf Seite 209*

12.3.4 Übung

(7 Min.)

Stellen Sie die Gleichung der folgenden Kurve in kartesischen Koordinaten auf:

$$K: \quad r^2 = 2e^2 \cos(2\varphi).$$

→ *Lösung auf Seite 209*

12.4 Tests

12.4.1 Test

(4 Min.)

Welche Polarkoordinaten besitzt der Punkt $A\left(\frac{3}{2}, \frac{\sqrt{3}}{2}\right)$?

1 $r = \sqrt{3}, \quad \varphi = 60°$ 2 $r = \sqrt{3}, \quad \varphi = 30°$ 3 $r = \dfrac{\sqrt{3}}{2}, \quad \varphi = 60°$

→ *Lösung auf Seite 264*

12.4.2 Test

(5 Min.)

Gegeben sei ein Punkt mit seinen Polarkoordinaten $P\left(7; \frac{3\pi}{4}\right)$. Wie groß ist der Abstand des Punktes von der x- und von der y-Achse?

1 $x = -\dfrac{\sqrt{2}}{2}, y = \dfrac{\sqrt{2}}{2},$ der Abstand zur x- und y-Achse beträgt $\dfrac{\sqrt{2}}{2}$

2 $x = \dfrac{7\sqrt{2}}{2}, y = -\dfrac{7\sqrt{2}}{2},$ der Abstand zur x- und y-Achse beträgt $\dfrac{7\sqrt{2}}{2}$

3 $x = -\dfrac{7\sqrt{2}}{2}, y = \dfrac{7\sqrt{2}}{2},$ der Abstand zur x- und y-Achse beträgt $\dfrac{7\sqrt{2}}{2}$

→ *Lösung auf Seite 265*

12.4.3 Test

(5 Min.)

Von Punkten einer Kurve mit der Gleichung $r = 1 + \cos\varphi$ sei die Polarkoordinate $r = 1.5$ bekannt. Bestimmen Sie die dazu gehörenden Winkelgrößen φ.

1 $\varphi_{1,2} = \pm 60°$ 2 $\varphi_{1,2} = \pm 30°$ 3 $\varphi_{1,2} = \pm 120°$

→ *Lösung auf Seite 265*

12.4.4 Test

(10 Min.)

Bestimmen Sie im Grundintervall $\varphi \in [0°, 360°)$ die Polarkoordinaten der Schnittpunkte der angegebenen Kurven:

$$K_1: \ r = 4 \cdot (1 + \cos\varphi), \quad K_2: \ 3 = r \cdot (1 - \cos\varphi).$$

1 $\varphi_{1,2} = \pm 60°,$ $r_{1,2} = 6$

2 $\varphi_{1,2} = \pm 120°,$ $r_{1,2} = 2$

3 $\varphi_{1,2} = \pm 60°, \quad \varphi_{3,4} = \pm 120°,$ $r_{1,2} = 6, \quad r_{3,4} = 2$

→ *Lösung auf Seite 266*

13 Lineare Gleichungssysteme

13.1 Theorie

Lineare (algebraische) Gleichungssysteme (LGS) werden in vielen Gebieten der Technik- und Wirtschaftswissenschaften zur mathematischen Modellierung eingesetzt. Alle unbekannten Größen treten dabei linear auf. Die einzelnen Gleichungen ordnet man in der klassischen Schreibweise an, indem die mit den Variablen verbundenen Terme in alphabetischer oder auch durchnummerierter Reihenfolge jeweils links vor dem Gleichheitszeichen notiert werden. Die freien (nicht mit den Unbekannten verknüpften) Terme werden rechts vom Gleichheitszeichen geschrieben.
In den Anwendungen im MINT-Bereich enthalten die Gleichungen nicht selten konstante Parameter, die dann auch in der Lösung auftreten. Oft werden zehn und mehr Unbekannte benötigt. Die Anzahl der Variablen kann in einer Größenordnung liegen, die mit dem üblichen Taschenrechner nicht beherrschbar ist. Auf derartige Situationen wird hier nicht eingegangen, da dies den Rahmen des Übungsbuches deutlich sprengen würde.
Wir betrachten nur Systeme mit zwei Unbekannten, die für eine Handrechnung geeignet sind. Für eine bessere Übersicht werden in diesem Übungsbuch die einzelnen Gleichungen mit römischen Zahlzeichen durchnummeriert und mit einer linken geschweiften Klammer zusammengefasst.

13.1.1 Ein-, mehrdeutig und unlösbare Systeme

Nachdem ein System aufgestellt wurde, möchte man es lösen, d. h. die Unbekannten bestimmen. Die Lösung kann ein- oder mehrdeutig sein. Manche Systeme sind unlösbar. Falls eine Lösung berechnet werden konnte, sollte eine Probe durch Einsetzen in den Ausgangsgleichungen durchgeführt werden.
In Abschn. 7.1 wurde bereits erläutert, wie der Schnittpunkt zweier Geraden bestimmt wird. Diese Vorgehensweise kann bei der Untersuchung der Eigenschaft der Lösbarkeit von LGS angewendet werden.
Das folgende System besitzt beispielsweise die Unbekannten $\boldsymbol{x}$ und $\boldsymbol{y}$:

$$\begin{cases} \textbf{(I)}: & 5\boldsymbol{x} - 6\boldsymbol{y} = 1, \\ \textbf{(II)}: & 3\boldsymbol{x} + 4\boldsymbol{y} = 7. \end{cases}$$

Werden die Gleichungen nach $\boldsymbol{y}$ umgestellt, entstehen Geradengleichungen (s. Abschn. 7.1):

$$\begin{cases} \textbf{(I)}: & \boldsymbol{y} = \frac{5}{6}\boldsymbol{x} - \frac{1}{6}, \\ \textbf{(II)}: & \boldsymbol{y} = -\frac{3}{4}\boldsymbol{x} + \frac{7}{4}. \end{cases}$$

J. Siegert und N. Togobytska, *Mathematik trainieren: Brüche, Funktionen & Co.*, https://doi.org/10.1007/978-3-662-70607-7_13

Die grafische Darstellung der Geraden zeigt, dass ein Schnittpunkt existiert (s. Abb. 13.1). Die Koordinaten dieses Punktes sind die gesuchte (eindeutige) Lösung des Systems.
Die Lösungsmenge besitzt demnach ein Zahlenpaar als Element.

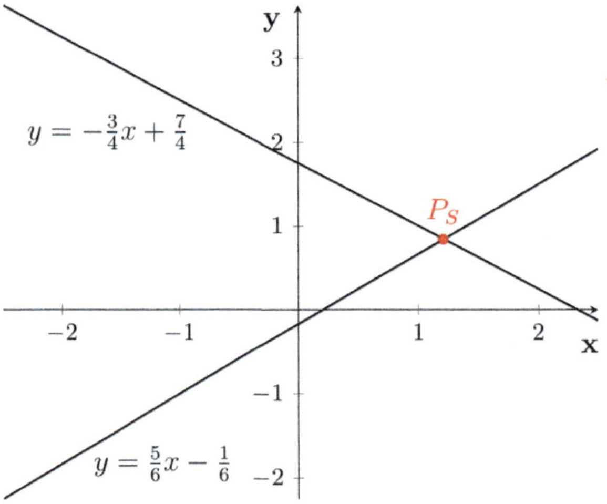

Abb. 13.1 Schnittpunkt zweier Geraden

Hinweis: Der Schnittpunkt P_S lässt sich in Abb. 13.1 nicht exakt ablesen. Anhand der grafischen Darstellung kann jedoch geprüft werden, ob das Ergebnis der Rechnung plausibel ist.

Um die Lösung zu erhalten, setzt man mit der bekannten Vorgehensweise als Erstes die Ausdrücke für $\boldsymbol{y}$ gleich. Aus der entstehenden Hilfsgleichung bestimmt man die Variable $\boldsymbol{x}$:

$$\frac{5}{6}\boldsymbol{x} - \frac{1}{6} = -\frac{3}{4}\boldsymbol{x} + \frac{7}{4} \quad \Rightarrow \quad \boldsymbol{x} = \frac{23}{19}.$$

Im nächsten Schritt wird $\boldsymbol{x}$ in eine der beiden umgeschriebenen Gleichungen eingesetzt und damit die andere Variable berechnet. Beim Benutzen der ersten Gleichung ergibt sich beispielsweise:

$$(\mathbf{I}): \quad \boldsymbol{y} = \frac{5}{6} \cdot \frac{23}{19} - \frac{1}{6} \quad \Rightarrow \quad \boldsymbol{y} = \frac{16}{19}.$$

Die Probe führt nach Substitution in den Ausgangsgleichungen zu wahren Aussagen:

$$\begin{aligned} (\mathbf{I}): \quad & 5 \cdot \frac{23}{19} - 6 \cdot \frac{16}{19} = \frac{115}{19} - \frac{96}{19} = 1, \\ (\mathbf{II}): \quad & 3 \cdot \frac{23}{19} + 4 \cdot \frac{16}{19} = \frac{69}{19} + \frac{64}{19} = 7. \end{aligned}$$

Die Lösung des Systems lautet demnach:

$$\mathsf{L} = \left\{ \left(\frac{23}{19}, \frac{16}{19} \right) \right\}.$$

Hinweis: Wenn die Kontrolle fehlschlägt und in einer oder auch in beiden Gleichungen Widersprüche auftreten, sollte als Erstes die Probe selbst überprüft werden.

Falls dabei kein Fehler gefunden wird kann man versuchen, den falschen Schritt in der eigentlichen Rechnung einzugrenzen.
Entweder man beginnt am Schluss und arbeitet Schritt für Schritt zurück, indem das falsche Ergebnis jeweils in den davor liegenden Teilrechnungen eingesetzt wird. Solange Ihr falsches Resultat dabei noch zu wahren Aussagen führt, wurde im Algorithmus bis zu dieser Stelle ein Fehler gemacht.
Umgekehrt könnte man auch von Beginn an prüfen und in den Zwischenschritten das falsche Ergebnis einsetzen. Sobald eine erste Zwischenrechnung mit dem falschen Resultat zu einer wahren Aussage führt, liegt der Fehler unmittelbar davor.

Nicht in jedem Fall ist ein LGS eindeutig lösbar. Wird beispielsweise das System

$$\begin{cases} \textbf{(I)}: & 3\boldsymbol{x} - 2\boldsymbol{y} = 1, \\ \textbf{(II)}: & -6\boldsymbol{x} + 4\boldsymbol{y} = 7, \end{cases}$$

entsprechend umgestellt, erhält man die Gleichungen:

$$\begin{cases} \textbf{(I)}: & \boldsymbol{y} = \frac{3}{2}\boldsymbol{x} - \frac{1}{2}, \\ \textbf{(II)}: & \boldsymbol{y} = \frac{3}{2}\boldsymbol{x} + \frac{7}{4}. \end{cases}$$

Die zwei Geraden haben die gleiche Steigung und liegen deshalb zueinander parallel; es existiert kein Schnittpunkt. Demnach ist das System unlösbar (s. Abb. 13.2). Setzt man die y-Terme gleich, entsteht ein Widerspruch.

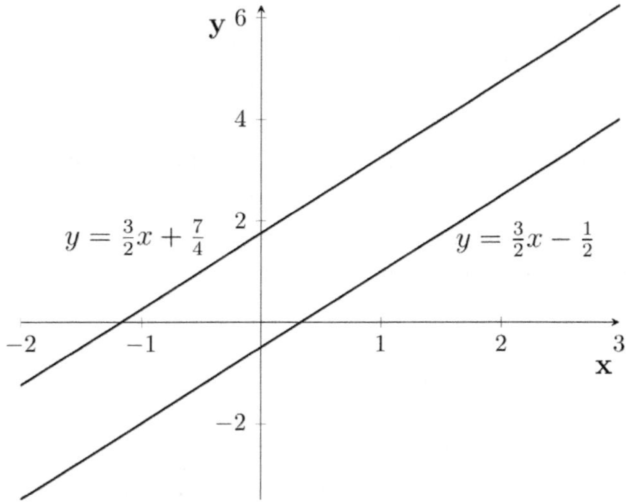

Abb. 13.2 Parallele Geraden

Wären beim Auflösen nach $\boldsymbol{y}$ die gleichen Geradengleichungen entstanden, würde das dazu gehörende System unendlich viele Lösungen besitzen. Das Gleichsetzen der y-Terme führt dann zu einer wahren Aussage. In diesem Fall wäre eine Gleichung ein Vielfaches der anderen.
Zwei Gleichungen mit dieser Eigenschaft nennt man **äquivalent**.

Im folgenden System erhält man beispielsweise die zweite Gleichung aus der ersten durch gliedweise Multiplikation mit dem Faktor $-\frac{3}{5}$:

$$\begin{cases} (\mathbf{I}): & 5\boldsymbol{x} & - & 6\boldsymbol{y} & = & 1, \\ (\mathbf{II}): & -3\boldsymbol{x} & + & \frac{18}{5}\boldsymbol{y} & = & -\frac{3}{5}. \end{cases}$$

Stellt man nach $\boldsymbol{y}$ um, erhält man in beiden Gleichungen:

$$\boldsymbol{y} = \frac{5}{6}\boldsymbol{x} - \frac{1}{6}.$$

Die Koordinaten jedes Punktes dieser Geraden sind Lösungen des LGS. Die Lösungsmenge kann durch Angabe der Koordinaten aller Punkte geschrieben werden:

$$\mathsf{L} = \left\{ \left(\boldsymbol{x}, \frac{5}{6}\boldsymbol{x} - \frac{1}{6} \right) \,\middle|\, \boldsymbol{x} \in \mathbb{R} \right\}.$$

13.1.2 Lösungsverfahren

Bei der Anwendung der folgenden Verfahren unterscheidet sich der rechnerische Aufwand nur geringfügig. Deshalb ist es eher eine Frage des persönlichen Geschmacks, welche Methode benutzt wird. Die Lösung ist selbstverständlich unabhängig vom jeweiligen Verfahren stets identisch.

Gleichsetzungsverfahren

Diese Methode wurde bereits beim Bestimmen eines Schnittpunktes zweier Geraden in Abschn. 7.1 erläutert und bei der Untersuchung der Lösbarkeit benutzt.
Als Erstes werden dabei beide Gleichungen so umgestellt, dass dieselbe Variable auf der einen Seite steht. Welche der Variablen gewählt wird spielt keine Rolle. Anschließend setzt man die entstandenen Terme gleich und erhält eine Hilfsgleichung, aus der die erste Variable bestimmt werden kann. Die zweite Variable ergibt sich beispielsweise nach Substitution in eine der umgestellten oder eine der Ausgangsgleichungen.

Substitutionsverfahren

Dabei wird zunächst eine der Gleichungen nach einer Variablen aufgelöst und der entstehende Ausdruck in die andere Gleichung für diese Variable substituiert. Im Resultat entsteht eine Hilfsgleichung, aus der dann i. d. R. (falls eine eindeutige Lösung existiert) eine Unbekannte berechnet werden kann. Diese setzt man zum Schluss in die zuerst umgestellte Gleichung ein und bestimmt daraus die zweite Variable.
Die Details dieser Vorgehensweise werden am folgenden Beispiel erläutert:

$$\begin{cases} (\mathbf{I}): & 5\boldsymbol{x} & - & 6\boldsymbol{y} & = 1, \\ (\mathbf{II}): & 3\boldsymbol{x} & + & 4\boldsymbol{y} & = 7. \end{cases}$$

Zunächst stellt man beispielsweise die erste Gleichung nach $\boldsymbol{y}$ um:

$$(\mathbf{I}): \quad \boldsymbol{y} = \frac{5}{6}\boldsymbol{x} - \frac{1}{6}.$$

Dieser Term wird in die zweite Gleichung für $\boldsymbol{y}$ substituiert:

$$(\mathbf{II}): \quad 3\boldsymbol{x} + 4 \cdot \left(\frac{5}{6}\boldsymbol{x} - \frac{1}{6}\right) = 7.$$

Diese Hilfsgleichung erlaubt es, den $\boldsymbol{x}$-Wert zu berechnen, er lautet $\boldsymbol{x} = \frac{23}{19}$.
Durch Einsetzen von x in die umgeformte erste Gleichung ergibt sich:

$$(\mathbf{I}): \quad \boldsymbol{y} = \frac{5}{6} \cdot \frac{23}{19} - \frac{1}{6} = \frac{16}{19}.$$

Hinweis: Würde beim Einsetzen in der zweiten Gleichung $\boldsymbol{x}$ eliminiert, sind die bereits diskutierten zwei Situationen möglich.
Entweder ergibt sich eine wahre Aussage, dann besitzt das System unendlich viele Lösungen. Entsteht anderenfalls in der Hilfsgleichung ein Widerspruch, wäre das System unlösbar.

Additionsverfahren

Die Lösung eines LGS verändert sich offenbar nicht, wenn beide Seiten einer Gleichung mit einem beliebigen von null verschiedenen konstanten Faktor („Erweiterungsfaktor") multipliziert werden. Ebenso darf man zwei Gleichungen addieren (bzw. voneinander subtrahieren), ohne dass sich diese Umformung auf die Lösung auswirkt; die entstehende Gleichung besitzt die gleiche Lösung. Diese Operationen werden als **äquivalente Umformungen des Systems** bezeichnet und beim Additionsverfahren angewendet.
Als Erstes erweitert man demnach beide Gleichungen mit dem Ziel, vor einer der Unbekannten im Betrag gleiche aber im Vorzeichen entgegengesetzte Koeffizienten zu erzeugen. Es spielt keine Rolle, welche der Variablen dabei gewählt wird. Manchmal reicht es aus, nur eine Gleichung zu erweitern.
Als Zweites werden diese umgeformten Gleichungen addiert, wodurch die Variable mit den speziellen Koeffizienten eliminiert wird und i. d. R. nur noch eine Hilfsgleichung mit einer Variable übrig bleibt. Daraus lässt sich die erste Unbekannte berechnen. Diese setzt man als Nächstes in eine der beiden Ausgangsgleichungen ein und erhält somit erneut eine Hilfsgleichung zur Berechnung der letzten Unbekannten.
Löst man beispielsweise mit dem Additionsverfahren das System

$$\begin{cases} (\mathbf{I}): & 5\boldsymbol{x} & - & 6\boldsymbol{y} & = 1, \\ (\mathbf{II}): & 3\boldsymbol{x} & + & 4\boldsymbol{y} & = 7, \end{cases}$$

könnte die erste Gleichung mit drei und die zweite mit minus fünf multipliziert werden:

$$\begin{cases} 3 \cdot (\mathbf{I}): & 3 \cdot 5\boldsymbol{x} & - & 3 \cdot 6\boldsymbol{y} & = & 3 \cdot 1, \\ -5 \cdot (\mathbf{II}): & -5 \cdot 3\boldsymbol{x} & - & 5 \cdot 4\boldsymbol{y} & = & -5 \cdot 7. \end{cases}$$

Beim Addieren dieser Gleichungen wird $\boldsymbol{x}$ eliminiert, somit kann $\boldsymbol{y}$ berechnet werden:

$$3 \cdot (\mathbf{I}) - 5 \cdot (\mathbf{II}): \quad 0 \cdot \boldsymbol{x} - (18 + 20) \cdot \boldsymbol{y} = 3 - 35 \quad \Rightarrow \quad \boldsymbol{y} = \frac{16}{19}.$$

Durch Substitution von $\boldsymbol{y}$ in eine der beiden Ausgangsgleichungen erhält man $\boldsymbol{x} = \frac{23}{19}$.
Die beiden Werte wurden bereits mit den anderen Verfahren berechnet und durch Einsetzen in jeder der Ausgangsgleichungen überprüft.
Wenn beim Addieren beide Variablen eliminiert werden und es entsteht dabei ein Widerspruch ist das System unlösbar. Gelangt man zu einer wahren Aussage, existieren unendlich viele Lösungen.

Hinweis: Falls man bei einem System alle drei Methoden benutzt und diese bei separaten Rechnungen ein übereinstimmendes Ergebnis liefern, kann dies ebenfalls als Probe akzeptiert werden. Es ist eher unwahrscheinlich, dass auf drei verschiedenen Wegen die gleiche falsche Lösung berechnet wird.

13.1.3 Systeme mit spezieller Struktur

Systeme mit Diagonalstruktur

Enthält jede Gleichung jeweils nur eine Variable, besitzt das System eine „Diagonalstruktur“. Die Variablen können dann wie im folgenden Beispiel diagonal angeordnet werden:

$$\begin{cases} (\mathbf{I}): & 10\boldsymbol{x} & & = 5, \\ (\mathbf{II}): & & 4\boldsymbol{y} & = 3. \end{cases}$$

Die Lösung lautet offensichtlich $\boldsymbol{x} = \frac{1}{2}$, $\boldsymbol{y} = \frac{3}{4}$ (s. Abb. 13.3). Die Probe ist trivial.

Hinweis: Die erste Gleichung stellt keine Geradengleichung einer linearen Funktion dar, trotzdem wird damit eine Gerade beschrieben (vgl. Abschn. 7.1). Diese liegt parallel zur y-Achse.

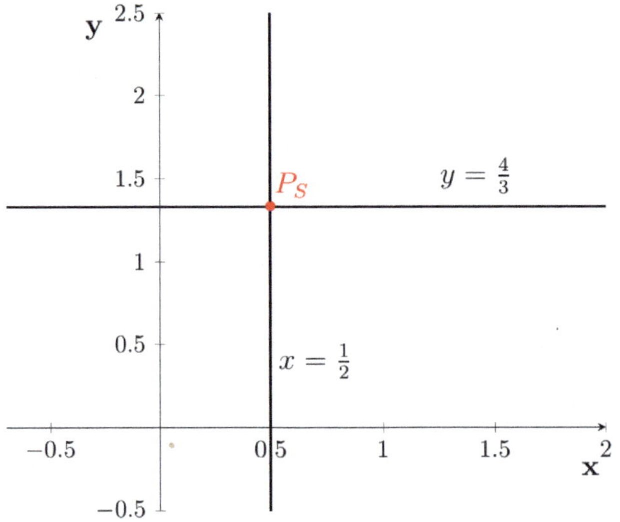

Abb. 13.3 Schnittpunkt achsenparalleler Geraden

Systeme mit Dreiecksstruktur

Tritt in einer der Gleichungen nur eine Variable auf, in der anderen jedoch beide, handelt es sich um ein System mit „Dreiecksstruktur“. Die linken Seiten kann man dabei in Dreiecksform anordnen.
Man unterscheidet zwei Arten, eine „obere“ und eine „untere“ Dreiecksstruktur. Durch Vertauschen der Gleichungen entsteht die jeweils andere Situation.
Ein Beispiel für die erste Art ist das System:

$$\begin{cases} \textbf{(I)}: & 5\boldsymbol{x} - 6\boldsymbol{y} = 1, \\ \textbf{(II)}: & 4\boldsymbol{y} = 7. \end{cases}$$

Offenbar kann die Lösung leicht bestimmt werden, indem aus der zweiten Gleichung $\boldsymbol{y}$ berechnet und danach in die erste substituiert wird. Demnach wird dabei „von unten nach oben“ gearbeitet. Die Probe ist einfach. Das Einsetzen in beide Gleichungen liefert wahre Aussagen.

Die grafische Darstellung zeigt die Plausibilität der Lösung (s. Abb. 13.4):

$$\mathsf{L} = \left\{ \left(\frac{23}{10}, \frac{7}{4} \right) \right\}.$$

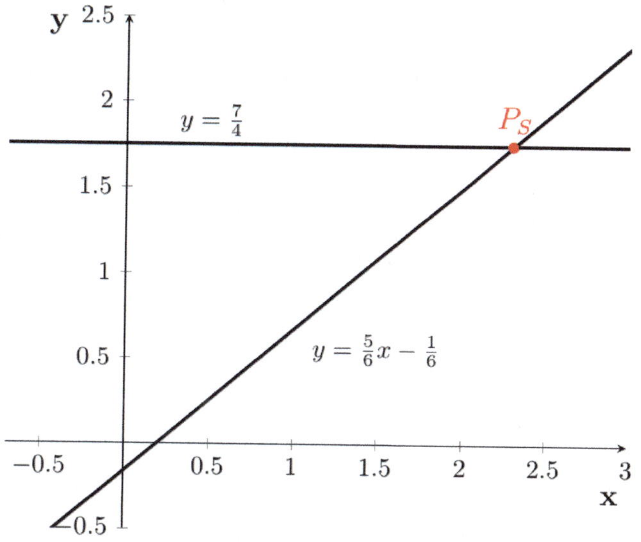

Abb. 13.4 Eine Gerade schneidet sich mit einer Parallelen zur x-Achse

Ein System mit unterer Dreiecksstruktur zeigt das folgende Beispiel:

$$\begin{cases} \textbf{(I)}: & 6\boldsymbol{y} = 1, \\ \textbf{(II)}: & 5\boldsymbol{x} - 4\boldsymbol{y} = 7. \end{cases}$$

In diesem Fall wird in umgekehrter Reihenfolge „von oben nach unten“ vorgegangen. Nach Einsetzen von $\boldsymbol{y}$ in die zweite Gleichung wird $\boldsymbol{x}$ berechnet. Die Probe ist schnell durchgeführt.

Die Lösungsmenge lautet:

$$\mathsf{L} = \left\{ \left(\frac{23}{15}, \frac{1}{6} \right) \right\}.$$

13.2 Weitere Beispiele

13.2.1 Beispiel

Lösen Sie folgendes System mit dem **a)** Gleichsetzungs-, **b)** Substitutions- und **c)** Additionsverfahren. Stellen Sie die Lösung grafisch dar:

$$\begin{cases} (\mathbf{I}): & \boldsymbol{x}_1 & - & \boldsymbol{x}_2 & = 1, \\ (\mathbf{II}): & 3\boldsymbol{x}_1 & - & \boldsymbol{x}_2 & = 3. \end{cases}$$

Lösungsweg:

a) Das System ist in der klassischen Form gegeben. Die Variablen sind durchnummeriert. Das ändert selbstverständlich nichts an der Vorgehensweise.
Zuerst werden die Gleichungen umgestellt, beispielsweise nach $\boldsymbol{x}_2$:

$$\begin{cases} (\mathbf{I}): & \boldsymbol{x}_2 & = & \boldsymbol{x}_1 - 1, \\ (\mathbf{II}): & \boldsymbol{x}_2 & = & 3\boldsymbol{x}_1 - 3. \end{cases}$$

Durch Gleichsetzen der $\boldsymbol{x}_2$–Werte erhält man eine neue Gleichung, aus der $\boldsymbol{x}_1$ berechnet wird:

$$\boldsymbol{x}_1 - 1 = 3\boldsymbol{x}_1 - 3 \quad \Rightarrow \quad \boldsymbol{x}_1 = 1.$$

Für die zweite Variable ergibt sich $\boldsymbol{x}_2 = 0$. Die Probe liefert in beiden Ausgangsgleichungen wahre Aussagen. In diesem Beispiel ist die Lösung aus der grafischen Darstellung ablesbar (s. Abb. 13.5).

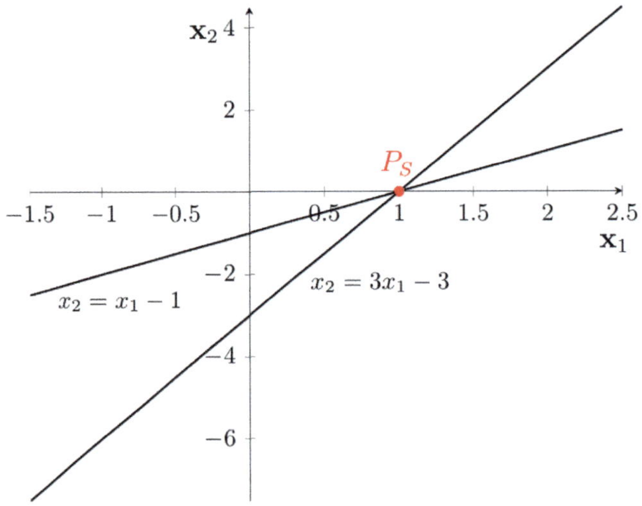

Abb. 13.5 Schnittpunkt zweier Geraden

b) Beim Substitutionsverfahren wird eine der Gleichungen nach einer Variablen aufgelöst und der Ausdruck in die andere substituiert.
Wählt man beispielsweise die erste Gleichung und stellt diese nach $\boldsymbol{x}_2$ um, ergibt sich $\boldsymbol{x}_2 = \boldsymbol{x}_1 - 1$. Diesen Term setzt man in der zweiten Gleichung ein und berechnet daraus $\boldsymbol{x}_1$:

$$\textbf{(II)}: \quad 3\boldsymbol{x}_1 - (\boldsymbol{x}_1 - 1) = 3 \quad \Rightarrow \quad \boldsymbol{x}_1 = 1.$$

Durch Substitution von $\boldsymbol{x}_1$ in eine der Ausgangsgleichungen erhält man $\boldsymbol{x}_2 = 0$.

c) Durch Erweitern der zweiten Gleichung mit dem Faktor $-\frac{1}{3}$ entsteht das umgeformte System:

$$\left\{\begin{array}{rrcrcr} \textbf{(I)}: & \boldsymbol{x}_1 & - & \boldsymbol{x}_2 & = & 1, \\ -\dfrac{1}{3}\cdot\textbf{(II)}: & -\boldsymbol{x}_1 & + & \dfrac{1}{3}\boldsymbol{x}_2 & = & -1. \end{array}\right.$$

Werden diese beiden Gleichung addiert, lässt sich $\boldsymbol{x}_2$ bestimmen:

$$\textbf{(I)} - \frac{1}{3}\cdot\textbf{(II)}: \quad -\frac{2}{3}\boldsymbol{x}_2 = 0 \quad \Rightarrow \quad \boldsymbol{x}_2 = 0.$$

Aus der ersten Gleichung erhält man die Variable $\boldsymbol{x}_1 = 1$ und damit die Lösung (1,0).

13.2.2 Beispiel

Lösen Sie das folgende LGS mit dem Additionsverfahren, interpretieren Sie Ihr Resultat grafisch:

$$\left\{\begin{array}{rrcrl} \textbf{(I)}: & 2\boldsymbol{x}_1 & + & \boldsymbol{x}_2 & = 1, \\ \textbf{(II)}: & 4\boldsymbol{x}_1 & + & 2\boldsymbol{x}_2 & = 4. \end{array}\right.$$

Lösungsweg:

Beim Betrachten der Gleichungen stellt man fest, dass die linken Seiten des Systems proportional zueinander sind, die Werte auf den rechten Seiten diesen Proportionalitätsfaktor jedoch nicht aufweisen. Die Gleichungen sind demnach nicht äquivalent.
Die mit dem System gegebenen Geraden $x_2 = -2x_1 + 1$ und $x_2 = -2x_1 + 2$ verlaufen parallel (s. Abb. 13.6), beide haben den gleichen Anstieg $m = -2$.
Das System ist demnach unlösbar. Die Lösungsmenge ist leer.

Wird entsprechend der Aufgabenstellung das Additionsverfahren benutzt, erweitert man zunächst die Gleichungen, um zumindest vor einer Variablen betragsgleiche, aber im Vorzeichen verschiedene Koeffizienten zu erzeugen.
Wählt man beispielsweise die erste Gleichung und erweitert mit dem Faktor minus zwei:

$$\left\{\begin{array}{rrcrcr} -2\cdot\textbf{(I)}: & -2\cdot 2\boldsymbol{x}_1 & - & 2\cdot\boldsymbol{x}_2 & = & -2\cdot 1, \\ \textbf{(II)}: & 4\boldsymbol{x}_1 & + & 2\boldsymbol{x}_2 & = & 4, \end{array}\right.$$

entsteht bei Addition beider Gleichungen wie erwartet ein Widerspruch $0 \neq 2$.

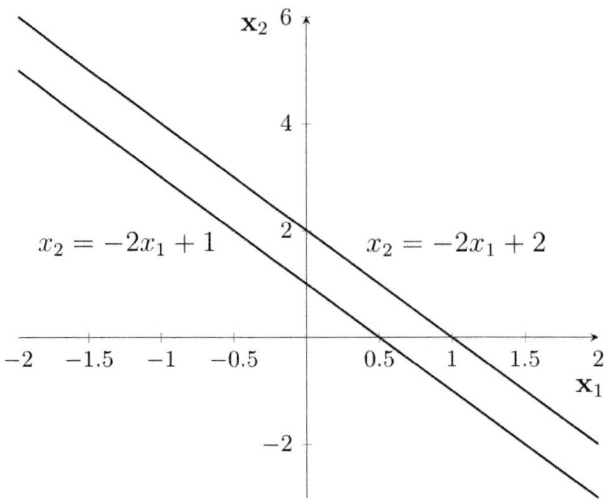

Abb. 13.6 Parallele Geraden

13.2.3 Beispiel

Das folgende System soll mit dem Substitutionsverfahren gelöst werden:

$$\begin{cases} \textbf{(I)}: & 2\boldsymbol{x}_1 & + & \boldsymbol{x}_2 & = 1, \\ \textbf{(II)}: & 4\boldsymbol{x}_1 & + & 2\boldsymbol{x}_2 & = 2. \end{cases}$$

Lösungsweg:

Beide Gleichungen sind in diesem Fall ein Vielfaches voneinander. Das System hat unendlich viele Lösungen. Die Gleichungen sind demnach äquivalent.
Wird beispielsweise in der ersten Gleichung $\boldsymbol{x}_2$ eliminiert und in die zweite eingesetzt, entsteht eine wahre Aussage:

$$\textbf{(II)}: \quad 4\boldsymbol{x}_1 + 2 \cdot (1 - 2\boldsymbol{x}_1) = 2 \quad \Rightarrow \quad 2 = 2.$$

Die Lösungsmenge lautet:

$$\mathsf{L} = \{(\boldsymbol{x}_1, -2\boldsymbol{x}_1 + 1) \mid \boldsymbol{x}_1 \in \mathbb{R}\}.$$

Die Koordinaten jedes Punktes der Geraden $\boldsymbol{x}_2 = -2\boldsymbol{x}_1 + 1$ sind Lösungen des Systems. Setzt man den Term für x_2 in beide Gleichungen ein, entstehen wahre Aussagen.

13.2.4 Beispiel

Gesucht ist die Lösung des Systems:

$$\begin{cases} \textbf{(I)}: & \boldsymbol{x} & + & 2\boldsymbol{y} & = 5, \\ \textbf{(II)}: & 3\boldsymbol{x} & - & \boldsymbol{y} & = 1. \end{cases}$$

Verwenden Sie dabei das **a)** Gleichsetzungs-, **b)** Substitutions- und **c)** Additionsverfahren. Führen Sie die Probe durch.

Lösungsweg:

a) Beide Gleichungen werden beispielsweise nach $\boldsymbol{y}$ aufgelöst:

$$\begin{cases} (\mathbf{I}): & \boldsymbol{y} = -\frac{1}{2}\boldsymbol{x} + \frac{5}{2}, \\ (\mathbf{II}): & \boldsymbol{y} = 3\boldsymbol{x} - 1. \end{cases}$$

Die Terme auf der rechten Seite setzt man gleich. Aus dieser Hilfsgleichung wird $\boldsymbol{x}$ berechnet:

$$-\frac{1}{2}\boldsymbol{x} + \frac{5}{2} = 3\boldsymbol{x} - 1 \quad \Rightarrow \quad \boldsymbol{x} = 1.$$

Diesen Wert substituiert man in eine der zwei aufgelösten Gleichungen aus dem ersten Schritt. Das Resultat lautet $\boldsymbol{y} = 2$.
Für die Probe wird in die Ausgangsgleichungen eingesetzt. Es ergeben sich wahre Aussagen:

$$\begin{aligned} (\mathbf{I}): &\quad 1 + 2 \cdot 2 = 5, \\ (\mathbf{II}): &\quad 3 \cdot 1 - 2 = 1. \end{aligned}$$

Die entsprechenden Geraden schneiden sich in einem Punkt $P(1{,}2)$, das System ist eindeutig lösbar. Die graphische Lösung bleibt dem Leser überlassen.

b) Die erste Gleichung ergibt beim Auflösen nach $\boldsymbol{x}$:

$$(\mathbf{I}): \quad \boldsymbol{x} = -2\boldsymbol{y} + 5.$$

Wird dieser Ausdruck in die zweite Gleichung eingesetzt, kann $\boldsymbol{y}$ berechnet werden:

$$(\mathbf{II}): \quad 3 \cdot (-2\boldsymbol{y} + 5) - \boldsymbol{y} = 1 \quad \Rightarrow \quad \boldsymbol{y} = 2.$$

Die Variable $\boldsymbol{x}$ bestimmt man durch Substitution des $\boldsymbol{y}$-Wertes in der ersten Gleichung:

$$(\mathbf{I}) \quad \boldsymbol{x} = -2 \cdot 2 + 5 = 1.$$

Die Probe wurde bereits durchgeführt.

c) Beide Gleichungen werden so erweitert, dass vor einer der Variablen betragsgleiche und im Vorzeichen entgegengesetzte Koeffizienten entstehen. Bei diesem Beispiel genügt es, nur in der ersten Gleichung mit dem Faktor minus drei zu multiplizieren:

$$\begin{cases} -3 \cdot (\mathbf{I}): & -3 \cdot \boldsymbol{x} - 3 \cdot 2\boldsymbol{y} = -3 \cdot 5, \\ (\mathbf{II}): & 3\boldsymbol{x} - \boldsymbol{y} = 1. \end{cases}$$

Bei Addition der beiden umgeformten Gleichungen wird $\boldsymbol{x}$ eliminiert. Die dadurch entstehende Hilfsgleichung ermöglicht die Berechnung des $\boldsymbol{y}$-Wertes:

$$-3 \cdot (\mathbf{I}) + (\mathbf{II}): \quad -7\boldsymbol{y} = -14 \quad \Rightarrow \quad \boldsymbol{y} = 2.$$

Dieser Wert wird beispielsweise in die erste Gleichungen eingesetzt und $\boldsymbol{x}$ bestimmt:

$$(\mathbf{I}): \quad \boldsymbol{x} + 2 \cdot 2 = 5 \quad \Rightarrow \quad \boldsymbol{x} = 1.$$

Das Substituieren in die zweite Gleichung liefert selbstverständlich das gleiche Ergebnis. Die Richtigkeit wird durch die Probe bestätigt. Die Lösungsmenge lautet $\mathsf{L} = \{(1{,}2)\}$.

13.2.5 Beispiel

Welches der folgenden Systeme ist eindeutig lösbar? Treffen Sie Ihre Entscheidung **ohne eine Rechnung durchzuführen**:

a) $\begin{cases} (\mathbf{I}): & 2\boldsymbol{x} + 3\boldsymbol{y} = 1, \\ (\mathbf{II}): & \quad\; - 2\boldsymbol{y} = 2. \end{cases}$

b) $\begin{cases} (\mathbf{I}): & 3\boldsymbol{x} + 2\boldsymbol{y} = 20, \\ (\mathbf{II}): & 2\boldsymbol{x} + 3\boldsymbol{y} = 20. \end{cases}$

c) $\begin{cases} (\mathbf{I}): & 7\boldsymbol{x}_1 - 3\boldsymbol{x}_2 = 15, \\ (\mathbf{II}): & 5\boldsymbol{x}_1 + 6\boldsymbol{x}_2 = 27. \end{cases}$

d) $\begin{cases} (\mathbf{I}): & 2\boldsymbol{x}_1 + \boldsymbol{x}_2 = 1, \\ (\mathbf{II}): & 4\boldsymbol{x}_1 + 2\boldsymbol{x}_2 = 2. \end{cases}$

Lösungsweg:

a) Das System besitzt eine obere Dreiecksstruktur, deshalb ist es eindeutig lösbar. Aus der zweiten Gleichung könnte die Variable $\boldsymbol{y}$ bestimmt werden und danach $\boldsymbol{x}$ aus der ersten Gleichung.

b) Die Gleichungen des Systems definieren die Geraden $\boldsymbol{y} = -\frac{3}{2}\boldsymbol{x} + 10$ und $\boldsymbol{y} = -\frac{2}{3}\boldsymbol{x} + \frac{20}{3}$ mit verschiedenen Steigungen, deshalb existiert ein Schnittpunkt. Das System ist eindeutig lösbar.

c) Die Koeffizienten der Variablen $\boldsymbol{x}_1$ sind in beiden Gleichungen positiv; die Unbekannte $\boldsymbol{x}_2$ besitzt jedoch Koeffizienten mit unterschiedlichen Vorzeichen. Die Steigungen der entsprechenden Geraden sind offenbar im Vorzeichen verschieden, deshalb gibt es einen gemeinsamen Schnittpunkt. Das System ist eindeutig lösbar.

d) Die erste Gleichung ist ein Vielfaches der zweiten und umgekehrt. Beide Gleichungen sind äquivalent. Das System ist nicht eindeutig lösbar. Die Lösungsmenge besteht aus den Koordinaten aller Punkte der entsprechenden Geraden.

13.2.6 Beispiel

Bestimmen Sie $\forall\, \alpha, \beta \in \left(0, \frac{\pi}{2}\right)$, $A \in \mathbb{R}^+$ die Lösung des folgenden Systems und führen Sie die Probe durch:

$$\begin{cases} (\mathbf{I}): & -\sin\alpha \cdot \boldsymbol{x} - \sin\beta \cdot \boldsymbol{y} = 0, \\ (\mathbf{II}): & \cos\alpha \cdot \boldsymbol{x} - \cos\beta \cdot \boldsymbol{y} = A. \end{cases}$$

Lösungsweg:

Das System ist bezüglich der Variablen $\boldsymbol{x}$ und $\boldsymbol{y}$ linear. Bei derartigen trigonometrischen Koeffizienten ist es oft von Vorteil, zur Lösung das Additionsverfahren anzuwenden.

Beispielsweise wird die erste Gleichung mit $\cos\alpha$ und die zweite mit $\sin\alpha$ multipliziert:

$$\begin{cases} \cos\alpha\cdot(\mathbf{I}): & -\cos\alpha\cdot\sin\alpha\cdot\boldsymbol{x} & - & \cos\alpha\cdot\sin\beta\cdot\boldsymbol{y} & = & 0, \\ \sin\alpha\cdot(\mathbf{II}): & \sin\alpha\cdot\cos\alpha\cdot\boldsymbol{x} & - & \sin\alpha\cdot\cos\beta\cdot\boldsymbol{y} & = & A\cdot\sin\alpha. \end{cases}$$

Die Faktoren $\sin\alpha$ und $\cos\alpha$ sind im vorgegebenen Intervall für α verschieden von null.

Hinweis: Auf der rechten Seite empfiehlt es sich, den Koeffizienten A vor die Sinusfunktion zu schreiben, um den (trivialen) Fehler der Multiplikation von α mit A zu vermeiden.

Addiert man nun die umgeformten Gleichungen, wird die Unbekannte $\boldsymbol{x}$ eliminiert:

$$\cos\alpha\cdot(\mathbf{I})+\sin\alpha\cdot(\mathbf{II}): \quad -(\cos\alpha\cdot\sin\beta+\sin\alpha\cdot\cos\beta)\cdot\boldsymbol{y} \;=\; A\cdot\sin\alpha.$$

Unter Beachtung des Additionstheorems (s. Abschn. 11.1) erhält man daraus:

$$-\sin(\alpha+\beta)\cdot\boldsymbol{y}=A\cdot\sin\alpha.$$

Im gegebenen Intervall gilt $\alpha+\beta\neq\pi$, demnach kann man nach $\boldsymbol{y}$ auflösen:

$$\boldsymbol{y}=-\frac{A\cdot\sin\alpha}{\sin(\alpha+\beta)}.$$

Hinweis: Selbstverständlich darf im Quotienten „sin" auf keinen Fall „gekürzt" werden!

Als Nächstes wird die Variable $\boldsymbol{x}$ durch Substitution von $\boldsymbol{y}$ in der ersten Gleichung berechnet:

$$(\mathbf{I}): \quad -\sin\alpha\cdot\boldsymbol{x}+\sin\beta\cdot\frac{A\cdot\sin\alpha}{\sin(\alpha+\beta)}=0 \;\Rightarrow\; \boldsymbol{x}=\sin\beta\cdot\frac{A\cdot\sin\alpha}{\sin\alpha\cdot\sin(\alpha+\beta)}=\frac{A\cdot\sin\beta}{\sin(\alpha+\beta)}.$$

Zur Kontrolle setzt man die Terme für $\boldsymbol{x}$ und $\boldsymbol{y}$ in beiden Ausgangsgleichungen ein:

$$\begin{aligned} (\mathbf{I}): \quad -\sin\alpha\cdot\frac{A\cdot\sin\beta}{\sin(\alpha+\beta)} + \sin\beta\cdot\frac{A\cdot\sin\alpha}{\sin(\alpha+\beta)} &= 0, \\ (\mathbf{II}): \quad \cos\alpha\cdot\frac{A\cdot\sin\beta}{\sin(\alpha+\beta)} + \cos\beta\cdot\frac{A\cdot\sin\alpha}{\sin(\alpha+\beta)} &= A. \end{aligned}$$

In beiden Gleichungen entstehen wahre Aussagen, wobei in der zweiten nach Ausklammern von A das entsprechende Additionstheorem (s. Abschn. 11.1) benutzt werden kann.

Die Lösungsmenge lautet demnach:

$$\mathsf{L}=\left\{\left(\frac{A\cdot\sin\beta}{\sin(\alpha+\beta)},-\frac{A\cdot\sin\alpha}{\sin(\alpha+\beta)}\right)\;\middle|\;\alpha,\beta\in\left(0,\frac{\pi}{2}\right),A\in\mathbb{R}^+\right\}.$$

Hinweis: Das System besitzt eine von den Parametern α,β und A abhängige Lösung, die als **allgemeine Lösung** bezeichnet wird. Grafisch kann diese parameterabhängige Lösungsmenge nicht dargestellt bzw. ermittelt werden.
Würde man konkrete Parameterwerte festlegen und in die allgemeine Lösung einsetzen, ergäbe sich jeweils eine **spezielle** (oder partikuläre) Lösung.

13.3 Übungen

13.3.1 Übung

(5 Min.)

Lösen Sie das folgende System mit dem **a)** Substitutions- und **b)** Additionsverfahren. Führen Sie die Probe durch:

$$\begin{cases} \textbf{(I)}: & 3\boldsymbol{x} - \boldsymbol{y} + 5 = 2\boldsymbol{x} + \boldsymbol{y} + 10, \\ \textbf{(II)}: & 2\boldsymbol{x} + 4\boldsymbol{y} - 1 = 6 + \boldsymbol{y} + 3\boldsymbol{x}. \end{cases}$$

→ *Lösung auf Seite 210*

13.3.2 Übung

(6 Min.)

Lösen Sie das folgende System und führen Sie die Probe durch:

$$\begin{cases} \textbf{(I)}: & \dfrac{1}{\boldsymbol{x} - 2\boldsymbol{y}} = 1, \\ \textbf{(II)}: & \dfrac{-\boldsymbol{x} + 3\boldsymbol{y}}{-4\boldsymbol{x} + 3\boldsymbol{y}} = 2. \end{cases}$$

→ *Lösung auf Seite 211*

13.3.3 Übung

(5 Min.)

Lösen Sie das folgende System $\forall\ (r,s) \in \mathbb{R}^2$ und führen Sie die Probe durch:

$$\begin{cases} \textbf{(I)}: & \boldsymbol{x} + \boldsymbol{y} = r + 2s, \\ \textbf{(II)}: & -\boldsymbol{x} + 3\boldsymbol{y} = 3r - s. \end{cases}$$

→ *Lösung auf Seite 212*

13.3.4 Übung

(7 Min.)

Lösen Sie das folgende System und führen Sie die Probe durch:

$$\begin{cases} \textbf{(I)}: & (\boldsymbol{x} + 4)(\boldsymbol{y} - 2) = (\boldsymbol{x} - 2)(\boldsymbol{y} + 13), \\ \textbf{(II)}: & (\boldsymbol{x} - 1)(\boldsymbol{y} - 3) = (\boldsymbol{x} + 2)(\boldsymbol{y} - 5). \end{cases}$$

→ *Lösung auf Seite 213*

13.3.5 Übung

(12 Min.)

Lösen Sie das folgende System $\forall\,(a,b) \in \mathbb{R}^2$ und führen Sie die Probe durch:

$$\begin{cases} \textbf{(I)}: & 3(a\boldsymbol{x} - 2) + 2\boldsymbol{y} = b\boldsymbol{x} + \boldsymbol{y}, \\ \textbf{(II)}: & 4\boldsymbol{x} + 5(b\boldsymbol{y} + \boldsymbol{x}) = 3\boldsymbol{x} - 6a. \end{cases}$$

→ *Lösung auf Seite 213*

13.4 Tests

13.4.1 Test

(6 Min.)

Lösen Sie das folgende System und führen Sie die Probe durch:

$$\begin{cases} \textbf{(I)}: & \dfrac{\boldsymbol{x} - 2\boldsymbol{y} + 4}{\boldsymbol{x} + 3\boldsymbol{y} + 3} = \dfrac{3}{2}, \\ \textbf{(II)}: & \dfrac{\boldsymbol{x} + 2\boldsymbol{y} + 3}{\boldsymbol{x} - 3\boldsymbol{y} + 4} = \dfrac{2}{3}. \end{cases}$$

1 $\mathsf{L} = \{(\frac{1}{47}, -\frac{4}{47})\}$ **2** $\mathsf{L} = \{(-\frac{3}{27}, \frac{3}{27})\}$ **3** $\mathsf{L} = \{(0, -1)\}$ **4** $\mathsf{L} = \{(-1,0)\}$

5 Sie haben ein anderes Ergebnis erhalten.

→ *Lösung auf Seite 268*

13.4.2 Test

(8 Min.)

Lösen Sie das folgende System $\forall\,(s,t) \in \mathbb{R}^2$ und führen Sie die Probe durch:

$$\begin{cases} \textbf{(I)}: & (5\boldsymbol{\alpha} - 1)t - 6\boldsymbol{\beta} = 0, \\ \textbf{(II)}: & 3s + 4t\boldsymbol{\beta} - 2\boldsymbol{\alpha} = 0. \end{cases}$$

1 $\mathsf{L} = \left\{\left(\dfrac{10t^2 - 9s}{2(5t^2 - 3)}, \dfrac{10t - 15st}{4(5t^2 - 3)}\right) \,\middle|\, (s,t) \in \mathbb{R}^2, t^2 \neq \frac{3}{5}\right\}$

2 $\mathsf{L} = \left\{\left(\dfrac{t^2 - 9s}{2(5t^2 - 3)}, \dfrac{2t - 15st}{4(5t^2 - 3)}\right) \,\middle|\, (s,t) \in \mathbb{R}^2, t^2 \neq \frac{3}{5}\right\}$

3 $\mathsf{L} = \left\{\left(\dfrac{2t^2 - 9s}{2(5t^2 - 3)}, \dfrac{2t - 15st}{4(5t^2 - 3)}\right) \,\middle|\, (s,t) \in \mathbb{R}^2, t^2 \neq \frac{3}{5}\right\}$

4 $\mathsf{L} = \left\{\left(\dfrac{2t^2 - 15st^2}{2(5t^2 - 3)}, \dfrac{t - 15st}{2(5t^2 - 3)}\right) \,\middle|\, (s,t) \in \mathbb{R}^2, t^2 \neq \frac{3}{5}\right\}$

5 Sie haben ein anderes Ergebnis erhalten.

→ *Lösung auf Seite 269*

13.4.3 Test

(11 Min.)

Bestimmen Sie $\forall\ \alpha, \beta \in (0{,}2\pi)$ und alle positiven reellen Werte a, b die Lösungen des folgenden Systems. Führen Sie die Probe durch:

$$\begin{cases} \textbf{(I)}: & -\sin\alpha \cdot \boldsymbol{x} + \sin\beta \cdot \boldsymbol{y} = a, \\ \textbf{(II)}: & \sin\beta \cdot \boldsymbol{x} - \sin\alpha \cdot \boldsymbol{y} = b. \end{cases}$$

1. $\mathsf{L} = \left\{ \left(\dfrac{a\sin\alpha - b\sin\beta}{\sin^2\beta - \sin^2\alpha}, \dfrac{a\sin\beta + b\sin\alpha}{\sin^2\beta - \sin^2\alpha} \right) \;\middle|\; \alpha, \beta \in (0{,}2\pi),\ a, b \in \mathbb{R}^+,\ \sin^2\alpha \neq \sin^2\beta \right\}$

2. $\mathsf{L} = \left\{ \left(-\dfrac{a\sin\alpha + b\sin\beta}{\sin^2\beta - \sin^2\alpha}, \dfrac{a\sin\beta + b\sin\alpha}{\sin^2\beta - \sin^2\alpha} \right) \;\middle|\; \alpha, \beta \in (0{,}2\pi),\ a, b \in \mathbb{R}^+,\ \sin^2\alpha \neq \sin^2\beta \right\}$

3. $\mathsf{L} = \left\{ \left(\dfrac{a\sin\beta + b\sin\alpha}{\sin^2\beta - \sin^2\alpha}, \dfrac{a\sin\alpha + b\sin\beta}{\sin^2\beta - \sin^2\alpha} \right) \;\middle|\; \alpha, \beta \in (0{,}2\pi),\ a, b \in \mathbb{R}^+,\ \sin^2\alpha \neq \sin^2\beta \right\}$

4. $\mathsf{L} = \left\{ \left(\dfrac{a\sin\alpha + b\sin\beta}{\sin^2\beta - \sin^2\alpha}, \dfrac{a\sin\beta + b\sin\alpha}{\sin^2\beta - \sin^2\alpha} \right) \;\middle|\; \alpha, \beta \in (0{,}2\pi),\ a, b \in \mathbb{R}^+,\ \sin^2\alpha \neq \sin^2\beta \right\}$

5. Sie haben ein anderes Ergebnis erhalten.

→ *Lösung auf Seite 271*

13.4.4 Test

(14 Min.)

Lösen Sie das folgende System $\forall\, \alpha \in \mathbb{R}^+$, $\forall\, (\beta,\gamma) \in \mathbb{R}^2$ und führen Sie die Probe durch:

$$\begin{cases} \textbf{(I)}: & \alpha\boldsymbol{x} - 2\boldsymbol{y} = \beta, \\ \textbf{(II)}: & -\gamma\boldsymbol{x} + 3\alpha\boldsymbol{y} = 4. \end{cases}$$

1. $\mathsf{L} = \left\{ \left(\dfrac{8 - 3\alpha\beta}{3\alpha^2 - 2\gamma}, \dfrac{4\alpha + \beta\gamma}{3\alpha^2 - 2\gamma} \right) \;\middle|\; \alpha \in \mathbb{R}^+,\ (\beta,\gamma) \in \mathbb{R}^2,\ 3\alpha^2 - 2\gamma \neq 0 \right\}$

2. $\mathsf{L} = \left\{ \left(\dfrac{8 + 3\alpha\beta}{3\alpha^2 - 2\gamma}, \dfrac{4\alpha + \beta\gamma}{3\alpha^2 - 2\gamma} \right) \;\middle|\; \alpha \in \mathbb{R}^+,\ (\beta,\gamma) \in \mathbb{R}^2,\ 3\alpha^2 - 2\gamma \neq 0 \right\}$

3. $\mathsf{L} = \left\{ \left(\dfrac{3\alpha^2\beta + 8\alpha}{3\alpha^2 - 2\gamma}, \dfrac{4\alpha + \beta\gamma}{3\alpha^2 - 2\gamma} \right) \;\middle|\; \alpha \in \mathbb{R}^+,\ (\beta,\gamma) \in \mathbb{R}^2,\ 3\alpha^2 - 2\gamma \neq 0 \right\}$

4. $\mathsf{L} = \left\{ \left(\dfrac{3\alpha^2\beta - 4\beta\gamma + 8\alpha}{3\alpha^3 - 2\alpha\gamma}, \dfrac{4\alpha + \beta\gamma}{3\alpha^2 - 2\gamma} \right) \;\middle|\; \alpha \in \mathbb{R}^+,\ (\beta,\gamma) \in \mathbb{R}^2,\ 3\alpha^2 - 2\gamma \neq 0 \right\}$

5. Sie haben ein anderes Ergebnis erhalten.

→ *Lösung auf Seite 273*

14 Vektorrechnung

14.1 Theorie

In vielen Anwendungen im MINT-Bereich wird Vektorrechnung benötigt, sei es bei der Berechnung von Bahnkurven oder Bewegungsabläufen von Robotern, der mathematischen Beschreibung von Schwingungen, Strömungen und anderer zeit- bzw. geschwindigkeitsabhängiger Prozesse, der Untersuchung von Kraftwirkungen oder der Erzeugung von Kurven in der Computergrafik.
In diesem Übungsbuch beschränken wir uns auf die Vektorrechnung in der x-y-Ebene. Auf räumliche Vektoren wird nicht eingegangen. Alle Sachverhalte lassen sich jedoch unproblematisch auf den dreidimensionalen Fall übertragen.

Ein **Vektor** ist im Gegensatz zu einer Skalaren eine gerichtete Größe. Er besitzt einen (nichtnegativen) Betrag (oder auch Länge genannt) und eine Richtung. Betrag und Richtung gehören zusammen und stellen die Bestimmungsstücke eines Vektors dar.
Ein Vektor wird oft mit einem Buchstaben und einem darübergesetzten Pfeil geschrieben und mit einer gerichteten Strecke dargestellt (s. Abb. 14.1). Der Pfeil zeigt die Wirkungsrichtung an. Die Länge der Strecke repräsentiert i. d. R. den Betrag, den man mit $|\vec{a}|$ bezeichnet.
Im allgemeinen Fall ist ein Vektor beliebig parallel verschiebbar. Er ist **frei** oder **ungebunden**. Jeder der Pfeile in Abb. 14.1 repräsentiert deshalb den gleichen Vektor. Zwei Vektoren nennt man demnach genau dann **gleich**, wenn sie den gleichen Betrag und die gleiche Richtung besitzen. Würden alle Repräsentanten des Vektors dargestellt werden, wäre die x-y-Ebene komplett ausgefüllt.

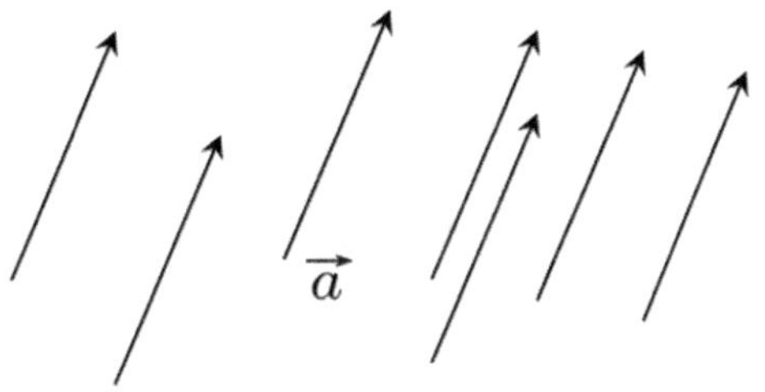

Abb. 14.1 Darstellung eines Vektors

14.1.1 Vektoren mit speziellen Eigenschaften

Einen Vektor mit der Länge eins nennt man **Einheitsvektor** oder **normierten** Vektor. In diesem Buch kennzeichnen wir einen Einheitsvektor i. d. R. mit einem kleinen Index **e**:

$$\vec{a}_{\mathbf{e}} \text{ mit } |\vec{a}_{\mathbf{e}}| = 1.$$

J. Siegert und N. Togobytska, *Mathematik trainieren: Brüche, Funktionen & Co.*, https://doi.org/10.1007/978-3-662-70607-7_14

Hinweis: Wenn mehrere Vektoren mit sehr unterschiedlichen Längen gleichzeitig dargestellt werden sollen ist dies zunächst ein Problem, wenn einige der Beträge sehr klein und andere sehr groß sind. In dieser Situation stellt man üblicherweise alle Vektoren als Einheitsvektoren in unterschiedlichen Farben dar. Jeder Farbe wird danach über eine separate Skala ein bestimmter Betrag zugeordnet.

Eine besondere Rolle spielt in der Vektorrechnung der **Nullvektor**. Dieser Vektor mit dem Formelzeichen $\vec{\mathbf{0}}$ ist der einzige mit dem Betrag gleich null:

$$|\vec{\mathbf{0}}| = 0.$$

Hinweis: Weil der Nullvektor $\vec{\mathbf{0}}$ die Länge gleich null besitzt, hat er keine Richtung und ist demnach auch nicht darstellbar.

Ein **linienflüchtiger** Vektor $\vec{a}$ darf nicht mehr beliebig parallel, sondern nur noch längs der (festgelegten) Wirkungslinie verschoben werden. Jeder der (gleichgerichteten) Pfeile auf der Wirkungslinie ist ein Repräsentant dieses Vektors (s. Abb. 14.2).

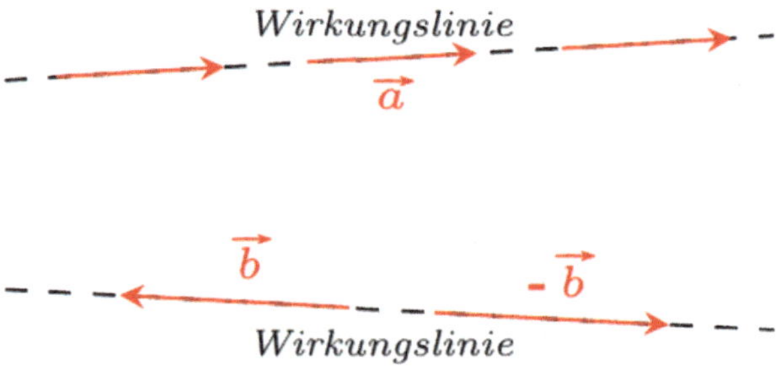

Abb. 14.2 Darstellung eines linienflüchtigen Vektors $\vec{a}$ und des Gegenvektors von $\vec{b}$

Dreht man auf der Wirkungslinie eines Vektors $\vec{b}$ unter Beibehaltung des Betrags den Richtungssinn um, entsteht der **Gegenvektor**, der auch **Antivektor** oder inverser Vektor genannt wird. Man schreibt dafür $-\vec{b}$ (s. Abb. 14.2). Ein Vektor (mit einem Betrag ungleich null) ist von seinem Gegenvektor verschieden:

$$\vec{b} \neq -\vec{b}, \quad |\vec{b}| = |-\vec{b}|.$$

Hinweis: Da der Nullvektor keine Richtung besitzt, kann man diesen auch nicht umkehren. Deshalb gibt es für den Nullvektor per Definition keinen Antivektor.
Jedoch darf mit dem Vektor $-\vec{\mathbf{0}}$ formal gerechnet werden. Nur für diesen Vektor gilt:

$$\vec{\mathbf{0}} = -\vec{\mathbf{0}} \quad \Leftrightarrow \quad |\vec{\mathbf{0}}| = |-\vec{\mathbf{0}}| = 0.$$

Wenn die Wirkungslinien zweier (vom Nullvektor verschiedener) Vektoren parallel zueinander liegen, wird das mit $\vec{a} \parallel \vec{b}$ symbolisiert.
Falls Orientierungs- bzw. Richtungssinn übereinstimmen, verlaufen die Vektoren **parallel**, das dafür benutzte Symbol lautet $\vec{a} \upuparrows \vec{b}$. Ist der Richtungssinn der Vektoren entgegengesetzt, sind sie **antiparallel**, dafür wird im Buch kein eigenes Symbol verwendet.

Wenn man den Angriffspunkt eines Vektors fixiert, handelt es sich um einen **gebundenen** Vektor oder **Ortsvektor**. Gehört zu einem Ortsvektor eine gerichtete Strecke zwischen den Punkten A und B (s. Abb. 14.3), schreibt man $\overrightarrow{AB}$; A wird **Fußpunkt** und B **Spitze** des Vektors genannt. Oft benutzt man Ortsvektoren $\overrightarrow{OS}$, die im Koordinatenursprung gebunden sind (s. Abb. 14.3).

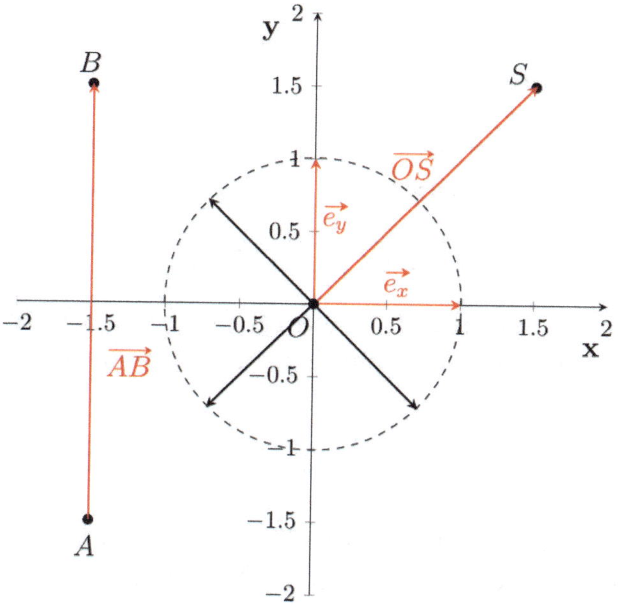

Abb. 14.3 Darstellung von Ortsvektoren

Beispielsweise liegen die Spitzen aller Einheitsvektoren, die im Koordinatenursprung gebunden sind, auf dem Einheitskreis mit dem Mittelpunkt in $O(0,0)$ (s. Abb. 14.3).
Zu dieser Menge gehören die Einheitsvektoren in Richtung der positiven Koordinatenachsen, die mit $\overrightarrow{e_x}$ und $\overrightarrow{e_y}$ bezeichnet werden. Die Bezeichnungen $\overrightarrow{e_1}$ und $\overrightarrow{e_2}$ sind ebenso üblich.

Für viele Anwendungen ist der **Winkel** zwischen zwei (vom Nullvektor verschiedenen) Vektoren $\overrightarrow{a}$ und $\overrightarrow{b}$ ein wichtiger Sachverhalt. Der Winkel wird sichtbar, wenn man die Vektoren parallel verschiebt, bis sie im gleichen Punkt angreifen (s. Abb. 14.4).

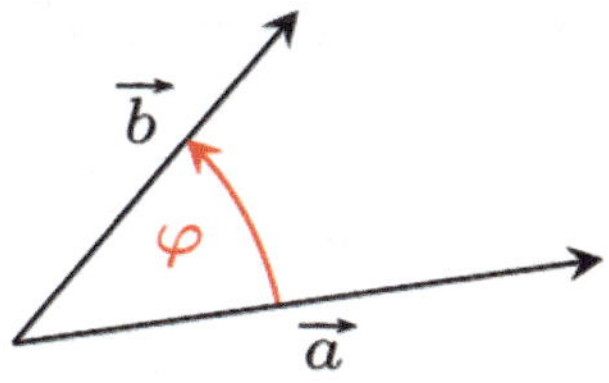

Abb. 14.4 Winkel zwischen Vektoren

Als Winkel zwischen den Vektoren wählt man den kleineren der zwei möglichen Werte:

$$\varphi = \angle(\overrightarrow{a},\overrightarrow{b}), \quad \varphi \in [0,\pi].$$

Sind beide Vektoren parallel, gilt $\varphi = 0$, bei Antiparallelität $\varphi = \pi$.
Im Fall $\varphi = \frac{\pi}{2}$ stehen die Vektoren aufeinander **orthogonal**, symbolisch dargestellt mit $\overrightarrow{a} \perp \overrightarrow{b}$.

14.1.2 Operationen mit Vektoren

Im Gegensatz zum Rechnen mit reellen Zahlen sind in der Vektorrechnung Dividieren, Wurzelziehen und Logarithmieren nicht erklärt. Bei den übrigen Grundrechenarten treten einige Besonderheiten bzw. wesentliche Unterschiede auf.

Multiplikation mit einer skalaren Größe

Eine reelle Zahl bezeichnet man oft als **Skalar**. Wird ein vom Nullvektor verschiedener Vektor $\vec{a}$ mit einer von null verschiedenen skalaren Größe $\lambda \in \mathbb{R}$ multipliziert, entsteht ein λ-Faches des Vektors $\vec{a}$:

$$\vec{b} = \lambda\,\vec{a}, \quad \vec{b} \parallel \vec{a}, \quad \lambda \neq 0.$$

Die Vektoren $\vec{a}$ und $\vec{b}$ nennt man **linear abhängig** oder auch **kollinear**.
Ist λ positiv, liegen $\vec{a}$ und $\vec{b}$ zueinander parallel; für $\lambda < 0$ antiparallel.
Im Sonderfall $\lambda = \pm 1$ erhält man:

$$\vec{b} = 1 \cdot \vec{a} = \vec{a} \quad \text{bzw.} \quad \vec{b} = -1 \cdot \vec{a} = -\vec{a}.$$

Für $|\lambda| > 1$ wird $\vec{a}$ auf die λ-fache Länge gestreckt; $|\lambda| < 1$ bewirkt entsprechend eine Stauchung. Beispielsweise verdoppelt $\lambda = 2$ die Länge von $\vec{a}$. Multipliziert man $\vec{a}$ mit $\lambda = \frac{1}{2}$, halbiert sich der Betrag (s. Abb. 14.5). Alle drei Vektoren liegen zueinander parallel.

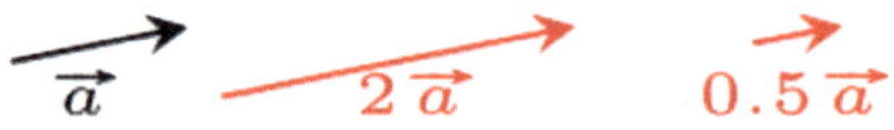

Abb. 14.5 Streckung und Stauchung eines Vektors

Die Multiplikation eines Vektors mit $\lambda = 0$ erzeugt den Nullvektor:

$$\vec{b} = 0 \cdot \vec{a} = \vec{\mathbf{0}}.$$

Bestimmt man zu einem (vom Nullvektor verschiedenen) Vektor den zugeordneten Einheitsvektor, spricht man vom **Normieren**. Dazu multipliziert man $\vec{a}$ mit dem reziproken Wert von $|\vec{a}|$:

$$\vec{b} = \frac{1}{|\vec{a}|}\,\vec{a} = \vec{a}_{\mathbf{e}}.$$

Offenbar liegen $\vec{a}$ und $\vec{b}$ parallel; $\vec{b}$ ist der zu $\vec{a}$ gehörende Einheitsvektor $\vec{a}_{\mathbf{e}}$:

$$|\vec{b}| = \left|\frac{1}{|\vec{a}|}\,\vec{a}\right| = \frac{|\vec{a}|}{|\vec{a}|} = |\vec{a}_{\mathbf{e}}| = 1.$$

Ein Vektor mit einer Länge kleiner als eins wird demnach beim Normieren auf die Länge eins gestreckt, anderenfalls auf die Länge eins gestaucht.

Hinweis: Die Betragsstriche im Nenner dürfen in keinem Fall vergessen werden.
Weil die Division für Vektoren nicht erklärt ist, darf man auch nicht „kürzen“ !

Demnach ist es falsch zu schreiben:

$$\frac{1}{\vec{a}}\,\vec{a} = 1 \text{ bzw. } \frac{1}{\vec{a}}\,|\vec{a}\,| = 1.$$

Sind zwei Vektoren nicht kollinear, nennt man sie **linear unabhängig**:

$$\vec{b} \neq \lambda\,\vec{a} \quad \Leftrightarrow \quad \varphi = \angle(\vec{a}\,,\vec{b}\,) \notin \{0,\pi\}.$$

Beispielsweise sind $\vec{e_x}$ und $\vec{e_y}$ linear unabhängig, sie stehen zueinander orthogonal: $\vec{e_x} \perp \vec{e_y}$.

Addition

Zwei vom Nullvektor verschiedene Vektoren $\vec{a}$ und $\vec{b}$ werden addiert, indem der Fuß eines der beiden an der Spitze des anderen angefügt wird. Es entsteht ein **Vektorparallelogramm** (s. Abb. 14.6a). Die **Summe** ist derjenige Vektor $\vec{s}$, der vom Anfangspunkt des ersten zur Spitze des zweiten angefügten Vektors weist:

$$\vec{s} = \vec{a} + \vec{b} = \vec{b} + \vec{a}\,.$$

Die Reihenfolge der Summanden beeinflusst das Resultat nicht, die Operation ist demnach kommutativ. Der Vektor $\vec{s}$ wird auch **resultierender** Vektor genannt.

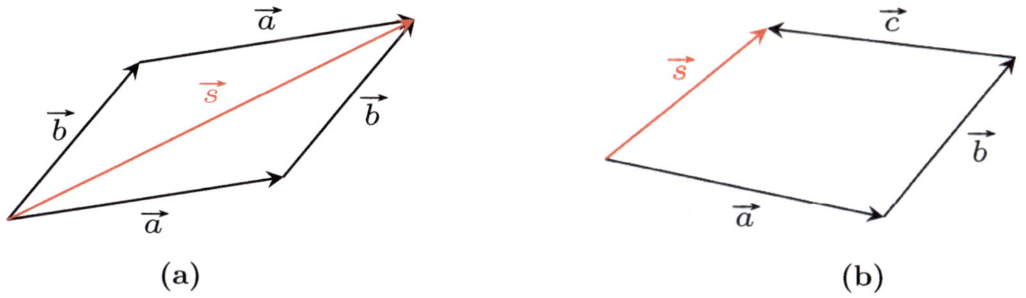

Abb. 14.6 Vektoraddition, **a** Parallelogramm, **b** Polygonzug

Eine wichtige Eigenschaft gilt für die Beträge:

$$|\,\vec{s}\,| = |\,\vec{a} + \vec{b}\,| \leq |\,\vec{a}\,| + |\,\vec{b}\,|.$$

In einem Dreieck ist die Summe der Längen zweier Seiten stets größer als die Länge der dritten; die Ungleichung nennt man daher **Dreiecksungleichung**. Das Gleichheitszeichen gilt nur, wenn entweder im trivialen Fall einer der Vektoren der Nullvektor wäre:

$$\vec{a} = \vec{a} + \vec{\mathbf{0}} = \vec{\mathbf{0}} + \vec{a}\,,$$

oder beide Vektoren zueinander parallel liegen; das Dreieck ist dann entartet.
Sind die Vektoren antiparallel, gilt das Ungleichheitszeichen ebenfalls.

Hinweis: Die Addition einer Skalaren zu einem Vektor ist nicht erklärt. Deshalb macht es keinen Sinn zu schreiben:

$$\vec{a} = \vec{a} + 0 = 0 + \vec{a}\,.$$

Wird ein weiterer Vektor $\vec{c}$ vorgegeben, kann auf analoge Art und Weise die Summe dreier Vektoren mithilfe eines **Vektorpolygonzugs** (s. Abb. 14.6b) gefunden werden:

$$\vec{s} = \vec{a} + \vec{b} + \vec{c}.$$

Die drei Summanden darf man in beliebiger Reihenfolge aneinanderfügen, dies lässt sich leicht am Beispiel überprüfen. Die Addition beliebig vieler Vektoren ist stets kommutativ.

Lautet das Resultat der Addition $\vec{s} = \vec{0}$, nennt man den Polygonzug **geschlossen**, anderenfalls ist er **offen**.

Subtraktion

Die Subtraktion wird auf die Addition zurückgeführt. Sind zwei vom Nullvektor verschiedene Vektoren $\vec{a}$ und $\vec{b}$ gegeben, wird demnach zum ersten der Gegenvektor des zweiten addiert; man „subtrahiert" $\vec{b}$ von $\vec{a}$. Der resultierende Vektor $\vec{d}$ wird als **Differenz** der beiden Vektoren bezeichnet:

$$\vec{d} = \vec{a} + (-\vec{b}) = \vec{a} - \vec{b} = -\vec{b} + \vec{a}.$$

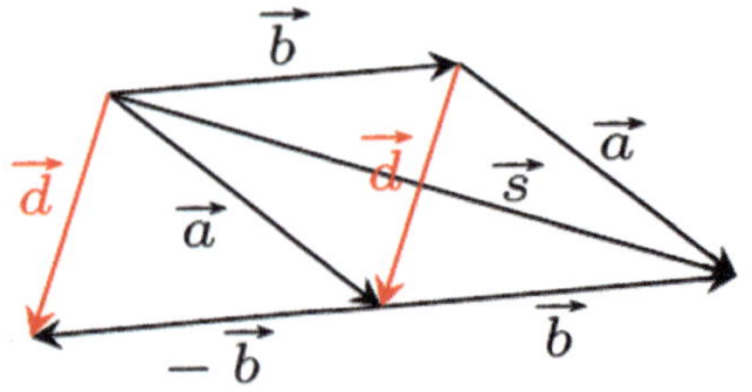

Abb. 14.7 Subtraktion zweier Vektoren

Dieser Vektor bildet im Vektorparallelogramm die zweite Diagonale, wobei die korrekte Richtung zu beachten ist (s. Abb. 14.7). Der Gegenvektor für $\vec{d}$ lautet:

$$-\vec{d} = -(-\vec{b} + \vec{a}) = \vec{b} - \vec{a}.$$

Dabei gilt analog zum Rechnen mit reellen Zahlen:

$$-(-\vec{b}) = \vec{b}.$$

Skalarprodukt von Vektoren

Sind von zwei Vektoren die Beträge und der Winkel zwischen beiden Vektoren bekannt, kann das **Skalarprodukt** oder **innere** Produkt bestimmt werden. Diese skalare Größe lautet:

$$\rho = \vec{a} \cdot \vec{b} \overset{def}{=} |\vec{a}||\vec{b}|\cos\varphi, \quad \varphi = \angle(\vec{a},\vec{b}) \in [0,\pi].$$

Offenbar wird damit eine reelle Zahl definiert, die wegen des Faktors $\cos\varphi$ auch negativ sein kann. Sind beispielsweise $|\vec{a}| = 3$, $|\vec{b}| = 5$ und $\varphi = \frac{3\pi}{4}$ gegeben, erhält man $\vec{a} \cdot \vec{b} = -\frac{15}{2}\sqrt{2}$.

Hinweis: Das im Skalarprodukt benutzte Operationszeichen „·" ist identisch zum Zeichen für die Multiplikation zweier Zahlen. Beide repräsentieren jedoch völlig verschiedene Sachverhalte und dürfen nicht beliebig vertauscht oder verwechselt werden. Beim Skalarprodukt wird i. d. R das Zeichen „·" geschrieben; bei der Multiplikation von Zahlen wird es häufig vernachlässigt.

Stehen zwei (vom Nullvektor verschiedene) Vektoren **orthogonal** aufeinander, ergibt ihr Skalarprodukt null:

$$\angle(\vec{a}, \vec{b}) = \frac{\pi}{2} \quad \Leftrightarrow \quad \cos\varphi = 0 \quad \Leftrightarrow \quad \vec{a} \cdot \vec{b} = 0.$$

Die Größe der einzelnen Beträge ist dabei ohne Bedeutung. Beispielsweise gilt $\vec{e_x} \cdot \vec{e_y} = 0$.

Hinweis: Im Gegensatz zum Rechnen im Bereich der reellen Zahlen folgt aus $\vec{a} \cdot \vec{b} = 0$ demnach nicht zwangsläufig, dass einer der Faktoren der Nullvektor sein muss.

Aus der Definition ergeben sich weitere Eigenschaften des Skalarprodukts:

- Offenbar gilt $\cos\varphi = \cos(-\varphi)$ (s. Abschn. 11.1), daher ist das Skalarprodukt kommutativ:
$$\vec{a} \cdot \vec{b} = \vec{b} \cdot \vec{a}.$$
- Sind beide Vektoren parallel ($\varphi = 0$), erhält man $\vec{a} \cdot \vec{b} = |\vec{a}||\vec{b}|$, für antiparallele Vektoren ($\varphi = \pi$) ergibt sich $\vec{a} \cdot \vec{b} = -|\vec{a}||\vec{b}|$.
- Wird der Vektor mit sich selbst multipliziert, erhält man:
$$\vec{a} \cdot \vec{a} = (\vec{a})^2 = |\vec{a}|^2 \geq 0.$$
- Wenn einer der Vektoren im Skalarprodukt mit einer Skalaren $\lambda \in \mathbb{R}$ multipliziert wird, darf dieser Faktor aus dem Skalarprodukt „ausgeklammert" werden:
$$(\lambda\,\vec{a}) \cdot \vec{b} = \vec{a} \cdot (\lambda\,\vec{b}) = \lambda(\vec{a} \cdot \vec{b}).$$
Werden beide Vektoren mit verschiedenen Skalaren multipliziert ergibt sich demnach:
$$(\lambda\,\vec{a}) \cdot (\mu\,\vec{b}) = \lambda\mu(\vec{a} \cdot \vec{b}),\ \lambda, \mu \in \mathbb{R}.$$

14.1.3 Koordinaten und Komponenten eines Vektors

Ein Ortsvektor $\overrightarrow{OP_0}$ lässt sich als Summe zweier orthogonaler Vektoren darstellen, die auf bzw. parallel zu den Koordinatenachsen liegen (s. Abb. 14.8):

$$\overrightarrow{OP_0} = x_0\,\vec{e_x} + y_0\,\vec{e_y}.$$

Die beiden vektoriellen Summanden werden **Komponenten** des Vektors (bezüglich der Richtungen $\vec{e_x}$ und $\vec{e_y}$) genannt, die Summe wird als Komponentendarstellung (bzw. Zerlegung in Komponenten) bezeichnet. Die Skalaren x_0 und y_0 sind die **Koordinaten** des Vektors.
Häufig schreibt man einen Vektor in Kurzform in der **Koordinatenschreibweise** mithilfe der Koordinaten von P_0, wobei sich diese stets auf $\vec{e_x}$ und $\vec{e_y}$ beziehen:

$$\overrightarrow{OP_0} = \begin{pmatrix} x_0 \\ y_0 \end{pmatrix}.$$

Mit den Koordinaten des Vektors kann man bequem Betrag und Richtung bestimmen.
Die Länge dieses Vektors ist gleich dem Abstand des Punktes P_0 von $O(0{,}0)$ und kann mit dem Satz des Pythagoras (s. Abschn. 11.1) berechnet werden (s. Abb. 14.8):

$$|\overrightarrow{OP_0}| = \sqrt{x_0^2 + y_0^2}.$$

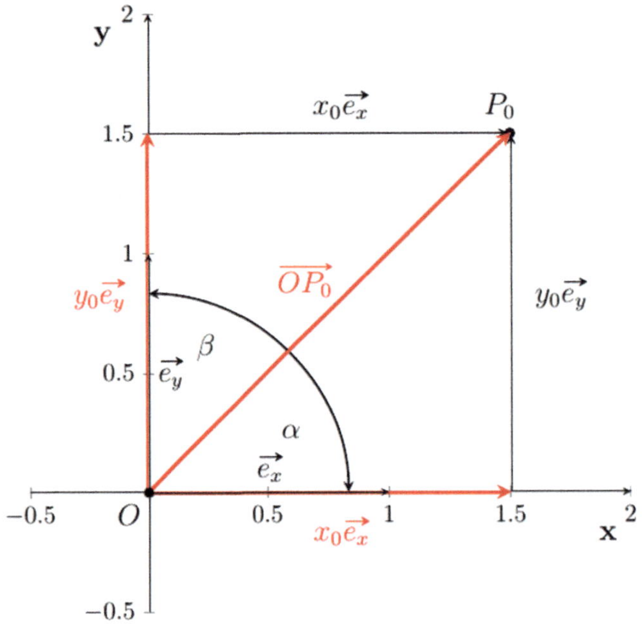

Abb. 14.8 Komponenten des Vektors $\overrightarrow{OP_0}$

Die Richtung des Vektors wird mit den Winkeln $\alpha = \angle(\overrightarrow{OP_0},\vec{e_x})$ und $\beta = \angle(\overrightarrow{OP_0},\vec{e_y})$ festgelegt und auf der Grundlage der Kosinuswerte (vgl. Abschn. 11.1) berechnet (s. Abb. 14.8):

$$\cos\alpha = \frac{x_0}{|\overrightarrow{OP_0}|} = \frac{x_0}{\sqrt{x_0^2 + y_0^2}}, \quad \cos\beta = \frac{y_0}{|\overrightarrow{OP_0}|} = \frac{y_0}{\sqrt{x_0^2 + y_0^2}}.$$

Beide nennt man **Richtungskosinus** bezüglich der jeweiligen Koordinatenachse. Die Winkel bestimmt man nachfolgend mithilfe der Umkehrfunktion.
Weil in der x-y-Ebene α und β Komplementwinkel (s. Abschn. 11.1) sind, muss tatsächlich nur einer der beiden mit dem Richtungskosinus berechnet werden, im räumlichen Fall gilt dies nicht.

Der Einheitsvektor von $\overrightarrow{OP_0}$ lautet:

$$\overrightarrow{OP_{0\mathbf{e}}} = \frac{1}{\sqrt{x_0^2 + y_0^2}}\,\overrightarrow{OP_0}.$$

Verläuft der Vektor von P_0 nach P_1 (s. Abb. 14.9), werden Komponenten, Koordinaten und Bestimmungsstücke auf analoge Weise erklärt:

$$\overrightarrow{P_0P_1} = (x_1 - x_0)\,\overrightarrow{e_x} + (y_1 - y_0)\,\overrightarrow{e_y} \quad \Leftrightarrow \quad \overrightarrow{P_0P_1} = \begin{pmatrix} x_1 - x_0 \\ y_1 - y_0 \end{pmatrix}.$$

Der Betrag (bzw. der Abstand von P_0 zu P_1) ergibt sich mithilfe des Satzes des Pythagoras zu:

$$|\overrightarrow{P_0P_1}| = \sqrt{(x_1 - x_0)^2 + (y_1 - y_0)^2}.$$

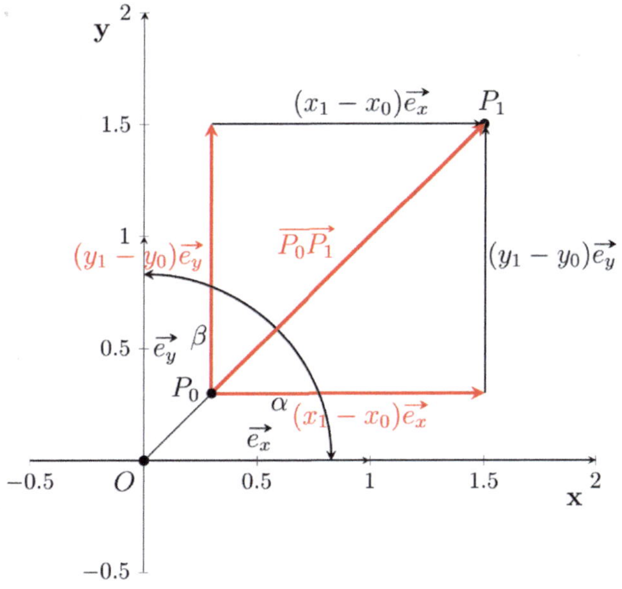

Abb. 14.9 Komponenten des Vektors $\overrightarrow{P_0P_1}$

Die Richtung des Vektors bestimmt man durch Anwendung der Kosinusfunktion:

$$\cos\alpha = \frac{x_1 - x_0}{|\overrightarrow{P_0P_1}|} = \frac{x_1 - x_0}{\sqrt{(x_1 - x_0)^2 + (y_1 - y_0)^2}}, \quad \cos\beta = \frac{y_1 - y_0}{|\overrightarrow{P_0P_1}|} = \frac{y_1 - y_0}{\sqrt{(x_1 - x_0)^2 + (y_1 - y_0)^2}}.$$

Der Einheitsvektor lautet:

$$\overrightarrow{P_0P_1}_{\mathbf{e}} = \frac{1}{|\overrightarrow{P_0P_1}|}\,\overrightarrow{P_0P_1} = \frac{1}{\sqrt{(x_1 - x_0)^2 + (y_1 - y_0)^2}}\,\overrightarrow{P_0P_1}.$$

Rechnen mit Vektoren in Koordinatenschreibweise

Auf der Grundlage der Koordinatendarstellung ist das Rechnen mit Vektoren sehr einfach. Multipliziert man einen Vektor $\vec{a}$ mit einer Skalaren λ, überträgt sich beispielsweise der Faktor in jede Koordinate:

$$\vec{a} = \begin{pmatrix} a_x \\ a_y \end{pmatrix} \quad \Rightarrow \quad \lambda\,\vec{a} = \begin{pmatrix} \lambda\,a_x \\ \lambda\,a_y \end{pmatrix}.$$

Bei der Addition und Subtraktion werden jeweils die x- bzw. y-Werte addiert bzw. subtrahiert. Für zwei mit ihren Koordinaten gegebene Vektoren $\vec{a}$ und $\vec{b}$ gelten demnach:

$$\vec{a} = \begin{pmatrix} a_x \\ a_y \end{pmatrix}, \vec{b} = \begin{pmatrix} b_x \\ b_y \end{pmatrix} \Rightarrow \vec{a} \pm \vec{b} = \begin{pmatrix} a_x \\ a_y \end{pmatrix} \pm \begin{pmatrix} b_x \\ b_y \end{pmatrix} = \begin{pmatrix} a_x \pm b_x \\ a_y \pm b_y \end{pmatrix}.$$

Berechnung des Skalarprodukts mittels Koordinaten

Mithilfe der Koordinaten kann man das Skalarprodukt auf einem zweiten Weg berechnen, ohne die Definition zu benutzen bzw. ohne den Winkel zwischen $\vec{a}$ und $\vec{b}$ zu kennen. Dazu werden lediglich die Eigenschaften des Skalarprodukts (s. Abschn. 14.1) angewendet.
Man multipliziert komponentenweise aus und fasst zusammen:

$$\begin{aligned} \vec{a} \cdot \vec{b} &= (a_x\vec{e_x} + a_y\vec{e_y}) \cdot (b_x\vec{e_x} + b_y\vec{e_y}) = (a_x\vec{e_x}) \cdot (b_x\vec{e_x} + b_y\vec{e_y}) + (a_y\vec{e_y}) \cdot (b_x\vec{e_x} + b_y\vec{e_y}) \\ &= (a_x\vec{e_x}) \cdot (b_x\vec{e_x}) + (a_x\vec{e_x}) \cdot (b_y\vec{e_y}) + (a_y\vec{e_y}) \cdot (b_x\vec{e_x}) + (a_y\vec{e_y}) \cdot (b_y\vec{e_y}) \\ &= a_xb_x(\vec{e_x} \cdot \vec{e_x}) + a_xb_y(\vec{e_x} \cdot \vec{e_y}) + a_yb_x(\vec{e_y} \cdot \vec{e_x}) + a_yb_y(\vec{e_y} \cdot \vec{e_y}) \\ &= a_xb_x \cdot 1 + a_xb_y \cdot 0 + a_yb_x \cdot 0 + a_yb_y \cdot 1. \end{aligned}$$

Das Resultat lautet demnach:

$$\vec{a} \cdot \vec{b} = a_xb_x + a_yb_y.$$

Mit dieser Formel lässt sich leicht überprüfen, ob zwei Vektoren zueinander orthogonal sind. Beispielsweise ergibt sich für $\vec{e_x}$ und $\vec{e_y}$:

$$\vec{e_x} \cdot \vec{e_y} = \begin{pmatrix} 1 \\ 0 \end{pmatrix} \cdot \begin{pmatrix} 0 \\ 1 \end{pmatrix} = 0.$$

Hinweis: Das Skalarprodukt kann nur in der Menge aller Vektoren mit gleicher Anzahl Koordinaten berechnet werden. Daher wird es auch „inneres Produkt“ genannt.
Falls jedoch einer der beiden Faktoren ein räumlicher Vektor (mit drei Koordinaten) wäre, kann kein Skalarprodukt bestimmt werden.

14.1.4 Berechnung des Winkels zwischen zwei Vektoren

Weil das Skalarprodukt auf zwei verschiedenen Wegen mit der Definition und mithilfe der Koordinaten der Vektoren berechnet werden kann wird es möglich, durch Gleichsetzen den Winkel φ mithilfe des Kosinus zu berechnen:

$$\vec{a} \cdot \vec{b} = a_xb_x + a_yb_y = |\vec{a}||\vec{b}|\cos\varphi, \quad \varphi \in [0,\pi],$$

$$\cos\varphi = \frac{a_xb_x + a_yb_y}{|\vec{a}||\vec{b}|}.$$

14.1.5 Berechnung der orthogonalen Projektion

Beim orthogonalen Projizieren von $\vec{b}$ auf $\vec{a}$ entsteht ein „Schatten“, der mit $\vec{b}_{\vec{a}}$ bezeichnet wird (s. Abb. 14.10). Der Orientierungssinn des Vektors $\vec{b}$ überträgt sich dabei auf den Schatten.

Der auf diese Weise erzeugte Vektor ist kollinear zu $\vec{a}$ bzw. $\vec{a}_\mathbf{e}$:

$$\vec{b}_{\vec{a}} = |\,\vec{b}_{\vec{a}}|\,\vec{a}_\mathbf{e}.$$

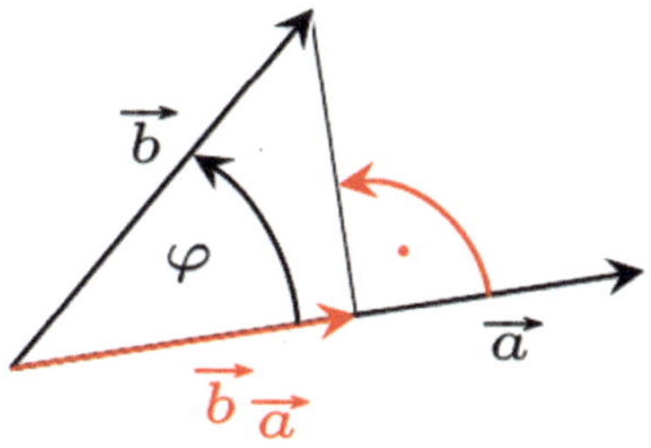

Abb. 14.10 Orthogonale Projektion des Vektors $\vec{b}$ auf $\vec{a}$

Die Länge der orthogonalen Projektion $\vec{b}_{\vec{a}}$ ist im rechtwinkligen Dreieck für φ die Ankathete:

$$|\,\vec{b}_{\vec{a}}| = |\,\vec{b}\,|\cos\varphi.$$

Nach Substitution des Terms für $\cos\varphi$ lautet die Formel der **orthogonalen Projektion** demnach:

$$\vec{b}_{\vec{a}} = |\,\vec{b}_{\vec{a}}|\,\vec{a}_\mathbf{e} = (|\,\vec{b}\,|\cos\varphi)\,\vec{a}_\mathbf{e} = |\,\vec{b}\,|\left(\frac{\vec{a}\cdot\vec{b}}{|\,\vec{a}\,||\,\vec{b}\,|}\right)\vec{a}_\mathbf{e} = (\vec{a}_\mathbf{e}\cdot\vec{b}\,)\,\vec{a}_\mathbf{e}.$$

Wenn der Vektor $\vec{a}$ orthogonal auf $\vec{b}$ projiziert wird, ist die Berechnung analog möglich, die zwei Vektoren tauschen in der Formel für $\vec{b}_{\vec{a}}$ ihre Plätze:

$$\vec{a}_{\vec{b}} = (\,\vec{b}_\mathbf{e}\cdot\vec{a}\,)\,\vec{b}_\mathbf{e}\,.$$

Im Zusammenhang mit der orthogonalen Projektion $\vec{b}_{\vec{a}}$ benötigt man vom Vektor $\vec{b}$ häufig die **Normalkomponente** $\vec{a}_n$. Diese steht senkrecht auf dem Vektor $\vec{a}$:

$$\vec{a}_n \stackrel{def}{=} \vec{b} - \vec{b}_{\vec{a}},\quad \vec{a}_n \perp \vec{a} \quad\Leftrightarrow\quad \vec{b} = \vec{b}_{\vec{a}} + \vec{a}_n.$$

14.1.6 Zerlegung eines Vektors in Komponenten vorgegebener Richtungen

Die Koordinaten (bzw. Komponenten) eines Vektors $\vec{v}$ wurden bisher stets mit den Vektoren $\vec{e_x}$ und $\vec{e_y}$ verknüpft. Grundsätzlich kann man das Bezugssystem ändern und dafür zwei beliebige linear unabhängige Vektoren $\vec{a}$ und $\vec{b}$ wählen. Dies führt zur **Zerlegung von $\vec{v}$ bzgl. der Richtungen $\vec{a}$ und $\vec{b}$**:

$$\vec{v} = \lambda\,\vec{a} + \mu\,\vec{b},\ \ \lambda,\mu\in\mathbb{R}.$$

Die Vektoren $\lambda\,\vec{a}$ und $\mu\,\vec{b}$ nennt man **Komponenten** von $\vec{v}$ bezüglich der Richtungen $\vec{a}$ und $\vec{b}$, die skalaren Größen λ und μ bezeichnet man als **Koordinaten** von $\vec{v}$ bezüglich $\vec{a}$ und $\vec{b}$. Der resultierende Vektor $\vec{v}$ ist eine **Linearkombination** der Vektoren $\vec{a}$ und $\vec{b}$.

In vielen Fällen gelingt es, die Zerlegung grafisch zu bestimmen. Dazu verschiebt man die Wirkungslinien der Vektoren $\vec{a}$ und $\vec{b}$ parallel, sodass $\vec{v}$ die Diagonale eines Parallelogramms bildet (s. Abb. 14.11). Dabei werden $\vec{a}$ und $\vec{b}$ um das λ- bzw. μ-Fache gestreckt oder gestaucht.

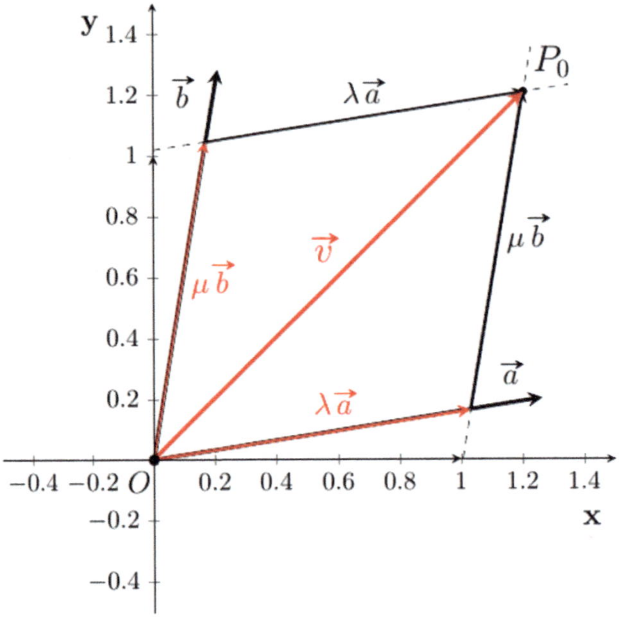

Abb. 14.11 Zerlegung des Vektors $\vec{v}$ in Komponenten

Die grafische Bestimmung durch Parallelverschiebung ist jedoch oft ungenau, insbesondere falls sich die Beträge von $\vec{a}$ und $\vec{b}$ deutlich unterscheiden oder der Winkel zwischen beiden Vektoren sehr klein ist bzw. nahe an π liegt.

Anstelle der graphischen Methode ist es vorteilhafter, die Werte λ und μ (und damit auch die Komponenten $\lambda\,\vec{a}$ und $\mu\,\vec{b}$) mithilfe eines linearen Gleichungssystems zu berechnen.
Die vektorielle Gleichung der Linearkombination

$$\vec{v} = \lambda\,\vec{a} + \mu\,\vec{b}$$

kann in ein LGS mit den Skalaren λ und μ als Unbekannte umgeschrieben werden.
Der gegebene Vektor $\vec{v}$ wird demnach zur rechten Seite:

$$\lambda \begin{pmatrix} a_x \\ a_y \end{pmatrix} + \mu \begin{pmatrix} b_x \\ b_y \end{pmatrix} = \begin{pmatrix} v_x \\ v_y \end{pmatrix} \quad \Leftrightarrow \quad \begin{cases} a_x\lambda \;+\; b_x\mu \;=\; v_x, \\ a_y\lambda \;+\; b_y\mu \;=\; v_y. \end{cases}$$

Die Lösung dieses Systems mit einem der bekannten Verfahren (s. Abschn. 13.1) liefert die gesuchten Werte λ und μ.
Die Komponenten der Zerlegung von $\vec{v}$ erhält man durch Multiplikation von $\vec{a}$ bzw. $\vec{b}$ mit λ bzw. μ, sie lauten $\lambda\,\vec{a}$ und $\mu\,\vec{b}$.

Hinweis: Die Zerlegung des Vektors $\vec{v}$ kann auch für alle anderen Paare linear unabhängiger Vektoren bestimmt werden. Um die jeweiligen neuen Koordinaten (bzw. Komponenten) zu erhalten, ist lediglich ein neues LGS mit dem Vektor $\vec{v}$ als rechte Seite aufzustellen und zu lösen.

14.2 Beispiele

14.2.1 Beispiel

Gegeben sind die Vektoren $\vec{a} = 5\,\vec{e_x} - 3\,\vec{e_y}$ und $\vec{b} = -2\,\vec{e_x} + 4\,\vec{e_y}$.

a) Bestimmen Sie von diesen Vektoren den Betrag und den Einheitsvektor.

b) Berechnen Sie das Skalarprodukt und den Winkel zwischen beiden Vektoren.

c) Prüfen Sie, ob die Vektoren linear unabhängig sind.

d) Bestimmen Sie die orthogonale Projektionen $\vec{a}_{\vec{b}}$ und $\vec{b}_{\vec{a}}$.

Lösungsweg:

a) Mit den Beträgen $|\vec{a}| = \sqrt{34}$ und $|\vec{b}| = \sqrt{20}$ erhält man die Einheitsvektoren:

$$\vec{a}_{\mathrm{e}} = \frac{1}{|\vec{a}|}\,\vec{a} = \frac{1}{\sqrt{34}}\begin{pmatrix} 5 \\ -3 \end{pmatrix}, \quad \vec{b}_{\mathrm{e}} = \frac{1}{|\vec{b}|}\,\vec{b} = \frac{1}{2\sqrt{5}}\begin{pmatrix} -2 \\ 4 \end{pmatrix}.$$

Beide Vektoren werden demnach auf die Länge eins gestaucht.

b) Das Skalarprodukt wird auf der Grundlage der Koordinaten (vgl. Abschn. 14.1) berechnet:

$$\vec{a} \cdot \vec{b} = 5 \cdot (-2) + (-3) \cdot 4 = -22.$$

Der Winkel φ ergibt sich mithilfe eines Taschenrechners aus (vgl. Abschn. 14.1):

$$\cos\varphi = \frac{a_x b_x + a_y b_y}{|\vec{a}||\vec{b}|} = \frac{-22}{\sqrt{34} \cdot 2\sqrt{5}} = -\frac{11}{\sqrt{170}} \approx -0.84 \quad \Rightarrow \quad \varphi \approx 147.6^\circ.$$

c) Weil der Winkel zwischen den Vektoren von 0° bzw. 180° verschieden ist, sind die Vektoren linear unabhängig.
Alternativ kann man prüfen, ob die entsprechenden Koordinaten des einen Vektors das λ-fache der Koordinaten des zweiten sind, in diesem Fall müsste gelten:

$$\vec{a} = \lambda\,\vec{b} \quad \Leftrightarrow \quad \begin{pmatrix} 5 \\ -3 \end{pmatrix} = \lambda \begin{pmatrix} -2 \\ 4 \end{pmatrix}.$$

In den Koordinatengleichungen ergeben sich jedoch verschiedene Werte, man erhält $\lambda = -\frac{5}{2}$ bzw. $\lambda = -\frac{3}{4}$. Dies ist ein Widerspruch, demnach sind die Vektoren linear unabhängig.

d) Die Bestimmung der orthogonalen Projektion eines Vektors auf einen anderen erfordert lediglich die Berechnung eines Skalarprodukts und eines Betrags (vgl. Abschn. 14.1):

$$\vec{b}_{\vec{a}} = (\vec{a}_{\mathrm{e}} \cdot \vec{b})\,\vec{a}_{\mathrm{e}} = \frac{1}{|\vec{a}|}(\vec{a} \cdot \vec{b})\frac{1}{|\vec{a}|}\vec{a} \;=\; -\frac{22}{34}\vec{a} = -\frac{11}{17}\vec{a},$$

$$\vec{a}_{\vec{b}} = (\vec{b}_{\mathrm{e}} \cdot \vec{a})\,\vec{b}_{\mathrm{e}} = \frac{1}{|\vec{b}|}(\vec{b} \cdot \vec{a})\frac{1}{|\vec{b}|}\vec{b} \;=\; -\frac{22}{20}\vec{b} = -\frac{11}{10}\vec{b}.$$

14.2.2 Beispiel

Welche Koordinaten besitzt der Vektor $\vec{v} = -3\,\vec{e_x} + 2\,\vec{e_y}$ bezüglich der Vektoren $\vec{a}$ und $\vec{b}$ aus Beispiel 14.2.1 ?

Lösungsweg:

Um die Koordinaten bezüglich der linear unabhängigen Vektoren $\vec{a}$ und $\vec{b}$ zu bestimmen, wird ein LGS mit λ und μ als Unbekannte aufgestellt:

$$\begin{cases} \textbf{(I)}: & a_x\lambda + b_x\mu = v_x, \\ \textbf{(II)}: & a_y\lambda + b_y\mu = v_y. \end{cases} \Rightarrow \begin{cases} \textbf{(I)}: & 5\lambda - 2\mu = -3, \\ \textbf{(II)}: & -3\lambda + 4\mu = 2. \end{cases}$$

Zur Lösung kann beispielsweise das Additionsverfahren genutzt werden. Wird die erste Gleichung mit zwei erweitert und zur zweiten addiert, erhält man die erste Koordinate:

$$2 \cdot \textbf{(I)} + \textbf{(II)}: \quad 7\lambda = -4 \quad \Rightarrow \quad \lambda = -\frac{4}{7}.$$

Die zweite Koordinate lautet $\mu = \frac{1}{14}$. Die Probe führt nach Substitution in die Gleichungen zu wahren Aussagen, d. h. es gilt die vektorielle Gleichung:

$$-\frac{4}{7}\,\vec{a} + \frac{1}{14}\,\vec{b} = \vec{v}.$$

Die Komponenten des Vektors $\vec{v}$ bezüglich $\vec{a}$ und $\vec{b}$ lauten demnach $-\frac{4}{7}\,\vec{a}$ und $\frac{1}{14}\,\vec{b}$.

14.2.3 Beispiel

Gegeben sind die Punkte $A(0{,}3)$, $B(0{,}4)$ und $C(3{,}4)$ (s. Abb. 14.12). Im Punkt C seien nacheinander in zwei verschiedenen Fällen die Vektoren $\vec{u}$ bzw. $\vec{v}$ gebunden, deren Beträge man kennt.

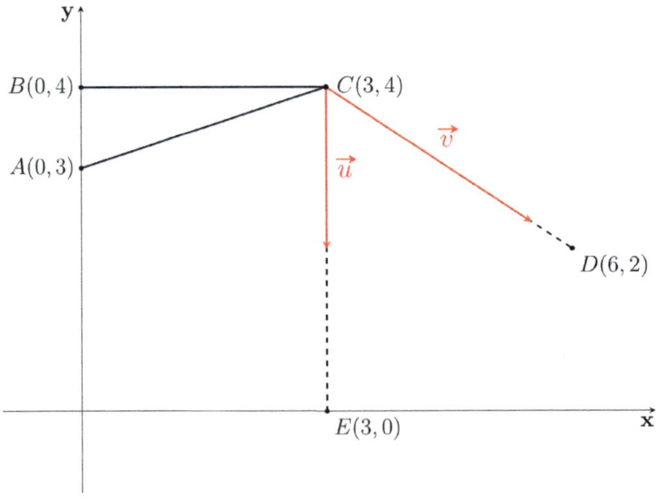

Abb. 14.12 Im Punkt C gebundene Vektoren $\vec{u}$ und $\vec{v}$

Gesucht sind die Zerlegungen dieser Vektoren bzgl. der Richtungen $\overrightarrow{AC}$ und $\overrightarrow{BC}$, wenn der Vektor:

a) $\vec{u}$ mit dem Betrag $|\vec{u}| = 2$ in Richtung des Punktes E senkrecht zur x-Achse weist,

b) $\vec{v}$ mit dem Betrag $|\vec{v}| = 3$ schräg in Richtung des Punktes $D(6{,}2)$ zeigt.

Lösungsweg:

Die Vektoren $\overrightarrow{AC} = 3\,\vec{e_x} + \vec{e_y}$, $\overrightarrow{BC} = 3\,\vec{e_x}$ und $\overrightarrow{CD} = 3\,\vec{e_x} - 2\,\vec{e_y}$ sind durch ihren Fußpunkt und ihre Spitze gegeben, die Beträge der Vektoren $\vec{u}$ und $\vec{v}$ sind ebenfalls bekannt.
Zunächst sollte man $\vec{u}$ und $\vec{v}$ komplettieren. Für den ersten Vektor gilt:

$$\vec{u}_{\mathbf{e}} = -\vec{e_y} \quad \Rightarrow \quad \vec{u} = |\vec{u}|\,\vec{u}_{\mathbf{e}} = -2\vec{e_y}.$$

Um $\vec{v}$ aufzustellen, wird noch dessen Einheitsvektor benötigt. Die Vektoren $\vec{v}$ und $\overrightarrow{CD}$ liegen zueinander parallel, demnach sind ihre Einheitsvektoren gleich:

$$\vec{v}_{\mathbf{e}} = \overrightarrow{CD}_{\mathbf{e}} = \frac{1}{|\overrightarrow{CD}|}\,\overrightarrow{CD} = \frac{1}{\sqrt{13}}\begin{pmatrix} 3 \\ -2 \end{pmatrix}.$$

Der Vektor $\vec{v}$ ist somit ebenfalls bekannt:

$$\vec{v} = |\vec{v}|\,\vec{v}_{\mathbf{e}} = 3\,\vec{v}_{\mathbf{e}} = \frac{3}{\sqrt{13}}\begin{pmatrix} 3 \\ -2 \end{pmatrix}.$$

Die jeweilige Zerlegung der Vektoren $\vec{u}$ bzw. $\vec{v}$ in Komponenten bzgl. der Richtungen $\overrightarrow{AC}$ und $\overrightarrow{BC}$ wird mithilfe eines Gleichungssystems bestimmt.

a) In der rechten Seite des LGS steht der Vektor $\vec{u}$:

$$\lambda\,\overrightarrow{AC} + \mu\,\overrightarrow{BC} = \vec{u} \quad \Leftrightarrow \quad \lambda\begin{pmatrix} 3 \\ 1 \end{pmatrix} + \mu\begin{pmatrix} 3 \\ 0 \end{pmatrix} = \vec{u}.$$

Man erhält demnach das entsprechende System mit Dreiecksstruktur:

$$\begin{cases} \textbf{(I)}: & 3\lambda & + & 3\mu & = & 0, \\ \textbf{(II)}: & \lambda & & & = & -2. \end{cases}$$

Die Werte der Koordinaten lauten $\lambda = -2$ und $\mu = 2$, die Komponenten $-2\,\overrightarrow{AC}$ und $2\,\overrightarrow{BC}$.
Zur Kontrolle setzt man in das System ein:

$$-2\begin{pmatrix} 3 \\ 1 \end{pmatrix} + 2\begin{pmatrix} 3 \\ 0 \end{pmatrix} = \begin{pmatrix} 0 \\ -2 \end{pmatrix} \quad \Rightarrow \quad \textit{wahre Aussage.}$$

Hinweis: Würde man bei der Zerlegung $\overrightarrow{CA} = -\overrightarrow{AC}$ und $\overrightarrow{CB} = -\overrightarrow{BC}$ zugrunde legen, ändern auch die Koordinaten λ und μ das Vorzeichen. Die Komponenten bleiben demnach gleich, weil sich die Vorzeichen bei der Multiplikation aufheben.

b) Als rechte Seite des neuen Systems wird jetzt der Vektor $\vec{v}$ gewählt:

$$\lambda\,\overrightarrow{AC} + \mu\,\overrightarrow{BC} = \vec{v} \quad \Leftrightarrow \quad \lambda\begin{pmatrix}3\\1\end{pmatrix} + \mu\begin{pmatrix}3\\0\end{pmatrix} = \vec{v}.$$

Man erhält in diesem Fall das LGS:

$$\begin{cases} \textbf{(I)}: & 3\lambda \;+\; 3\mu \;=\; \dfrac{9}{\sqrt{13}}, \\ \textbf{(II)}: & \lambda \;=\; -\dfrac{6}{\sqrt{13}}. \end{cases}$$

Die Lösung dieses Systems sind die gesuchten Koordinaten:

$$\lambda = -\frac{6}{\sqrt{13}} = -\frac{6}{13}\sqrt{13}, \qquad \mu = \frac{9}{\sqrt{13}} = \frac{9}{13}\sqrt{13}.$$

Zur Kontrolle wird mit den berechneten Werten die Zerlegung überprüft:

$$-\frac{6}{13}\sqrt{13}\begin{pmatrix}3\\1\end{pmatrix} + \frac{9}{13}\sqrt{13}\begin{pmatrix}3\\0\end{pmatrix} = \begin{pmatrix}\frac{9}{13}\sqrt{13}\\ -\frac{6}{13}\sqrt{13}\end{pmatrix} \quad \Rightarrow \quad \textit{wahre Aussage.}$$

Die Komponenten von $\vec{v}$ lauten demnach:

$$\lambda\,\overrightarrow{AC} = -\frac{6}{13}\sqrt{13}\begin{pmatrix}3\\1\end{pmatrix}, \qquad \mu\,\overrightarrow{BC} = \frac{9}{13}\sqrt{13}\begin{pmatrix}3\\0\end{pmatrix}.$$

14.2.4 Beispiel

Der folgende rekursive Algorithmus beinhaltet eine spezielle Übung der Vektorrechnung.
Am Anfang addiert man zum Vektor $\vec{e_x}$ den Vektor $\vec{e_y}$. Zur Summe $\vec{s_1} = \vec{e_x} + \vec{e_y}$ wird erneut ein orthogonaler Einheitsvektor $\vec{r_{1e}}$ in mathematisch positiver Drehrichtung addiert. Das Resultat sei $\vec{s_2}$. Dazu addiert man erneut in mathematisch positiver Richtung den nächsten orthogonalen Einheitsvektor $\vec{r_{2e}}$, das Ergebnis wird mit $\vec{s_2}$ bezeichnet. Diese Vorgehensweise wird ein weiteres Mal wiederholt, das Ergebnis sei $\vec{s_3}$ (s. Abb. 14.13), danach $\vec{s_4}$ usw.
Gesucht sind die Summen $\vec{s_k}$, $k = 1, 2, 3$ deren Betrag und ihr Winkel α_k bezüglich $\vec{e_x}$.

Hinweis: Die Länge der Hypotenusen $|\vec{s_k}| = \sqrt{k+1}$, $k \in \mathbb{N}$ der in diesem Prozess entstehenden rechtwinkligen Dreiecke kann man durch die rekursive Anwendung des Satzes des Pythagoras bestimmen und damit die Zwischenergebnisse kontrollieren.

Hinweis: Die in Abb. 14.13 dargestellten Vektoren wurden vorher berechnet. Sie sind ungenau, weil die auftretenden irrationalen Werte gerundet wurden.
Mit Zirkel und Lineal lassen sich jedoch die Vektoren exakt konstruieren. Mit dieser Vorgehensweise könnte man schrittweise weitere ganzzahligen Wurzelwerte als Streckenlängen bestimmen.

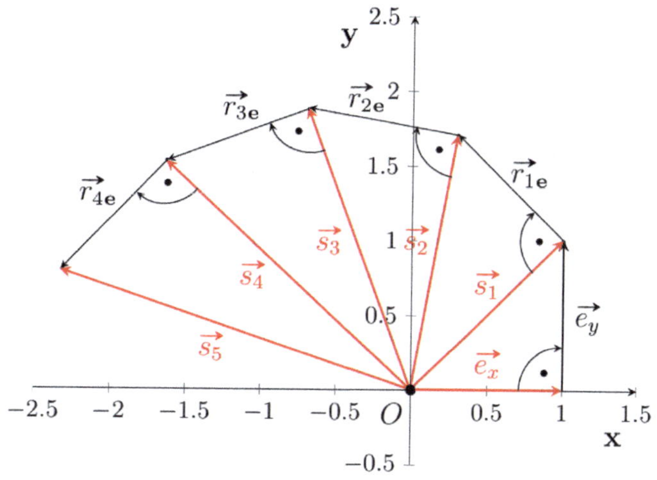

Abb. 14.13 Rekursive Addition orthogonaler Einheitsvektoren

Lösungsweg:

In jedem Schritt des Algorithmus soll jeweils ein Einheitsvektor mit mathematisch positiver Orientierung orthogonal zur vorherigen Summe addiert werden. Diese Rekursion führt zur Konstruktion einer spiralförmig angeordneten Folge von Vektoren (s. Abb. 14.13).
Der entscheidende Baustein dieser Vorgehensweise besteht demnach in der Berechnung des nächsten aktuellen Einheitsvektors mit den gewünschten Eigenschaften.

Zu Beginn des Algorithmus kann man die Zwischenergebnisse aus der Grafik entnehmen:

$$\vec{s_1} = \vec{e_x} + \vec{e_y} = \begin{pmatrix} 1 \\ 1 \end{pmatrix} \quad \Rightarrow \quad |\vec{s_1}| = \sqrt{2}, \;\; \alpha_1 = \angle(\vec{s_1},\vec{e_x}) = 45°.$$

Im folgenden Teilschritt wird ein Vektor $\vec{r_1}$ gesucht, dessen Einheitsvektor $\vec{r_{1e}}$ orthogonal auf $\vec{s_1}$ steht und in die gewünschte Richtung zeigt. Dazu nutzt man als Erstes die Orthogonalitätseigenschaft; zwei orthogonale Vektoren liefern demnach im Skalarprodukt null:

$$\vec{s_1} \cdot \vec{r_1} = \begin{pmatrix} 1 \\ 1 \end{pmatrix} \cdot \begin{pmatrix} r_x \\ r_y \end{pmatrix} = 0 \quad \Leftrightarrow \quad 1 \cdot r_x + 1 \cdot r_y = 0 \quad \Leftrightarrow \quad r_x = -r_y,\, r_y \in \mathbb{R}.$$

Mögliche Kandidaten für $\vec{r_1}$ sind demnach alle Vektoren mit betragsgleichen aber im Vorzeichen verschiedenen Koordinaten, beispielsweise für $r_y = 1$:

$$\vec{r_{1_{1,2}}} = \pm \begin{pmatrix} -1 \\ 1 \end{pmatrix} = \pm(-\vec{e_x} + \vec{e_y}).$$

Die Orientierung in mathematisch positiver Drehrichtung besitzt jedoch nur der erste (s. Abb. 14.13):

$$\vec{r_1} = -\vec{e_x} + \vec{e_y}.$$

Dieser Vektor hat die Länge $\sqrt{2}$. Im Algorithmus soll ein Einheitsvektor addiert werden, demnach muss man noch normieren:

$$\vec{r_{1\mathrm{e}}} = \frac{1}{|\vec{r_1}|}\vec{r_1} = \frac{1}{\sqrt{2}}\begin{pmatrix} -1 \\ 1 \end{pmatrix} = \frac{1}{2}\sqrt{2}\begin{pmatrix} -1 \\ 1 \end{pmatrix}.$$

Hinweis: Man könnte stattdessen zunächst für $\vec{r_1}$ ebenso einen anderen parallelen Vektor verwenden. Bei der nachfolgenden erforderlichen Normierung würde jede dieser Alternativen den gleichen Einheitsvektor liefern.

Die zweite Summe lautet demnach:

$$\vec{s_2} = \vec{s_1} + \vec{r_{1\mathrm{e}}} = \begin{pmatrix} 1 \\ 1 \end{pmatrix} + \frac{1}{2}\sqrt{2}\begin{pmatrix} -1 \\ 1 \end{pmatrix} = \begin{pmatrix} 1 - \frac{1}{2}\sqrt{2} \\ 1 + \frac{1}{2}\sqrt{2} \end{pmatrix} = \frac{1}{2}\begin{pmatrix} 2 - \sqrt{2} \\ 2 + \sqrt{2} \end{pmatrix} \approx \begin{pmatrix} 0.293 \\ 1.707 \end{pmatrix}.$$

Zur Kontrolle wird der Betrag $|\vec{s_2}|$ mithilfe der binomischen Formel berechnet:

$$|\vec{s_2}| = \frac{1}{2}\sqrt{(2-\sqrt{2})^2 + (2+\sqrt{2})^2} = \frac{1}{2}\sqrt{4 - 4\sqrt{2} + 2 + 4 + 4\sqrt{2} + 2} = \frac{1}{2}\sqrt{12} = \sqrt{3}.$$

Für den zweiten Winkel $\alpha_2 = \angle(\vec{s_2}, \vec{e_x})$ erhält man mithilfe der Kosinusfunktion:

$$\cos\alpha_2 = \frac{\vec{s_2}\cdot\vec{e_x}}{|\vec{s_2}|\cdot 1} = \frac{2-\sqrt{2}}{2\sqrt{3}} \approx 0.169 \quad\Rightarrow\quad \alpha_2 \approx 80.3°.$$

Der zweite Schritt des Algorithmus ist abgeschlossen, die Vorgehensweise wird rekursiv wiederholt. Als Erstes sucht man einen Vektor $\vec{r_2}$, der auf $\vec{s_2}$ orthogonal steht:

$$\vec{s_2}\cdot\vec{r_2} = \frac{1}{2}\begin{pmatrix} 2-\sqrt{2} \\ 2+\sqrt{2} \end{pmatrix}\cdot\begin{pmatrix} r_x \\ r_y \end{pmatrix} = 0 \quad\Leftrightarrow\quad (2-\sqrt{2})\cdot r_x + (2+\sqrt{2})\cdot r_y = 0 \quad\Leftrightarrow\quad r_x = -\frac{2+\sqrt{2}}{2-\sqrt{2}}r_y.$$

Für $r_y \in \mathbb{R}$ gibt es beliebig viele Kandidaten. Der Vektor könnte beispielsweise gewählt werden, indem man $r_y = 1$ festlegt:

$$\vec{r_2} = \begin{pmatrix} -\dfrac{2+\sqrt{2}}{2-\sqrt{2}} \\ 1 \end{pmatrix} = \frac{1}{2-\sqrt{2}}\begin{pmatrix} -(2+\sqrt{2}) \\ 2-\sqrt{2} \end{pmatrix}.$$

Den Skalierungsfaktor darf man erneut weglassen, damit wird lediglich die Länge geändert. Diese ist für die weitere Rechnung ohne Bedeutung, weil bei der anschließenden Normierung jeder der ausgewählten Kandidaten auf die Länge eins gestreckt bzw. gestaucht wird.
Der vereinfachte Vektor lautet:

$$\vec{r_2} = \begin{pmatrix} -(2+\sqrt{2}) \\ 2-\sqrt{2} \end{pmatrix},$$

er besitzt die gewünschte Orientierung (s. Abb. 14.13) und steht senkrecht auf $\vec{s_2}$:

$$\vec{s_2}\cdot\vec{r_2}=0 \quad\Leftrightarrow\quad \frac{1}{2}\begin{pmatrix}2-\sqrt{2}\\ 2+\sqrt{2}\end{pmatrix}\cdot\begin{pmatrix}r_x\\ r_y\end{pmatrix}=0 \quad\Leftrightarrow\quad \begin{pmatrix}2-\sqrt{2}\\ 2+\sqrt{2}\end{pmatrix}\cdot\begin{pmatrix}-2-\sqrt{2}\\ 2-\sqrt{2}\end{pmatrix}=0.$$

Der Betrag des Vektors $\vec{r_2}$ lautet:

$$|\vec{r_2}|=\sqrt{(-2-\sqrt{2})^2+(2-\sqrt{2})^2}=\sqrt{4+4\sqrt{2}+2+4-4\sqrt{2}+2}=\sqrt{12}.$$

Der entsprechende Einheitsvektor ergibt sich durch Normierung:

$$\vec{r_{2\mathbf{e}}}=\frac{1}{\sqrt{12}}\begin{pmatrix}-2-\sqrt{2}\\ 2-\sqrt{2}\end{pmatrix}=\frac{\sqrt{12}}{12}\begin{pmatrix}-2-\sqrt{2}\\ 2-\sqrt{2}\end{pmatrix}=\frac{\sqrt{3}}{6}\begin{pmatrix}-2-\sqrt{2}\\ 2-\sqrt{2}\end{pmatrix}.$$

Hinweis: Bei genauer Betrachtung erkennt man, dass der Vektor $\vec{r_2}$ offenbar ohne zusätzliche Rechnung direkt aus dem Vektor $\vec{s_2}$ erzeugt werden kann. Dazu vertauscht man formal die Koordinaten von $\vec{s_2}$ und ändert anschließend in der neuen x-Koordinate das Vorzeichen. Der Skalierungsfaktor $\frac{1}{2}$ wird nicht berücksichtigt, da er bei der nachfolgenden Normierung keine Rolle spielt.

Für die dritte Summe $\vec{s_3}=\vec{s_2}+\vec{r_{2\mathbf{e}}}$ erhält man demnach:

$$\vec{s_3}=\frac{1}{2}\begin{pmatrix}2-\sqrt{2}\\ 2+\sqrt{2}\end{pmatrix}+\frac{\sqrt{3}}{6}\begin{pmatrix}-2-\sqrt{2}\\ 2-\sqrt{2}\end{pmatrix}=\frac{1}{6}\begin{pmatrix}6-3\sqrt{2}-2\sqrt{3}-\sqrt{6}\\ 6+3\sqrt{2}+2\sqrt{3}-\sqrt{6}\end{pmatrix}\approx\begin{pmatrix}-0.693\\ 1.876\end{pmatrix}.$$

Zur Kontrolle wird der Betrag von $\vec{s_3}$ mithilfe der binomischen Formeln berechnet:

$$|\vec{s_3}| \;=\; \frac{1}{6}\sqrt{(6-3\sqrt{2}-2\sqrt{3}-\sqrt{6})^2+(6+3\sqrt{2}+2\sqrt{3}-\sqrt{6})^2}.$$

Um die Übersichtlichkeit der Rechnung zu verbessern, sollte in einer Nebenrechnung der Radikand mithilfe einer schrittweisen rekursiven Anwendung binomischer Formeln (s. Abschn. 3.1) vereinfacht werden:

$$36-12(3\sqrt{2}+2\sqrt{3}+\sqrt{6})+(3\sqrt{2}+2\sqrt{3}+\sqrt{6})^2+36+12(3\sqrt{2}+2\sqrt{3}-\sqrt{6})+(3\sqrt{2}+2\sqrt{3}-\sqrt{6})^2$$

$$\begin{aligned}
= \quad & 36-36\sqrt{2}-24\sqrt{3}-12\sqrt{6}+18+6\sqrt{2}(2\sqrt{3}+\sqrt{6})+(2\sqrt{3}+\sqrt{6})^2\\
& +36+36\sqrt{2}+24\sqrt{3}-12\sqrt{6}+18+6\sqrt{2}(2\sqrt{3}-\sqrt{6})+(2\sqrt{3}-\sqrt{6})^2
\end{aligned}$$

$$= \; 108-24\sqrt{6}+12\sqrt{6}+6\sqrt{12}+12+4\sqrt{18}+6+12\sqrt{6}-6\sqrt{12}+12-4\sqrt{18}+6=144.$$

Das Ergebnis der Kontrollrechnung lautet demnach:

$$|\vec{s_3}|=\frac{1}{6}\sqrt{144}=\frac{12}{6}=2.$$

Den gleichen Wert erhält man nach dem Satz des Pythagoras im entsprechenden rechtwinkligen Dreieck (s. Abb. 14.13).

Für den Winkel $\alpha_3 = \angle(\vec{s_3}, \vec{e_x})$ ergibt sich:

$$\cos\alpha_3 = \frac{\vec{s_3} \cdot \vec{e_x}}{|\vec{s_3}| \cdot 1} = \frac{6 - 3\sqrt{2} - 2\sqrt{3} - \sqrt{6}}{12} \approx -0.346 \quad \Rightarrow \quad \alpha_2 \approx 110.2^\circ.$$

Der dritte Schritt des Algorithmus ist damit beendet. Wiederholt man die Vorgehensweise, entsteht eine Folge von Vektoren $\vec{s_k}$, $|\vec{s_k}| = \sqrt{k+1}$, $k = 1, 2, 3, \ldots$

Der nächste Vektor $\vec{s_4}$ lautet beispielsweise:

$$\vec{s_4} = \frac{1}{12}\begin{pmatrix} 6 - 9\sqrt{2} - 6\sqrt{3} - \sqrt{6} \\ 18 + 3\sqrt{2} + 2\sqrt{3} - 3\sqrt{6} \end{pmatrix}, \; |\vec{s_4}| = \sqrt{5}.$$

14.3 Übungen

14.3.1 Übung

(3 Min.)

Ein Parallelogramm werde von den unbekannten Vektoren $\vec{a}$ und $\vec{b}$ aufgespannt (vgl. Abb. 14.7). Gegeben sind die Diagonalen $\vec{d}$ und $\vec{s}$.

Stellen Sie die Formeln zur Berechnung der Vektoren $\vec{a}$ und $\vec{b}$ auf.

→ *Lösung auf Seite 215*

14.3.2 Übung

(3/3 Min.)

Welche der beiden gegebenen Vektoren sind kollinear? In welchem Winkel stehen diese zueinander?

a) $\vec{g} = \begin{pmatrix} 2 \\ 1 \end{pmatrix}, \vec{h} = \begin{pmatrix} 1 \\ -1 \end{pmatrix}$, **b)** $\vec{u} = \begin{pmatrix} -3 \\ 5 \end{pmatrix}, \vec{v} = \begin{pmatrix} 2 \\ -1 \end{pmatrix}$.

→ *Lösung auf Seite 216*

14.3.3 Übung

(8 Min.)

Berechnen Sie die Koordinaten des Vektors $\overrightarrow{OP_1} = -\vec{e_x} + 4\,\vec{e_y}$ bezüglich $\vec{a} = 2\,\vec{e_x} + 5\,\vec{e_y}$ und $\vec{b} = -3\,\vec{e_x} + 4\,\vec{e_y}$. Überprüfen Sie an einer Skizze, ob Ihr Resultat plausibel ist.

→ *Lösung auf Seite 216*

14.3.4 Übung

(6/5/5 Min.)

a) Zwei Vektoren $\vec{a}$ und $\vec{b}$ spannen einen Winkel φ auf. Gesucht ist ein Vektor $\vec{w}$ in Richtung der Winkelhalbierenden dieses Winkels.

b) Vom Eckpunkt eines Quadrates ziehe man die Verbindungslinien zu den Mittelpunkten der gegenüber liegenden Seiten. Bestimmen Sie mittels Vektorrechnung den Winkel zwischen diesen Verbindungslinien.

c) Gegeben sind drei aufeinanderfolgende Eckpunkte eines Parallelogramms mit $A(1,-2)$, $B(3{,}2)$ und $C(6{,}3)$. Berechnen Sie den vierten Eckpunkt D.

→ *Lösung auf Seite 217*

14.4 Tests

14.4.1 Test

(8 Min.)

Zerlegen Sie den Vektor $\vec{b} = \vec{e_x} - 2\,\vec{e_y}$ in die Summe der orthogonalen Projektion von $\vec{b}$ auf den Vektor $\vec{a} = -2\,\vec{e_x} + 3\,\vec{e_y}$ und der Normalkomponente $\vec{b} = \vec{b}_{\vec{a}} + \vec{a}_n$, $\vec{a}_n \perp \vec{a}$.

[1] $\vec{b}_{\vec{a}} = \frac{8}{5}\begin{pmatrix} -1 \\ 2 \end{pmatrix}$, $\vec{a}_n = -\frac{1}{5}\begin{pmatrix} 2 \\ 1 \end{pmatrix}$

[2] $\vec{b}_{\vec{a}} = \frac{8}{13}\begin{pmatrix} 2 \\ -3 \end{pmatrix}$, $\vec{a}_n = \frac{1}{13}\begin{pmatrix} -29 \\ 50 \end{pmatrix}$

[3] $\vec{b}_{\vec{a}} = \frac{8}{13}\begin{pmatrix} 2 \\ -3 \end{pmatrix}$, $\vec{a}_n = -\frac{1}{13}\begin{pmatrix} 15 \\ 2 \end{pmatrix}$

[4] $\vec{b}_{\vec{a}} = \frac{8}{13}\begin{pmatrix} 2 \\ -3 \end{pmatrix}$, $\vec{a}_n = -\frac{1}{13}\begin{pmatrix} 3 \\ 2 \end{pmatrix}$

[5] Sie haben ein anderes Ergebnis erhalten.

→ *Lösung auf Seite 275*

14.4.2 Test

(8 Min.)

Von zwei Vektoren sind die Größen $|\vec{a}| = 2\sqrt{2}$, $\left|\vec{b}\right| = 4$ und $\angle\left(\vec{a}, \vec{b}\right) = 135°$ gegeben.

Berechnen Sie $\left(\vec{a} - \vec{b}\right)^2 = \left(\vec{a} - \vec{b}\right) \cdot \left(\vec{a} - \vec{b}\right)$.

[1] $24 - 16\sqrt{2}$ [2] 40 [3] 16 [4] $12 + 2\sqrt{2}$

[5] Sie haben ein anderes Ergebnis erhalten.

→ *Lösung auf Seite 276*

14.4.3 Test

(9 Min.)

Gegeben sind die Vektoren $\overrightarrow{OP} = 4\,\vec{a} + 7\,\vec{b}$, $\vec{a} = 2\,\vec{e_x} + 5\,\vec{e_y}$ und $\vec{b} = -3\vec{e_x} + 4\vec{e_y}$.

Welche Koordinaten λ und μ besitzt $\overrightarrow{OP}$ bezüglich $\vec{u} = -2\,\vec{e_x} + 3\,\vec{e_y}$ und $\vec{v} = 3\,\vec{e_x} - 2\,\vec{e_y}$?

1 $\lambda = \frac{57}{5}, \mu = \frac{118}{5}$ 2 $\lambda = \frac{118}{5}, \mu = \frac{57}{5}$ 3 $\lambda = -\frac{118}{5}, \mu = \frac{57}{5}$

4 Sie haben ein anderes Ergebnis erhalten.

→ *Lösung auf Seite 277*

14.4.4 Test

(10 Min.)

Im Punkt $P_0(1{,}4)$ seien drei Vektoren $\overrightarrow{F_1}, \overrightarrow{F_2}$ und $\overrightarrow{F_3}$ gebunden (s. Abb. 14.14), die jeweils in Richtung der Punkte $P_1(2,-1)$, $P_2(-7{,}4)$ und $P_3(-2,-2)$ zeigen. Die Beträge der Vektoren sind ebenfalls gegeben: $|\overrightarrow{F_1}| = |\overrightarrow{F_3}| = 10$ und $|\overrightarrow{F_2}| = 20$.

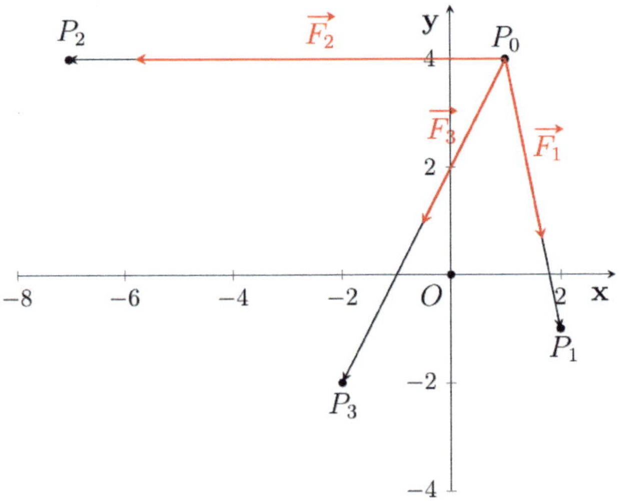

Abb. 14.14 Im Punkt P_0 gebundene Vektoren $\overrightarrow{F_1}, \overrightarrow{F_2}$ und $\overrightarrow{F_3}$

Berechnen Sie Betrag und Winkel $\alpha = \angle\left(\overrightarrow{F_S}, \overrightarrow{e_x}\right)$ der Summe

$$\overrightarrow{F_S} = \overrightarrow{F_1} + \overrightarrow{F_2} + \overrightarrow{F_3}.$$

Hinweis: Die Größe der Beträge erlaubt in der Skizze keine maßstabsgerechte Berücksichtigung der drei gegebenen Vektoren. Das Verhältnis der Längen ist jedoch korrekt dargestellt.

1 $|\overrightarrow{F_S}| \approx 26.961$, $\alpha \approx 146.6°$

2 $|\overrightarrow{F_S}| \approx 24.602$, $\alpha \approx 156.2°$

3 $|\overrightarrow{F_S}| \approx 29.300$, $\alpha \approx 140.2°$

4 Sie haben ein anderes Ergebnis erhalten.

→ *Lösung auf Seite 278*

15 Komplexe Zahlen und komplexwertige Rechnung

15.1 Theorie

Bei der theoretischen Untersuchung von mechanischen und elektrischen Schwingungen, der mathematischen Beschreibung von Stromkreisen und der Übertragung von Signalen bietet die Menge der reellen Zahlen nur unzureichende Möglichkeiten; es werden „komplexe Zahlen“ und komplexwertige Rechnungen benutzt. Einige Sachverhalte sind dabei zumindest ähnlich zu den Vorgehensweisen im Reellen bzw. in der Vektorrechnung, andere unterscheiden sich jedoch grundlegend und erfordern eine völlig andere Betrachtungsweise.

Beispielsweise besitzt die Gleichung $z^2 = -4$ in der Menge der reellen Zahlen keine Lösung, in der Menge der komplexen Zahlen ist die Gleichung jedoch lösbar. Die entscheidende Idee dazu stammt von **L. Euler**, der eine symbolische Größe $\mathbf{i}$ als **imaginäre Einheit** einführte. Diese wird definiert mit:

$$\mathbf{i}^2 \overset{def}{=} -1.$$

Hinweis: Die Angabe $\mathbf{i} = \sqrt{-1}$ ist nicht korrekt bzw. unvollständig (s. Abschn. 15.1).

Wählt man auf dieser Grundlage $z_{1,2} = \pm 2\mathbf{i}$ und quadriert unter Beachtung der Definition von $\mathbf{i}^2 = -1$, ergibt sich:

$$(z_{1,2})^2 = (\mathbf{i}^2)4 = (-1) \cdot 4 = -4,$$

die beiden Terme $z_{1,2}$ sind demnach Lösungen der in $\mathbb{R}$ unlösbaren Gleichung, sie gehören zur Menge der komplexen Zahlen, die man mit $\mathbb{C}$ bezeichnet.

Hinweis: In technischen Anwendungen benutzt man für die imaginäre Einheit häufig $\mathbf{j}$, weil anderenfalls eine Verwechslung mit dem Symbol der Stromstärke i möglich ist.

Mithilfe der imaginären Einheit $\mathbf{i}$ erzeugt man komplexe Zahlen.
Für zwei vorgegebene reelle Zahlen a und b wird eine **komplexe Zahl** durch die Konstruktion

$$z \overset{def}{=} a + \mathbf{i}b \in \mathbb{C}$$

in dieser **kartesischen** Schreibweise bzw. **algebraischen Normalform** definiert. Die Zahl a nennt man **Realteil**, b (und nicht $\mathbf{i}b$) wird als **Imaginärteil** bezeichnet; die Schreibweisen lauten:

$$a = Re\{z\} = \Re\{z\}, \;\; b = Im\{z\} = \Im\{z\}.$$

Die Menge aller komplexe Zahlen kann man auch als Menge von Zahlenpaaren $(a,b) \in \mathbb{R}^2$ ansehen.
Für $b = 0$ entstehen **reelle** Zahlen, die demnach eine (echte) Teilmenge von $\mathbb{C}$ darstellen.

J. Siegert und N. Togobytska, *Mathematik trainieren: Brüche, Funktionen & Co.*, https://doi.org/10.1007/978-3-662-70607-7_15

Eine Zahl mit einem Realteil gleich null nennt man **imaginär**, beispielsweise $\pm\mathbf{i}$, $\pm\,2\mathbf{i}, \ldots$
Die Zahl $z_0 = 0 = 0 + \mathbf{i}0$ ist demnach sowohl reell als auch imaginär.

Zwei komplexe Zahlen nennt man genau dann gleich, wenn ihre Real- und Imaginärteile gleich sind. Die Gleichheit zweier komplexwertiger Terme bedeutet demnach, dass stets zwei separate Gleichungen für Real- und Imaginärteil zu beachten sind. Eine analoge Vorgehensweise kennt man von der Gleichheit zweier Vektoren, wobei die entsprechenden Koordinaten gleich sein müssen.

Besonders wichtig für Anwendungen sind Paare komplexer Zahlen, die sich nur im Vorzeichen des Imaginärteils unterscheiden:

$$z_{1,2} = a \pm \mathbf{i}b.$$

Die Zahl z_2 nennt man **konjugiert komplex** zu $z_1 = a + \mathbf{i}b$. Man schreibt dafür:

$$z_2 = \overline{z_1} = {z_1}^* = a - \mathbf{i}b.$$

15.1.1 Komplexe Zahlenebene

Das mathematische Genie **C. F. Gauß** hatte die Idee, die Menge $\mathbb{C}$ in einer kartesischen **komplexen Zahlenebene** darzustellen, die auch **Gauß'sche Zahlenebene** genannt wird. Dazu wählte er eine horizontale Achse für die reellen und eine vertikale für die imaginären Zahlen (s. Abb. 15.1).

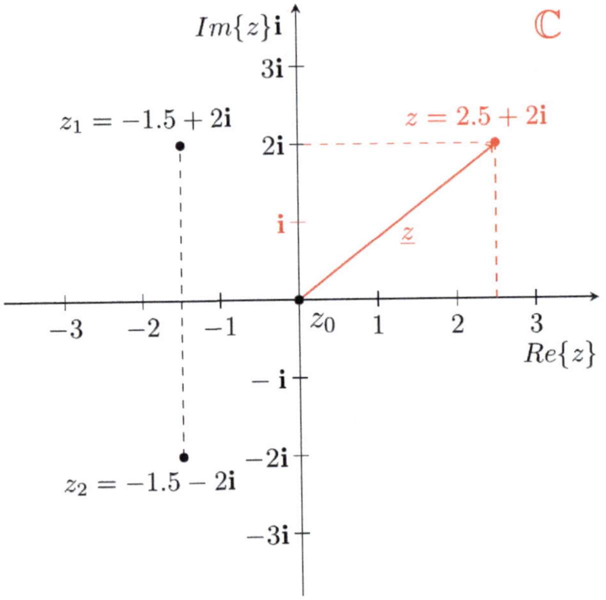

Abb. 15.1 Komplexe Zahlenebene, konjugiert komplexe Zahlen und komplexer Zeiger

Konjugiert komplexe Zahlen liegen bezüglich der reellen Achse gespiegelt (s. Abb. 15.1), beispielsweise $z_{1,2} = -1.5 \pm 2\mathbf{i}$.

In Anwendungen benutzt man häufig **komplexe Zeiger**, die von $z_0 = 0$ zur gegebenen komplexen Zahl z zeigen. Diese sind ähnlich wie Vektoren mit einer Pfeilspitze dargestellt. Einige ihrer Eigenschaften stimmen mit denen von Vektoren überein, andere sind jedoch völlig verschieden

(s. Abschn. 15.1). Demnach sind komplexe Zeiger keine Vektoren. Um diesen Unterschied besonders zu kennzeichnen, wurde in der Darstellung eine andere Pfeilform gewählt (s. Abb. 15.1).
Oft versieht man komplexe Zeiger mit einem Unterstrich $\underline{z}$, gelegentlich unterscheidet man nicht zwischen der Zahl z und ihrem Zeiger $\underline{z}$.

Hinweis: Häufig verwendet man komplexe Zahlen mit der Notation $z = x + \mathbf{i}y$. Die komplexe Ebene darf dann nicht mit der x-y-Ebene der Funktionsdarstellung verwechselt werden.
Zur besseren Unterscheidung wird hier im Buch eine komplexe Zahlenebene mit einem $\mathbb{C}$ in roter Farbe symbolisch gekennzeichnet.

15.1.2 Betrag und Argument

Analog zur Vektorrechnung kann man komplexe Zahlen (bzw. komplexe Zeiger) in der komplexen Ebene durch Polarkoordinaten (s. Abschn. 12.1) beschreiben. Der Abstand von z zum Nullpunkt $z_0 = 0$, d. h. die Länge des komplexen Zeigers, wird **Betrag** der komplexen Zahl genannt und nach dem Satz des Pythagoras berechnet:

$$|z| \stackrel{def}{=} r = \sqrt{a^2 + b^2}.$$

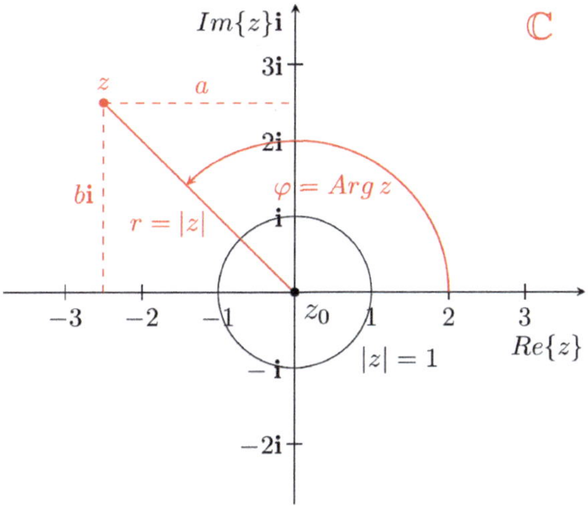

Abb. 15.2 Betrag und Argument einer komplexen Zahl

Für die Beschreibung von $z \neq 0$ nutzt man weiterhin die zweite Polarkoordinate φ, d. h. den Winkel von $\underline{z}$ bezüglich der reellen Achse, der in positiver Drehrichtung abgetragen wird. Diese Winkelgröße wird **Argument** von z genannt. Die Angabe erfolgt entweder in Grad oder in Radiant. Bei der Benutzung von Grad lässt sich die Position von z in der komplexen Ebene schneller erkennen.
Oft schränkt man für eine eineindeutige Zuordnung φ auf den **Grundbereich** $[0{,}2\pi)$ bzw. $[0°{,}360°)$ ein; in diesem Fall schreibt man $\varphi = Arg\, z$.
Liegt z auf einer der Achsen, kann φ ohne Berechnung abgelesen werden.
In den Quadranten berechnet man φ mithilfe der Winkelbeziehungen trigonometrischer Funktionen am Kreis (vgl. Abschn. 11.1) oder man benutzt die Arkustangensfunktion (s. Tab. 15.1).

Tab. 15.1 Berechnung des Winkels φ aus den Arkustangenswerten in den Quadranten

Quadrant:	I	II, III	IV
$\varphi = Arg\, z =$	$\arctan\left(\frac{b}{a}\right)$	$\arctan\left(\frac{b}{a}\right) + 180°$	$\arctan\left(\frac{b}{a}\right) + 360°$

Beispielsweise liegen alle komplexen Zahlen, die das Argument $Arg\, z = 292.5°$ ($\hat{=}\frac{13}{8}\pi$) besitzen, auf einem Zahlenstrahl im IV. Quadranten (s. Abb. 15.3); z_0 gehört jedoch nicht zu dieser Menge.

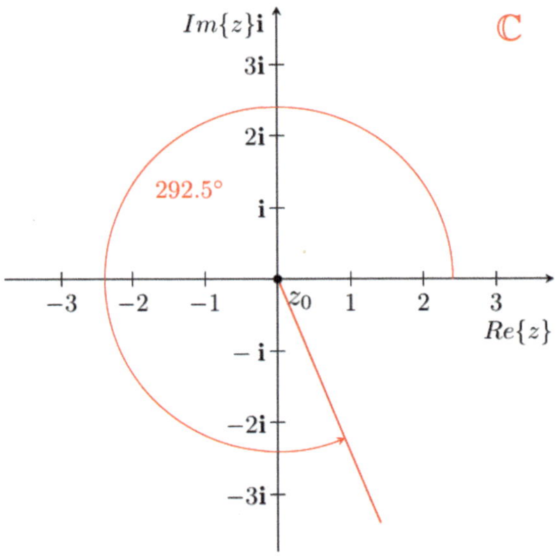

Abb. 15.3 Komplexe Zahlen mit dem Argument $\varphi = Arg\, z = 292.5°$

Für die Zahl $z_0 = 0$ ist das Argument nicht definiert, weil kein Strahl vom Nullpunkt nach z_0 abgeht. In der Vektorrechnung besitzt der Nullvektor $\vec{0}$ eine analoge Eigenschaft (vgl. Abschn. 14.1).

15.1.3 Ungleichungen in der komplexen Ebene

Im Reellen treten bei der Untersuchung von Ungleichungen mit Beträgen i. d. R. Fallunterscheidungen auf, wobei man prüft, ob reelle Zahlen größer oder kleiner als Vergleichsgrößen sind. Lösungsmengen beinhalten oft Intervalle.

In der Menge der komplexen Zahlen $\mathbb{C}$ (bzw. in der komplexen Ebene) unterscheidet sich die Vorgehensweise grundsätzlich, bei Ungleichungen mit Beträgen muss demnach die Definition des Betrags benutzt werden (s. Abschn. 15.1). Anstelle der Intervalle ergeben sich als Lösungsmenge oft ebene Gebiete, beispielsweise Kreise, Ellipsen oder Halbebenen.

Beispielsweise gilt $|z| = a^2 + b^2 \leq 1$ für die Menge aller komplexen Zahlen im Inneren und auf dem Einheitskreis und $|z| > 1$ für alle außerhalb (s. Abb. 15.2).

Hinweis: Ungleichungen der Form $|z| > |1+\mathbf{i}|$ oder auch $|z| > 1$ sind sinnvoll, im Gegensatz dazu sind Ungleichungen der Art $z > 1 + \mathbf{i}$ oder auch $z > 1$ in $\mathbb{C}$ nicht erklärt.

15.1.3 Trigonometrische und Euler'sche Schreibweise

Eine von $z_0 = 0$ verschiedene komplexe Zahl ist einerseits mit den kartesischen Werten (a,b), andererseits auch mit $r = |z|$ und $\varphi = Arg\, z$ eindeutig in der komplexen Ebene festgelegt.
Auf der Grundlage der bekannten Zusammenhänge zwischen kartesischen und Polarkoordinaten (s. Abschn. 12.1) sind komplexe Zahlen in der **trigonometrischen** Form darstellbar:

$$z = a + b\mathbf{i} = r\cos\varphi + \mathbf{i}r\sin\varphi = r(\cos\varphi + \mathbf{i}\sin\varphi).$$

Kennt man r und φ, kann die komplexe Zahl mithilfe der trigonometrischen Funktionswerte (i. d. R. mithilfe eines Taschenrechners) ebenso in die kartesische Schreibweise umgeformt werden.

Hinweis: Die Umschreibung von einer Darstellung in die jeweils andere ist ein wichtiger Teilschritt bei vielen Anwendungen der komplexen Zahlen und sollte deshalb ausführlich trainiert werden!

Der Mathematiker **L. Euler** bewies die nach ihm benannte Euler'sche Formel:

$$e^{\mathbf{i}\varphi} = \cos\varphi + \mathbf{i}\sin\varphi,$$

dabei bezeichnet e die Euler'sche Konstante (vgl. Abschn. 10.1).
Mithilfe des trigonometrischen Pythagoras (s. Abschn. 11.1) erhält man für den Betrag der Zahlen $e^{\mathbf{i}\varphi}$ in der Euler'schen Formel:

$$|e^{\mathbf{i}\varphi}| = |\cos\varphi + \mathbf{i}\sin\varphi| = \sqrt{\cos^2\varphi + \sin^2\varphi} = 1.$$

Die Zahlen $e^{\mathbf{i}\varphi}$ liegen demnach auf dem Einheitskreis in der komplexen Ebene (vgl. Abb. 15.2).

Mithilfe der Euler'schen Formel kann man komplexe Zahlen alternativ in der **Euler'schen** Form notieren und damit die trigonometrische Schreibweise abkürzen:

$$z = r(\cos\varphi + \mathbf{i}\sin\varphi) = re^{\mathbf{i}\varphi}.$$

Beide Darstellungen werden als **Polarform** bezeichnet. Beispielsweise gilt:

$$z = e^{\mathbf{i}\pi} = \cos\pi + \mathbf{i}\sin\pi = -1.$$

Hinweis: In der Elektrotechnik benutzt man häufig anstelle der Polarform von z eine symbolische kürzere Schreibweise als **Versor**: $z = re^{\mathbf{i}\varphi} = r\underline{/\varphi}$.

15.1.4 Komplexwertige Rechnung

Addition und Subtraktion

Komplexe Zahlen (bzw. Zeiger) werden ähnlich wie Vektoren addiert und subtrahiert. Während man bei Vektoren mit den entsprechenden Koordinaten rechnet (vgl. Abschn. 14.1), geschieht das bei komplexen Zahlen analog mit den Real- und Imaginärteilen.

Das Subtrahieren von komplexen Zahlen wird wie bei Vektoren auf die Addition zurückgeführt:

$$z_d = z_1 - z_2 = z_1 + (-z_2).$$

Beispielsweise erhält man für die Zahlen $z_1 = 3 + 2\mathbf{i}$ und $z_2 = -2 + \mathbf{i}$:

$$z_s = z_1 + z_2 = (3 + 2\mathbf{i}) + (-2 + \mathbf{i}) = 1 + 3\mathbf{i}, \quad z_d = z_1 - z_2 = (3 + 2\mathbf{i}) - (-2 + \mathbf{i}) = 5 + \mathbf{i}.$$

Hinweis: Die Polarform ist für die Addition bzw. Subtraktion nicht vorteilhaft.
Falls komplexe Zahlen in dieser Darstellung gegeben sind, wandelt man diese zunächst in die algebraische Normalform um und addiert bzw. subtrahiert danach. Bei Bedarf lassen sich die Ergebnisse aus der kartesischen Form leicht wieder zurück in die Polarform überführen.

Auf gleiche Weise wie in der Vektorrechnung kann die Addition von komplexen Zeigern mit einem **Zeiger-Parallelogramm** in der komplexen Ebene dargestellt werden (s. Abb. 15.4).
Man kann erkennen, dass sich die Real- und Imaginärteile der Summanden addieren.

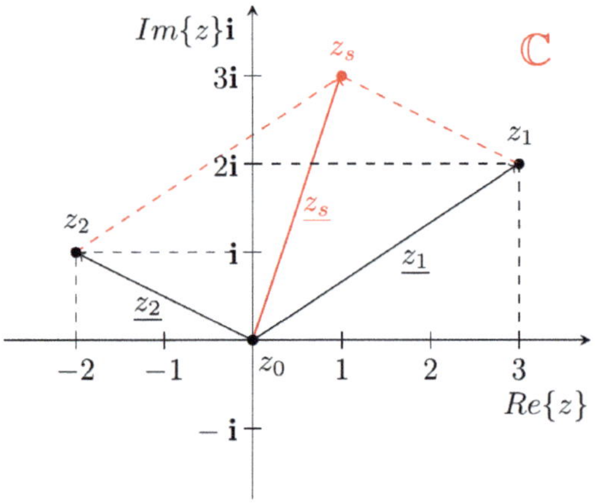

Abb. 15.4 Addition komplexer Zahlen im Zeiger-Parallelogramm

In der Menge $\mathbb{C}$ gilt analog wie für reelle Zahlen bzw. in der Vektorrechnung (s. Abschn. 14.1) die **Dreiecksungleichung**:

$$|z_1 + z_2| \quad \leq \quad |z_1| + |z_2|.$$

Multiplikation und Division

Eine komplexe Zahl kann man ähnlich wie in der Vektorrechnung mit einer reellen Größe $\lambda \in \mathbb{R}$ multiplizieren bzw. durch diese für $\lambda \neq 0$ dividieren; dabei werden der Real- und Imaginärteil entsprechend mit λ multipliziert bzw. durch diesen Wert dividiert.

Wenn jedoch zwei komplexe Zahlen (bzw. Zeiger) miteinander multipliziert werden oder falls man dividiert, unterscheiden sich die Vorgehensweisen völlig von denen der Vektorrechnung. Man kann beliebig viele komplexe Zahlen (bzw. Zeiger) miteinander multiplizieren. Darüber hinaus ist die Division für komplexe Zahlen erklärt, für Vektoren jedoch nicht. Dies verdeutlicht bereits, dass komplexe Zeiger und Vektoren verschiedene Sachverhalte repräsentieren, auch wenn sich die Darstellungen zunächst einander ähneln.

Komplexe Zahlen in kartesischer Schreibweise **multipliziert** man miteinander analog wie Binome im Reellen. Danach werden lediglich unter Beachtung von $\mathbf{i}^2 = -1$ die Real- bzw. Imaginärteile zusammengefasst, **i** klammert man als Konstante aus.
Es bringt keinen Vorteil für die Multiplikation eine Formel zu benutzen, stattdessen sollte man gleich mit den gegeben Zahlen rechnen.
Beispielsweise erhält man für $z_1 = 3 + 2\mathbf{i}$ und $z_2 = -2 + \mathbf{i}$:

$$z = z_1 z_2 = (3 + 2\mathbf{i})(-2 + \mathbf{i}) = -6 + 2\mathbf{i}^2 + (3 - 4)\mathbf{i} = -6 + 2(-1) - \mathbf{i} = -8 - \mathbf{i}.$$

Falls drei oder mehrere komplexe Zahlen in der klassischen Schreibweise miteinander zu multiplizieren sind, wird entsprechend rekursiv gearbeitet.

Besonders interessant ist die Multiplikation zweier konjugiert komplexer Zahlen, weil dabei mithilfe der dritten binomischen Formel stets $|z|^2 = |\overline{z}|^2$ entsteht:

$$z\overline{z} = (a + b\mathbf{i})(a - b\mathbf{i}) = a^2 - b^2\mathbf{i}^2 = a^2 + b^2 = |z|^2 = |\overline{z}|^2 = r^2.$$

Diese Eigenschaft verwendet man bei der **Division** komplexer Zahlen in kartesischer Schreibweise. Beispielsweise werden die bereits bekannten Werte z_1 und z_2 dividiert, indem man Zähler und Nenner mit der konjugiert komplexen Zahl des Nenners erweitert und danach ausmultipliziert:

$$\frac{z_1}{z_2} = \frac{3 + 2\mathbf{i}}{-2 + \mathbf{i}} = \frac{(3 + 2\mathbf{i})(-2 - \mathbf{i})}{(-2 + \mathbf{i})(-2 - \mathbf{i})} = \frac{-6 - 2\mathbf{i}^2 - 7\mathbf{i}}{4 - \mathbf{i}^2} = \frac{-6 - 2(-1) - 7\mathbf{i}}{4 - (-1)} = -\frac{4}{5} - \frac{7}{5}\mathbf{i}.$$

Durch diesen Trick ist im Nenner der Faktor **i** verschwunden, das Ergebnis liegt in kartesischer Schreibweise vor und kann in der komplexen Ebene dargestellt werden. Das Resultat des Beispiels liegt offenbar im III. Quadranten, Real- und Imaginärteil sind negativ.

Die Division in der algebraischen Normalform wird demnach auf die Multiplikation zurückgeführt. Auch beim Dividieren sollte man keine allgemeine Formel benutzen, sondern die Rechnungen mit den gegebenen Zahlen besser direkt durchführen.

Falls die komplexen Zahlen in Polarform gegeben sind, wird bevorzugt die kompaktere Euler'sche Form bei der Multiplikation und Division eingesetzt. Das ermöglicht die Anwendung von Potenzgesetzen (s. Abschn. 2.1).
Das **Produkt** der Zahlen $z_1 = r_1 e^{\mathbf{i}\varphi_1}$ und $z_2 = r_2 e^{\mathbf{i}\varphi_2}$ lautet demnach:

$$z = re^{\mathbf{i}\varphi} = z_1 \cdot z_2 = r_1 e^{\mathbf{i}\varphi_1} \cdot r_2 e^{\mathbf{i}\varphi_2} = r_1 r_2 e^{(\varphi_1 + \varphi_2)\mathbf{i}} \quad \Rightarrow \quad r = r_1 \cdot r_2,\ \varphi = \varphi_1 + \varphi_2.$$

Die Beträge werden miteinander multipliziert und die Argumente addiert (vgl. Abb. 15.5).
Falls der entstehende Winkel φ den Wert 360° bzw. 2π übersteigt ist es üblich, noch in den Grundbereich umzurechnen.

Beispielsweise erhält man beim Multiplizieren der Zahlen $z_3 = 2e^{\mathbf{i}\frac{1}{3}\pi}$ und $z_4 = 3e^{\mathbf{i}\frac{1}{4}\pi}$:

$$z = z_3 \cdot z_4 = 2 \cdot 3e^{\mathbf{i}\left(\frac{1}{3}\pi + \frac{1}{4}\pi\right)} = 6e^{\mathbf{i}\frac{7}{12}\pi}.$$

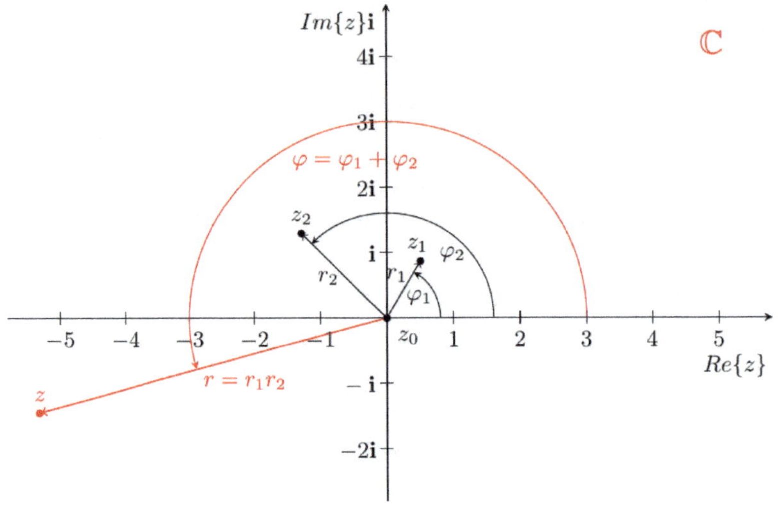

Abb. 15.5 Multiplikation komplexer Zahlen in Polarform

Sind drei Zahlen miteinander zu multiplizieren, ergibt sich der Betrag des Produkts aus dem Produkt der drei Beträge und sein Argument aus der Summe der drei Argumente, ggf. nach Umrechnung in den Grundbereich.

Komplexe Zahlen in Polarform **dividiert** man analog zur Multiplikation (s. Abb. 15.6):

$$z = re^{\mathbf{i}\varphi} = \frac{z_1}{z_2} = \frac{r_1 e^{\mathbf{i}\varphi_1}}{r_2 e^{\mathbf{i}\varphi_2}} = \frac{r_1}{r_2} e^{(\varphi_1 - \varphi_2)\mathbf{i}},\ z_2 \neq 0 \quad \Rightarrow \quad r = \frac{r_1}{r_2},\ \varphi = \varphi_1 - \varphi_2.$$

Falls dabei ein Argument kleiner null entsteht, wird erneut in den Grundbereich umgerechnet.

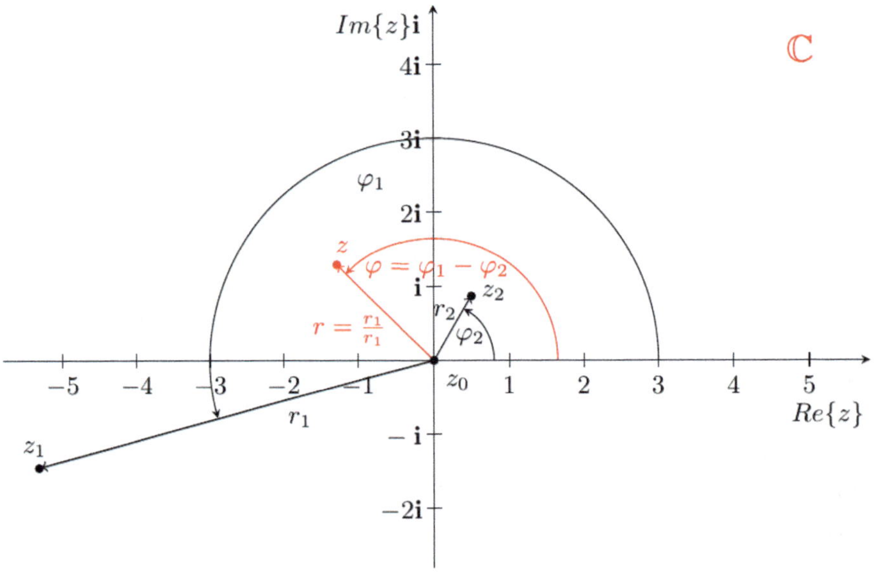

Abb. 15.6 Division komplexer Zahlen in Polarform

Beispielsweise erhält man für $z_3 = 2e^{\mathbf{i}\frac{1}{3}\pi}$ und $z_4 = 3e^{\mathbf{i}\frac{1}{4}\pi}$:

$$z = \frac{z_3}{z_4} = \frac{2e^{\mathbf{i}\frac{1}{3}\pi}}{3e^{\mathbf{i}\frac{1}{4}\pi}} = \frac{2}{3}e^{\mathbf{i}\left(\frac{1}{3}\pi - \frac{1}{4}\pi\right)} = \frac{2}{3}e^{\mathbf{i}\frac{1}{12}\pi}.$$

Hinweis: Multiplikation bzw. Division von Zahlen auf dem Einheitskreis (mit einem Betrag gleich eins) liefern offenbar erneut Zahlen mit $|z| = 1$.

Potenzieren

Im einfachsten Fall für n=2 kann man zum Potenzieren in kartesischer Schreibweise die binomischen Formeln benutzen und analog wie beim Multiplizieren vorgehen. Eine beliebige Potenz einer komplexen Zahl in kartesischer Form könnte gleichfalls mithilfe des binomischen Lehrsatzes (vgl. Abschn. 3.1) berechnet werden. Je größer dabei n ist, desto mehr steigt jedoch die formale Schreibarbeit.
Wenn man beispielsweise $(5 + 5\mathbf{i})^{100}$ bestimmen möchte, würde der binomische Lehrsatz zu 101 Summanden führen, die anschließend mit einem gewissen Aufwand zusammenzufassen wären. Die dabei entstehenden Potenzen von $\mathbf{i}$ berechnet man durch Abspalten von Faktoren $\mathbf{i}^2 = -1$:

$$\mathbf{i}^3 = \mathbf{i}^2\mathbf{i} = -\mathbf{i}, \ \mathbf{i}^4 = \mathbf{i}^2\mathbf{i}^2 = (-1)(-1) = 1, \ \mathbf{i}^5 = \mathbf{i}^2\mathbf{i}^2\mathbf{i} = (-1)(-1)\mathbf{i} = \mathbf{i}, \ldots$$

bei ungeraden Potenzen bleibt ein Faktor $\mathbf{i}$ stehen, woraus imaginäre Anteile resultieren.

Aufgrund des hohen Aufwandes für $n \geq 3$ verwendet man beim **Potenzieren** vorrangig die Polarform. Wenn eine Zahl in kartesischer Form gegeben ist, schreibt man diese zunächst um. Mithilfe der Potenzgesetze ist das Potenzieren in der Euler'schen Schreibweise bequem umsetzbar. Für das Beispiel $z_5 = 5 + 5\mathbf{i} = 5\sqrt{2}e^{\mathbf{i}\frac{\pi}{4}}$ erhält man demnach:

$$z_5^{100} = \left(5\sqrt{2}e^{\mathbf{i}\frac{\pi}{4}}\right)^{100} = 5^{100}2^{\frac{1}{2}100}e^{\mathbf{i}\frac{\pi}{4}100} = 5^{100}2^{50}e^{\mathbf{i}25\pi} = 5^{100}2^{50}\underbrace{e^{\mathbf{i}\pi}}_{=-1} = -5^{100}2^{50},$$

wobei das Argument in den Grundbereich überführt und zuletzt die Euler'sche Formel angewendet wurden.

Die Vorgehensweise kann man leicht auf den allgemeinen Fall übertragen. Demnach ergibt sich der Betrag des Resultats aus der Potenz des Betrags der gegebenen Zahl. Das Argument des Resultats ist das n-Fache des gegebenen Winkels, i. d. R. wird noch das Umrechnen in den Grundbereich notwendig:

$$z = re^{\mathbf{i}\varphi} = {z_1}^n = \left(r_1e^{\mathbf{i}\varphi_1}\right)^n = {r_1}^n e^{\mathbf{i}n\varphi_1} \quad \Rightarrow \quad r = {r_1}^n, \ \varphi = n\varphi_1.$$

Mit anwachsendem Exponenten liegen die Potenzen spiralförmig in der komplexen Ebene, jeweils in mathematisch positiver Richtung um den Winkel $n\varphi_1$ gedreht und mit ${r_1}^n$ von z_0 entfernt.

Für Potenzen in trigonometrischer Schreibweise gilt die wichtige Formel von **A. Moivre**:

$$\begin{aligned} z^n &= r^n(\cos\varphi + \mathbf{i}\sin\varphi)^n &&= r^n(\cos(n\varphi) + \mathbf{i}\sin(n\varphi)), \\ z^n &= (\cos\varphi + \mathbf{i}\sin\varphi)^n &&= \cos(n\varphi) + \mathbf{i}\sin(n\varphi), \quad \text{für } |z| = 1. \end{aligned}$$

Radizieren

Am Anfang des Kapitels wurde bereits darauf verwiesen, dass es in der Menge $\mathbb{C}$ beim Wurzelziehen wesentliche Unterschiede im Vergleich zum Rechnen im Reellen gibt.
Besonders deutlich wird dies beim Radizieren, wo auch Wurzeln aus negativen reellen Zahlen zugelassen werden. Das Ergebnis ist zudem mehrdeutig.

Die Vorgehensweise beim Wurzelziehen im Komplexen wird zunächst ausführlich für $n = 3$ an einem Beispiel erläutert und dann auf den allgemeinen Fall übertragen.
Im Gegensatz zum Rechnen im Reellen existieren in diesem Fall genau drei verschiedene Wurzeln, die mit z_{w_0}, z_{w_1} und z_{w_2} bezeichnet seien; „w" steht dabei für „Wurzel".
Beispielsweise sind die dritten Wurzeln aus $z_6 = 5 - 5\mathbf{i}$ gesucht:

$$(z_w)^3 = z_6 = 5 - 5\mathbf{i} \quad \Rightarrow \quad z_w = \sqrt[3]{5 - 5\mathbf{i}}.$$

Um die Wurzeln zu berechnen wird als Erstes z_6 in die Polarform umgeschrieben:

$$(z_w)^3 = z_6 = 5 - 5\mathbf{i} = 5\sqrt{2}e^{\mathbf{i}\frac{7\pi}{4}}.$$

Als Zweites weicht man in dieser Schreibweise vom Grundbereich ab und berücksichtigt alle möglichen Argumente von z_6. Diese unterscheiden sich jeweils um ein ganzzahliges Vielfaches von 2π (bzw. $360°$), das man zunächst sowohl addieren als auch subtrahieren könnte.
Mithilfe eines Indizes $k \in \mathbb{N}_0$ führt dies zu einer **multivalenten** Schreibweise der gegeben komplexen Zahl in Euler'scher Form:

$$(z_{w_k})^3 = z_6 = 5\sqrt{2}e^{\mathbf{i}\left(\frac{7\pi}{4} \pm k2\pi\right)},\ k \in \mathbb{N}_0,$$

wobei mit der Indizierung w_k die Abhängigkeit der Werte vom Zählindex k symbolisiert wird.
Diese mehrdeutige Darstellung ist der Ausgangspunkt für das Entstehen von genau drei verschiedenen Wurzeln.
Unter Beachtung der Potenz- bzw. Wurzelgesetze (s. Abschn. 2.1) kann man als Nächstes radizieren:

$$z_{w_k} = \sqrt[3]{5\sqrt{2}e^{\mathbf{i}\left(\frac{7\pi}{4} \pm 2k\pi\right)}} = \left(5 \cdot 2^{\frac{1}{2}}e^{\mathbf{i}\left(\frac{7\pi}{4} \pm 2k\pi\right)}\right)^{\frac{1}{3}} = 5^{\frac{1}{3}}2^{\frac{1}{6}}e^{\mathbf{i}\left(\frac{7\pi}{4} \pm 2k\pi\right)\cdot\frac{1}{3}} = 5^{\frac{1}{3}}2^{\frac{1}{6}}e^{\mathbf{i}\left(\frac{7\pi}{12} \pm k\frac{2\pi}{3}\right)},\ k \in \mathbb{N}_0.$$

Die Euler'sche Formel (vgl. Abschn. 15.1) gilt für alle Zahlen $e^{\mathbf{i}\varphi}$ auf dem Einheitskreis, demnach auch in diesem Fall für $\varphi = \frac{7\pi}{12} \pm k\frac{2\pi}{3}$ bzw. die Faktoren $e^{\mathbf{i}\left(\frac{7\pi}{12} \pm k\frac{2\pi}{3}\right)}$:

$$\left|e^{\mathbf{i}\left(\frac{7\pi}{12} \pm k\frac{2\pi}{3}\right)}\right| = 1,\ k \in \mathbb{N}_0.$$

Alle Wurzeln z_{w_k} besitzen offenbar den gleichen Betrag r_w und liegen auf einem Kreis mit dem (von k unabhängigen) gleichen Radius (s. Abb. 15.7), dieser lautet:

$$r_w = |z_{w_k}| = \left|\sqrt[3]{5\sqrt{2}e^{\mathbf{i}\left(7\frac{\pi}{4} \pm 2k\pi\right)}}\right| = 5^{\frac{1}{3}}2^{\frac{1}{6}}\left|e^{\mathbf{i}\left(\frac{7\pi}{4} \pm 2k\pi\right)\frac{1}{3}}\right| = 5^{\frac{1}{3}}2^{\frac{1}{6}} \cdot 1 = 5^{\frac{1}{3}}2^{\frac{1}{6}} = \sqrt[3]{5\sqrt{2}} \approx 1.919\ .$$

Um zu erkennen, wo die Wurzeln auf diesem Kreis liegen, lässt man den Index k laufen.

Für $k = 0, 1, 2$ werden zunächst verschiedene Argumente φ_k bzw. Wurzeln z_{w_k} berechnet:

$$k = 0: \quad \varphi_{w_0} = \frac{7\pi}{12} + 0 \cdot \frac{2\pi}{3} = \frac{7\pi}{12} \quad \Rightarrow \quad z_{w_0} = 5^{\frac{1}{3}} 2^{\frac{1}{6}} e^{\mathbf{i}\frac{7\pi}{12}},$$

$$k = 1: \quad \varphi_{w_1} = \frac{7\pi}{12} + 1 \cdot \frac{2\pi}{3} = \frac{15\pi}{12} \quad \Rightarrow \quad z_{w_1} = 5^{\frac{1}{3}} 2^{\frac{1}{6}} e^{\mathbf{i}\frac{15\pi}{12}},$$

$$k = 2: \quad \varphi_{w_2} = \frac{7\pi}{12} + 2 \cdot \frac{2\pi}{3} = \frac{23\pi}{12} \quad \Rightarrow \quad z_{w_2} = 5^{\frac{1}{3}} 2^{\frac{1}{6}} e^{\mathbf{i}\frac{23\pi}{12}}.$$

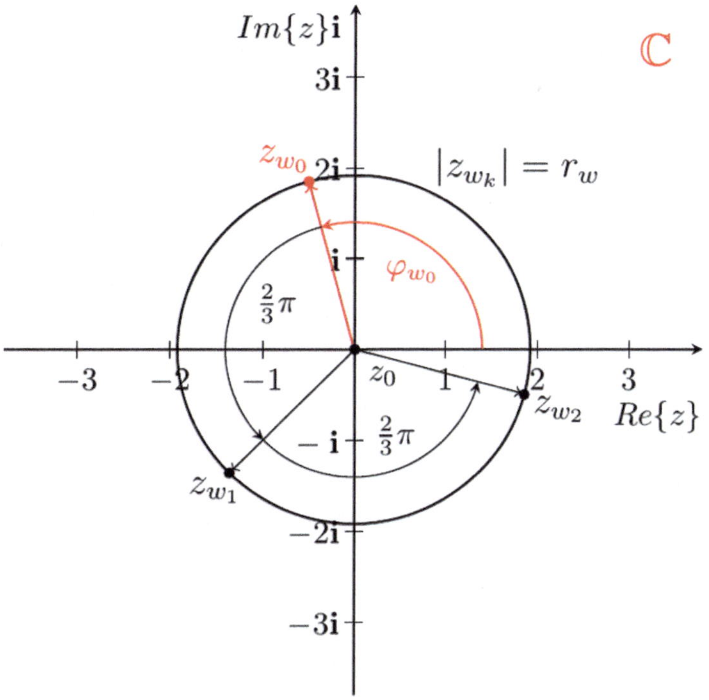

Abb. 15.7 Komplexe Wurzeln im Fall $n = 3$

Setzt man die Berechnung für $k = 3, 4, 5, 6, \ldots$ fort, wiederholen sich die ersten drei Argumente nach jeder weiteren Drehung um 360° (s. Abb. 15.7) und demnach auch die bereits berechneten Wurzeln:

$$k = 3: \quad \varphi_{w_3} = \frac{7\pi}{12} + 3 \cdot \frac{2\pi}{3} = \frac{31\pi}{12} = \frac{7\pi}{12} + 2\pi \quad \Rightarrow \quad z_{w_3} = 5^{\frac{1}{3}} 2^{\frac{1}{6}} e^{\mathbf{i}\left(\frac{7\pi}{12} + 2\pi\right)} = z_{w_0},$$

$$k = 4: \quad \varphi_{w_4} = \frac{7\pi}{12} + 4 \cdot \frac{2\pi}{3} = \frac{39\pi}{12} = \frac{15\pi}{12} + 2\pi \quad \Rightarrow \quad z_{w_4} = 5^{\frac{1}{3}} 2^{\frac{1}{6}} e^{\mathbf{i}\left(\frac{15\pi}{12} + 2\pi\right)} = z_{w_1},$$

$$k = 5: \quad \varphi_{w_5} = \frac{7\pi}{12} + 5 \cdot \frac{2\pi}{3} = \frac{47\pi}{12} = \frac{23\pi}{12} + 2\pi \quad \Rightarrow \quad z_{w_5} = 5^{\frac{1}{3}} 2^{\frac{1}{6}} e^{\mathbf{i}\left(\frac{23\pi}{12} + 2\pi\right)} = z_{w_2},$$

$$k = 6: \quad \varphi_{w_6} = \frac{7\pi}{12} + 6 \cdot \frac{2\pi}{3} = \frac{55\pi}{12} = \frac{7\pi}{12} + 4\pi \quad \Rightarrow \quad z_{w_6} = 5^{\frac{1}{3}} 2^{\frac{1}{6}} e^{\mathbf{i}\left(\frac{7\pi}{12} + 4\pi\right)} = z_{w_0},$$

$$k=7: \quad \varphi_{w6}=\frac{7\pi}{12}+7\cdot\frac{2\pi}{3}=\frac{63\pi}{12}=\frac{15\pi}{12}+4\pi \quad\Rightarrow\quad z_{w6}=5^{\frac{1}{3}}2^{\frac{1}{6}}e^{\mathbf{i}\left(\frac{15\pi}{12}+4\pi\right)} \quad = z_{w1},$$

$$k=8: \quad \varphi_{w6}=\frac{7\pi}{12}+8\cdot\frac{2\pi}{3}=\frac{71\pi}{12}=\frac{23\pi}{12}+4\pi \quad\Rightarrow\quad z_{w6}=5^{\frac{1}{3}}2^{\frac{1}{6}}e^{\mathbf{i}\left(\frac{23\pi}{12}+4\pi\right)} \quad = z_{w2}.$$

$$\dots$$

Der gleiche Effekt tritt ein, wenn ausgehend von φ_{w_0} durch Subtrahieren im Argument mit $-k\frac{2\pi}{3}$ in mathematisch negativer Richtung gedreht wird. Es entstehen keine weiteren Positionen in der komplexen Ebene (s. Abb. 15.7).
Man erhält demnach genau drei verschiedene Wurzeln z_{w_0}, z_{w_1} und z_{w_2}. Die Wurzel z_{w_0} nennt man **Hauptwert**. Von dieser Zahl gelangt man auf dem Kreis mit dem Radius r_w zu den anderen beiden Wurzeln jeweils durch eine weitere Drehung um ein Drittel des Vollkreises.

Völlig analog wie für $n=3$ kann bei der Berechnung der **n-ten Wurzeln** aus einer gegebenen komplexen Zahl $z=a+\mathbf{i}b=re^{\mathbf{i}\varphi}$, $z\neq z_0$ vorgegangen werden. Ausgangspunkt ist die multivalente Schreibweise von z. Das Grundprinzip ist aus dem Beispiel für $n=3$ übertragbar.

Demnach gibt es beim Radizieren genau n **verschiedene Lösungen**, die alle auf dem Kreis mit dem Radius $r_w=|z_{w_k}|=\sqrt[n]{r}$ liegen.
Die Argumente des Hauptwerts und der anderen Wurzeln lauten:

$$\varphi_{w_0}=\frac{\varphi}{n}, \quad \varphi_{w_k}=\varphi_{w_0}+k\frac{2\pi}{n}=\frac{\varphi+2k\pi}{n}, \; k=0,1,2,\dots,n-1.$$

Ausgehend von φ_0 findet man die übrigen Wurzeln auf dem Kreis mit dem Radius r_w durch Drehung um jeweils $\frac{2\pi}{n}$ bzw. $\frac{360°}{n}$.
Die Formel für die Berechnung der n-ten Wurzeln aus z lautet demnach:

$$z_{w_k}=\sqrt[n]{r}e^{\mathbf{i}\left(\frac{\varphi+2k\pi}{n}\right)}=\sqrt[n]{r}e^{\left(\varphi_{w_0}+k\frac{2\pi}{n}\right)}, \; k=0,1,2,\dots,n-1.$$

Im Gegensatz zum Rechnen in $\mathbb{R}^+$ ist das Radizieren in $\mathbb{C}$ keine Umkehrung des Potenzierens, das auch für komplexe Zahlen eine eindeutige Lösung liefert.

Hinweis: Die Formel ist für alle komplexen Zahlen anwendbar, auch für negative reelle Größen. Diese besitzen das Argument $\varphi=\pi$.
Beispielsweise gehören zur Gleichung $(z_{w_k})^2=-1$ genau zwei Wurzeln:

$$k=0: \quad \varphi_{w_0}=\frac{\pi}{2}+0\cdot\pi=\frac{\pi}{2} \quad\Rightarrow\quad z_{w_0}=e^{\mathbf{i}\frac{\pi}{2}} \quad =\mathbf{i},$$

$$k=1: \quad \varphi_{w_1}=\frac{\pi}{2}+1\cdot\pi=\frac{3\pi}{2} \quad\Rightarrow\quad z_{w_1}=e^{\mathbf{i}\frac{3\pi}{2}} \quad =-\mathbf{i}.$$

Die Schreibweise $\mathbf{i}=\sqrt{-1}$ ist demnach nicht korrekt bzw. unvollständig; $z_{w_0}=\mathbf{i}$ repräsentiert den Hauptwert der beiden Wurzeln.

Hinweis: Mithilfe der komplexen Zahlen gelingt es, auch im Fall einer negativen Diskriminante in der p-q-Formel (vgl. Abschn. 8.1) Lösungen quadratischer Gleichungen mit reellwertigen Koeffizienten anzugeben. Sind diese komplexwertig, treten stets konjugiert komplexe Paare als Wurzeln bzw. als „komplexwertige" Nullstellen von Parabeln auf.

Untersucht man demnach die Gleichung aus Bsp. 8.2.3 (s. Abschn. 8.2) im komplexen Zahlenbereich, können zwei Wurzeln angegeben werden:

$$x^2 + 6x + 12 = 0 \quad \Rightarrow \quad x_{1,2} = -3 \pm \sqrt{3}\mathbf{i}.$$

Die Probe durch Einsetzen führt unter Beachtung von $\mathbf{i}^2 = -1$ zu wahren Aussagen:

$$(-3 \pm \sqrt{3}\mathbf{i})^2 + 6(-3 \pm \sqrt{3}\mathbf{i}) + 12 = 9 \mp 6\sqrt{3}\mathbf{i} + 3\mathbf{i}^2 - 18 \pm 6\sqrt{3}\mathbf{i} + 12 = 0.$$

15.2 Beispiele

15.2.1 Beispiel

Gegeben sind $z_1 = 1 + 2\mathbf{i}$, $z_2 = 2 + \mathbf{i}$. Bestimmen Sie Betrag und Argument der Zahlen $z \in \mathbb{C}$:

$$\textbf{a)}\ z = -z_1 + \overline{z_1} - \overline{z_2}, \qquad \textbf{b)}\ z = \frac{1}{-z_2\mathbf{i}} - \frac{1}{1 + \overline{z_1}}, \qquad \textbf{c)}\ z = \frac{\overline{z_1 z_2}}{z_1 + z_2}.$$

Lösungsweg:

Bei der Lösung dieses Beispiels werden die Grundrechenarten Addition, Subtraktion, Multiplikation und Division von komplexen Zahlen trainiert. Außerdem wird die Darstellung von komplexen Zahlen in kartesischer und das Umrechnen in die Polarform geübt.
Weil z_1 und z_2 in kartesischer Form gegeben sind, sollte man zunächst z ebenfalls in kartesischer Form berechnen und danach den Betrag und das Argument bestimmen.

a) Die konjugiert komplexen Zahlen zu z_1 und z_2 lauten:

$$\overline{z_1} = \overline{1 + 2\mathbf{i}} = 1 - 2\mathbf{i}, \quad \overline{z_2} = \overline{2 + \mathbf{i}} = 2 - \mathbf{i}.$$

Man erhält demnach für z in kartesischer Schreibweise:

$$z = -z_1 + \overline{z_1} - \overline{z_2} = -(1 + 2\mathbf{i}) + 1 - 2\mathbf{i} - (2 - \mathbf{i}) = -2 - 3\mathbf{i}.$$

Diese Zahl $z = -2 - 3\mathbf{i}$ liegt im III. Quadranten der komplexen Ebene.
Als Nächstes wird der Betrag berechnet:

$$|z| = r = \sqrt{a^2 + b^2} = \sqrt{(-2)^2 + (-3)^2} = \sqrt{13},$$

Das Argument einer komplexen Zahl im III. Quadranten ergibt sich mithilfe der Winkelbeziehungen (s. Abschn. 11.1). Im I. Quadranten erhält man einen Hilfswinkel:

$$\alpha = \arctan \frac{b}{a} = \arctan \frac{3}{2} \approx 0.983 \mathrel{\widehat{=}} 56.3^\circ.$$

Der gesuchte Winkel lautet demnach näherungsweise:

$$\varphi = Arg\, z = \alpha + \pi \approx 0.983 + \pi \approx 4.124 \mathrel{\widehat{=}} 236.3^\circ.$$

Die Polarform in trigonometrischer bzw. Euler'scher Schreibweise lautet:

$$z \approx \sqrt{13}\,(\cos 4.124 + \mathbf{i}\sin 4.124) = \sqrt{13}e^{4.124\mathbf{i}}.$$

b) Als Erstes sollten die Nenner unter Beachtung von $\mathbf{i}^2 = -1$ vereinfacht werden:

$$z = \frac{1}{-z_2\mathbf{i}} - \frac{1}{1+\overline{z_1}} = \frac{1}{-(2+\mathbf{i})\mathbf{i}} - \frac{1}{1+\overline{1+2\mathbf{i}}} = \frac{1}{-2\mathbf{i}-\mathbf{i}^2} - \frac{1}{2-2\mathbf{i}} = \frac{1}{1-2\mathbf{i}} - \frac{1}{2-2\mathbf{i}}.$$

Als Nächstes bringt man die Brüche auf einen Nenner und vereinfacht:

$$z = \frac{1}{1-2\mathbf{i}} + \frac{1}{-2+2\mathbf{i}} = \frac{-2+2\mathbf{i}+1-2\mathbf{i}}{(1-2\mathbf{i})(-2+2\mathbf{i})} = \frac{-1}{-2+2\mathbf{i}+4\mathbf{i}-4\mathbf{i}^2} = \frac{1}{-2-6\mathbf{i}}.$$

Dies ist noch keine komplexe Zahl in kartesischer Form, sondern ein komplexwertiger Ausdruck, **i** steht im Nenner. Man erweitert mit der konjugiert Komplexen des Nenners und benutzt im Nenner die dritte binomische Formel:

$$z = \frac{1(-2+6\mathbf{i})}{(-2-6\mathbf{i})(-2+6\mathbf{i})} = \frac{-2+6\mathbf{i}}{4+36} = \frac{-2}{40} + \frac{6}{40}\mathbf{i} = -\frac{1}{20} + \frac{3}{20}\mathbf{i}.$$

Das Resultat liegt im II. Quadranten der Gauß'schen Zahlenebene.
Der Betrag kann einfacher berechnet werden, wenn man den Faktor $\frac{1}{20}$ vor die Wurzel zieht:

$$|z| = r = \frac{1}{20}\sqrt{(-1)^2+3^2} = \frac{1}{20}\sqrt{10}.$$

Das Argument ergibt sich mithilfe der Winkelbeziehungen (s. Abschn. 11.1) und dem Hilfswinkel α im I. Quadranten:

$$\alpha = \arctan\frac{3}{1} \approx 1.249 \mathrel{\widehat{=}} 71.6^\circ \quad \Rightarrow \quad Arg\, z = \varphi = \pi - \alpha \approx 1.893 \mathrel{\widehat{=}} 108.4^\circ.$$

Die Umschreibung in Polarform lautet demnach:

$$z \approx \frac{1}{20}\sqrt{10}e^{1.893\mathbf{i}} = \frac{1}{20}\sqrt{10}\,(\cos 1.893 + \mathbf{i}\sin 1.893)\,.$$

c) Zunächst sollte man unter Berücksichtigung von $\mathbf{i}^2 = -1$ das Produkt $z_1 z_2$ und die konjugiert komplexe Zahl $\overline{z_1 z_2}$ berechnen:

$$z_1 z_2 = (1+2\mathbf{i})(2+\mathbf{i}) = 2+\mathbf{i}+4\mathbf{i}+2\mathbf{i}^2 = 5\mathbf{i} \quad \Rightarrow \quad \overline{z_1 z_2} = \overline{5\mathbf{i}} = -5\mathbf{i}.$$

Der Ausdruck von z kann demnach vereinfacht werden:

$$z = \frac{\overline{z_1 z_2}}{z_1+z_2} = \frac{-5\mathbf{i}}{(1+2\mathbf{i})+(2+\mathbf{i})} = \frac{-5\mathbf{i}}{3+3\mathbf{i}}.$$

Um die Zahl z in algebraischer Normalform darzustellen, wird mit der konjugiert Komplexen des Nenners erweitert, zusammengefasst und gekürzt:

$$z = \frac{(-5\mathbf{i})(3-3\mathbf{i})}{(3+3\mathbf{i})(3-3\mathbf{i})} = \frac{-15\mathbf{i}+15\mathbf{i}^2}{3^2-(3\mathbf{i})^2} = \frac{-15-15\mathbf{i}}{18} = -\frac{15}{18} - \frac{15\mathbf{i}}{18} = -\frac{5}{6} - \frac{5}{6}\mathbf{i}.$$

Die Zahl $z = -\frac{5}{6} - \frac{5}{6}\mathbf{i}$ liegt im III. Quadranten der komplexen Zahlenebene auf der Winkelhalbierenden und besitzt den Betrag:

$$|z| = r = \sqrt{\left(-\frac{5}{6}\right)^2 + \left(-\frac{5}{6}\right)^2} = \frac{5\sqrt{2}}{6},$$

Mit dem Hilfswinkel α im I. Quadranten, beispielsweise für $z = 1 + \mathbf{i}$ und unter Beachtung der Winkelbeziehungen (s. Abschn. 11.1) erhält man für z im III. Quadranten:

$$\alpha = \arctan\left(\frac{1}{1}\right) = \arctan 1 = \frac{\pi}{4} \;(\widehat{=} 45°) \quad \Rightarrow \quad Arg\, z = \varphi = \pi + \alpha = \frac{5\pi}{4} \;(\widehat{=} 225°).$$

Die Polarform lautet:

$$z = \frac{5}{6}\sqrt{2}e^{\frac{5\pi}{4}\mathbf{i}} = \frac{5}{6}\sqrt{2}\left(\cos\frac{5\pi}{4} + \mathbf{i}\sin\frac{5\pi}{4}\right).$$

Hinweis: Die Argumente von $z = -\frac{5}{6} - \frac{5}{6}\mathbf{i} = \frac{5}{6}(-1-\mathbf{i})$ und $z = -1-\mathbf{i}$ sind gleich, ein gemeinsamer Faktor im Real- und Imaginärteil verändert das Argument offensichtlich nicht, weil sie auf dem gleichen Strahl liegen.

15.2.2 Beispiel

a) Gesucht sind Betrag, Argument und die Summe der in Abb. 15.8 dargestellten komplexen Zahlen z_k, $k = 1, 2, 3, 4$.

b) Bestimmen Sie $z = z_1 z_2$ und $z = \frac{z_3}{z_4}$ jeweils in der kartesischen und der Polarform.

c) Die Zahlen z_k, $k = 1, 2, 3, 4$ seien vierte Wurzeln einer Zahl $z = a + b\mathbf{i}$, wobei z_1 als Hauptwert festgelegt wird. Bestimmen Sie z.

Lösungsweg:

a) Die Zahlen sind Vertreter des jeweiligen Quadranten der Gauß'schen Zahlenebene. Sie besitzen den gleichen Betrag $r = 2\sqrt{2}$. Weil sie alle auf der jeweiligen Winkelhalbierenden liegen, kann man die Argumente ohne Rechnung angeben. Diese lauten (vgl. Tab. 15.1):

$$\begin{aligned}
Arg\, z_1 = \varphi_1 &= \arctan\frac{2}{2} &&= \arctan 1 &&= 45° &&\widehat{=} \frac{\pi}{4},\\
Arg\, z_2 = \varphi_2 &= \arctan\left(\frac{-2}{2}\right) + 180° &&= \arctan(-1) + 180° &&= 135° &&\widehat{=} \frac{3\pi}{4},\\
Arg\, z_3 = \varphi_3 &= \arctan\left(\frac{-2}{-2}\right) + 180° &&= \arctan 1 + 180° &&= 225° &&\widehat{=} \frac{5\pi}{4},\\
Arg\, z_4 = \varphi_4 &= \arctan\left(\frac{2}{-2}\right) + 360° &&= \arctan(-1) + 360° &&= 315° &&\widehat{=} \frac{7\pi}{4}.
\end{aligned}$$

Zur Berechnung der Summe addiert man die vier entsprechenden Real- und Imaginärteile:

$$z_1 + z_2 + z_3 + z_4 = 2 + 2\mathbf{i} - 2 + 2\mathbf{i} - 2 - 2\mathbf{i} + 2 - 2\mathbf{i} = 0.$$

Demnach ist der entsprechende Polygonzug der komplexen Zeiger geschlossen.

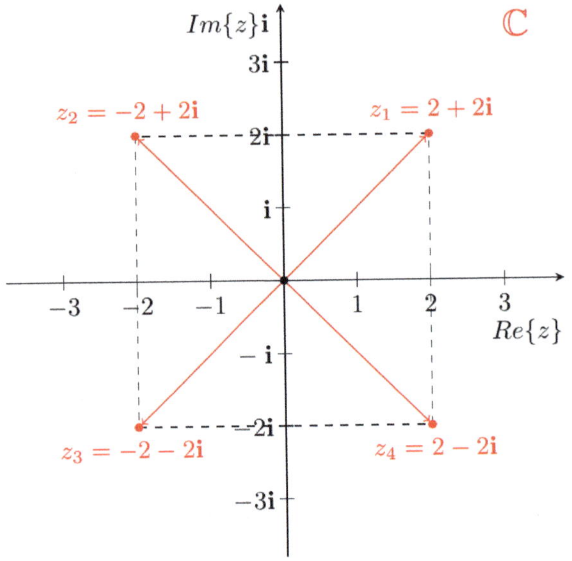

Abb. 15.8 Repräsentanten der vier Quadranten in der komplexen Ebene

b) Bei der Multiplikation in Normalform kann die dritte binomische Formel genutzt werden:

$$z = z_1 z_2 = (2 + 2\mathbf{i})(-2 + 2\mathbf{i}) = -4 + 4\mathbf{i}^2 = -8,$$

Für die Bestimmung des Produktes in Polarform empfiehlt sich die Euler'sche Schreibweise. Mit den bereits bestimmten Beträgen und Argumenten erhält man:

$$z = z_1 z_2 = 2\sqrt{2}e^{\mathbf{i}\frac{\pi}{4}} \cdot 2\sqrt{2}e^{\mathbf{i}\frac{3\pi}{4}} = 8e^{\mathbf{i}\frac{\pi}{4}+\mathbf{i}\frac{3\pi}{4}} = 8e^{\mathbf{i}\pi} = -8.$$

Die Beträge werden demnach miteinander multipliziert und die Argumente addiert.
Die Division der Zahlen z_3 und z_4 wird in kartesischer Schreibweise ausgeführt, indem man mit der konjugiert Komplexen des Nenners erweitert und danach den Zähler ausmultipliziert. Zur Vereinfachung der Rechnung empfiehlt es sich auszuklammern und zu kürzen:

$$z = \frac{z_3}{z_4} = \frac{-2 - 2\mathbf{i}}{2 - 2\mathbf{i}} = \frac{(-2)(1 + \mathbf{i})}{2(1 - \mathbf{i})} = -\frac{(1 + \mathbf{i})(1 + \mathbf{i})}{(1 - \mathbf{i})(1 + \mathbf{i})} = -\frac{1 + 2\mathbf{i} + (\mathbf{i})^2}{2} = -\frac{1 + 2\mathbf{i} - 1}{2} = -\mathbf{i}.$$

Die Division in der Polarform mit der Euler'schen Schreibweise mithilfe der Potenzgesetze erfordert nur wenig Rechnung. Im letzten Schritt wird die Euler'sche Formel (s. Abschn. 15.1) unter Beachtung der Eigenschaften der trigonometrischen Funktionen benutzt:

$$z = \frac{z_3}{z_4} = \frac{2\sqrt{2}e^{\mathbf{i}\frac{5\pi}{4}}}{2\sqrt{2}e^{\mathbf{i}\frac{7\pi}{4}}} = e^{\mathbf{i}\frac{5\pi}{4} - \mathbf{i}\frac{7\pi}{4}} = e^{-\mathbf{i}\frac{2\pi}{4}} = e^{-\mathbf{i}\frac{\pi}{2}} = \cos\left(-\frac{\pi}{2}\right) + \mathbf{i}\sin\left(-\frac{\pi}{2}\right) = -\mathbf{i}.$$

c) Für die Berechnung von $z = a + \mathbf{i}b = re^{\mathbf{i}\varphi}$ stehen zwei Lösungswege zur Verfügung. Zum Ersten lassen sich Betrag und Argument leicht mithilfe von z_1 bestimmen. Für die vierten Wurzeln gilt:

$$z_{w_k} = \sqrt[4]{r}e^{\mathbf{i}\left(\frac{\varphi+2k\pi}{4}\right)} = \sqrt[4]{r}e^{\left(\varphi_{w_0}+k\frac{2\pi}{4}\right)}, \quad k = 0, 1, 2, 3.$$

Weil z_1 der Hauptwert beim Radizieren sein soll, ergibt sich die Lösung:

$$r_1 = \sqrt[4]{r} \quad \Rightarrow \quad r = r_1^4 = (2\sqrt{2})^4 = 64.$$

$$\varphi_1 = \frac{\varphi}{4} \quad \Rightarrow \quad \varphi = 4\varphi_1 = 4\frac{\pi}{4} = \pi.$$

Demnach lautet das Resultat:

$$z = re^{\mathbf{i}\varphi} = 64e^{\mathbf{i}\pi} = -64.$$

Zum Zweiten erhält man mithilfe der kartesischen Schreibweise von z_1 das Ergebnis, entweder mit der etwas umständlichen Anwendung des binomischen Lehrsatzes für $n = 4$ oder durch Benutzung der Potenzgesetze:

$$z = (z_1)^4 = (2 + 2\mathbf{i})^4 = 2^4(1 + \mathbf{i})^4 = 16((1 + \mathbf{i})^2)^2 = 16(2\mathbf{i})^2 = 16 \cdot 2^2\mathbf{i}^2 = -64.$$

15.2.3 Beispiel

Gesucht sind die Mengen der komplexen Zahlen z, die folgende Eigenschaften besitzen:

a) $|z - 1| < 2$, **b)** $1 \le |z| < 3$, **c)** $|z - \mathbf{i}| \ge 2$, **d)** $(Re\{z\} \le 1) \wedge (|z + \mathbf{i}| > 1)$.

Lösungsweg:

a) Für $z = a + b\mathbf{i}$, $a, b \in \mathbb{R}$ lautet der Betrag des komplexwertigen Terms $z - 1$:

$$|z - 1| = |a - 1 + b\mathbf{i}| = \sqrt{(a-1)^2 + b^2}.$$

Die gegebene Ungleichung kann demnach umgeschrieben werden:

$$|z - 1| < 2 \quad \Leftrightarrow \quad \sqrt{(a-1)^2 + b^2} < 2 \quad \Leftrightarrow \quad (a-1)^2 + b^2 < 4.$$

Die Gleichung $(a-1)^2 + b^2 = 4$ beschreibt in der komplexen Ebene einen Kreis mit dem Mittelpunkt $M(1{,}0)$ und dem Radius $r = 2$ (vgl. Abschn. 12.1), d. h. alle Zahlen, die vier Einheiten von M entfernt liegen.
Die Ungleichung wird demnach von allen Zahlen erfüllt, deren Abstand von M kleiner als zwei ist; diese liegen im Inneren des Kreises (s. Abb. 15.9a) und gehören zur Lösungsmenge:

$$\mathsf{L} = \{a + b\mathbf{i},\, a, b \in \mathbb{R} |\, (a-1)^2 + b^2 < 4\}.$$

b) Gegeben ist eine **Ungleichungskette**, d. h. zwei miteinander gekoppelte Ungleichungen:

$$1 \le |z| < 3 \quad \Leftrightarrow \quad (1 \le |z|) \wedge (|z| < 3)\,.$$

Für $z = a + b\mathbf{i}$, $a, b \in \mathbb{R}$ gelten demnach unter Beachtung des Betrags $|z| = \sqrt{a^2 + b^2}$:

$$\left(1 \leq \sqrt{a^2+b^2}\right) \wedge \left(\sqrt{a^2+b^2} < 3\right) \quad \Leftrightarrow \quad \left(1 \leq a^2+b^2\right) \wedge \left(a^2+b^2 < 9\right).$$

Die erste Ungleichung beschreibt in der komplexen Ebene die Menge der Zahlen auf und außerhalb des Einheitskreises, die zweite das Innere des Kreises mit $M(0,0)$ und $r = 3$.
Die Schnittmenge ist demnach ein Kreisring:

$$1 \leq \sqrt{a^2+b^2} < 3 \quad \Leftrightarrow \quad 1 \leq a^2+b^2 < 9.$$

Da die erste Ungleichung nicht streng ist, gehört der innere Rand $|z| = 1$ dazu (s. Abb. 15.9b). Die Lösungsmenge lautet:

$$\mathsf{L} = \{a + b\mathbf{i},\, a, b \in \mathbb{R} \,:\, 1 \leq a^2 + b^2 < 9\}.$$

Hinweis: Durch Einsetzen von Testwerten aus Bereichen der komplexen Ebene kann man prüfen, ob der entsprechende Bereich zur Lösungsmenge gehört. Beispielsweise liegt $z = 2$ in L, der Kreisring gehört demnach dazu. Das Innere des Einheitskreises entfällt, weil $z_0 \notin \mathsf{L}$.

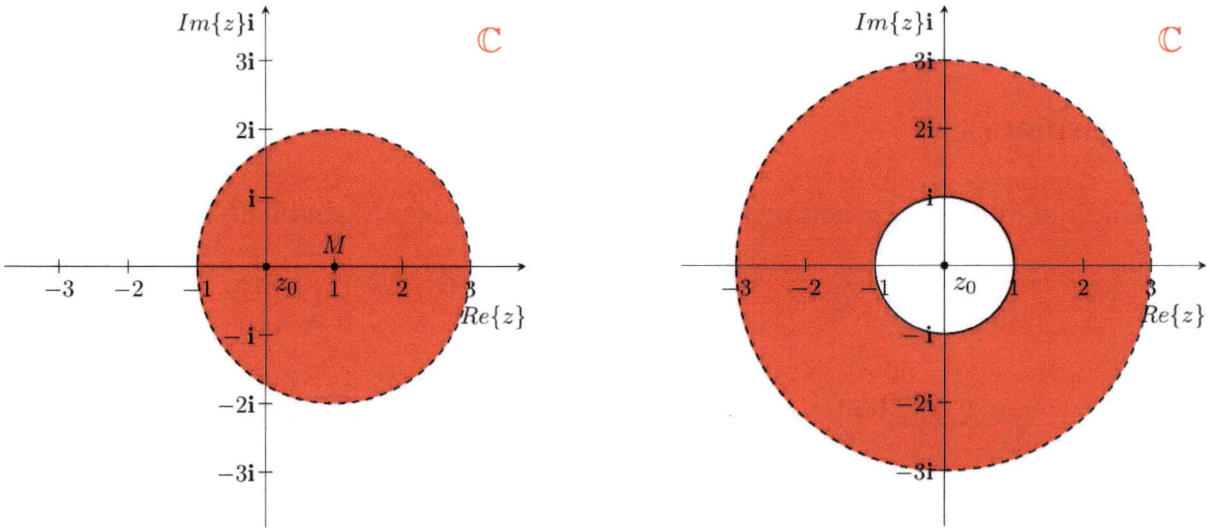

(a) (b)

Abb. 15.9 Mengen in der komplexen Ebene, **a** Kreis mit Mittelpunkt $M(1,0)$, **b** Kreisring

c) Zunächst wird der Betrag des komplexen Terms $z - i$ für $z = a + b\mathbf{i}$, $a, b \in \mathbb{R}$ aufgestellt:

$$|z - \mathbf{i}| = |a + b\mathbf{i} - \mathbf{i}| = |a + b\mathbf{i} - \mathbf{i}| = |a + (b-1)\mathbf{i}| = \sqrt{a^2 + (b-1)^2}.$$

Demnach lautet die gegebene Ungleichung:

$$|z - \mathbf{i}| \geq 2 \quad \Leftrightarrow \quad \sqrt{a^2 + (b-1)^2} \geq 2 \quad \Leftrightarrow \quad a^2 + (b-1)^2 \geq 4.$$

Die Lösungsmenge enthält alle Zahlen der komplexen Ebene, die auf und außerhalb des Kreises mit dem Mittelpunkt $M(0,1)$ und dem Radius $r = 2$ liegen (s. Abb. 15.10a):

$$\mathsf{L} = \{a + b\mathbf{i},\, a,b \in \mathbb{R} \,:\, a^2 + (b-1)^2 \geq 4\}.$$

d) Gesucht wird der Schnitt von zwei Teilmengen.
Die erste Bedingung $a = Re\{z\} \leq 1$ liefert in $\mathbb{R}$, d. h. auf der reellen Achse alle Werte links von eins. Diese Ungleichung hängt nicht von b ab und gilt demnach für alle Imaginärteile b. Das lässt sich grafisch durch eine Verschiebung des Intervalls $a \leq 1$ parallel zur imaginären Achse interpretieren und erzeugt eine **Halbebene**; der Rand $a = 1$ gehört dazu.
Die zweite Bedingung $|z + \mathbf{i}| > 1$ beschreibt erneut das Äußere eines Kreises mit dem Mittelpunkt $M(0, -1)$ und dem Radius $r = 1$, jedoch ohne den Rand (s. Abb. 15.10b):

$$|z + \mathbf{i}| > 1 \;\Leftrightarrow\; |a + (b+1)\mathbf{i}| > 1 \;\Leftrightarrow\; \sqrt{a^2 + (b+1)^2} > 1 \;\Leftrightarrow\; a^2 + (b+1)^2 > 1.$$

Die Zahlen $z_0 = 0$ und $z = 1 - \mathbf{i}$ liegen auf dem Kreis und sind deshalb keine Lösung. Die Lösungsmenge lautet demnach:

$$\mathsf{L} = \{z = a + b\mathbf{i} \in \mathbb{C} \,|\, (a \leq 1) \wedge (a^2 + (b+1)^2 > 1)\}.$$

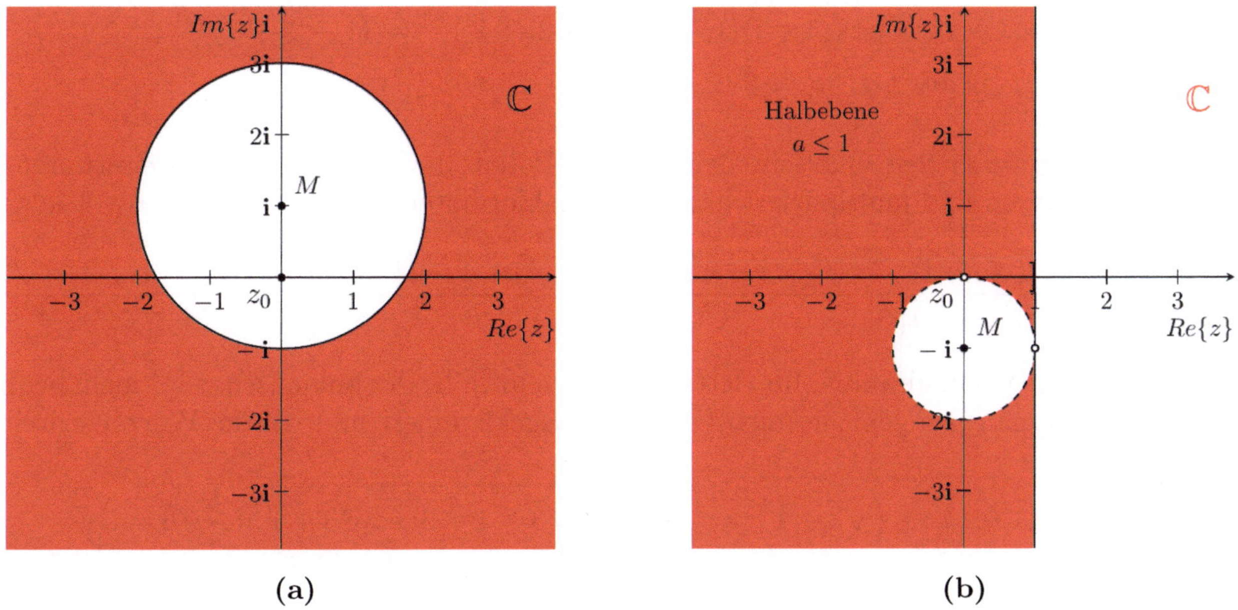

Abb. 15.10 Gebiete in der komplexen Ebene, **a** Äußeres des Kreises mit $M(0{,}1)$ und $r = 2$, **b** Differenzmenge der Halbebene $a \leq 1$ und des Einheitskreises mit $M(0, -1)$

15.2.4 Beispiel

Bestimmen Sie:

$$\textbf{a)}\; z = (1 - \mathbf{i})^{1000}, \quad \textbf{b)}\; z = \left(\frac{1 - \mathbf{i}}{\sqrt{3} + \mathbf{i}}\right)^{44}, \quad \textbf{c)}\; \text{alle achten Wurzeln aus 32.}$$

Lösungsweg:

a) Für das Potenzieren von komplexen Zahlen verwendet man vorrangig die Polarform mit der Euler'schen Schreibweise, insbesondere bei höheren Potenzen ($n \geq 3$).

Die Zahl $1-\mathbf{i}$ liegt im IV. Quadranten, ihr Betrag und Argument lauten:

$$r=\sqrt{1^2+(-1)^2}=\sqrt{2},\quad arg z=\arctan\left(\frac{-1}{1}\right)=-\frac{\pi}{4}\ \Rightarrow\ Arg z=\varphi=-\frac{\pi}{4}+2\pi=\frac{7\pi}{4}.$$

Im letzten Schritt wurde in den Grundbereich umgerechnet. Somit ergibt sich die Polardarstellung:

$$1-\mathbf{i}=\sqrt{2}e^{\frac{7\pi}{4}\mathbf{i}}.$$

Beim Potenzieren in der Exponentialform (Euler'sche Schreibweise) erhält man unter Beachtung von $e^{0\pi\mathbf{i}}=1$ und nach Umrechnung in den Grundbereich:

$$(1-\mathbf{i})^{1000}=(\sqrt{2})^{1000}e^{1000\cdot\frac{7\pi}{4}\mathbf{i}}=2^{500}e^{1750\pi\mathbf{i}}=2^{500}e^{875\cdot 2\pi\mathbf{i}}=2^{500}e^{0\pi\mathbf{i}}=2^{500}.$$

Bei diesem Beispiel ist es alternativ ebenfalls möglich und vertretbar, in der kartesischen Form mithilfe der binomischen Formel zu potenzieren:

$$\begin{aligned}z=&(1-\mathbf{i})^{1000}=\left((1-\mathbf{i})^2\right)^{500}=\left(1^2-2\mathbf{i}+\mathbf{i}^2\right)^{500}=(1-2\mathbf{i}-1)^{500}\\=&(-2\mathbf{i})^{500}=(-2)^{500}\mathbf{i}^{500}=2^{500}(\mathbf{i}^2)^{250}=2^{500}(-1)^{250}=2^{500}.\end{aligned}$$

b) Zunächst sollte man den Quotienten unter der Potenz berechnen. Man erweitert mit der konjugiert Komplexen und multipliziert danach im Zähler unter Beachtung von $\mathbf{i}^2=-1$ aus:

$$\frac{1-\mathbf{i}}{\sqrt{3}+\mathbf{i}}=\frac{(1-\mathbf{i})(\sqrt{3}-\mathbf{i})}{(\sqrt{3}+\mathbf{i})(\sqrt{3}-\mathbf{i})}=\frac{\sqrt{3}-\mathbf{i}-\sqrt{3}\mathbf{i}+\mathbf{i}^2}{4}=\frac{\sqrt{3}-1-(1+\sqrt{3})\mathbf{i}}{4}=\frac{\sqrt{3}-1}{4}-\frac{1+\sqrt{3}}{4}\mathbf{i}.$$

Diese Zahl liegt im IV. Quadranten. Ihr Betrag lässt sich mithilfe der binomischen Formeln bequem bestimmen, wenn man den gemeinsamen Faktor $\frac{1}{4}$ ausgeklammert und vor die Wurzel schreibt:

$$r=\frac{1}{4}\sqrt{\left(\sqrt{3}-1\right)^2+\left(\sqrt{3}+1\right)^2}=\frac{1}{4}\sqrt{3-2\sqrt{3}+1+3+2\sqrt{3}+1}=\frac{1}{4}\sqrt{8}=\frac{\sqrt{2}}{2}.$$

Das Argument wird mithilfe der Winkelbeziehungen bestimmt:

$$\varphi=360^\circ+\arctan\left(\frac{1+\sqrt{3}}{1-\sqrt{3}}\right)=360^\circ-75^\circ=285^\circ\mathrel{\widehat{=}}2\pi-1.309\approx 4.974.$$

Hinweis: Den Nenner des Quotienten in der Klammer sollte man rational machen:

$$\frac{(1+\sqrt{3})}{(1-\sqrt{3})}=\frac{(1+\sqrt{3})(1+\sqrt{3})}{(1-\sqrt{3})(1+\sqrt{3})}=\frac{1+2\sqrt{3}+3}{1-3}=-\frac{4+2\sqrt{3}}{2}=-(2+\sqrt{3}).$$

Der zu potenzierende Term besitzt demnach die Polarform:

$$\frac{1-\mathbf{i}}{\sqrt{3}+\mathbf{i}}=\frac{\sqrt{2}}{2}e^{285^\circ\mathbf{i}}\approx\frac{\sqrt{2}}{2}e^{4.974\mathbf{i}}.$$

Im letzten Schritt wird potenziert und das Argument in den Grundbereich umgerechnet:

$$z = \left(\frac{1-\mathbf{i}}{\sqrt{3}+\mathbf{i}}\right)^{44} = \left(\frac{\sqrt{2}}{2}\right)^{44} e^{44\cdot 285°\mathbf{i}} = \frac{2^{22}}{2^{44}} e^{12\,540°\mathbf{i}} = \frac{1}{2^{22}} e^{300°\mathbf{i}}.$$

c) Gesucht sind die Wurzeln z_{w_k}, $k = 0, 1, \ldots 7$ (vgl. Abschn. 15.1) aus $z_{w_k} = \sqrt[8]{32}$.
Die gegebene Zahl $z = 32$ liegt auf der positiven reellen Achse, ihr Argument lautet null.
Die acht Wurzeln aus $z = 32 = 32e^{0\mathbf{i}}$ werden mithilfe der allgemeinen Formel berechnet:

$$z_{w_k} = \sqrt[8]{r} e^{\mathbf{i}\varphi_{w_k}}, \quad k = 0, 1, 2, \ldots, 7.$$

Alle Wurzeln befinden sich demnach auf einem Kreis mit dem Radius $r_w = \sqrt[8]{32}$.
Der Hauptwert besitzt in diesem Fall das Argument $\varphi_{w_0} = \frac{0}{8} = 0$ und liegt auch auf der reellen Achse. Die übrigen Positionen erhält man jeweils durch Drehung vom Hauptwert um einen Winkel von $\frac{1}{8}2\pi = \frac{\pi}{4}$. Die acht Argumente ergeben sich aus der Formel (s. Abschn. 15.1):

$$\varphi_{w_k} = \varphi_{w_0} + k\frac{2\pi}{8} = \frac{k\pi}{4}, \quad k = 0, 1, 2, \ldots, 7.$$

Die Wurzeln lauten demnach:

$$\begin{aligned}
k = 0: &\quad \varphi_{w_0} = 0 &&\Rightarrow\quad z_{w_0} = \sqrt[8]{32} e^{\mathbf{i}0} &&= \sqrt[8]{32},\\
k = 1: &\quad \varphi_{w_1} = \frac{\pi}{4} &&\Rightarrow\quad z_{w_1} = \sqrt[8]{32} e^{\mathbf{i}\frac{\pi}{4}} &&= \sqrt[8]{32}\left(\tfrac{\sqrt{2}}{2} + \mathbf{i}\tfrac{\sqrt{2}}{2}\right),\\
k = 2: &\quad \varphi_{w_2} = \frac{\pi}{2} &&\Rightarrow\quad z_{w_2} = \sqrt[8]{32} e^{\mathbf{i}\frac{\pi}{2}} &&= \sqrt[8]{32}\mathbf{i},\\
k = 3: &\quad \varphi_{w_3} = \frac{3\pi}{4} &&\Rightarrow\quad z_{w_3} = \sqrt[8]{32} e^{\mathbf{i}\frac{3\pi}{4}} &&= \sqrt[8]{32}\left(-\tfrac{\sqrt{2}}{2} + \mathbf{i}\tfrac{\sqrt{2}}{2}\right),\\
k = 4: &\quad \varphi_{w_4} = \pi &&\Rightarrow\quad z_{w_4} = \sqrt[8]{32} e^{\mathbf{i}\pi} &&= -\sqrt[8]{32},\\
k = 5: &\quad \varphi_{w_5} = \frac{5\pi}{4} &&\Rightarrow\quad z_{w_5} = \sqrt[8]{32} e^{\mathbf{i}\frac{5\pi}{4}} &&= \sqrt[8]{32}\left(-\tfrac{\sqrt{2}}{2} - \mathbf{i}\tfrac{\sqrt{2}}{2}\right),\\
k = 6: &\quad \varphi_{w_6} = \frac{3\pi}{2} &&\Rightarrow\quad z_{w_6} = \sqrt[8]{32} e^{\mathbf{i}\frac{3\pi}{2}} &&= -\sqrt[8]{32}\mathbf{i},\\
k = 7: &\quad \varphi_{w_7} = \frac{7\pi}{4} &&\Rightarrow\quad z_{w_7} = \sqrt[8]{32} e^{\mathbf{i}\frac{7\pi}{4}} &&= \sqrt[8]{32}\left(\tfrac{\sqrt{2}}{2} - \mathbf{i}\tfrac{\sqrt{2}}{2}\right).
\end{aligned}$$

Hinweis: Wenn man diese Zahlen in der komplexen Ebene darstellt, ist zu erkennen, dass sie die Ecken eines regulären Achtecks bilden. Zwei Wurzeln liegen auf der reellen, zwei auf der imaginären Achse und die restlichen vier auf den Winkelhalbierenden in den Quadranten.

15.2.5 Beispiel

Beschreiben Sie die in den Abbildungen 15.11 dargestellten Mengen. Die Kurven sind Kreisbögen. Die Geradenstücke liegen auf der jeweiligen Winkelhalbierenden. Alle Randkurven gehören zur gesuchten Menge.

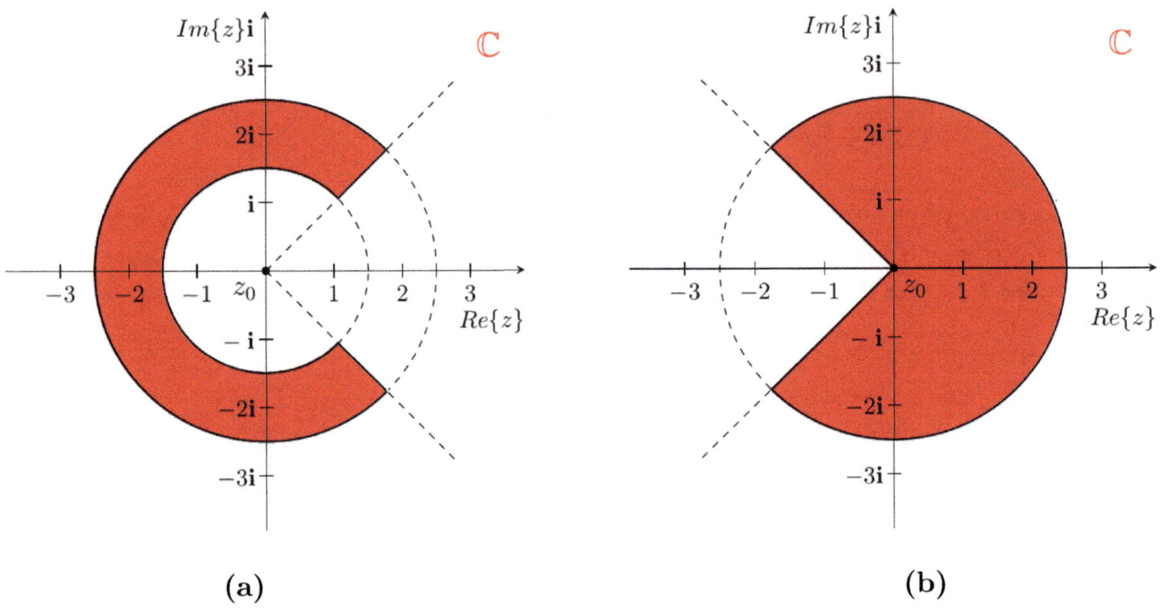

Abb. 15.11 Mengen in der komplexen Ebene, **a** „Buchstabe C", **b** „Pac-Man"

Lösungsweg:

Bei diesem Beispiel wird der Sachverhalt des Arguments einer komplexen Zahl geübt. Die Großschreibung $Arg\, z$ benutzt man, wenn das Argument im Grundbereich $0 \leq \varphi < 2\pi$ (s. Abschn. 15.1) liegt, anderenfalls wird $arg\, z$ notiert.

a) Die Menge entsteht aus einem Kreisring durch Subtraktion der Zahlen $-\frac{\pi}{4} \leq arg\, z \leq \frac{\pi}{4}$:

$$(1.5 \leq |z| \leq 2.5) \wedge \left(\frac{\pi}{4} \leq Arg\, z \leq \frac{7\pi}{4}\right).$$

b) Die Lösungsmenge entsteht aus einem Kreis um den Koordinatenursprung mit dem Radius $r = 2.5$ durch Subtraktion der Menge aller Zahlen mit einem Argument $\frac{3\pi}{4} < Arg\, z < \frac{5\pi}{4}$:

$$(|z| \leq 2.5) \wedge \left(-\frac{5\pi}{4} \leq arg\, z \leq \frac{3\pi}{4}\right).$$

15.3 Übungen

15.3.1 Übung

(7/7 Min.)

Bestimmen Sie in $\mathbb{C}$ die Menge aller Zahlen z, die folgenden Bedingungen erfüllen:

a) $(1 \leq |z - \mathbf{i}| < 2) \wedge \left(0 \leq Arg\, z < \frac{3\pi}{2}\right)$, **b)** $|z + 1 - \mathbf{i}| < |z - 1 + \mathbf{i}|$.

→ *Lösung auf Seite 219*

15.3.2 Übung

(6/6/10/6 Min.)

Für welche komplexe Zahlen gelten:

$$\text{a) } z^{-1} = z, \quad \text{b) } z^{-1} = \overline{z}, \quad \text{c) } z^3 = -1 - \mathbf{i}, \quad \text{d) } \mathbf{i}\overline{z} = \overline{-\mathbf{i}z}\,?$$

→ *Lösung auf Seite 221*

15.3.3 Übung

(6/6/6 Min.)

Welche komplexen Zahlen erfüllen die Gleichungen:

$$\text{a) } z^2 = \frac{2-\mathbf{i}}{\sqrt{3}+\mathbf{i}}, \quad \text{b) } z + 3\overline{z} = \frac{2-\mathbf{i}}{1+\mathbf{i}}, \quad \text{c) } z = \frac{1 + \frac{1}{1+\mathbf{i}}}{1 - \frac{1}{1-\mathbf{i}}}.$$

→ *Lösung auf Seite 224*

15.3.4 Übung

(10 Min.)

Gesucht ist die Lösungsmenge der Ungleichung:

$$Re\{\mathbf{i}\overline{z} - Im\{z^3\}\} + Im\{z^3 - 2\mathbf{i}\} \geq 3.$$

→ *Lösung auf Seite 225*

15.4 Tests

15.4.1 Test

(5 Min.)

Die Gleichung $z^2 - 2z + t = 0$, $t \in \mathbb{R}$ besitze die Lösung $z_1 = 1 + 2\mathbf{i}$.
Bestimmen Sie t und die zweite Lösung z_2 der Gleichung.

[1] $t = 0$, $z_2 = 0$ [2] $t = 5$, $z_2 = 1 - 2\mathbf{i}$ [3] $t = 5$, $z_{2,3} = 1 \pm \mathbf{i}$

[4] Sie haben ein anderes Ergebnis erhalten.

→ *Lösung auf Seite 279*

15.4.2 Test

(10 Min.)

Für welche komplexe Zahlen $z = a + b\mathbf{i}$ gilt:

$$(|z-2| \leq |z|) \wedge (|z+4+\mathbf{i}| \geq |z-4-\mathbf{i}|)\,?$$

1. $\mathsf{L} = \{z = a + b\mathbf{i}|\,(a \geq 2)\}$
2. $\mathsf{L} = \{z = a + b\mathbf{i}|\,(a \geq 1) \wedge (-4a \geq b)\}$
3. $\mathsf{L} = \{z = a + b\mathbf{i}|\,(a \geq 1) \wedge (-4a \leq b)\}$
4. Sie haben ein anderes Ergebnis erhalten.

→ *Lösung auf Seite 280*

15.4.3 Test

(12 Min.)

Bestimmen Sie die komplexen Zahlen z in:

$$z + \frac{3}{z} = \overline{z} + \frac{1}{\overline{z}}.$$

1. $z_{1,2} = \pm 2\mathbf{i}$
2. $z_0 = 0, z_{1,2} = \pm\sqrt{2}\mathbf{i}$
3. $z_{1,2} = \pm\sqrt{2}\mathbf{i}$
4. Sie haben ein anderes Ergebnis erhalten.

→ *Lösung auf Seite 282*

15.4.4 Test

(12 Min.)

Bestimmen Sie die komplexen Zahlen $z = a + b\mathbf{i}$, die Lösung der folgenden Ungleichung sind:

$$Re\{z\overline{z} + \mathbf{i}z^2 + 1\} + Im\{\mathbf{i}z^2 + \mathbf{i}z\overline{z} + z^2 - 4\mathbf{i}\} \leq 0\,.$$

1. $3a^2 + b^2 \geq 3$
2. $a^2 + 3b^2 \leq 3$
3. $a^2 + \frac{1}{3}b^2 \leq 1$
4. Sie haben ein anderes Ergebnis erhalten.

→ *Lösung auf Seite 283*

16 Hinweise und Lösungen zu den Übungen

16.1 Umstellen von Gleichungen

Zu 1.3.1 Übung

Tipp: Um leichter nach $\boldsymbol{\mu}$ umstellen zu können, sollte man als Erstes mit dem entsprechenden Term multiplizieren, danach steht $\boldsymbol{\mu}$ im Zähler:

$$P_{\text{Ü}} \cdot \left(\frac{d}{4} + \boldsymbol{\mu} h\right) = \frac{F}{d\pi}.$$

Tipp: Bringen Sie alle Terme, in denen $\boldsymbol{\mu}$ nicht vorkommt, auf die andere Seite der Gleichung:

$$\begin{aligned} \frac{d}{4} + \boldsymbol{\mu} h &= \frac{F}{d\pi P_{\text{Ü}}}, \\ \boldsymbol{\mu} h &= \frac{F}{d\pi P_{\text{Ü}}} - \frac{d}{4}. \end{aligned}$$

Tipp: Es ist immer ratsam, die Terme so weit wie möglich zu vereinfachen, in diesem Fall durch Bilden des Hauptnenners. Schließlich muss noch durch h dividiert werden:

$$\begin{aligned} \boldsymbol{\mu} h &= \frac{F}{d\pi P_{\text{Ü}}} \cdot \frac{4}{4} - \frac{d}{4} \cdot \frac{d\pi P_{\text{Ü}}}{d\pi P_{\text{Ü}}} \\ &= \frac{4F - d^2\pi P_{\text{Ü}}}{4d\pi P_{\text{Ü}}}. \end{aligned}$$

Die Lösung lautet:

$$\boldsymbol{\mu} = \frac{4F - d^2\pi P_{\text{Ü}}}{4d\pi P_{\text{Ü}} h}.$$

→ *Zur Aufgabe auf Seite 4*

Zu 1.3.2 Übung

Tipp: Doppelbrüche sind unübersichtlich. Formen Sie als Erstes die Summen in den Nennern zu einem Bruch um, indem Sie jeweils R mit $j\omega C$ bzw. $j\omega$ erweitern und anschließend die gleichnamigen Brüche addieren:

J. Siegert und N. Togobytska, *Mathematik trainieren: Brüche, Funktionen & Co.*, https://doi.org/10.1007/978-3-662-70607-7_16

$$\boldsymbol{i}_1 = \frac{\dfrac{u_1}{R \cdot \dfrac{j\omega C}{j\omega C} + \dfrac{1}{j\omega C}}}{R \cdot \dfrac{j\omega}{j\omega} + \dfrac{1}{j\omega}} = \frac{\dfrac{u_1}{\dfrac{Rj\omega C + 1}{j\omega C}}}{\dfrac{Rj\omega + 1}{j\omega}}.$$

Tipp: Vereinfachen lässt sich dieser Ausdruck, indem man den Doppelbruch im Zähler durch Multiplikation mit dem Kehrwert des Nenners eliminiert (s. Abschn. 1.1):

$$\boldsymbol{i}_1 = \frac{\dfrac{u_1 j\omega C}{Rj\omega C + 1}}{\dfrac{Rj\omega + 1}{j\omega}}.$$

Tipp: Beseitigen Sie nun den letzten Doppelbruch und fassen Sie zum Schluß das Ergebnis zur Lösung zusammen:

$$\boldsymbol{i}_1 = \frac{u_1 j\omega C \cdot j\omega}{(Rj\omega C + 1)(Rj\omega + 1)} = \frac{u_1 C (j\omega)^2}{(Rj\omega C + 1)(Rj\omega + 1)}.$$

→ *Zur Aufgabe auf Seite 4*

Zu 1.3.3 Übung

Tipp: Stellen Sie die Gleichung so um, dass auf der linken Seite nur noch Terme mit $\boldsymbol{x}$ im Zähler stehen:

$$\frac{\boldsymbol{x}}{\varrho_{\text{Ag}}} + \frac{10}{\varrho_{\text{Sx}}} - \frac{\boldsymbol{x}}{\varrho_{\text{Sx}}} = \frac{10}{\varrho_0},$$

$$\frac{\boldsymbol{x}}{\varrho_{\text{Ag}}} - \frac{\boldsymbol{x}}{\varrho_{\text{Sx}}} = \frac{10}{\varrho_0} - \frac{10}{\varrho_{\text{Sx}}}.$$

Tipp: Durch Ausklammern von x auf der linken Seite wird erreicht, dass $\boldsymbol{x}$ nur noch an einer Stelle der Gleichung vorkommt:

$$\boldsymbol{x}\left(\frac{1}{\varrho_{\text{Ag}}} - \frac{1}{\varrho_{\text{Sx}}}\right) = \frac{10}{\varrho_0} - \frac{10}{\varrho_{\text{Sx}}}.$$

Tipp: Als Nächstes sollten Sie durch den Term $\left(\frac{1}{\varrho_{\text{Ag}}} - \frac{1}{\varrho_{\text{Sx}}}\right)$ dividieren und anschließend alle Doppelbrüche beseitigen:

$$\begin{aligned}
\boldsymbol{x} &= 10 \cdot \left(\frac{1}{\varrho_0} - \frac{1}{\varrho_{\text{Sx}}}\right) \cdot \frac{1}{\left(\dfrac{1}{\varrho_{\text{Ag}}} - \dfrac{1}{\varrho_{\text{Sx}}}\right)} \\
&= 10 \cdot \frac{\varrho_{\text{Sx}} - \varrho_0}{\varrho_0 \cdot \varrho_{\text{Sx}}} \cdot \frac{1}{\dfrac{\varrho_{\text{Sx}} - \varrho_{\text{Ag}}}{\varrho_{\text{Ag}} \cdot \varrho_{\text{Sx}}}} = 10 \cdot \frac{(\varrho_{\text{Sx}} - \varrho_0)}{\varrho_0 \cdot \varrho_{\text{Sx}}} \cdot \frac{\varrho_{\text{Ag}} \cdot \varrho_{\text{Sx}}}{(\varrho_{\text{Sx}} - \varrho_{\text{Ag}})}.
\end{aligned}$$

Nach Kürzen von ϱ_{Sx} erhält man die Lösung:

$$\boldsymbol{x} = 10 \cdot \frac{\varrho_{\mathrm{Ag}}}{\varrho_0} \frac{(\varrho_{\mathrm{Sx}} - \varrho_0)}{(\varrho_{\mathrm{Sx}} - \varrho_{\mathrm{Ag}})}.$$

→ *Zur Aufgabe auf Seite 4*

Zu 1.3.4 Übung

Tipp: Die Gleichung sollte so umgeformt werden, dass $\boldsymbol{R_1}$ nur an einer Stelle in der Gleichung steht. Dazu empfiehlt es sich, zunächst die Brüche zu beseitigen:

$$\begin{aligned} U_2 &= \frac{R_2}{\boldsymbol{R_1} + R_2} U_1 - \frac{\boldsymbol{R_1} R_2}{\boldsymbol{R_1} + R_2} I_2, \\ U_2(\boldsymbol{R_1} + R_2) &= R_2 U_1 - \boldsymbol{R_1} R_2 I_2, \\ U_2 \boldsymbol{R_1} + U_2 R_2 &= R_2 U_1 - \boldsymbol{R_1} R_2 I_2. \end{aligned}$$

Tipp: Sortieren Sie nun die Gleichung, indem Sie alle Terme mit $\boldsymbol{R_1}$ auf eine Seite bringen:

$$U_2 \boldsymbol{R_1} + \boldsymbol{R_1} R_2 I_2 = R_2 U_1 - U_2 R_2.$$

Tipp: Klammern Sie anschließend $\boldsymbol{R_1}$ sowie R_2 aus:

$$\boldsymbol{R_1}(U_2 + R_2 I_2) = R_2(U_1 - U_2).$$

Tipp: Die Gleichung kann nun nach $\boldsymbol{R_1}$ umgestellt werden, und man erhält als Lösung

$$\boldsymbol{R_1} = \frac{R_2(U_1 - U_2)}{U_2 + R_2 I_2}.$$

→ *Zur Aufgabe auf Seite 5*

16.2 Potenzen und Wurzeln

Zu 2.3.1 Übung

Tipp: Wenden Sie das Gesetz zur Division bzw. Multiplikation von Potenzen mit gleichen Exponenten (s. Abschn. 2.1) an:

$$\frac{(a^{-4}b^{-5})^2}{(x^{-1}y^3)^2} \cdot \frac{(a^{-2}x)^{-3}}{(b^3y^2)^{-3}} = \frac{(a^{-4})^2 \cdot (b^{-5})^2}{(x^{-1})^2 \cdot (y^3)^2} \cdot \frac{(a^{-2})^{-3} \cdot x^{-3}}{(b^3)^{-3} \cdot (y^2)^{-3}}.$$

Tipp: Nun wird das Gesetz über das Potenzieren von Potenzen verwendet und ausmultipliziert:

$$= \frac{a^{-8}b^{-10}}{x^{-2}y^6} \cdot \frac{a^6x^{-3}}{b^{-9}y^{-6}} = \frac{a^{-8}b^{-10}a^6x^{-3}}{x^{-2}y^6b^{-9}y^{-6}}.$$

Tipp: Man sollte den Bruch nochmals sortieren, um anschließend die Gesetze für Potenzen mit gleicher Basis anzuwenden:

$$= \frac{a^{-8}a^{6}b^{-10}x^{-3}}{b^{-9}x^{-2}y^{6}y^{-6}} = a^{-8+6} \cdot b^{-10-(-9)} \cdot x^{-3-(-2)} \cdot y^{-6-(-6)}.$$

In der Lösung vermeidet man i. d. R. negative Exponenten:

$$= a^{-2} \cdot b^{-1} \cdot x^{-1} \cdot 1 = \frac{1}{a^{2}bx}.$$

→ *Zur Aufgabe auf Seite 10*

Zu 2.3.2 Übung

Tipp: Schreiben Sie die Wurzeln als Exponenten um:

$$\left(vw^{3}\right)^{\frac{1}{6}} \cdot \left(n^{5}v^{8}w^{-2}\right)^{\frac{1}{4}} \cdot \left(nv^{3}\right)^{\frac{1}{2}}.$$

Tipp: Da die Wurzeln gleiche Exponenten für verschiedene Basen besitzen, kann der Ausdruck umgeformt werden:

$$= \left(v^{1}\right)^{\frac{1}{6}} \cdot \left(w^{3}\right)^{\frac{1}{6}} \cdot \left(n^{5}\right)^{\frac{1}{4}} \cdot \left(v^{8}\right)^{\frac{1}{4}} \cdot \left(w^{-2}\right)^{\frac{1}{4}} \cdot \left(n^{1}\right)^{\frac{1}{2}} \cdot \left(v^{3}\right)^{\frac{1}{2}}.$$

Tipp: Als Nächstes fasst man die Exponenten zusammen:

$$= v^{\frac{1}{6}} \cdot w^{\frac{3}{6}} \cdot n^{\frac{5}{4}} \cdot v^{\frac{8}{4}} \cdot w^{-\frac{2}{4}} \cdot n^{\frac{1}{2}} \cdot v^{\frac{3}{2}}.$$

Tipp: Diese Ausdrücke werden mithilfe des Gesetzes zur Multiplikation von Potenzen mit gleicher Basis (s. Abschn. 2.1) vereinfacht. Zum Schluss ordnet man die Terme alphabetisch nach Variablen und schreibt in Wurzelausdrücke um:

$$\begin{aligned}
&= v^{\frac{1}{6}+\frac{8}{4}+\frac{3}{2}} \cdot w^{\frac{3}{6}-\frac{2}{4}} \cdot n^{\frac{5}{4}+\frac{1}{2}} \\
&= v^{\frac{2}{12}+\frac{24}{12}+\frac{18}{12}} \cdot w^{\frac{6}{12}-\frac{6}{12}} \cdot n^{\frac{5}{4}+\frac{2}{4}} \\
&= v^{\frac{44}{12}} \cdot w^{0} \cdot n^{\frac{7}{4}} \\
&= v^{\frac{11}{3}} \cdot n^{\frac{7}{4}} = \sqrt[4]{n^{7}} \cdot \sqrt[3]{v^{11}}.
\end{aligned}$$

→ *Zur Aufgabe auf Seite 11*

Zu 2.3.3 Übung

Tipp: Schreiben Sie den Ausdruck so um, dass jede Basis nur einen Exponenten hat, danach wenden Sie die Potenzgesetze an (s. Abschn. 2.1):

$$\begin{aligned}
\frac{a^{\frac{x}{2}} \cdot a^{\frac{2x}{3}} \cdot b^{2x}}{a^{\frac{x}{6}} \cdot b^{3x}} &= a^{\frac{x}{2}+\frac{2x}{3}-\frac{x}{6}} \cdot b^{2x-3x} \\
&= a^{\frac{3x}{6}+\frac{4x}{6}-\frac{x}{6}} \cdot b^{2x-3x} = a^{x} \cdot b^{-x}.
\end{aligned}$$

Die Lösung lautet demnach:

$$\frac{a^{x}}{b^{x}} = \left(\frac{a}{b}\right)^{x}.$$

→ *Zur Aufgabe auf Seite 11*

16.3 Binomische Formeln und binomischer Lehrsatz

Zu 3.3.1 Übung

Tipp: Wenden Sie als Erstes die Definition des Binomialkoeffizienten an:

$$\binom{90}{87} = \frac{90!}{87! \cdot 3!}.$$

Tipp: Die Werte 90! und 87! werden mithilfe eines Computers i. d. R. nur näherungsweise berechnet. Um das exakte Ergebnis zu erhalten, wird die Definition der Fakultät genutzt:

$$\frac{90!}{87! \cdot 3!} = \frac{1 \cdot 2 \cdot 3 \cdot \ldots \cdot 88 \cdot 89 \cdot 90}{(1 \cdot 2 \cdot 3 \cdot \ldots \cdot 85 \cdot 86 \cdot 87) \cdot (1 \cdot 2 \cdot 3)}.$$

Tipp: Kürzen Sie so weit wie möglich. Beachten Sie dabei, dass ein Teil des Zählers ebenfalls im Nenner als Faktor enthalten ist:

$$= \frac{(2 \cdot 3 \cdot 4 \cdot \ldots \cdot 86 \cdot 87) \cdot 88 \cdot 89 \cdot 90}{(2 \cdot 3 \cdot 4 \cdot \ldots \cdot 85 \cdot 86 \cdot 87) \cdot (2 \cdot 3)} = \frac{88 \cdot 89 \cdot 90}{6} = 15 \cdot 88 \cdot 89 = 117\,480.$$

Demnach hat man 117 480 Möglichkeiten, um 87 Zahlen aus 90 auszuwählen.

→ *Zur Aufgabe auf Seite 17*

Zu 3.3.2 Übung

Tipp: Wenden Sie den binomischen Lehrsatz an:

$$(a - b)^4 = \sum_{k=0}^{4} \binom{4}{k} (-1)^k a^{4-k} b^k.$$

Tipp: Schreiben Sie die Summanden einzeln auf:

$$\Rightarrow \quad \binom{4}{0} a^{4-0} b^0 - \binom{4}{1} a^{4-1} b^1 + \binom{4}{2} a^{4-2} b^2 - \binom{4}{3} a^{4-3} b^3 + \binom{4}{4} a^{4-4} b^4.$$

Tipp: Für $n = 4$ erhält man die Binomialkoeffizienten beispielsweise aus dem Pascal'schen Dreieck (s. Abschn. 3.1). Die Lösung lautet

$$(a - b)^4 = 1a^4 - 4a^3 b + 6a^2 b^2 - 4ab^3 + 1b^4.$$

→ *Zur Aufgabe auf Seite 17*

Zu 3.3.3 Übung

Tipp: Bei der Lösung dieser Aufgabe ist es vorteilhaft, von Anfang an geschickt umzuformen. Zunächst gestalten Sie die Nenner einfacher, indem Sie Variablen ausklammern, im zweiten Summanden in der Klammer $2 - a$ kürzen und die Nenner als Produkte darstellen:

$$\frac{4a^2}{2a(2a+b)-2ab-b^2}+\left(b^2+\frac{4ab-2a^2b}{a-2}\right)\frac{a}{b^3-4ab^2+4a^2b}$$
$$=\frac{4a^2}{4a^2+2ab-2ab-b^2}+\left(b^2+\frac{2ab(2-a)}{a-2}\right)\frac{a}{b(b^2-4ab+4a^2)}$$
$$=\frac{4a^2}{(2a-b)(2a+b)}+\left(b^2+\frac{2ab}{-1}\right)\frac{a}{b(b-2a)^2}.$$

Tipp: Der zweite Summand kann weiter vereinfacht werden, indem Sie ausklammern und gleiche Faktoren im Zähler und Nenner kürzen:

$$=\frac{4a^2}{(2a-b)(2a+b)}+b(b-2a)\frac{a}{b(b-2a)^2}$$
$$=\frac{4a^2}{(2a-b)(2a+b)}+\frac{a}{(b-2a)}.$$

Tipp: Machen Sie die Brüche gleichnamig. Beachten Sie dabei, dass der Nenner des zweiten Terms mit umgekehrtem Vorzeichen auch im Nenner des ersten Summanden enthalten ist:

$$=\frac{4a^2}{(2a-b)(2a+b)}-\frac{a}{2a-b}$$
$$=\frac{4a^2}{(2a-b)(2a+b)}-\frac{a(2a+b)}{(2a-b)(2a+b)}.$$

Tipp: Führen Sie die Rechenoperationen aus und vereinfachen Sie so weit wie möglich:

$$=\frac{4a^2-a(2a+b)}{(2a-b)(2a+b)}=\frac{2a^2-ab}{(2a-b)(2a+b)}$$
$$=\frac{a(2a-b)}{(2a-b)(2a+b)}=\frac{a}{2a+b}.$$

Die Vereinfachung des gegebenen Ausdrucks lautet demnach $\frac{a}{2a+b}$.

→ *Zur Aufgabe auf Seite 17*

Zu 3.3.4 Übung

Tipp: Als Erstes schreibt man die Nenner als Produkte und wendet die binomischen Formeln an:

$$\frac{1}{(a+b)^2}+\frac{1}{(a+b)(a-b)}-\frac{b^2}{a^2(a+b)(a-b)}-\frac{1}{a^2}.$$

Tipp: Bevor die Brüche addiert bzw. subtrahiert werden können, müssen zunächst die Nenner gleichnamig gemacht werden. Ein geeigneter Hauptnenner lautet $(a+b)^2a^2(a-b)$:

$$=\frac{a^2(a-b)}{(a+b)^2a^2(a-b)}+\frac{a^2(a+b)}{(a+b)(a-b)a^2(a+b)}-\frac{b^2(a+b)}{a^2(a+b)^2(a-b)}-\frac{(a+b)^2(a-b)}{a^2(a+b)^2(a-b)}$$

$$= \frac{a^2(a-b) + a^2(a+b) - b^2(a+b) - (a+b)^2(a-b)}{(a+b)^2a^2(a-b)}.$$

Tipp: Im Zähler kann als Nächstes $(a+b)$ aus den letzten drei Summanden ausgeklammert werden:

$$= \frac{a^2(a-b) + (a+b)\left(a^2 - b^2 - (a+b)(a-b)\right)}{(a+b)^2a^2(a-b)}.$$

Tipp: Nach Anwendung der dritten binomischen Formel innerhalb der letzten Klammer im Zähler ergibt sich der Wert null; der Term verschwindet:

$$\begin{aligned} &= \frac{a^2(a-b) + (a+b)\left(a^2 - b^2 - (a^2 - b^2)\right)}{(a+b)^2a^2(a-b)} \\ &= \frac{a^2(a-b)}{(a+b)^2a^2(a-b)}. \end{aligned}$$

Tipp: Anschließend sollte noch durch $a^2(a-b)$ gekürzt werden. Die Lösung lautet $\frac{1}{(a+b)^2}$.

→ *Zur Aufgabe auf Seite 17*

Zu 3.3.5 Übung

Tipp: Der erste Ausdruck lässt sich durch Ausmultiplizieren und der zweite durch Anwenden der binomischen Formeln vereinfachen:

$$\begin{aligned} &\left(1 + \left(\left(a^{\frac{2}{3}} - x^{\frac{2}{3}}\right)^{\frac{2}{2}} x^{-\frac{2}{3}}\right)\right)^{-3} - \frac{1}{a^2}\sqrt{a^4 - 2a^2x^2 + x^4 + 4a^2x^2}, \\ = &\left(1 + \left(a^{\frac{2}{3}}x^{-\frac{2}{3}} - x^{\frac{2}{3}}x^{-\frac{2}{3}}\right)\right)^{-3} - \frac{1}{a^2}\sqrt{a^4 + 2a^2x^2 + 4^4}. \end{aligned}$$

Tipp: Verwendet man weiter Potenzgesetze und im zweiten Term eine binomische Formel, erhält man nach einigen wenigen Umformungen die Lösung:

$$\begin{aligned} &= \left(1 + \left(a^{\frac{2}{3}}x^{-\frac{2}{3}} - x^0\right)\right)^{-3} - \frac{1}{a^2}\sqrt{(a^2+x^2)^2} \\ &= \left(1 + a^{\frac{2}{3}}x^{-\frac{2}{3}} - 1\right)^{-3} - \frac{1}{a^2}\left(a^2 + x^2\right) \\ &= \left(a^{\frac{2}{3}}x^{-\frac{2}{3}}\right)^{-3} - \frac{1}{a^2}\left(a^2 + x^2\right) \\ &= \left(a^{-\frac{6}{3}}x^{-\frac{-6}{3}}\right) - \left(\frac{a^2}{a^2} + \frac{x^2}{a^2}\right) \\ &= \left(a^{-2}x^2\right) - \left(\frac{a^2}{a^2} + \frac{x^2}{a^2}\right) \\ &= \left(\frac{x}{a}\right)^2 - \left(1 + \frac{x^2}{a^2}\right) = -1. \end{aligned}$$

→ *Zur Aufgabe auf Seite 18*

16.4 Polynomdivision

Zu 4.3.1 Übung

Tipp: Weil die Polynome bereits sortiert sind, können Sie direkt mit der Division beginnen. Dividieren Sie $2x^4$ durch x und multiplizieren Sie das Ergebnis mit dem Divisor. Achten Sie von Anfang an darauf, Potenzen mit gleichem Exponenten geordnet untereinander zu schreiben. Dies verbessert die Übersicht und hilft, Fehler zu vermeiden.

Tipp: Ermitteln Sie schrittweise das übrig bleibende Polynom, das noch dividiert werden muss und führen Sie das Verfahren erneut aus. Zuletzt entsteht als Rest der Division eine Zahl:

$$
\begin{array}{lllll}
(2x^4 & & -\ x^2) & & : (x-5) = 2x^3 + 10x^2 + 49x + 245 + \dfrac{1225}{x-5}\,. \\
-\ (2x^4 & -\ 10x^3) & & & \\
\hline
(=) & 10x^3 & -\ x^2 & & \\
& -\ (10x^3 & -\ 50x^2) & & \\
\hline
& (=) & 49x^2 & & \\
& & -\ (49x^2 & -\ 245x) & \\
\hline
& & (=) & 245x & \\
& & & -\ (245x & -\ 1225) \\
\hline
& & & (=) & 1225
\end{array}
$$

Die Lösung lautet

$$
\begin{aligned}
\frac{2x^4 - x^2}{x-5} &= 2x^3 + 10x^2 + 49x + 245 + \frac{1225}{x-5}, \\
2x^4 - x^2 &= (x-5) \cdot (2x^3 + 10x^2 + 49x + 245) + 1225.
\end{aligned}
$$

→ *Zur Aufgabe auf Seite 23*

Zu 4.3.2 Übung

Tipp: Ermitteln Sie eine Nullstelle. Ist der Koeffizient bei der höchsten Potenz x^3 gleich eins, sollten Sie die ganzen Teiler des Absolutgliedes probieren. Bei einfachen Beispielen ist oft das Absolutglied (in diesem Fall 8) ein Vielfaches von ganzzahligen Nullstellen. Eine Möglichkeit wäre die Zahl eins, da $1 \cdot 8 = 8$. Die Probe ergibt $1^3 + 1^2 - 10 + 8 = 0$, $x_1 = 1$ ist demnach eine Nullstelle.

Tipp: Dividieren Sie nun das Polynom durch $(x - x_1)$ und führen Sie den nächsten Schritt der Polynomdivision durch:

$$\left(x^3 + x^2 - 10x + 8\right) : (x-1).$$

Tipp: Ermitteln Sie das erste Glied des Ergebnisses, indem Sie x^3 durch x dividieren, multiplizieren Sie x^2 mit dem Divisor und subtrahieren Sie das Zwischenresultat vom Dividenden:

$$
\begin{array}{ll}
& \left(x^3 + x^2 - 10x + 8\right) : (x-1) = x^2. \\
- & \left(x^3 - x^2\right)
\end{array}
$$

Tipp: Ermitteln Sie den Rest und dividieren Sie diesen wie unter dem vorherigen Tipp beschrieben. Setzen Sie diese Schritte so lange fort, bis kein teilbarer Rest mehr übrig bleibt:

$$\begin{array}{rllll}
 & (x^3 & +\ x^2 & -10x & +8)\ :(x-1)=x^2+2x-8. \\
- & (x^3 & -\ x^2) & & \\
\hline
(=) & & (2x^2 & -10x) & \\
 & - & (2x^2 & -\ 2x) & \\
\hline
 & (=) & & (-\ 8x & +8) \\
 & & - & (-\ 8x & +8) \\
\hline
 & & (=) & & 0
\end{array}$$

Tipp: Berechnen Sie nun die weiteren Nullstellen, indem Sie die p-q-Formel für das quadratische Restpolynom $x^2 + 2x - 8$ anwenden (s. Abschn. 8.1):

$$x_{2,3} = -\frac{2}{2} \pm \sqrt{\left(\frac{2}{2}\right)^2 + 8} = -1 \pm \sqrt{9},$$

$$x_2 = 2, \quad x_3 = -4.$$

Das Polynom besitzt demnach die Nullstellen minus vier, eins und zwei.

→ *Zur Aufgabe auf Seite 23*

Zu 4.3.3 Übung

Tipp: Sortieren Sie zunächst im Divisor bezüglich der Exponenten; schreiben Sie die größte Potenz zuerst. Dividieren Sie dann $3x^4$ durch $-x^2$.
Lassen Sie sich nicht davon irritieren, dass der Divisor drei Glieder hat, sondern gehen Sie wie gewohnt vor.
Ermitteln Sie dann den Rest und wiederholen Sie das Verfahren schrittweise:

$$\begin{array}{rlllll}
 & (3x^4 & & -\ 3x^2 & -54x & -54)\ :(-x^2+2x+3)=-3x^2-6x-18. \\
- & (3x^4 & -6x^3 & -\ 9x^2) & & \\
\hline
(=) & & 6x^3 & +\ 6x^2 & -54x & \\
 & - & (6x^3 & -12x^2 & -18x) & \\
\hline
 & (=) & & 18x^2 & -36x & -54 \\
 & & - & (18x^2 & -36x & -54) \\
\hline
 & & (=) & & & 0
\end{array}$$

Die Division geht demnach ohne Rest auf. Das Ergebnis lautet:

$$\frac{3x^4 - 3x^2 - 54x - 54}{-x^2 + 2x + 3} = -3x^2 - 6x - 18,$$

$$3x^4 - 3x^2 - 54x - 54 = (-x^2 + 2x + 3) \cdot (-3x^2 - 6x - 18).$$

→ *Zur Aufgabe auf Seite 23*

Zu 4.3.4 Übung

Tipp: Zuerst legt man eine Variable fest, bzgl. der dividiert werden soll; die Ausdrücke werden nach Potenzen dieser Variablen sortiert. Wird a gewählt, ergibt sich folgende Schreibweise:

$$\left(a^3 + a^2b + ab^2 - 3b^3\right) : (a - b).$$

Tipp: Teilen Sie a^3 durch a und multiplizieren Sie das Ergebnis mit dem Divisor. Ermitteln Sie dann den Rest und gehen Sie schließlich in gewohnter Weise erneut vor:

$$\begin{array}{llllll}
 & (a^3 & + \; a^2b & + \; ab^2 & - 3b^3) & : (a-b) = a^2 + 2ab + 3b^2. \\
- & (a^3 & - \; a^2b) & & & \\
\hline
(=) & & 2a^2b & + \; ab^2 & & \\
 & - & (2a^2b & - 2ab^2) & & \\
\hline
 & (=) & & 3ab^2 & - 3b^3 & \\
 & & - & (3ab^2 & - 3b^3) & \\
\hline
 & & (=) & & 0 &
\end{array}$$

Die Division geht erneut ohne Rest auf. Als Ergebnis erhält man eine weitere binomische Formel, die auch in Formelsammlungen zu finden ist:

$$\begin{aligned}
\frac{a^3 + a^2b + ab^2 - 3b^3}{a - b} &= a^2 + 2ab + 3b^2, \\
a^3 + a^2b + ab^2 - 3b^3 &= (a - b) \cdot (a^2 + 2ab + 3b^2).
\end{aligned}$$

Hinweis: Alle übrigen binomischen Formeln kann man ebenso mithilfe der Polynomdivision beweisen.

→ *Zur Aufgabe auf Seite 24*

16.5 Mengen

Zu 5.3.1 Übung

Tipp: Offenbar sind mit zwei Buchstaben, beispielsweise **US**, nur die Anordnungen {**US**, **SU**} möglich.

Tipp: Bei drei Buchstaben, beispielsweise **PUS**, kann jeder Buchstabe an erster Stelle stehen. Es gibt in diesem Fall $6 = 3!$ Permutationen {**PUS**, **PSU**, **UPS**, **USP**, **SUP**, **SPU**}.

Tipp: Wird ein weiterer Buchstabe berücksichtigt, treten offenbar $4 \cdot 3! = 4! = 24$ Permutationen auf.

Die Lösung für sechs (verschiedene) Buchstaben ist demnach $6! = 720$. Wer sich die Mühe machen möchte, kann diese alle notieren.

→ *Zur Aufgabe auf Seite 30*

Zu 5.3.2 Übung

a) *Tipp:* Die Menge ist eine Produktmenge $\mathsf{A} \times \mathsf{A} \times \mathsf{A} \times \mathsf{A}$ für

$$\mathsf{A} = \{0, 1, 2, 3, 4, 5, 6, 7, 8, 9\}.$$

Jede der vier PIN-Ziffern kann ein Element von A sein. Es gibt deshalb genau $10 \cdot 10 \cdot 10 \cdot 10 = 10^4$ PINs, wobei auch gleiche Ziffern auftreten dürfen.

b) *Tipp:* Bei einem Lotterielos mit 10 Ziffern hat man 10^{10} Möglichkeiten. Die Chance auf den Hauptgewinn beträgt demnach $1 : 10^{10}$.

→ *Zur Aufgabe auf Seite 30*

16.6 Funktionen

Zu 6.3.1 Übung

a) *Dies ist richtig!*

b) *Falsch!*

Tipp: Die Stauchung in x-Richtung tritt auf, jedoch beträgt die Verschiebung in x-Richtung nicht minus sieben, sondern $-\frac{7}{3}$. Bitte beachten Sie den Hinweis in Abschn. 6.1.

c) *Richtig!*

→ *Zur Aufgabe auf Seite 39*

Zu 6.3.2 Übung

a) *Wahre Aussage!*

Tipp: Offenbar ist $n^2 < (n+1)^2$. Für alle Glieder der Zahlenfolge gilt demnach:

$$\frac{1}{n^2} > \frac{1}{(n+1)^2}, \quad \forall n \in \mathbb{N}.$$

Wegen $f_n > f_{n+1}$ ist die Folge $\langle 1, \frac{1}{4}, \frac{1}{9}, \frac{1}{16}, \frac{1}{25}, \ldots \rangle$ streng monoton fallend.

b) *Falsch!*

Tipp: Bei dieser Zahlenfolge wechselt beim jeweils nachfolgenden Glied das Vorzeichen. Diese alternierende Folge $\langle -1, \frac{1}{4}, -\frac{1}{9}, \frac{1}{16}, -\frac{1}{25}, \ldots \rangle$ ist nicht monoton.

c) *Tipp:* Offenbar gilt $f_n < f_{n+1}$, denn

$$-\frac{1}{n^2} < -\frac{1}{(n+1)^2}, \quad \forall n \in \mathbb{N}.$$

Die Folge $\langle -1, -\frac{1}{4}, -\frac{1}{9}, -\frac{1}{16}, -\frac{1}{25}, \ldots \rangle$ ist streng monoton wachsend: *Falsche Aussage*!

→ *Zur Aufgabe auf Seite 39*

16.7 Lineare Funktionen

Zu 7.3.1 Übung

a) Gegeben sind die Steigung und ein Punkt einer Geraden.

Tipp: Verwenden Sie eine geeignete Formel, die die gegebenen Angaben berücksichtigt und setzen Sie die Werte ein:

$$y = m\,(x - x_0) + y_0 \quad \Rightarrow \quad y = 2(x - 0) + 1 = 2x + 1.$$

Tipp: Überprüfen Sie die Skizze (s. Abb. 16.1) mithilfe eines Steigungsdreiecks.

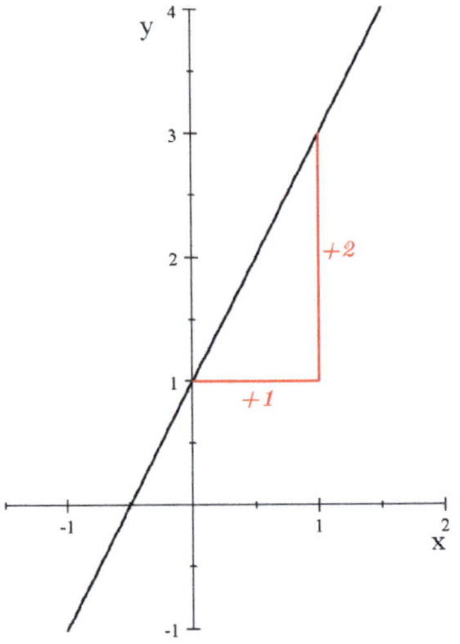

Abb. 16.1 Verlauf der Geraden $y = 2x + 1$

→ *Zur Aufgabe auf Seite 49*

b) Gegeben sind zwei Punkte einer Geraden.

Tipp: Die x-Werte beider Punkte sind gleich, demnach liegt die damit festgelegte Gerade auf der y-Achse; sie besitzt alle Punkte mit $x = 0$.
Die Gerade ist kein Funktionsgraph, weil die Definition einer Funktion verletzt wird, dem x-Wert null werden unendlich viele y-Werte zugeordnet.

→ *Zur Aufgabe auf Seite 49*

c) Beginnen Sie mit der Winkelhalbierenden im I. und III. Quadranten $y = x$.

Tipp: Stellen Sie als Nächstes die Funktionsgleichung für die um zwei Einheiten in positiver x-Achsenrichtung verschobene Gerade auf (vgl. Abschn. 6.1). Diese Funktion lautet $y = x - 2$.

Tipp: Der Parameter a, $a < 0$ in einer Funktion $y = a \cdot f(bx + c)$ bewirkt eine Spiegelung an der x-Achse. Die gesuchte Funktionsgleichung hat demnach die Form

$$y = a \cdot (x - 2).$$

Tipp: Weil vorgegeben ist, dass die Spiegelung ohne Stauchung bzw. Streckung erfolgen soll, muss $a = -1$ sein (s. Abb. 16.2).

Die Gleichung der gesuchten Gerade lautet:

$$y = -1 \cdot (x - 2) = -x + 2.$$

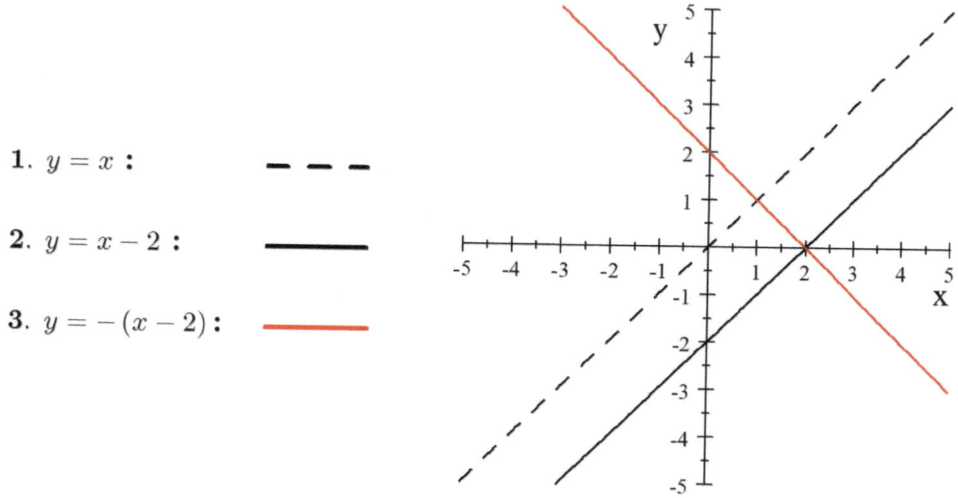

Abb. 16.2 Algorithmus zur Skizze des Graphen von $y = -x + 2$

→ *Zur Aufgabe auf Seite 49*

Zu 7.3.2 Übung

a) Gegeben sind ein Punkt und indirekt auch die Steigung einer Geraden.

Tipp: Der gesuchte Anstieg m_2 der orthogonalen Geraden kann einfach berechnet werden:

$$\begin{aligned} m_1 \cdot m_2 &= -1, \\ 4 \cdot m_2 &= -1 \quad \Rightarrow \quad m_2 = -\frac{1}{4}. \end{aligned}$$

Tipp: Verwenden Sie als Nächstes die Punktrichtungsformel:

$$y = -\frac{1}{4}(x - 0) + 3.$$

Die Lösung lautet:

$$y = -\frac{1}{4}x + 3.$$

→ *Zur Aufgabe auf Seite 49*

b) Der Abstand zwischen den Punkten $P_1(x_1,y_1)$ und $P_2(x_2,y_2)$ lautet (vgl. Abschn. 14.1):

$$d = \overline{P_1P_2} = \sqrt{(x_2 - x_1)^2 + (y_2 - y_1)^2}.$$

Tipp: Setzen Sie nun die Koordinaten der Punkte in die Formel ein:

$$
\begin{aligned}
d &= \sqrt{\left(\frac{20}{17} - 0\right)^2 + \left(\frac{46}{17} - 3\right)^2} \\
&= \sqrt{\left(\frac{20}{17}\right)^2 + \left(\frac{46}{17} - \frac{51}{17}\right)^2} \\
&= \sqrt{\left(\frac{20}{17}\right)^2 + \left(\frac{-5}{17}\right)^2} \\
&= \sqrt{\frac{400}{289} + \frac{25}{289}} = \sqrt{\frac{425}{289}} \\
&= \sqrt{\frac{25 \cdot 17}{17 \cdot 17}} = \sqrt{\frac{25}{17}} = \frac{5}{\sqrt{17}} = \frac{5\sqrt{17}}{17}.
\end{aligned}
$$

Der Abstand zwischen den Punkten beträgt demnach $\frac{5 \cdot \sqrt{17}}{17}$ Längeneinheiten.

→ *Zur Aufgabe auf Seite 50*

c) Der Schnittpunkt der Geraden kann grafisch nicht exakt bestimmt werden.

Tipp: Um den Schnittpunkt zu berechnen, setzen Sie die y_S-Werte in beiden Geraden gleich und lösen die Gleichung nach x_S auf:

$$
\begin{aligned}
4x_S - 2 &= -\frac{1}{4}x_S + 3, \\
4x_S + \frac{1}{4}x_S &= 3 + 2, \\
\frac{17}{4}x_S &= 5 \quad \Rightarrow \quad x_S = \frac{20}{17}.
\end{aligned}
$$

Tipp: Setzen Sie den x_S-Wert in eine Gleichung ein, um den y_S-Wert zu berechnen:

$$
y_S = 4 \cdot \frac{20}{17} - 2 = \frac{80}{17} - 2 = \frac{46}{17}.
$$

Der Schnittpunkt lautet demnach $P_S\left(\frac{20}{17}, \frac{46}{17}\right)$.

→ *Zur Aufgabe auf Seite 50*

Zu 7.3.3 Übung

a) Die grafische Lösung der Ungleichung ist in Abb. 16.3 dargestellt.

Tipp: Zur Berechnung der Lösungsmenge stellt man die Ungleichung nach x um, beim Dividieren beider Seiten durch zwei bleibt das Relationszeichen erhalten:

$$
2x \leq 4 \quad \Rightarrow \quad x \leq 2.
$$

Die Lösungsmenge lautet demnach:

$$\mathsf{L} = \{x \mid x \leq 2\}\,.$$

Sie umfasst alle x-Werte, deren entsprechender Funktionswert $f(x) = 2x - 1$ kleiner oder gleich $y = 3$ ist. Der Wert $x = 2$ ist mit eingeschlossen, weil eine schwache Ungleichung zu lösen war.

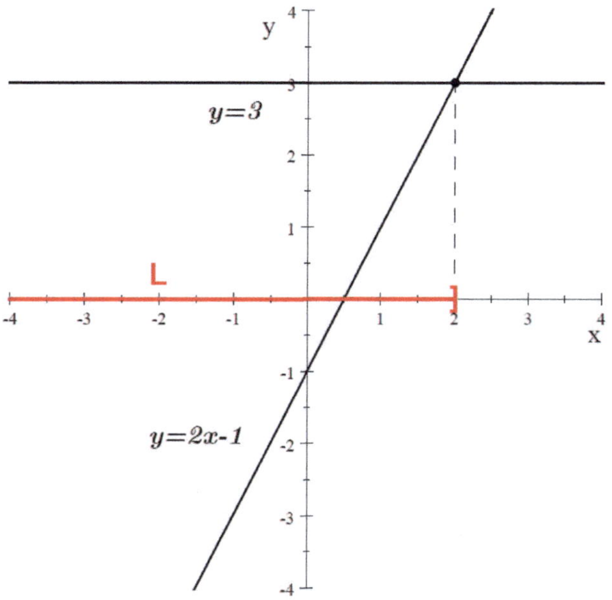

Abb. 16.3 Grafische Lösung der Ungleichung $2x - 1 \leq 3$

→ *Zur Aufgabe auf Seite 50*

b) In dieser Aufgabe wird das Umformen einer linearen Ungleichung geübt. Eine grafische Lösung wäre möglich, wenn die linke und rechte Seite der Ungleichung als Funktionsausdruck benutzt und graphisch dargestellt würden. Dies bleibt dem Leser überlassen.

Tipp: Um die Lösungsmenge zu berechnen, beseitigen Sie zuerst die Brüche:

$$\frac{4(x+4)}{12} - \frac{3(x-3)}{12} > \frac{6(x+4)}{12},$$
$$4(x+4) - 3(x-3) > 6(x+4).$$

Tipp: Fassen Sie die Terme zusammen und stellen Sie die Ungleichung nach x um:

$$4x + 16 - 3x + 9 > 6x + 24,$$
$$-5x > -1 \quad \Rightarrow \quad x < \frac{1}{5}.$$

Tipp: Sie sollten bei diesem Schritt beachten, dass sich das Relationszeichen bei der Division beider Seiten der Ungleichung durch eine negative Zahl analog wie bei der Multiplikation mit einer negativen Zahl umdreht.

Die Lösung lautet in Mengenschreibweise:

$$\mathsf{L} = \left\{ x \;\middle|\; x < \frac{1}{5} \right\}.$$

→ Zur Aufgabe auf Seite 50

c) In dieser Aufgabe wird erneut das Umformen von Ungleichungen trainiert.

Tipp: Wenden Sie die binomische Formel an und fassen Sie dann die Ausdrücke zusammen:

$$\begin{aligned} x^2 - 6x + 9 - \left(x^2 + 4x + 4\right) &< 3(2 - x), \\ x^2 - 6x + 9 - x^2 - 4x - 4 &< 6 - 3x, \\ -10x + 5 &< 6 - 3x. \end{aligned}$$

Tipp: In diesem Beispiel haben sich die quadratischen Ausdrücke aufgehoben; anderenfalls wäre eine quadratische Ungleichung zu lösen. Stellen Sie die Ungleichung als Nächstes nach x um:

$$x > -\frac{1}{7}.$$

Tipp: Notieren Sie die Lösung in Mengenschreibweise. Das Ergebnis lautet demnach:

$$\mathsf{L} = \left\{ x \;\middle|\; x > -\frac{1}{7} \right\}.$$

→ Zur Aufgabe auf Seite 50

Zu 7.3.4 Übung

a) Die lineare Ungleichung enthält einen Parameter, deshalb wird bei der Lösung eine Fallunterscheidung notwendig.

Tipp: Fassen Sie die Terme, welche ein x enthalten, auf einer Seite der Gleichung zusammen:

$$\begin{aligned} -ax + 2ax &\geq 10 - 5, \\ ax &\geq 5. \end{aligned}$$

Tipp: Untersuchen Sie die drei möglichen Fälle $a = 0$, $a > 0$ und $a < 0$; die Reihenfolge ist dabei beliebig. Beispielweise erhält man im ersten Fall $a = 0$ einen Widerspruch:

$$0 \geq 5 \quad \Rightarrow \quad \mathsf{L}_1 = \emptyset = \{\}\,.$$

In den verbleibenden zwei Fällen ist beim Dividieren das Vorzeichen von a zu beachten:

$$\text{2. Fall } (a > 0)\text{:} \quad x \geq \frac{5}{a} \quad \Rightarrow \quad \mathsf{L}_2 = \left\{ x \;\middle|\; \left(x \geq \frac{5}{a}\right) \wedge (a > 0) \right\},$$

$$\text{3. Fall } (a < 0)\text{:} \quad x \leq \frac{5}{a} \quad \Rightarrow \quad \mathsf{L}_3 = \left\{ x \;\middle|\; \left(x \leq \frac{5}{a}\right) \wedge (a < 0) \right\}.$$

Tipp: Fassen Sie nun die einzelnen Lösungsmengen der drei Fälle als Vereinigungsmenge zusammen. Für $a = 0$ existiert keine Lösung.
Die Lösungsmenge enthält die Elemente der beiden nichtleeren Teilmengen:

$$\mathsf{L} = \mathsf{L}_2 \cup \mathsf{L}_3.$$

→ *Zur Aufgabe auf Seite 50*

b) In der Ungleichung sind zwei Parameter vorhanden, daraus resultiert eine Fallunterscheidung.

Tipp: Verwenden Sie die binomischen Formeln, um zusammenzufassen:

$$\begin{aligned} a^2x^2 + 2abx + b^2 - \left(a^2x^2 - 2abx + b^2\right) &\leq 5, \\ a^2x^2 + 2abx + b^2 - a^2x^2 + 2abx - b^2 &\leq 5, \\ abx &\leq \frac{5}{4}. \end{aligned}$$

Tipp: Als Nächstes kann man die Fälle $ab = 0$, $ab > 0$ und $ab < 0$ untersuchen.
Im ersten Fall kann beispielsweise $ab = 0$ betrachtet werden, d. h. mindestens einer der beiden Parameter a oder b muss gleich null sein. In der Ungleichung entsteht ohne Einschränkung für alle x eine wahre Aussage. Die Teillösungsmenge lautet demnach:

$$\mathsf{L}_1 = \{x \in \mathbb{R} \,|\, (a = 0) \vee (b = 0)\}.$$

2. Fall ($ab > 0$): Beide Parameter besitzen das gleiche Vorzeichen:

$$x \leq \frac{5}{4ab} \quad \Rightarrow \quad \mathsf{L}_2 = \left\{x \,\middle|\, \left(x \leq \frac{5}{4ab}\right) \wedge ((a > 0 \wedge b > 0) \vee (a < 0 \wedge b < 0))\right\}.$$

3. Fall ($ab < 0$): Die beiden Parameter unterscheiden sich im Vorzeichen:

$$x \geq \frac{5}{4ab} \quad \Rightarrow \quad \mathsf{L}_3 = \left\{x \,\middle|\, \left(x \geq \frac{5}{4ab}\right) \wedge ((a < 0 \wedge b > 0) \vee (a > 0 \wedge b < 0))\right\}.$$

Tipp: Die Lösungsmenge ergibt sich aus den Resultaten der drei Fälle:

$$\mathsf{L} = \mathsf{L}_1 \cup \mathsf{L}_2 \cup \mathsf{L}_3.$$

→ *Zur Aufgabe auf Seite 50*

c) *Tipp:* Als Erstes wird nach x umgestellt:

$$ax - 3x < 4 - 2 \quad \Rightarrow \quad (a - 3)x < 2.$$

Tipp: Nun könnte durch den Faktor $(a - 3)$ dividiert werden. Dabei ist jedoch zu beachten, dass für diesen Schritt $a \neq 3$ gelten muss, da die Division durch null nicht erlaubt ist.

Der Fall $a = 3$ muss separat untersucht werden. Substituiert man $a = 3$ in die Ungleichung, ergibt sich demnach für alle x-Werte eine wahre Aussage:

$$(3 - 3)\,x < 2 \;\Rightarrow 0 < 2.$$

In diesem Fall lautet die Teillösungsmenge:

$$\mathsf{L}_1 = \{x \mid (x \in \mathbb{R}) \wedge (a = 3)\}.$$

Tipp: Im zweiten Fall $a > 3$, d. h. $(a - 3) > 0$, dividiert man durch eine positive Größe, das Relationszeichen bleibt demnach erhalten:

$$x < \frac{2}{a-3}.$$

Die zweite Teillösungsmenge lautet:

$$\mathsf{L}_2 = \left\{x \;\middle|\; \left(x < \frac{2}{a-3}\right) \wedge (a > 3)\right\}.$$

Tipp: Im dritten Fall $a < 3$, d. h. $(a - 3) < 0$, dividiert man durch eine negative Größe und das Relationszeichen ändert die Richtung:

$$x > \frac{2}{a-3}.$$

Die Teillösungsmenge lautet demnach:

$$\mathsf{L}_3 = \left\{x \;\middle|\; \left(x > \frac{2}{a-3}\right) \wedge (a < 3)\right\}.$$

Die Gesamtlösungsmenge für alle Fälle von a kann als Vereinigungsmenge geschrieben werden:

$$\mathsf{L} = \mathsf{L}_1 \cup \mathsf{L}_2 \cup \mathsf{L}_3,$$

wobei sich die Angaben der Teilmengen wiederholen.

→ *Zur Aufgabe auf Seite 50*

16.8 Quadratische Funktionen

Zu 8.3.1 Übung

a) In dieser Aufgabe werden Parabeln geübt, die aus $y = x^2$ entstehen.

Tipp: Im nächsten Schritt sollte man $y = (x - 1)^2$ skizzieren. Dabei handelt es sich um die Normalparabel, die um eine Einheit nach rechts verschoben wurde (s. Abb. 16.4).

Tipp: Der Funktionsgraph von $y = -(x - 1)^2$ ergibt sich durch Spiegelung von $y = (x - 1)^2$ an der x-Achse.

Tipp: Zum Schluss wird die Funktion $y = -(x-1)^2$ um eine Einheit in positiver y-Achsenrichtung verschoben (s. Abb. 16.4).

Tipp: Zur Überprüfung der Vorgehensweise kann man überlegen, ob die jeweilige Position des Scheitelpunkts plausibel ist.

→ *Zur Aufgabe auf Seite 64*

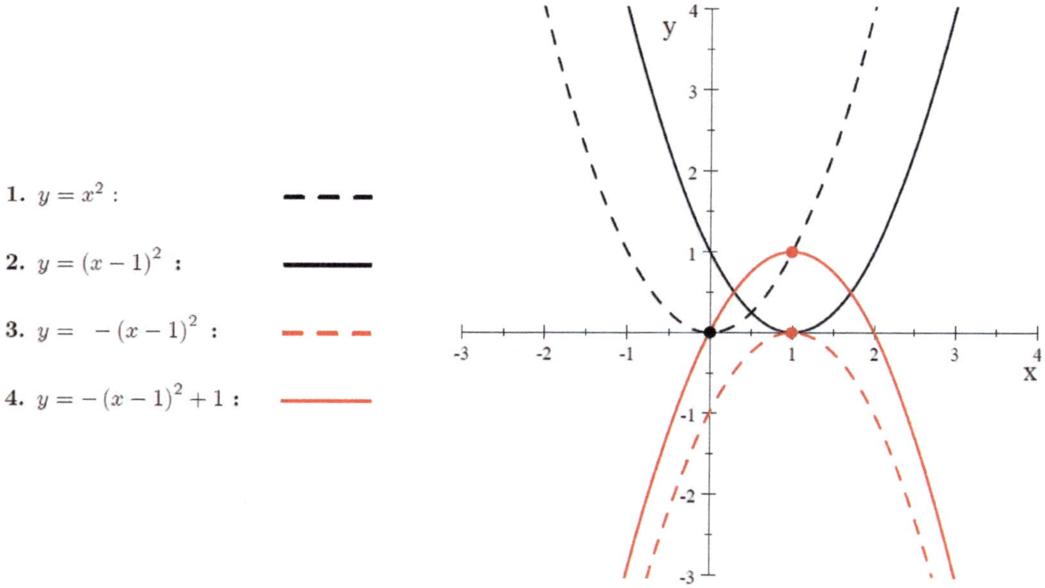

Abb. 16.4 Algorithmus zur Skizze des Graphen von $y = -(x-1)^2 + 1$

b) Erneut wird mit der Normalparabel begonnen. Skizzieren Sie die Funktion $y = |-x^2+1| - 2$ schrittweise (s. Abb. 16.5).

Tipp: Der Betrag führt dazu, dass die Teile des Graphen unterhalb der x-Achse nach oben gespiegelt werden.

Tipp: Die Betragsfunktion wird noch um zwei Einheiten nach unten in negativer y-Achsenrichtung verschoben.

→ *Zur Aufgabe auf Seite 64*

c) In dieser Aufgabe trainiert man die Scheitelpunktform.

Tipp: Der Koeffizient vor x^2 lautet eins, demnach kann die Funktionsvorschrift $y = x^2 + 14x + 52$ mit der binomischen Formel

$$1 \cdot x^2 + 2xb + b^2 = (x+b)^2$$

umgeschrieben werden. Dafür benötigt man b, das aus dem doppelten Produkt ablesbar ist:

$$2b = 14 \quad \Rightarrow \quad b = 7.$$

Zu den ersten zwei Summanden gehört demnach die quadratische Ergänzung $b^2 = 7^2 = 49$, die man vom Absolutglied 52 gewinnen kann:

$$x^2 + 14x + 52 = x^2 + 2 \cdot 7x + (7^2 + 3) = \left(x^2 + 2 \cdot 7x + 7^2\right) + 3.$$

Tipp: Als Alternative wäre es möglich, eine additive Null anzuwenden (s. Abschn. 8.2):

$$\begin{aligned} y &= x^2 + 14x + 52 \mathbf{+49-49} \\ &= (x^2 + 14x + 49) + 52 - 49. \end{aligned}$$

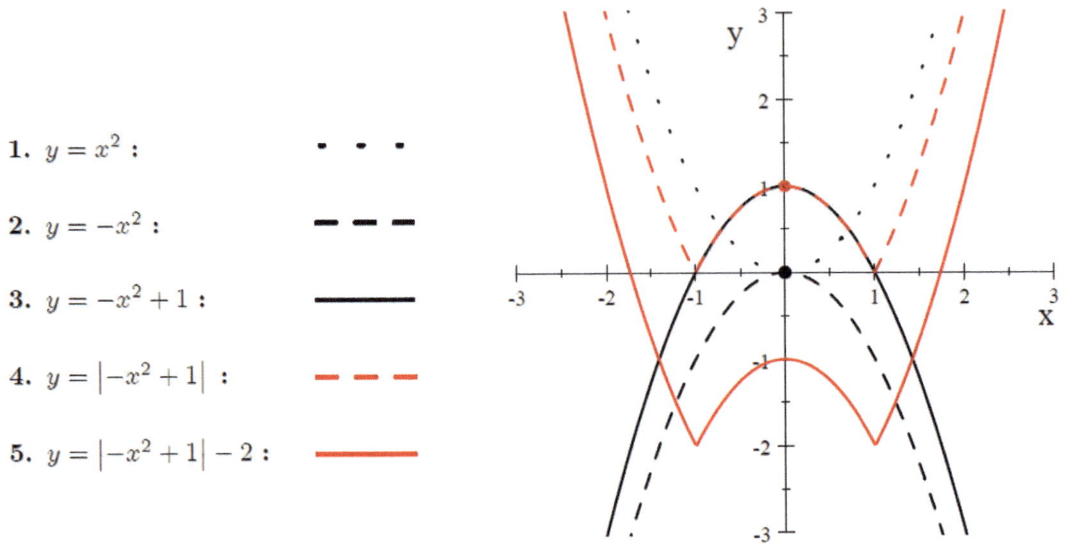

Abb. 16.5 Algorithmus der Skizze des Graphen von $y = |-x^2 + 1| - 2$

Tipp: Nachdem $b = 7$ bekannt ist, kann der Term in der Klammer als binomische Formel umgeschrieben werden; dies ergibt die Scheitelpunktform $y = (x + 7)^2 + 3$.

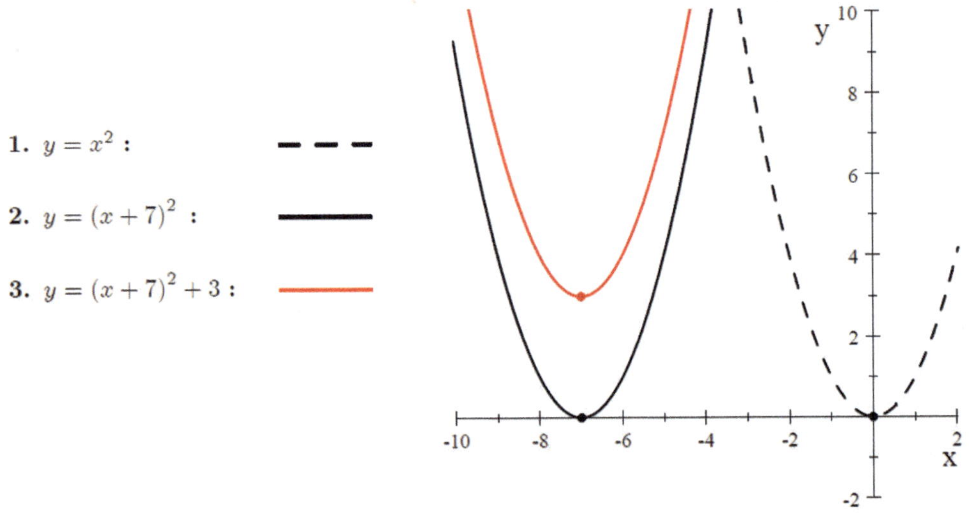

Abb. 16.6 Algorithmus zur Skizze des Graphen von $y = x^2 + 14x + 52$

Tipp: Skizzieren Sie mithilfe der Scheitelpunktform den Graphen, indem Sie die Normalparabel um sieben Einheiten nach links und um drei Einheiten nach oben verschieben. Die Lösung wird in Abb. 16.6 dargestellt.

Tipp: Die Plausibilität der Skizze kann man prüfen, indem man die schrittweise veränderte Lage des Scheitelpunkts beachtet.

→ *Zur Aufgabe auf Seite 64*

d) In diesem Beispiel wird erneut die quadratische Ergänzung trainiert.

Tipp: Schreiben Sie die Funktion in die Scheitelpunktform um. Klammern Sie dazu zunächst fünf aus, damit in der Klammer die Normalform entsteht:

$$y = 5\left(1 \cdot x^2 - 6x + \frac{2}{5}\right).$$

Hinweis: Wenn Sie fünf nicht ausklammern würden, müsste für den Term $5x^2 - 2\sqrt{5}ax + a^2$ eine binomische Formel aufgestellt werden. Dadurch wäre die Lösung etwas komplizierter.

Tipp: Stellen Sie nun in der Klammer auf der Grundlage der ersten zwei Summanden für $b = 3$ die binomische Formel auf. Die quadratische Ergänzung lautet $3^2 = 9$.
Als Nächstes kann damit die entsprechende binomische Formel aufgestellt werden, indem man die additive Null $0 = +3^2 - 3^2$ einfügt (s. Abschn. 8.2):

$$y = 5\left(x^2 - 2 \cdot 3x + \underbrace{+3^2 - 3^2}_{=0} + \frac{2}{5}\right) = 5\left(\underbrace{x^2 - 2 \cdot 3x + 3^2}_{=(x-3)^2} - 3^2 + \frac{2}{5}\right).$$

Tipp: Zum Schluss wird die binomische Formel angewendet, das absolute Glied zusammengefasst und der zu Beginn ausgeklammerte Koeffizient fünf zurückmultipliziert:

$$y = 5\left(x^2 - 6x + 9\right) - 5 \cdot \frac{43}{5} = 5(x-3)^2 - 43.$$

Tipp: Unter Beachtung der Scheitelpunktform kann der Graph dieser Funktion mit wenigen Schritten skizziert werden (s. Abb. 16.7). Bitte beachten Sie die unterschiedliche Skalierung der Achsen.

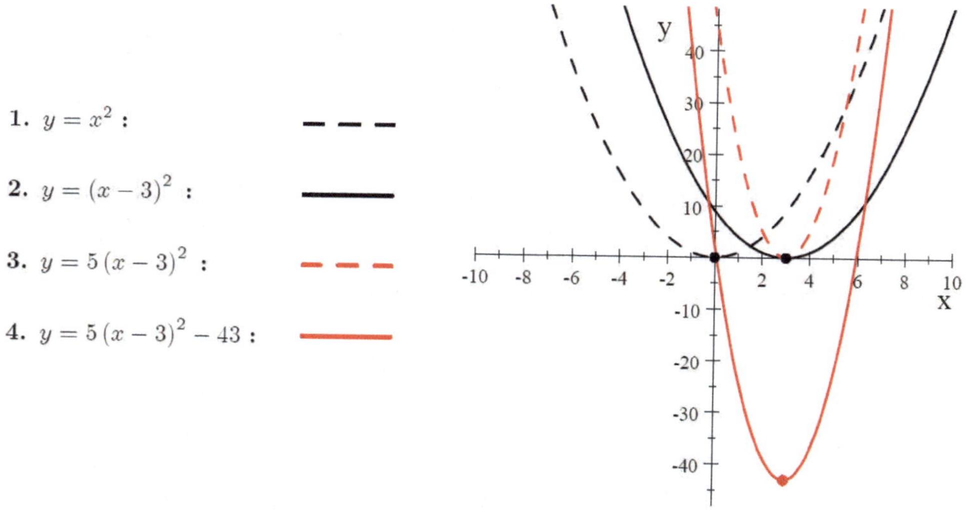

Abb. 16.7 Algorithmus zur Skizze des Graphen von $y = 5x^2 - 30x + 2$

→ *Zur Aufgabe auf Seite 64*

Zu 8.3.2 Übung

a) Die Lösung dieser Aufgabe ist ohne Benutzung der p-q-Formel möglich.

Tipp: Die Nullstellen sind dadurch definiert, dass der entsprechende y-Wert gleich null ist. Als Erstes muss demnach die Funktion gleich null gesetzt werden:

$$5x^2 - 10x + 5 = 0.$$

Tipp: Dividieren Sie die Gleichung durch fünf, damit die Normalform entsteht:

$$x^2 - 2x + 1 = 0.$$

Tipp: Offenbar kann eine binomische Formel genutzt werden, die p-q-Formel ist nicht erforderlich:

$$x^2 - 2x + 1 = (x - 1)^2 = 0.$$

Die Nullstellen ergeben sich zu $x_1 = x_2 = 1$. Die doppelte Nullstelle bedeutet, dass der Scheitelpunkt der Parabel auf der x-Achse liegt.

b) Die Funktion ist in der Produktschreibweise dargestellt. In dieser Situation können die Nullstellen direkt bestimmt werden (vgl. Abschn. 8.1). Es ist nicht notwendig und ein Umweg, wenn man zuerst das Produkt ausmultipliziert.

Tipp: Setzen Sie die Funktion stattdessen gleich null:

$$(x + 5) \cdot (x - 2) = 0.$$

Tipp: Ein Produkt ergibt null, wenn einer der Faktoren gleich null ist. Man erhält demnach:

$$x + 5 = 0 \quad \Rightarrow \quad x = -5, \qquad x - 2 = 0 \quad \Rightarrow \quad x = 2.$$

Die Funktion hat daher zwei Nullstellen und besitzt die Punkte $P_1(-5{,}0)$ und $P_2(2{,}0)$.

→ *Zur Aufgabe auf Seite 64*

c) Der analytische Ausdruck enthält die unbekannten Parameter a und m. Demnach ist eine Menge mit unendlich vielen Kurven gegeben; es handelt sich um eine „Kurvenschar“.

Tipp: Gehen Sie wie gewohnt bei der Berechnung vor und setzen Sie die Funktion gleich null:

$$ax^2 - \left(a^2 m - m\right) x - am^2 = 0.$$

Tipp: Als Nächstes kann die Gleichung so umgeformt werden, dass die Normalform entsteht:

$$\begin{aligned} ax^2 - m\left(a^2 - 1\right) x - am^2 &= 0, \\ x^2 - \frac{m\left(a^2 - 1\right)}{a} x - m^2 &= 0. \end{aligned}$$

Tipp: Wenden Sie die p-q-Formel an, die Ausdrücke sollte man schrittweise vereinfachen:

$$
\begin{aligned}
x_{1,2} &= \frac{\frac{m\,(a^2-1)}{a}}{2} \pm \sqrt{\left(\frac{\frac{m\,(a^2-1)}{a}}{2}\right)^2 + m^2} \\
&= \frac{m\,(a^2-1)}{2a} \pm \sqrt{\frac{m^2\,(a^2-1)^2}{(2a)^2} + m^2} \\
&= \frac{m\,(a^2-1)}{2a} \pm \sqrt{\frac{m^2\,(a^2-1)^2 + 4a^2m^2}{4a^2}} \\
&= \frac{m\,(a^2-1)}{2a} \pm \sqrt{\frac{m^2\,(a^4-2a^2+1+4a^2)}{4a^2}} \\
&= \frac{m\,(a^2-1)}{2a} \pm \sqrt{\frac{m^2\,(a^4+2a^2+1)}{4a^2}} = \frac{m\,(a^2-1)}{2a} \pm \sqrt{\frac{m^2\,(a^2+1)^2}{4a^2}}.
\end{aligned}
$$

Tipp: Weil unter der Wurzel für a, $m \in \mathbb{R}^+$, quadratische Ausdrücke entstehen, ist der Term positiv und die Wurzel kann gezogen werden:

$$x_{1,2} = \frac{m\,(a^2-1)}{2a} \pm \frac{m\,(a^2+1)}{2a}.$$

$$
\begin{aligned}
x_1 &= \frac{m\,(a^2-1)}{2a} + \frac{m\,(a^2+1)}{2a} \\
&= \frac{m\,(a^2-1) + m\,(a^2+1)}{2a} \\
&= \frac{m\,(a^2-1+a^2+1)}{2a} = am.
\end{aligned}
$$

$$
\begin{aligned}
x_2 &= \frac{m\,(a^2-1)}{2a} - \frac{m\,(a^2+1)}{2a} \\
&= \frac{m\,(a^2-1) - m\,(a^2+1)}{2a} \\
&= \frac{m\,(a^2-1-a^2-1)}{2a} = -\frac{m}{a}.
\end{aligned}
$$

Die Probe führt zu wahren Aussagen. Die Kurvenschar besitzt demnach Nullstellen in den Punkten $P_1(ma,0)$ und $P_2\left(-\frac{m}{a},0\right)$.

→ *Zur Aufgabe auf Seite 64*

Zu 8.3.3 Übung

a) Bei dieser Aufgabe wird die p-q-Formel trainiert.

Tipp: Im Schnittpunkt besitzen beide Funktionen den gleichen y-Wert, deshalb darf man die Ausdrücke gleichsetzen; zur besseren Übersichtlichkeit wird dabei auf den Index S verzichtet:

$$4x^2 + 10x - 3 = 5x + 2.$$

Tipp: Formen Sie im nächsten Schritt die Gleichung so um, dass die Normalform entsteht:

$$4x^2 + 10x - 5x - 3 - 2 \;=\; 0,$$

$$4x^2 + 5x - 5 = 0 \quad \Rightarrow \quad x^2 + \frac{5}{4}x - \frac{5}{4} = 0.$$

Tipp: Die x-Koordinaten der Schnittpunkte werden mithilfe der p-q-Formel berechnet:

$$\begin{aligned} x_{1,2} &= -\frac{5}{8} \pm \sqrt{\left(\frac{5}{8}\right)^2 + \frac{5}{4}} \\ &= -\frac{5}{8} \pm \sqrt{\frac{25}{64} + \frac{80}{64}} = -\frac{5}{8} \pm \sqrt{\frac{105}{64}}. \end{aligned}$$

$$\begin{aligned} x_1 &= -\frac{5}{8} + \frac{\sqrt{105}}{8} = \frac{-5+\sqrt{105}}{8} &\approx 0.66, \\ x_2 &= -\frac{5}{8} - \frac{\sqrt{105}}{8} = \frac{-5-\sqrt{105}}{8} &\approx -1.91. \end{aligned}$$

Hinweis: In diesem Buch werden Dezimalzahlen mit einem Punkt geschrieben.

Tipp: Die y-Koordinaten der Schnittpunkte werden ermittelt, indem man die x-Werte in eine der Funktionen einsetzt. Es bietet sich an, dazu die Geradengleichung zu verwenden:

$$\begin{aligned} f\left(\frac{-5+\sqrt{105}}{8}\right) &= 5 \cdot \left(\frac{-5+\sqrt{105}}{8}\right) + 2 \\ &= \frac{-25+5\sqrt{105}}{8} + \frac{16}{8} = \frac{-9+5\sqrt{105}}{8} \approx 5.28, \\ f\left(\frac{-5-\sqrt{105}}{8}\right) &= 5 \cdot \left(\frac{-5-\sqrt{105}}{8}\right) + 2 \\ &= \frac{-25-5\sqrt{105}}{8} + \frac{16}{8} = \frac{-9-5\sqrt{105}}{8} \approx -7.53\,. \end{aligned}$$

Zur Probe könnten die x-Werte auch in der quadratischen Funktion eingesetzt werden. Die Schnittpunkte lauten $P_1(0.66, 5.28)$ und $P_2(-1.91, -7.53)$.

→ *Zur Aufgabe auf Seite 64*

b) Bei der Lösung dieser Aufgabe wird die p-q-Formel trainiert.

Tipp: Setzen Sie die Funktionen gleich und schreiben Sie die entstehende quadratische Gleichung in die Normalform um; auf einen Index S zur Kennzeichnung des Schnittpunkts wird verzichtet:

$$\begin{aligned} 4x^2 + 10x - 3 &= x^2 + x + 3, \\ 4x^2 - x^2 + 10x - x - 3 - 3 &= 0, \\ 3x^2 + 9x - 6 &= 0, \\ x^2 + 3x - 2 &= 0. \end{aligned}$$

Tipp: Als Nächstes wird zur Berechnung der x-Werte die p-q-Formel benutzt:

$$\begin{aligned} x_{1,2} &= -\frac{3}{2} \pm \sqrt{\left(\frac{3}{2}\right)^2 + 2} = -\frac{3}{2} \pm \sqrt{\frac{9}{4} + \frac{8}{4}} \\ &= -\frac{3}{2} \pm \sqrt{\frac{17}{4}} = -\frac{3}{2} \pm \frac{\sqrt{17}}{2}. \end{aligned}$$

$$x_1 = \frac{-3+\sqrt{17}}{2} \approx 0.56, \qquad x_2 = \frac{-3-\sqrt{17}}{2} \approx -3.56.$$

Tipp: Zuletzt berechnet man die y-Koordinaten der Schnittpunkte:

$$\begin{aligned} f\left(\frac{-3+\sqrt{17}}{2}\right) &= \frac{(-3+\sqrt{17})^2}{4} + \frac{-3+\sqrt{17}}{2} + 3 \\ &= \frac{9-6\sqrt{17}+17}{4} + \frac{-6+2\sqrt{17}}{4} + \frac{12}{4} \\ &= \frac{9+17-6+12-6\sqrt{17}+2\sqrt{17}}{4} \\ &= \frac{32-4\sqrt{17}}{4} \approx 3.88. \end{aligned}$$

$$\begin{aligned} f\left(\frac{-3-\sqrt{17}}{2}\right) &= \frac{(-3-\sqrt{17})^2}{4} + \frac{-3-\sqrt{17}}{2} + 3 \\ &= \frac{9+6\sqrt{17}+17}{4} + \frac{-6-2\sqrt{17}}{4} + \frac{12}{4} \\ &= \frac{9+17-6+12+6\sqrt{17}-2\sqrt{17}}{4} \\ &= \frac{32+4\sqrt{17}}{4} \approx 12.12. \end{aligned}$$

Die Parabeln schneiden sich näherungsweise in den Punkten $P_1(0.56, 3.88)$, $P_2(-3.56, 12.12)$. Zur Kontrolle könnten die x-Werte in die zweite Parabelfunktion substituiert werden.

→ *Zur Aufgabe auf Seite 64*

c) Diese Aufgabe enthält den Parameter a, demnach ist eine Kurvenschar von Parabeln gegeben.

Tipp: Gehen Sie wie gewohnt vor und setzen Sie die Funktionsvorschriften gleich:

$$4x^2 + 10x - 3 = 3x^2 + (10-2a)x - 2 + 2a.$$

Tipp: Die Gleichung sollte man zusammenfassen und in die Normalform überführen:

$$\begin{aligned} 4x^2 - 3x^2 + 10x - 10x + 2ax - 3 + 2 - 2a &= 0, \\ x^2 + 2ax - 1 - 2a &= 0. \end{aligned}$$

Tipp: Die Lösungen werden mithilfe der p-q-Formel bestimmt. Unter dem Wurzelzeichen steht ein positiver Term, die Wurzel kann gezogen werden:

$$x_{1,2} = -\frac{2a}{2} \pm \sqrt{a^2 + 2a + 1} = -a \pm \sqrt{(a+1)^2} = -a \pm (a+1).$$

$$\begin{aligned} x_1 &= -a + (a+1) = -a + a + 1 = 1, \\ x_2 &= -a - (a+1) = -a - a - 1 = -2a - 1. \end{aligned}$$

Tipp: Im nächsten Schritt werden die y-Werte ermittelt:

$$\begin{aligned} f(1) &= 4 \cdot 1^2 + 10 \cdot 1 - 3 = 11. \\ f(-2a-1) &= 4(-2a-1)^2 + 10(-2a-1) - 3 \\ &= 4\left(4a^2 + 4a + 1\right) - 20a - 10 - 3 \\ &= 16a^2 - 4a - 9. \end{aligned}$$

Die Parabel schneidet die Parabelschar in den Punkten $P_1(1{,}11)$ und $P_2(-2a-1{,}16a^2-4a-9)$.

→ *Zur Aufgabe auf Seite 64*

Zu 8.3.4 Übung

a) Bei der Lösung dieser quadratischen Ungleichung wird ebenfalls die p-q-Formel trainiert.

Tipp: Vereinfachen Sie die Ungleichung, um die Normalform anwenden zu können:

$$\begin{aligned} x^2 + 2x^2 + 3x + 3x - 2 - 7 &< 0, \\ 3x^2 + 6x - 9 &< 0, \\ x^2 + 2x - 3 &< 0. \end{aligned}$$

Tipp: Von der zugeordneten Gleichung $x^2 + 2x - 3 = 0$ bestimmt man als Nächstes die Nullstellen mithilfe der p-q-Formel:

$$x_{1,2} = -\frac{2}{2} \pm \sqrt{\left(\frac{2}{2}\right)^2 + 3} = -1 \pm \sqrt{4}.$$

$$x_1 = 1, \qquad x_2 = -3.$$

Tipp: Skizzieren Sie die Funktion (s. Abb. 16.8). Die Parabel kann leichter skizziert werden, wenn man die Scheitelpunktform herstellt:

$$f(x) \;=\; x^2 + 2x - 3 = x^2 + 2 \cdot 1 \cdot x + 1^2 - 1^2 - 3 = (x+1)^2 - 4.$$

Die Lösungsmenge umfasst alle x-Werte, zu denen negative Funktionswerte zugeordnet sind, die Parabel liegt dann unterhalb der x-Achse. Die Nullstellen sind keine Lösungen, weil eine scharfe Ungleichung vorgegeben wurde. Die Lösungsmenge lautet demnach:

$$\mathsf{L} = \{x \mid -3 < x < 1\}.$$

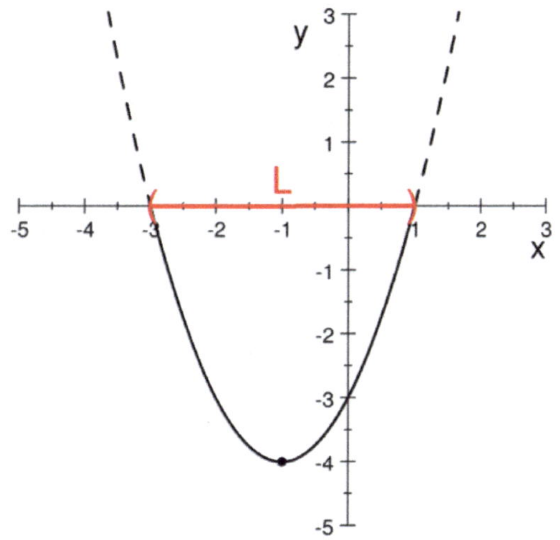

Abb. 16.8 Lösungsmenge einer quadratischen Ungleichung

→ *Zur Aufgabe auf Seite 65*

b) Bei der Lösung dieser Aufgabe wird das Umformen von quadratischen Ungleichungen trainiert. Grundsätzlich wird wie bei Gleichungen vorgegangen. Lediglich bei der Multiplikation mit einem negativen Faktor bzw. bei Division durch einen negativen Divisor ändert das Relationszeichen die Richtung.

Tipp: Beseitigen Sie zuerst die Brüche und multiplizieren Sie aus:

$$\begin{aligned} \frac{3x(x+2)}{15} - \frac{x+3}{15} &> \frac{5x+25}{15}, \\ 3x(x+2) - x - 3 &> 5x + 25, \\ 3x^2 + 6x - x - 3 &> 5x + 25. \end{aligned}$$

Tipp: Es ist von Vorteil, alle Terme auf einer Seite zu sortieren und weiter zu vereinfachen:

$$\begin{aligned} 3x^2 + 6x - x - 5x - 3 - 25 &> 0, \\ 3x^2 - 28 &> 0, \\ x^2 - \frac{28}{3} &> 0. \end{aligned}$$

Tipp: Als Nächstes werden die Nullstellen der Gleichung $x^2 = \frac{28}{3}$ ermittelt:

$$x_{1,2} = \pm\sqrt{\frac{28}{3}} = \pm\frac{2}{\sqrt{3}}\sqrt{7} = \pm\frac{2}{3}\sqrt{21} \approx \pm 3.06.$$

Tipp: Um festzustellen, wo die Funktionswerte größer null sind, nutzt man die Kenntnis vom Verlauf der nach oben geöffneten Normalparabel $y = x^2 - \frac{28}{3}$, die um $\frac{28}{3}$ in negativer y-Richtung verschoben wurde.

Alternativ setzt man einen beliebigen Testwert zwischen den Nullstellen ein.
Wird beispielsweise der Testwert $x_* = 0$ substituiert, ergibt sich der y-Wert $f(0) = -\frac{28}{3}$.
Die Funktion ist demnach zwischen den Nullstellen kleiner null.
Weil die Ungleichung in starker Form vorgegeben war, gehören die Nullstellen nicht zur Lösungsmenge, diese lautet:

$$\mathsf{L} = \left(-\infty, -\sqrt{\frac{28}{3}}\right) \cup \left(\sqrt{\frac{28}{3}}, +\infty\right).$$

→ *Zur Aufgabe auf Seite 65*

c) Bei der Lösung dieser quadratischen Ungleichung wird die p-q-Formel geübt.

Tipp: Die linke Seite der Ungleichung kann beispielsweise mit einer binomischen Formel umgeschrieben werden (s. Abschn. 3.1):

$$(2x+8)\cdot(2x-8) = (2x)^2 - 8^2 \quad \Rightarrow \quad 4x^2 - 64 < 4x.$$

Tipp: Als Nächstes wird die Ungleichung vereinfacht:

$$4x^2 - 64 - 4x \ < \ 0 \quad \Rightarrow \quad x^2 - x - 16 < 0.$$

Tipp: Von der zugeordneten Gleichung $x^2 - x - 16 = 0$ berechnet man die Nullstellen:

$$x_{1,2} = \frac{1}{2} \pm \sqrt{\left(\frac{1}{2}\right)^2 + 16},$$

$$x_1 = 0.5 + \sqrt{16.25} \approx 4.53, \quad x_2 = 0.5 - \sqrt{16.25} \approx -3.53.$$

Tipp: Zuletzt untersucht man das Vorzeichen der Funktionswerte von $f(x) = x^2 - x - 16$ entweder im Intervall zwischen den Nullstellen oder außerhalb.
Beispielsweise ergibt sich beim Einsetzen des Testwerts $x_* = 0$ der Funktionswert $f(0) = -16$.
Alle y-Werte im Intervall zwischen den Nullstellen sind demnach negativ.
Die Nullstellen sind keine Elemente der Lösungsmenge, diese lautet:

$$\mathsf{L} = \{x \mid -3.53 < x < 4.53\}.$$

→ *Zur Aufgabe auf Seite 65*

16.9 Potenz- und Wurzelfunktionen, Wurzelgleichungen

Zu 9.3.1 Übung

Tipp: Als Erstes sollte man die Definitionsmenge bestimmen. Unter den Wurzeln dürfen keine negativen Werte auftreten, diese Eigenschaft muss gleichzeitig gelten:

$$(x-1 \geq 0) \quad \wedge \quad (x+1 \geq 0) \quad \wedge \quad (2x+1 \geq 0),$$
$$(x \geq 1) \quad \wedge \quad (x \geq -1) \quad \wedge \quad (x \geq -0.5)\,.$$

Somit ergibt sich die Definitionsmenge als Schnittmenge der drei Teilmengen:

$$\mathsf{D} = [1, +\infty).$$

Tipp: Im nächsten Schritt wird auf beiden Seiten der Gleichung quadriert:

$$\left(\sqrt{x-1} + \sqrt{x+1}\right)^2 = \left(\sqrt{2x+1}\right)^2.$$

Tipp: Auf der linken Seite sollte man binomische Formeln benutzen und als Nächstes den Wurzelausdruck eliminieren:

$$\begin{aligned} x - 1 + 2\sqrt{(x-1)(x+1)} + x + 1 &= 2x + 1, \\ \sqrt{x^2 - 1} &= \frac{1}{2}. \end{aligned}$$

Tipp: Die Gleichung quadriert man noch einmal auf beiden Seiten:

$$x^2 - 1 = \frac{1}{4} \quad \Rightarrow \quad x_{1,2} = \pm\frac{1}{2}\sqrt{5}.$$

Der Wert x_2 ist kleiner null und liegt nicht in D, demnach ist diese formal richtig berechnete Größe eine Scheinlösung und scheidet aus.
Der Wert x_1 gehört zur Definitionsmenge und erfüllt die Ausgangsgleichung:

$$\begin{aligned} \sqrt{\frac{1}{2}\sqrt{5} - 1} + \sqrt{\frac{1}{2}\sqrt{5} + 1} &= \sqrt{2 \cdot \frac{1}{2}\sqrt{5} + 1}, \\ \left(\sqrt{\frac{1}{2}\sqrt{5} - 1} + \sqrt{\frac{1}{2}\sqrt{5} + 1}\right)^2 &= \left(\sqrt{\sqrt{5} + 1}\right)^2, \\ 2 \cdot \sqrt{\left(\frac{5}{4} - 1\right)} &= 1 \quad \Rightarrow \quad \textit{wahre Aussage.} \end{aligned}$$

Demnach lautet die Lösung $x_1 = \frac{1}{2}\sqrt{5}$.

→ *Zur Aufgabe auf Seite 72*

Zu 9.3.2 Übung

Tipp: Bestimmen Sie zunächst den Definitionsbereich für x:

$$\begin{array}{ccccc} (3x+4 \geq 0) & \wedge & (2x-5 \geq 0) & \wedge & (3x-5 \geq 0), \\ \left(x \geq -\frac{4}{3}\right) & \wedge & \left(x \geq \frac{5}{2}\right) & \wedge & \left(x \geq \frac{5}{3}\right). \end{array}$$

Der Definitionsbereich lautet demnach:

$$\mathsf{D} = \left[\frac{5}{2}, +\infty\right).$$

Tipp: Anschließend sollten Sie die Gleichung wieder auf beiden Seiten quadrieren und auf der linken Seite eine binomische Formel verwenden:

$$75x + 100 - 30\sqrt{3x+4}\sqrt{2x-5} + 18x - 45 = 48x - 80.$$

Tipp: Als Nächstes kann man die Gleichung so umformen, dass die Wurzel auf einer Seite verbleibt, die restlichen Terme werden auf der anderen zusammengefasst:

$$-30\sqrt{6x^2 - 7x - 20} = -45x - 135.$$

Tipp: Um die Wurzel zu beseitigen, wird die Gleichung noch einmal quadriert:

$$\begin{aligned} 900\left(6x^2 - 7x - 20\right) &= (-45x - 135)^2, \\ 5\,400x^2 - 6\,300x - 18\,000 &= 2\,025x^2 + 12\,150x + 18\,225. \end{aligned}$$

Die entstandene quadratische Gleichung sollte man in die Normalform umschreiben:

$$\begin{aligned} 3\,375x^2 - 18\,450x - 36\,225 &= 0, \\ x^2 - \frac{18\,450}{3\,375}x - \frac{36\,225}{3\,375} &= 0. \end{aligned}$$

Unter Beachtung der Zerlegungen der Koeffizienten in Primfaktoren kann man kürzen und zuletzt die Nullstellen bestimmen:

$$\begin{aligned} x^2 - \frac{2 \cdot 3^2 \cdot 5^2 \cdot 41}{3^3 \cdot 5^3}x - \frac{3^2 \cdot 5^2 \cdot 7 \cdot 23}{3^3 \cdot 5^3} &= 0, \\ x^2 - \frac{82}{15}x - \frac{161}{15} &= 0, \end{aligned}$$

$$x_{1,2} = \frac{41}{15} \pm \sqrt{\left(\frac{41}{15}\right)^2 + \frac{161}{15}} = \frac{41}{15} \pm \sqrt{\frac{4\,096}{225}} = \frac{41}{15} \pm \frac{64}{15}.$$

Die Lösungsmenge gehört jedoch nur $x_1 = 7$. Dieser Wert liegt im Definitionsbereich und erfüllt

die Ausgangsgleichung, wie man durch einfache Rechnung überprüfen kann.
Dagegen ist der Wert $x_2 = -\frac{23}{15}$ eine Scheinlösung; x_2 gehört nicht zur Definitionsmenge.

→ *Zur Aufgabe auf Seite 73*

Zu 9.3.3 Übung

Tipp: Bestimmen Sie zuerst wie gewohnt den Definitionsbereich für x. Beide Radikanden dürfen nicht negativ sein:

$$\left(x + 5a^2 \geq 0\right) \quad \wedge \quad \left(x - 3a^2 \geq 0\right).$$

Der Term a^2 unter der Wurzel kann nicht kleiner null werden. Der Definitionsbereich lautet demnach:

$$\mathsf{D} = \left[3a^2{,}\infty\right).$$

Tipp: Als Nächstes wird auf beiden Seiten der Gleichung quadriert und rechts eine binomische Formel angewendet:

$$x + 5a^2 = 16a^2 - 8a\sqrt{x - 3a^2} + x - 3a^2.$$

Tipp: Die Gleichung sollte man umformen und die Wurzel auf einer Seite der Gleichung isolieren:

$$a = \sqrt{x - 3a^2}.$$

Tipp: Anschließend wird der Ausdruck noch einmal quadriert und die Formel nach x umgestellt:

$$a^2 = x - 3a^2 \quad \Rightarrow \quad x = 4a^2.$$

Dieser x-Wert ist die Lösung, er liegt in der Definitionsmenge und erfüllt die Ausgangsgleichung.

→ *Zur Aufgabe auf Seite 73*

Zu 9.3.4 Übung

Tipp: Bestimmen Sie zunächst den Definitionsbereich der Gleichung aus den Bedingungen:

$$(x - 4ab \geq 0) \quad \wedge \quad (9x + 4ab \geq 0) \quad \wedge \quad (x - ab \geq 0).$$

Der Definitionsbereich lautet:

$$\mathsf{D} = [4ab{,}\infty).$$

Tipp: Die Gleichung wird auf beiden Seiten mithilfe einer binomische Formel quadriert:

$$x - 4ab + 2\sqrt{x - 4ab}\sqrt{9x + 4ab} + 9x + 4ab = 16x - 16ab.$$

Tipp: In gewohnter Weise wird die Wurzel auf einer Seite der Gleichung isoliert:

$$\sqrt{9x^2 - 32abx - 16a^2b^2} = 3x - 8ab.$$

Tipp: Durch erneutes Quadrieren wird die Wurzel beseitigt:

$$9x^2 - 32abx - 16a^2b^2 \;=\; 9x^2 - 48abx + 64a^2b^2.$$

Tipp: Die entstandene Gleichung wird unter Beachtung von $ab > 0$ nach x aufgelöst:

$$16abx = 80a^2b^2 \Rightarrow x = 5ab.$$

Dieser Wert ist die Lösung, er liegt in der Definitionsmenge und führt beim Einsetzen in die Ausgangsgleichung zu einer wahren Aussage.

→ *Zur Aufgabe auf Seite 73*

16.10 Exponential- und Logarithmusfunktionen

Zu 10.3.1 Übung

Tipp: Der Definitionsbereich dieser Gleichung lautet $\mathsf{D} = \mathbb{R}$. Wenden Sie als Erstes die Potenzgesetze an und formen Sie die Gleichung um:

$$2^{2x}\left(2^3 + 3\right) = 22.$$

Tipp: Vereinfachen Sie die Exponentialgleichung:

$$2^{2x} = 2^1.$$

Tipp: Bei gleicher Basis müssen die Exponenten gleich sein. Man kann logarithmieren:

$$2x = 1 \Rightarrow x = 0.5.$$

Die Probe durch Substitution in die Ausgangsgleichung ergibt auch in der linken Seite 22. Demnach ist $x = 0.5$ die Lösung.

→ *Zur Aufgabe auf Seite 81*

Zu 10.3.2 Übung

Tipp: Der Definitionsbereich dieser Gleichung ist erneut die Menge der reellen Zahlen. Wenden Sie zunächst die Definition der Wurzeln an:

$$a^{\frac{3x-7}{2}} = a^{\frac{4x-3}{3}}.$$

Tipp: Wenn diese Gleichung gilt, müssen bei gleicher Basis a auch die Terme der Exponenten gleich sein:

$$\frac{3x-7}{2} = \frac{4x-3}{3}.$$

Tipp: Zuletzt wird die Gleichung nach x umgestellt und die Lösung x bestimmt:

$$3(3x-7) = 2(4x-3)$$
$$9x - 21 = 8x - 6 \Rightarrow x = 15.$$

Beim Einsetzen in die Ausgangsgleichung entsteht eine wahre Aussage.

→ *Zur Aufgabe auf Seite 81*

Zu 10.3.3 Übung

Tipp: Der Definitionsbereich lautet $\mathsf{D} = \mathbb{R}$. Wenden Sie zunächst das entsprechende Potenzgesetz an und formen Sie die Gleichung um:

$$4^x\left(4^3 - 13 \cdot 4\right) = 2^{3x}\left(2^{-1} - 2^{-3}\right).$$

Tipp: Vereinfachen Sie anschließend den Term:

$$32 \cdot 4^x = 2^{3x}.$$

Tipp: Als Nächstes können Sie die Gleichung logarithmieren und mithilfe der Logarithmengesetze umschreiben. Dabei darf man eine beliebige Basis a verwenden.
Beispielsweise ergibt sich beim Benutzen des dekadischen Logarithmus ($a = 10$):

$$\begin{aligned}
\lg(32 \cdot 4^x) &= \lg(2^{3x}),\\
\lg 32 + \lg(4^x) &= 3x \lg 2,\\
\lg(2^5) + x\lg(2^2) &= 3x \lg 2,\\
5\lg 2 + 2x \lg 2 &= 3x \lg 2.
\end{aligned}$$

Nach Division durch $\lg 2$ erhält man die Lösung:

$$2x + 5 = 3x \quad \Rightarrow \quad x = 5.$$

Alternativ und schneller gelangt man zur Lösung $x = 5$, wenn unter Beachtung von $32 = 2^5$ und $4 = 2^2$ zusammenfasst und danach logarithmiert wird:

$$2^5 \cdot (2^2)^x = 2^{3x} \quad \Rightarrow \quad 2^{5+2x} = 2^{3x}.$$

Die Probe ist ohne umfangreiche Rechnung durchführbar und bleibt dem Leser überlassen.

→ *Zur Aufgabe auf Seite 81*

Zu 10.3.4 Übung

Tipp: Der Definitionsbereich ist bei dieser Aufgabe eingeschränkt:

$$\mathsf{D} = \{x \in \mathbb{R} |\, (x \neq -2) \wedge (x \neq 0.25)\}.$$

Tipp: Weil die Basis der Exponentialausdrücke auf beiden Seiten der Gleichung verschieden ist, sollten Sie zuerst logarithmieren, beispielsweise mit dem dekadischen Logarithmus und das Logarithmengesetz einer Potenz anwenden:

$$\begin{aligned}
\lg\left(32^{\frac{2x+1}{x+2}}\right) &= \lg\left(4^{\frac{6x-1}{4x-1}}\right),\\
\frac{2x+1}{x+2}\lg 32 &= \frac{6x-1}{4x-1}\lg 4,
\end{aligned}$$

$$\begin{aligned} \frac{2x+1}{x+2}\lg(2^5) &= \frac{6x-1}{4x-1}\lg(2^2), \\ 5\cdot\frac{2x+1}{x+2}\lg 2 &= 2\cdot\frac{6x-1}{4x-1}\lg 2. \end{aligned}$$

Tipp: Auf beiden Seiten wird durch lg 2 dividiert und anschließend mit den Nennern multipliziert:

$$5\,(2x+1)\,(4x-1) \;=\; 2\,(x+2)\,(6x-1)\,.$$

Die Terme multipliziert man aus und fasst diese zu einer quadratischen Gleichung zusammen:

$$\begin{aligned} 5(8x^2+2x-1) &= 2(6x^2+11x-2), \\ 28x^2-12x-1 &= 0. \end{aligned}$$

Die Normalform dieser Gleichung lautet:

$$x^2-\frac{3}{7}x-\frac{1}{28}=0.$$

Tipp: Diese quadratische Gleichung lässt sich in gewohnter Weise mit der p-q-Formel lösen:

$$x_{1,2} \;=\; \frac{3}{14}\pm\sqrt{\left(\frac{3}{14}\right)^2+\frac{1}{28}}=\frac{3}{14}\pm\sqrt{\frac{16}{196}}=\frac{3}{14}\pm\frac{4}{14}.$$

Tipp: Abschließend sollten Sie die Probe nicht vergessen.
Beide x-Werte $-\frac{1}{14}$ und $\frac{1}{2}$ liegen im Definitionsbereich und ergeben beim Einsetzen in die Ausgangsgleichung wahre Aussagen. Demnach lautet die Lösungsmenge:

$$\mathsf{L}=\left\{-\frac{1}{14},\frac{1}{2}\right\}.$$

→ *Zur Aufgabe auf Seite 81*

Zu 10.3.5 Übung

Tipp: Zunächst wird der Definitionsbereich untersucht. Logarithmen sind nur von positiven Termen erklärt, beide Ausdrücke müssen gleichzeitig größer null sein. Die Schnittmenge aus den entsprechenden Bedingungen ergibt die Definitionsmenge:

$$(x>-1.5)\wedge(x>-1) \quad\Rightarrow\quad \mathsf{D}=(-1,\infty).$$

Tipp: Stellen Sie die Gleichung so um, dass alle logarithmischen Ausdrücke auf einer Seite stehen:

$$\ln(2x+3)-\ln(x+1)=1.$$

Tipp: Als Nächstes fasst man die Differenz mithilfe des Logarithmengesetzes zusammen:

$$\ln\left(\frac{2x+3}{x+1}\right)=1=\ln e.$$

Tipp: Entsprechend der Definition für den natürlichen Logarithmus kann man diese Gleichung umschreiben und zuletzt die Lösung x berechnen:

$$\frac{2x+3}{x+1} = e \quad \Rightarrow \quad x = \frac{e-3}{2-e}.$$

Tipp: Der x-Wert liegt im Definitionsbereich. Beim Multiplizieren mit dem negativen Nenner $2-e<0$ erhält man:

$$\frac{e-3}{2-e} > -1 \quad \Leftrightarrow \quad (e-3) < -(2-e) \quad \Leftrightarrow \quad -3 < -2 \quad \Rightarrow \text{wahre Aussage.}$$

Tipp: Zuletzt wird der x-Wert in die Ausgangsgleichung eingesetzt. Man nutzt das Logarithmengesetz für die Differenz und beseitigt den Doppelbruch. Die Probe ist erfolgreich:

$$\begin{aligned}
\ln\left(2\cdot\frac{e-3}{2-e}+3\right) - \ln\left(\frac{e-3}{2-e}+1\right) &= 1,\\
\ln\left(\frac{2\cdot(e-3)}{2-e}+\frac{3\cdot(2-e)}{2-e}\right) - \ln\left(\frac{e-3}{2-e}+\frac{2-e}{2-e}\right) &= 1,\\
\ln\left(\frac{2e-6+6-3e}{2-e}\right) - \ln\left(\frac{e-3+2-e}{2-e}\right) &= 1,\\
\ln\left(\frac{-e}{2-e}\right) - \ln\left(\frac{-1}{2-e}\right) &= 1,\\
\ln\left(\frac{-e(2-e)}{(-1)(2-e)}\right) &= 1 \quad \Leftrightarrow \quad \ln e = 1.
\end{aligned}$$

→ *Zur Aufgabe auf Seite 81*

Zu 10.3.6 Übung

Tipp: Der Definitionsbereich der Gleichung lautet:

$$\mathsf{D} = \{x \in \mathbb{R} \mid x > 0, x \neq 1\}.$$

Tipp: Fassen Sie als Nächstes die Summe der beiden logarithmischen Ausdrücke mithilfe des entsprechenden Logarithmengesetzes zusammen:

$$\log_x\left(4\sqrt{2}\right) = \frac{1}{2}.$$

Tipp: Die Gleichung sollte man unter Beachtung der Definition des Logarithmus umschreiben:

$$4\sqrt{2} = x^{\frac{1}{2}} = \sqrt{x}.$$

Tipp: Nun können Sie die Gleichung auf beiden Seiten quadrieren. Als Lösung erhalten Sie $x = 32$. Die Substitution in die Ausgangsgleichung führt zu einer wahren Aussage.

→ *Zur Aufgabe auf Seite 82*

Zu 10.3.7 Übung

Tipp: Beide Logarithmen müssen existieren, der Definitionsbereich lautet daher:

$$(x > 0.5) \wedge (x > 9) \quad \Rightarrow \quad \mathsf{D} = (9,\infty).$$

Tipp: Die Summe auf der linken Seite wird mithilfe des entsprechenden Logarithmengesetzes (vgl. Abschn. 10.1) zusammengefasst:

$$\begin{aligned} \frac{1}{2}\lg(2x-1) + \lg\sqrt{x-9} &= 1, \\ \frac{1}{2}\lg\big((2x-1)(x-9)\big) &= 1. \end{aligned}$$

Tipp: Multiplizieren Sie mit zwei und wenden Sie unter Beachtung von $\lg 10 = 1$ das Logarithmengesetz für eine Potenz an:

$$\lg\big((2x-1)(x-9)\big) = 2 \cdot \lg 10 = \lg 10^2.$$

Weil auf beiden Seiten dekadische Logarithmen stehen gilt demnach:

$$(2x-1)(x-9) = 10^2.$$

Tipp: Die Gleichung schreibt man in die Normalform um, danach wird die p-q-Formel benutzt:

$$\begin{aligned} 2x^2 - 19x + 9 &= 10^2, \\ x^2 - \frac{19}{2}x - \frac{91}{2} &= 0, \end{aligned}$$

$$\begin{aligned} x_{1,2} &= \frac{19}{4} \pm \sqrt{\left(\frac{19}{4}\right)^2 + \frac{91}{2}} \\ &= \frac{19}{4} \pm \sqrt{\frac{361}{16} + \frac{728}{16}} = \frac{19}{4} \pm \frac{33}{4}. \end{aligned}$$

Der Wert $x_1 = 13$ liegt in der Definitionsmenge und führt in der Probe zu einer wahren Aussage. Die zweite Nullstelle $x_2 = -3.5$ liegt jedoch nicht in der Definitionsmenge und entfällt, dabei handelt es sich demnach um eine Scheinlösung.

→ *Zur Aufgabe auf Seite 82*

Zu 10.3.8 Übung

Tipp: Der Definitionsbereich umfasst grundsätzlich die Menge aller positiven reellen Zahlen $\mathbb{R}^+$. Außerdem muß $x \geq 1$ sein, damit die Wurzel aus $\lg(x)$ gezogen werden kann.

Tipp: Logarithmengesetze sind bei dieser Aufgabe nicht anwendbar, im ersten Term steht der Logarithmus unter der Wurzel.

Tipp: Schreiben Sie die Gleichung zunächst um:

$$3\big(\lg(x)\big)^{\frac{1}{2}} - \lg(x) = 2.$$

Tipp: In dieser Situation bietet sich eine Substitution der Form $z = \lg(x), x > 0$ an:

$$3 \cdot \sqrt{z} - z = 2.$$

Tipp: Stellen Sie diese Gleichung so um, dass der Wurzelausdruck auf einer Seite isoliert wird:

$$3 \cdot \sqrt{z} = 2 + z.$$

Tipp: Als Nächstes wird auf beiden Seiten quadriert. Es entsteht eine quadratische Gleichung bzgl. der Hilfsgröße z. Mithilfe der p-q-Formel können Sie dafür Nullstellen bestimmen:

$$z^2 + 4z + 4 = 9z \quad \Rightarrow \quad z^2 - 5z + 4 = 0,$$

$$z_{1,2} = \frac{5}{2} \pm \sqrt{\left(\frac{5}{2}\right)^2 - 4} = \frac{5}{2} \pm \sqrt{\frac{25-16}{4}} = \frac{5}{2} \pm \frac{3}{2}.$$

Tipp: Schließlich müssen Sie mit den z-Werten die Rücksubstitution durchführen:

$$z_1 = \lg(x_1) = 4 \quad \Rightarrow \quad x_1 = 10^4, \qquad z_2 = \lg(x_2) = 1 \quad \Rightarrow \quad x_2 = 10^1.$$

Tipp: Beide x-Werte sind Lösungen, die Kontrolle durch Substitution in die Ausgangsgleichung führt unter Beachtung von $\lg 10 = 1$ zu wahren Aussagen:

$$\begin{aligned} x_1\colon\ 3\sqrt{\lg(10^4)} - \lg(10^4) &= 2, \\ 3\sqrt{4\lg 10} - 4\lg 10 &= 2, \\ 3\sqrt{4} - 4 &= 2. \end{aligned} \qquad \begin{aligned} x_2\colon\ 3\sqrt{\lg(10^1)} - \lg(10^1) &= 2, \\ 3\sqrt{\lg 10} - 1 &= 2, \\ 3\sqrt{1} - 1 &= 2. \end{aligned}$$

→ *Zur Aufgabe auf Seite 82*

16.11 Trigonometrische Funktionen

Zu 11.3.1 Übung

Tipp: Ersetzen Sie in der trigonometrischen Gleichung zunächst $\tan x$:

$$\tan x = \frac{\sin x}{\cos x} \quad \Rightarrow \quad \frac{\sin x}{\cos x} + \sin x = 0.$$

Tipp: Klammern Sie als Nächstes $\sin x$ aus:

$$\sin x \left(\frac{1}{\cos x} + 1\right) = 0.$$

Tipp: Bei einem Produkt, das gleich null ist, muss mindestens einer der Faktoren ebenfalls den Wert null annehmen. Demnach sind zwei Fälle möglich:

$$(\sin x = 0) \quad \vee \quad (\cos x = -1).$$

Tipp: Beide Gleichungen werden separat gelöst, die Lösungen lauten $x_1 = 0$ und $x_2 = \pi$.
Die Probe ist trivial.

→ *Zur Aufgabe auf Seite 93*

Zu 11.3.2 Übung

Tipp: Wenn Sie als Erstes den trigonometrischen Satz des Pythagoras anwenden (s. Abschn. 11.1), kann das Quadrat des Kosinus ersetzt werden. Es entsteht eine Gleichung, die nur noch $\sin x$ enthält, eine derartige Situation ist von Vorteil:

$$\begin{aligned} \underbrace{(1 - \sin^2 x)}_{=\cos^2 x} - 2\sin x + 2 &= 0, \\ -\sin^2 x - 2\sin x + 3 &= 0. \end{aligned}$$

Tipp: Diese Gleichung wird als Nächstes mithilfe einer Substitution $\sin x = u$, $u \in [-1,1]$ und der p-q-Formel gelöst:

$$-u^2 - 2u + 3 = 0 \quad \Rightarrow \quad u^2 + 2u - 3 = 0,$$

$$u_{1,2} = -1 \pm \sqrt{1+3},$$

Der Wert $u_1 = \sin x_1 = -3$ entfällt, da $\sin x_1 = -3 \notin [-1,1]$.

Tipp: Durch die Rücksubstitution erhält man im vorgegebenen Intervall die Lösung:

$$u_2 = \sin x_2 = 1 \quad \Rightarrow \quad x_2 = \frac{\pi}{2}.$$

→ *Zur Aufgabe auf Seite 94*

Zu 11.3.3 Übung

Tipp: In den Summanden sind Terme des doppelten und des einfachen Winkels gegeben.
Als Erstes sollte man die Formel für den Sinus des doppelten Winkels verwenden (s. Abschn. 11.1), um nur Terme des einfachen Winkels zu erhalten:

$$\sin(2x) = 2\sin x \cos x.$$

Im nächsten Schritt kann die binomische Formel genutzt werden. Zum Schluss vereinfacht man den Ausdruck mithilfe des Satzes des Pythagoras am Einheitskreis. Das Ergebnis lautet eins:

$$\sin^4 x + \frac{1}{2} \underbrace{\sin^2(2x)}_{=(2\sin x \cos x)^2} + \cos^4 x = \sin^4 x + \frac{1}{2} \cdot 4\sin^2 x \cos^2 x + \cos^4 x = \left(\sin^2 x + \cos^2 x\right)^2 = 1\,.$$

→ *Zur Aufgabe auf Seite 94*

Zu 11.3.4 Übung

Tipp: Mithilfe der dritten binomischen Formel und des Satzes des Pythagoras am Einheitskreis (s. Abschn. 11.1) erhalten Sie:

$$\sin^4 x - \cos^4 x = \left(\sin^2 x + \cos^2 x\right)\left(\sin^2 x - \cos^2 x\right) = \sin^2 x - \cos^2 x.$$

Tipp: Zum Schluss verwendet man nach dem Ausklammern des Minuszeichens die Formel für den Kosinus des doppelten Winkels (s. Abschn. 11.1), die Lösung lautet $-\cos(2x)$:

$$\cos(2x) = \cos^2 x - \sin^2 x \quad \Rightarrow \quad -\left(\cos^2 x - \sin^2 x\right) = -\cos(2x).$$

→ *Zur Aufgabe auf Seite 94*

16.12 Kurven und Funktionen in Polarkoordinaten

Zu 12.3.1 Übung

a) *Tipp:* Der Winkel φ_A liegt im I. Quadranten, der Winkel φ_B befindet sich im III. Quadranten.

Tipp: Die gegebenen Werte setzt man in die Formeln für die Umrechnung der Koordinaten (s. Abschn. 12.1) ein:

$$r = \sqrt{x^2 + y^2}, \quad \tan\varphi = \frac{y}{x}.$$

Als Nächstes wird der Taschenrechner benutzt. Die beiden Punkte besitzen näherungsweise die Koordinaten $A(3.61; 33.7°)$ und $B(11.4; 232.1°)$.

→ *Zur Aufgabe auf Seite 106*

b) *Tipp:* Der Punkt C liegt im I. Quadranten, der Punkt D auf der y-Achse.

Tipp: Die Werte für r und φ kann man in die Formeln zur Umrechnung der Koordinaten einsetzen (s. Abschn. 12.1):

$$x = r \cdot \cos\varphi, \quad y = r \cdot \sin\varphi.$$

Die Lösung lautet demnach $C\left(\frac{5}{2}\sqrt{3}, \frac{5}{2}\right)$ und $D(0, -2.5)$.

→ *Zur Aufgabe auf Seite 106*

Zu 12.3.2 Übung

Tipp: Zur Umformung werden erneut die Formeln zur Umrechnung der Polarkoordinaten verwendet (s. Abschn. 12.1) und in die gegebene Kurvengleichung substituiert:

$$\left(r^2\cos^2\varphi + r^2\sin^2\varphi\right)^2 - \left(r^2\cos^2\varphi - r^2\sin^2\varphi\right) = 0.$$

Tipp: Als Nächstes klammern Sie r^2 aus:

$$\begin{aligned}\left(r^2\left(\cos^2\varphi + \sin^2\varphi\right)\right)^2 - r^2\left(\cos^2\varphi - \sin^2\varphi\right) &= 0,\\ r^4\left(\cos^2\varphi + \sin^2\varphi\right)^2 - r^2\left(\cos^2\varphi - \sin^2\varphi\right) &= 0.\end{aligned}$$

Tipp: Mithilfe des trigonometrischen Pythagoras und der Formel für den Kosinus des doppelten Winkels (s. Abb. 11.4 bzw. Abschn. 11.1) kann man vereinfachen:

$$r^4 - r^2 \cos(2\varphi) = 0.$$

Tipp: Für $r > 0$ darf man Gleichung durch r^2 dividieren. Die Lösung lautet in expliziter Form:

$$K: \quad r = \sqrt{\cos(2\varphi)},\, r > 0.$$

→ *Zur Aufgabe auf Seite 106*

Zu 12.3.3 Übung

Tipp: Die Formeln zur Umrechnung der Koordinaten (s. Abschn. 12.1) kann man unter Beachtung von $r = \sqrt{x^2 + y^2}$ nach $\cos\varphi$ und $\sin\varphi$ umstellen:

$$\cos\varphi = \frac{x}{\sqrt{x^2+y^2}}, \quad \sin\varphi = \frac{y}{\sqrt{x^2+y^2}}.$$

Diese Ausdrücke werden in die ursprüngliche Formel eingesetzt:

$$\sqrt{x^2+y^2} = \frac{a}{b \cdot \frac{x}{\sqrt{x^2+y^2}} + c \cdot \frac{y}{\sqrt{x^2+y^2}}}.$$

Tipp: Als Nächstes sollten Sie die beiden Terme im Nenner zusammenfassen und den Doppelbruch beseitigen:

$$\sqrt{x^2+y^2} = \frac{a}{\frac{bx+cy}{\sqrt{x^2+y^2}}} = \frac{a\sqrt{x^2+y^2}}{bx+cy}.$$

Tipp: Die Gleichung wird auf beiden Seiten mit $bx + cy$ multipliziert und anschließend durch $\sqrt{x^2+y^2} > 0$ dividiert:

$$(bx+cy) \cdot \sqrt{x^2+y^2} = a\sqrt{x^2+y^2} \quad \Rightarrow \quad bx + cy = a.$$

Zum Schluss schreiben Sie alles so um, dass auf einer Seite null entsteht. Als Resultat erhält man eine lineare Gleichung in impliziter Form:

$$K: \quad bx + cy - a = 0,\, x^2 + y^2 > 0.$$

→ *Zur Aufgabe auf Seite 106*

Zu 12.3.4 Übung

Tipp: Substituiert man für $\cos(2\varphi)$, ergibt sich:

$$r^2 = 2e^2\left(\cos^2\varphi - \sin^2\varphi\right).$$

Tipp: Die Terme für $\cos\varphi$ und $\sin\varphi$ sollte man in Ausdrücke von x und y mithilfe der Formeln zur Umrechnung der Koordinaten (s. Abschn. 12.1) umschreiben:

$$\begin{aligned}\left(\sqrt{x^2+y^2}\right)^2 &= 2e^2\left(\frac{x^2}{\left(\sqrt{x^2+y^2}\right)^2}-\frac{y^2}{\left(\sqrt{x^2+y^2}\right)^2}\right),\\ x^2+y^2 &= 2e^2\cdot\frac{x^2-y^2}{x^2+y^2}.\end{aligned}$$

Tipp: Als Nächstes multipliziert man beide Seiten mit x^2+y^2:

$$\left(x^2+y^2\right)^2 = 2e^2\cdot\left(x^2-y^2\right).$$

Tipp: Zum Schluß wird subtrahiert und die implizite Form der Gleichung hergestellt:

$$K: \quad \left(x^2+y^2\right)^2 - 2e^2\left(x^2-y^2\right) = 0.$$

→ *Zur Aufgabe auf Seite 106*

16.13 Lineare Gleichungssysteme

Zu 13.3.1 Übung

Tipp: Das System ist nicht in der klassischen Form gegeben. Daher empfiehlt es sich, dieses zunächst umzuschreiben:

$$\begin{cases}(\mathbf{I}): & \boldsymbol{x} - 2\boldsymbol{y} = 5,\\ (\mathbf{II}): & -\boldsymbol{x} + 3\boldsymbol{y} = 7.\end{cases}$$

Tipp: Beim Addieren der Gleichungen wird $\boldsymbol{x}$ eliminiert und $\boldsymbol{y}$ ergibt sich unmittelbar:

$$(\mathbf{I})+(\mathbf{II}): \quad \boldsymbol{y} = 12.$$

Tipp: Der $\boldsymbol{x}$-Wert wird durch Einsetzen in eine der umgeschriebenen Gleichungen berechnet:

$$(\mathbf{I}): \quad \boldsymbol{x} - 2\cdot 12 = 5 \quad\Rightarrow\quad \boldsymbol{x} = 29.$$

Tipp: Für die Probe setzt man die berechneten Werte in beiden Ausgangsgleichungen ein. Es entstehen wahre Aussagen:

$$\begin{aligned}(\mathbf{I}): \quad 3\cdot 29 - 12 + 5 &= 2\cdot 29 + 12 + 10 &\Leftrightarrow\quad 80 &= 80,\\ (\mathbf{II}): \quad 2\cdot 29 + 4\cdot 12 - 1 &= 6 + 12 + 3\cdot 29 &\Leftrightarrow\quad 105 &= 105.\end{aligned}$$

Das System ist eindeutig lösbar. Die Lösungsmenge lautet $\mathsf{L} = \{(29{,}12)\}$.

Hinweis: Die Genauigkeit der graphischen Bestimmung der exakten Lösung mithilfe der Geraden $\boldsymbol{y} = \frac{1}{2}\boldsymbol{x} - \frac{5}{2}$ und $\boldsymbol{y} = \frac{1}{3}\boldsymbol{x} + \frac{7}{3}$ bereitet zunächst Probleme (vgl. Abb. 16.9a).

Man kann versuchen, die Grafik in der Nähe des Schnittpunkts zu vergrößern und eine kleinere Umgebung zu wählen, um damit die Lösung genauer zu bestimmen (s. Abb. 16.9b).

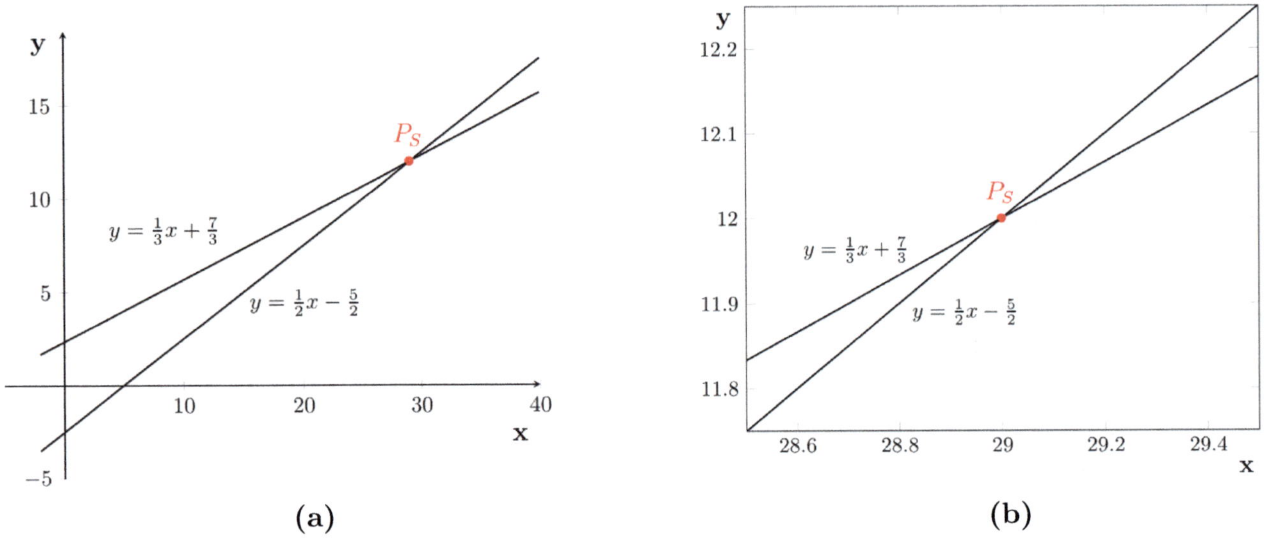

Abb. 16.9 Schnittpunkt der Geraden , **a** grobere bzw. **b** feinere Unterteilung

→ *Zur Aufgabe auf Seite 121*

Zu 13.3.2 Übung

Tipp: In den Gleichungen des Systems stehen Terme im Nenner, die von den Unbekannten abhängen. Deshalb wird im ersten Schritt der Definitionsbereich untersucht.
Jeder der zwei Nenner muss demnach von null verschieden sein :

$$\mathsf{D} = \left\{ (\boldsymbol{x}, \boldsymbol{y}) \in \mathbb{R}^2 \,\middle|\, \left(\boldsymbol{y} \neq \frac{1}{2}\boldsymbol{x}\right) \wedge \left(\boldsymbol{y} \neq \frac{4}{3}\boldsymbol{x}\right) \right\}.$$

Demnach gehören alle Punkte $(\boldsymbol{x},\boldsymbol{y})$ zum Definitionsbereich, die auf keiner der Geraden $\boldsymbol{y} = \frac{1}{2}\boldsymbol{x}$ bzw. $\boldsymbol{y} = \frac{4}{3}\boldsymbol{x}$ liegen.

Tipp: Das vorgegebene System besitzt nicht die klassische Form. Deshalb sollte man als Nächstes umformen. Die Gleichungen werden mit dem jeweiligen Nenner multipliziert:

$$\begin{cases} \textbf{(I)}: & 1 = \boldsymbol{x} - 2\boldsymbol{y}, \\ \textbf{(II)}: & -\boldsymbol{x} + 3\boldsymbol{y} = 2 \cdot (-4\boldsymbol{x} + 3\boldsymbol{y}). \end{cases}$$

Tipp: Daraus kann man das LGS in die klassische Form umschreiben:

$$\begin{cases} \textbf{(I)}: & \boldsymbol{x} - 2\boldsymbol{y} = 1, \\ \textbf{(II)}: & 7\boldsymbol{x} - 3\boldsymbol{y} = 0. \end{cases}$$

Tipp: Aus der ersten Gleichung erhält man den Term für $\boldsymbol{x}$ und setzt diesen in die zweite ein:

$$\textbf{(II)}: \quad 7\cdot(2\boldsymbol{y}+1)-3\boldsymbol{y}=0 \quad\Rightarrow\quad \boldsymbol{y}=-\frac{7}{11}.$$

Tipp: Die Variable $\boldsymbol{x}$ wird aus der zweiten Gleichung berechnet:

$$\textbf{(II)}: \quad 7\boldsymbol{x}+3\cdot\frac{7}{11}=0 \quad\Rightarrow\quad \boldsymbol{x}=-\frac{3}{11}.$$

Tipp: Das Zahlenpaar $\left(-\frac{3}{11},-\frac{7}{11}\right)$ liegt im Definitionsbereich.
Zuletzt substituiert man zur Kontrolle die berechneten Werte in die Ausgangsgleichungen:

$$\begin{aligned}
\textbf{(I)}: \quad & \frac{1}{-\frac{3}{11}+2\cdot\frac{7}{11}} &= 1 \quad\Leftrightarrow\quad & \frac{11}{-3+14} &= 1,\\
\textbf{(II)}: \quad & \frac{\frac{3}{11}-3\cdot\frac{7}{11}}{4\cdot\frac{3}{11}-3\cdot\frac{7}{11}} &= 2 \quad\Leftrightarrow\quad & \frac{3-21}{12-21} &= 2.
\end{aligned}$$

Die Probe war erfolgreich. Die Lösung lautet demnach $\left(-\frac{3}{11},-\frac{7}{11}\right)$.

→ *Zur Aufgabe auf Seite 121*

Zu 13.3.3 Übung

Tipp: Das System ist in der klassischen Form gegeben. Die rechten Seiten enthalten die Parameter r und s, die sich in die Lösung übertragen. Diese wird **allgemeine Lösung** genannt.
Man darf in keinem Fall r und s mit konkreten Werten festlegen und damit das System lösen. Bei dieser Vorgehensweise würde nur eine Teillösung berechnet werden.

Tipp: Weil kein spezielles Verfahren vorgegeben wird, empfiehlt sich das Additionsverfahren. Im ersten Schritt wird beispielsweise die Variable $\boldsymbol{x}$ eliminiert:

$$\textbf{(I)}+\textbf{(II)}\textbf{:} \quad 4\boldsymbol{y}=4r+s \quad\Rightarrow\quad \boldsymbol{y}=r+\frac{1}{4}s.$$

Tipp: Der Term für die Variable $\boldsymbol{y}$ wird in die erste Gleichung eingesetzt und danach $\boldsymbol{x}$ bestimmt:

$$\textbf{(I)}: \quad \boldsymbol{x}+r+\frac{1}{4}s=r+2s \quad\Rightarrow\quad \boldsymbol{x}=\frac{7}{4}s.$$

Tipp: Zur Kontrolle substituiert man die Terme von $\boldsymbol{x}$ und $\boldsymbol{y}$ in beide Gleichungen:

$$\begin{aligned}
\textbf{(I)}: \quad & \frac{7}{4}s &+& \quad r+\frac{1}{4}s &= r+2s \quad\Leftrightarrow\quad & r+2s=r+2s,\\
\textbf{(II)}: \quad & -\frac{7}{4}s &+& \quad 3\cdot\left(r+\frac{1}{4}s\right) &= 3r-s \quad\Leftrightarrow\quad & 3r-s=3r-s.
\end{aligned}$$

Die Probe war erfolgreich. Die Lösungsmenge lautet:

$$\mathsf{L} = \left\{ \left(\frac{7}{4}s, r + \frac{1}{4}s \right) \,\middle|\, r, s \in \mathbb{R} \right\}.$$

→ *Zur Aufgabe auf Seite 121*

Zu 13.3.4 Übung

Tipp: Das System ist nicht in der klassischen Form gegeben. Als Erstes werden die Terme ausmultipliziert:

$$\begin{cases} (\mathbf{I}): & \boldsymbol{x}\cdot\boldsymbol{y} - 2\boldsymbol{x} + 4\boldsymbol{y} - 8 = \boldsymbol{x}\cdot\boldsymbol{y} + 13\boldsymbol{x} - 2\boldsymbol{y} - 26, \\ (\mathbf{II}): & \boldsymbol{x}\cdot\boldsymbol{y} - 3\boldsymbol{x} - \boldsymbol{y} + 3 = \boldsymbol{x}\cdot\boldsymbol{y} - 5\boldsymbol{x} + 2\boldsymbol{y} - 10. \end{cases}$$

Tipp: Der nichtlineare Term $\boldsymbol{x}\cdot\boldsymbol{y}$ kann in beiden Gleichungen subtrahiert werden. Die entstehenden Gleichungen sind beide linear.

Hinweis: Falls ein nichtlinearen Ausdrück in der Gleichung verblieben wäre, würde ein nichtlineares System gegeben sein. Auf derartige Systeme wird in diesem Übungsbuch nicht eingegangen.

Tipp: Als Nächstes wird das System in die klassische Form umgeschrieben:

$$\begin{cases} (\mathbf{I}): & -15\boldsymbol{x} + 6\boldsymbol{y} = -18, \\ (\mathbf{II}): & 2\boldsymbol{x} - 3\boldsymbol{y} = -13. \end{cases}$$

Tipp: Es empfiehlt sich, das Additionsverfahren zu benutzen. Erweitert man die zweite Gleichung mit dem Faktor zwei und addiert beide, wird die Variable $\boldsymbol{y}$ eliminiert:

$$(\mathbf{I}) + 2\cdot(\mathbf{II}): -11\boldsymbol{x} = -44 \quad\Rightarrow\quad \boldsymbol{x} = 4.$$

Tipp: Die Variable $\boldsymbol{y}$ wird beispielsweise aus der umgeschriebenen zweiten Gleichungen bestimmt:

$$(\mathbf{II}): \; 2\cdot 4 - 3\boldsymbol{y} = -13 \quad\Rightarrow\quad \boldsymbol{y} = 7.$$

Tipp: Die berechneten Werte setzt man zur Kontrolle in die Ausgangsgleichungen ein:

$$\begin{aligned} (\mathbf{I}): \; (4+4)\cdot(7-2) &= (4-2)\cdot(7+13) \;\Leftrightarrow\; 40 = 40, \\ (\mathbf{II}): \; (4-1)\cdot(7-3) &= (4+2)\cdot(7-5) \;\Leftrightarrow\; 12 = 12. \end{aligned}$$

Die Probe führt zu wahren Aussagen. Das System ist demnach eindeutig lösbar, die Lösungsmenge lautet $\mathsf{L} = \{(4{,}7)\}$.

→ *Zur Aufgabe auf Seite 121*

Zu 13.3.5 Übung

Tipp: Die Gleichungen enthalten die Parameterwerte $a, b \in \mathbb{R}$, die sich über den Rechenweg in die Lösung übertragen, es entsteht eine allgemeine Lösung. Auf keinen Fall darf man diese Parameter mit konkreten Werten festlegen und danach mit diesen das System lösen.

Tipp: Das System ist nicht in der klassischen Form gegeben. Daher sollte man als Erstes die Gleichungen umzuschreiben:

$$\begin{cases} \textbf{(I)}: & (3a-b)\boldsymbol{x} & + & \boldsymbol{y} & = & 6, \\ \textbf{(II)}: & 6\boldsymbol{x} & + & 5b\boldsymbol{y} & = & -6a. \end{cases}$$

Tipp: Bei diesem LGS empfiehlt es sich, das Substitutionsverfahren zu benutzen. Die zweite Gleichung wird beispielsweise nach der Variablen $\boldsymbol{x}$ umgestellt:

$$\boldsymbol{x} = -\frac{5b}{6}\boldsymbol{y} - a.$$

Im nächsten Schritt wird der entsprechende Term in die erste Gleichung eingesetzt:

$$\textbf{(I)}: \quad (3a-b)\cdot(-\frac{5b}{6}\boldsymbol{y} - a) + \boldsymbol{y} = 6.$$

Tipp: Nach Erweitern mit dem Faktor sechs kann die Variable $\boldsymbol{y}$ berechnet werden:

$$((-3a+b)5b+6)\boldsymbol{y} - 6a(3a-b) = 36 \quad \Rightarrow \quad \boldsymbol{y} = \frac{18a^2-6ab+36}{-15ab+5b^2+6}.$$

In diesem Ausdruck muss der Nenner verschieden von null sein.
Daraus resultiert eine Einschränkung für die Lösungsmenge:

$$-15ab+5b^2+6 \neq 0.$$

Tipp: Die Variable $\boldsymbol{x}$ erhält man beispielsweise aus der zweiten Gleichung:

$$\begin{aligned} \boldsymbol{x} &= -\frac{5b}{6}\cdot\frac{18a^2-6ab+36}{-15ab+5b^2+6} - a &&= -5b\cdot\frac{3a^2-ab+6}{-15ab+5b^2+6} - a \\ &= \frac{-15a^2b+5ab^2-30b+15a^2b-5ab^2-6a}{-15ab+5b^2+6} &&= \frac{-6a-30b}{-15ab+5b^2+6}. \end{aligned}$$

Tipp: Die Terme werden für die Probe in die Ausgangsgleichungen substituiert.
In der Gleichung (**I**) ergibt sich:

$$3\left(a\cdot\frac{-6a-30b}{-15ab+5b^2+6} - 2\right) + 2\cdot\frac{18a^2-6ab+36}{-15ab+5b^2+6} = b\cdot\frac{-6a-30b}{-15ab+5b^2+6} + \frac{18a^2-6ab+36}{-15ab+5b^2+6}.$$

Tipp: Es ist von Vorteil, die Brüche gleichnamig zu machen und danach nur die Zähler zu untersuchen:

$$\begin{aligned} 3a\cdot(-6a-30b) - 6\cdot(-15ab+5b^2+6) + 2\cdot(18a^2-6ab+36) \\ = b\cdot(-6a-30b) + 18a^2-6ab+36. \end{aligned}$$

Tipp: Sie sollten die Terme durch Ausmultiplizieren und Zusammenfassen weiter vereinfachen, es entsteht eine wahre Aussage:

$$-18a^2-90ab+90ab-30b^2-36+36a^2-12ab+72 \quad = \quad -6ab-30b^2+18a^2-6ab+36,$$

$$18a^2 - 30b^2 - 12ab + 36 \quad = \quad 18a^2 - 30b^2 - 12ab + 36.$$

Hinweis: Falls die Kontrolle bereits bei der ersten Gleichung fehlschlagen würde, könnte man die Rechnung sofort überprüfen und auf die Probe mit der zweiten Gleichung zunächst verzichten.

Tipp: Als Nächstes wird die Kontrolle in der Ausgangsgleichung (**II**) durchgeführt:

$$4 \cdot \frac{-6a - 30b}{-15ab + 5b^2 + 6} + 5\left(b \cdot \frac{18a^2 - 6ab + 36}{-15ab + 5b^2 + 6} + \frac{-6a - 30b}{-15ab + 5b^2 + 6}\right) = 3 \cdot \frac{-6a - 30b}{-15ab + 5b^2 + 6} - 6a.$$

Tipp: Analog wie in der ersten Gleichung werden die Brüche gleichnamig gemacht und danach die Zähler untersucht:

$$4 \cdot (-6a - 30b) + 5(b \cdot (18a^2 - 6ab + 36) - 6a - 30b) = 3 \cdot (-6a - 30b) - 6a \cdot (-15ab + 5b^2 + 6).$$

Tipp: Nach Ausmultiplizieren und Zusammenfassen entsteht erneut eine wahre Aussage:

$$\begin{aligned} -24a - 120b + 90a^2b - 30ab^2 + 180b - 30a - 150b &= -18a - 90b + 90a^2b - 30ab^2 - 36a, \\ 90a^2b - 30ab^2 - 54a - 90b &= 90a^2b - 30ab^2 - 54a - 90b. \end{aligned}$$

Die Lösungsmenge lautet demnach:

$$\mathsf{L} = \left\{\left(\frac{-6a - 30b}{-15ab + 5b^2 + 6}, \frac{18a^2 - 6ab + 36}{-15ab + 5b^2 + 6}\right) \,\middle|\, a, b \in \mathbb{R},\ -15ab + 5b^2 + 6 \neq 0\right\}.$$

→ *Zur Aufgabe auf Seite 122*

16.14 Vektorrechnung

Zu 14.3.1 Übung

Tipp: In dem Parallelogramm gelten die vektoriellen Gleichungen:

$$\vec{a} + \vec{b} = \vec{s}, \quad \vec{a} - \vec{b} = \vec{d}.$$

Tipp: Die beiden vektoriellen Gleichungen darf man wie beim Rechnen mit reellen Zahlen addieren und voneinander subtrahieren:

$$2\,\vec{a} = \vec{s} + \vec{d}, \quad 2\,\vec{b} = \vec{s} - \vec{d}.$$

Das Ergebnis lautet demnach:

$$\vec{a} = \frac{1}{2}\left(\vec{s} + \vec{d}\right), \quad \vec{b} = \frac{1}{2}\left(\vec{s} - \vec{d}\right).$$

Das Resultat sollte man an einer Skizze noch einmal nachvollziehen.

→ *Zur Aufgabe auf Seite 143*

Zu 14.3.2 Übung

Tipp: Wären die Vektoren linear abhängig (d. h. kollinear), müsste der eine Vektor ein Vielfaches des jeweils anderen sein:

$$\vec{g} = \lambda\,\vec{h} \quad \text{bzw.} \quad \vec{u} = \mu\,\vec{v}.$$

Weil dies nicht zutrifft, sind beide Paare linear unabhängig. Anderenfalls würde der Winkel zwischen den Vektoren 0° oder 180° betragen.

a) Der Winkel zwischen $\vec{g}$ und $\vec{h}$ wird mithilfe der Kosinusfunktion bestimmt (s. Abschn. 14.1):

$$\cos\varphi = \frac{2\cdot 1 + 1\cdot(-1)}{\sqrt{4+1}\sqrt{1+1}} = \frac{1}{\sqrt{5\cdot 2}} = \frac{1}{10}\sqrt{10} \approx 0.316 \quad\Rightarrow\quad \varphi \approx 71.6°.$$

b) Der Winkel zwischen den Vektoren $\vec{u}$ und $\vec{v}$ wird analog berechnet:

$$\cos\varphi = \frac{(-3)\cdot 2 + 5\cdot(-1)}{\sqrt{9+25}\sqrt{4+1}} = -\frac{11}{\sqrt{34\cdot 5}} = -\frac{11}{170}\sqrt{170} \approx -0.844 \quad\Rightarrow\quad \varphi \approx 147.5°.$$

→ *Zur Aufgabe auf Seite 143*

Zu 14.3.3 Übung

Tipp: Um die Koordinaten zu bestimmen, wird ein LGS aufgestellt:

$$\begin{cases} \textbf{(I)}: & 2\lambda - 3\mu = -1, \\ \textbf{(II)}: & 5\lambda + 4\mu = 4. \end{cases}$$

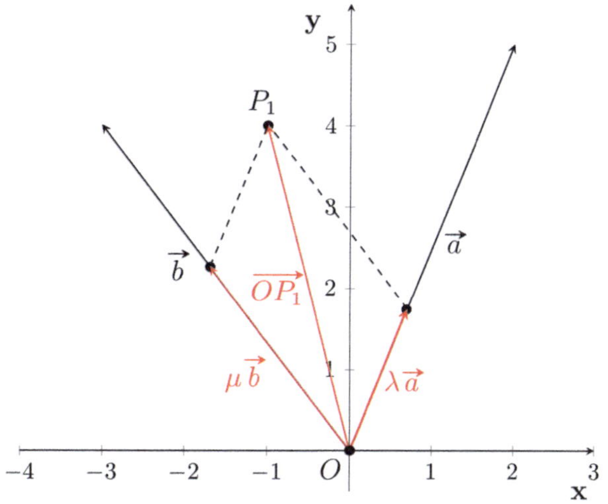

Abb. 16.10 Zerlegung des Vektors $\overrightarrow{OP_1}$ in Komponenten

Tipp: Zur Lösung sollte das Additionsverfahren genutzt werden. Erweitert man die erste Gleichung mit fünf und die zweite mit minus zwei, wird bei der Addition die Variable λ eliminiert:

$$5\cdot\textbf{(I)} - 2\textbf{(II)}: \quad -23\mu = -13 \quad\Rightarrow\quad \mu = \frac{13}{23} \approx 0.565.$$

Tipp: Substituieren in eine der beiden Gleichungen ergibt die andere Koordinate:

$$\lambda = \frac{8}{23} \approx 0.348.$$

Die Summanden $\lambda\,\vec{a}$ und $\mu\,\vec{b}$ sind die gesuchten Komponenten (vgl. Abb. 16.10).

Tipp: Als Nächstes sollte man kontrollieren, ob die Zerlegung richtig berechnet wurde:

$$\frac{8}{23}\,\vec{a} + \frac{13}{23}\,\vec{b} = \overrightarrow{OP_1} \quad \Leftrightarrow \quad \frac{8}{23}\begin{pmatrix} 2 \\ 5 \end{pmatrix} + \frac{13}{23}\begin{pmatrix} -3 \\ 4 \end{pmatrix} = \begin{pmatrix} -1 \\ 4 \end{pmatrix}.$$

In den Koordinatengleichungen ergeben sich wahre Aussagen:

$$\begin{aligned} (\mathbf{I}): \quad 2 \cdot \frac{8}{23} &- 3 \cdot \frac{13}{23} &= -1, \\ (\mathbf{II}): \quad 5 \cdot \frac{8}{23} &+ 4 \cdot \frac{13}{23} &= 4. \end{aligned}$$

Tipp: Zum Schluss kann man das Resultat grafisch mithilfe eines Parallelogramms auf Plausibilität kontrollieren. Beide Parameter sind kleiner als eins und bewirken eine Stauchung, $\vec{a}$ wird auf ca. ein Drittel, $\vec{b}$ auf etwas mehr als die Hälfte verkürzt.

→ *Zur Aufgabe auf Seite 143*

Zu 14.3.4 Übung

a) *Tipp:* Die Lösung scheint die Diagonale $\vec{s}$ des Parallelogramms zu sein (s. Abb. 16.11). Dies ist jedoch falsch. Der Trugschluss entsteht vor allem dann, wenn die beiden Vektoren fast die gleiche Länge besitzen. Sind die Beträge jedoch sehr unterschiedlich, bemerkt man den Irrtum.

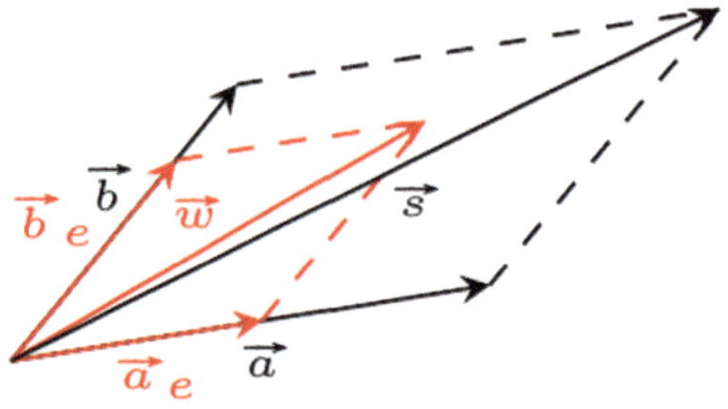

Abb. 16.11 Halbierung des Winkels zwischen zwei Vektoren

Tipp: Um den Winkel wie gewünscht zu halbieren muss demnach ein **Rhombus** benutzt werden. Zur Konstruktion des Rhombus kann man beispielsweise die Einheitsvektoren $\vec{a}_e$ und $\vec{b}_e$ verwenden. Zwei zu $\vec{a}_e$ und $\vec{b}_e$ parallele Vektoren mit gleichem Betrag wären ebenfalls zulässig, die Richtung von $\vec{w}$ ändert sich in diesem Fall nicht.
Eine mögliche Lösung lautet:

$$\vec{w} = \vec{a}_e + \vec{b}_e.$$

b) *Tipp:* Der gesuchte Winkel hängt offenbar nicht von der Seitenlänge des Quadrates ab. Deshalb kann man beispielsweise das Quadrat mit der Seitenlänge gleich eins (s. Abb. 16.12) der Berechnung zugrunde legen.

Tipp: Mithilfe der Vektoren $\overrightarrow{OP_1} = \frac{1}{2}\,\overrightarrow{e_x} + \overrightarrow{e_y}$ und $\overrightarrow{OP_2} = \overrightarrow{e_x} + \frac{1}{2}\,\overrightarrow{e_y}$ bestimmt man $\cos\varphi$ und zuletzt den gesuchten Winkel (s. Abschn. 14.1):

$$\cos\varphi = \frac{1}{\sqrt{\dfrac{1}{4}+1}\sqrt{1+\dfrac{1}{4}}} = \frac{1}{\sqrt{\dfrac{5}{4}}\sqrt{\dfrac{5}{4}}} = \frac{4}{5} \quad\Rightarrow\quad \varphi \approx 36.9^\circ .$$

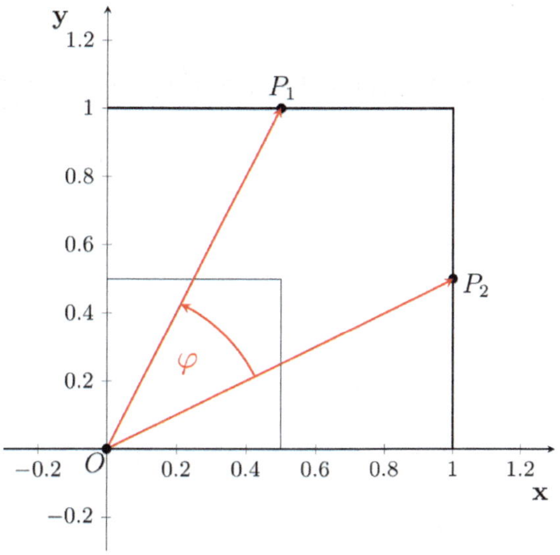

Abb. 16.12 Winkel zwischen zwei Seitenhalbierenden im Quadrat

c) *Tipp:* Der Punkt D des Parallelogramms $ABCD$ (s. Abb. 16.13) wird durch Vektoraddition bestimmt.

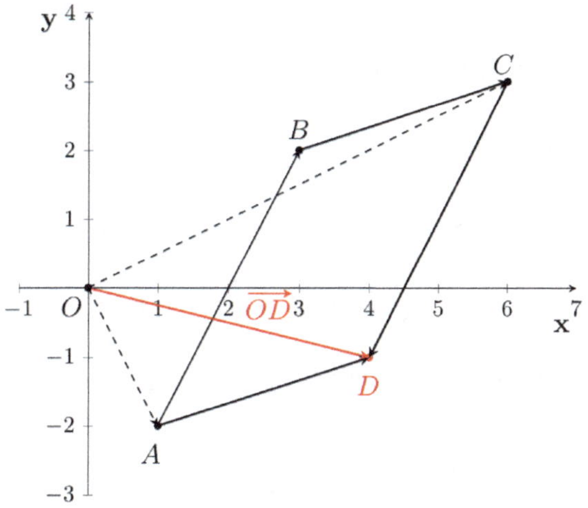

Abb. 16.13 Bestimmung des Punktes D in einem Parallelogramm

Tipp: Eine Variante lautet:

$$\overrightarrow{OD} = \overrightarrow{OC} + \overrightarrow{BA} = \begin{pmatrix} 6 \\ 3 \end{pmatrix} + \begin{pmatrix} -2 \\ -4 \end{pmatrix} = \begin{pmatrix} 4 \\ -1 \end{pmatrix}.$$

Tipp: Eine zweite Möglichkeit bzw. eine Kontrolle liefert die Berechnung mithilfe der Summe:

$$\overrightarrow{OD} = \overrightarrow{OA} + \overrightarrow{BC} = \begin{pmatrix} 1 \\ -2 \end{pmatrix} + \begin{pmatrix} 3 \\ 1 \end{pmatrix} = \begin{pmatrix} 4 \\ -1 \end{pmatrix}.$$

→ *Zur Aufgabe auf Seite 143*

16.15 Komplexe Zahlen und komplexwertige Rechnung

Zu 15.3.1 Übung

a) *Tipp:* Zunächst wird die erste Bedingung untersucht:

$$1 \leq |z - \mathbf{i}| < 2.$$

Diese steht für eine „Ungleichungskette", sie lässt sich in zwei einzelne Ungleichungen aufspalten:

$$(1 \leq |z - \mathbf{i}|) \quad \wedge \quad (|z - \mathbf{i}| < 2).$$

Tipp: Der Betrag eines beliebigen komplexwertigen Terms $T = Re\{T\} + Im\{T\}\mathbf{i}$ lautet:

$$|T| = \sqrt{(Re\{T\})^2 + (Im\{T\})^2}.$$

Der Term $T = z - i = a + (b-1)\mathbf{i}$ in den Ungleichungen besitzt demnach den Betrag:

$$|z - \mathbf{i}| = |a + (b-1)\mathbf{i}| = \sqrt{a^2 + (b-1)^2}.$$

Um die erste Ungleichung $1 \leq |z - \mathbf{i}|$ auszuwerten, wird zunächst die zugeordnete Gleichung $|z - \mathbf{i}| = 1$ mithilfe des Betrages untersucht:

$$\sqrt{a^2 + (b-1)^2} = 1 \quad \Leftrightarrow \quad a^2 + (b-1)^2 = 1.$$

Diese Gleichung beschreibt einen Kreis mit $M(0{,}1)$ und $r = 1$ (vgl. Abschn. 12.1), die Ungleichung

$$\sqrt{a^2 + (b-1)^2} \geq 1$$

gilt demnach für alle Zahlen auf und außerhalb dieses Kreises.

Tipp: Die zweite Ungleichung $|z - \mathbf{i}| < 2$ ist scharf. Die zugeordnete Gleichung beschreibt einen Kreis mit dem Mittelpunkt in $M(0{,}1)$ und dem Radius $r = 2$:

$$|z - \mathbf{i}| = 2 \quad \Leftrightarrow \quad \sqrt{a^2 + (b-1)^2} = 2 \quad \Leftrightarrow \quad a^2 + (b-1)^2 = 4.$$

Alle z im Inneren dieses Kreises erfüllen demnach die Ungleichung $|z - \mathbf{i}| < 2$.

Tipp: Die Ungleichungskette gilt demnach für alle Zahlen im Inneren des Kreisringes und auf dem Einheitskreis (s. Abb. 16.14a).

Tipp: Die Berücksichtigung der zweiten Bedingung in der Aufgabenstellung:

$$0 \leq Arg\, z < \frac{3\pi}{2}$$

bewirkt, dass die Zahlen des IV. Quadranten und auf der negativen imaginären Achse aus der Menge des Kreisrings subtrahiert werden. Die Zahl $z_0 = 0$ besitzt kein Argument und entfällt.

Tipp: Die Lösungsmenge umfasst alle Zahlen des Kreisringes in den ersten drei Quadranten und auf den Achsenstücken der reellen bzw. positiven imaginären Achse sowie auf dem Einheitskreis (s. Abb. 16.14b). Der äußere Kreisbogen, die negative imaginäre Achse und z_0 gehören nicht dazu.

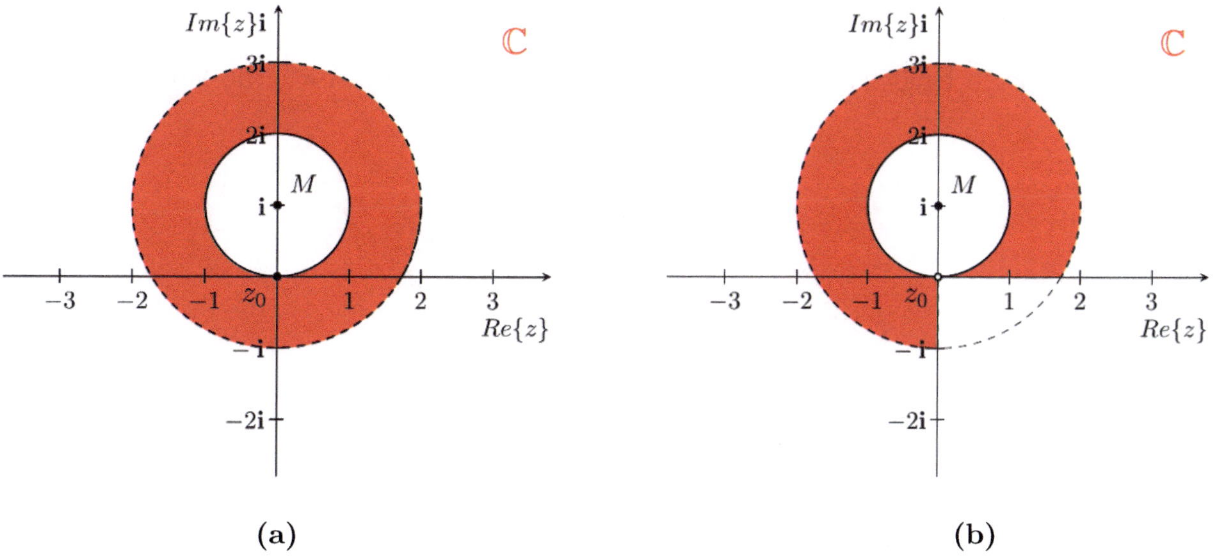

Abb. 16.14 Gebiete in der komplexen Ebene, **a** Kreisring, **b** Kreisring ohne Zahlen des IV. Quadranten und der imaginären Achse

b) *Tipp:* Zuerst sollten Sie die Real- und Imaginärteile der komplexwertigen Terme unter den Beträgen bestimmen:

$$T_1 = z + 1 - \mathbf{i} = a + b\mathbf{i} + 1 - \mathbf{i} = a + 1 + (b-1)\mathbf{i},$$

$$T_2 = z - 1 + \mathbf{i} = a + b\mathbf{i} - 1 + \mathbf{i} = a - 1 + (b+1)\mathbf{i}.$$

Tipp: Die Beträge der Terme T_1 bzw. T_2 lauten demnach:

$$|z + 1 - \mathbf{i}| = |(a+1) + (b-1)\mathbf{i}| = \sqrt{(a+1)^2 + (b-1)^2},$$

$$|z - 1 + \mathbf{i}| = |(a-1) + (b+1)\mathbf{i}| = \sqrt{(a-1)^2 + (b+1)^2}.$$

Tipp: Als Nächstes wird die Ungleichung aufgestellt, auf beiden Seiten quadriert und vereinfacht:

$$\begin{aligned} |z+1-\mathbf{i}| &< |z-1+\mathbf{i}|, \\ \sqrt{(a+1)^2+(b-1)^2} &< \sqrt{(a-1)^2+(b+1)^2}, \\ a^2+2a+1+b^2-2b+1 &< a^2-2a+1+b^2+2b+1, \\ 4a &< 4b \quad \Leftrightarrow \quad a<b. \end{aligned}$$

Tipp: Man benutzt auch in diesem Fall die zugeordnete Gleichung $b = a$, d. h. die Winkelhalbierende im I. und III. Quadranten. Diese teilt die komplexe Ebene in zwei **Halbebenen** auf. Durch Einsetzen eines Testwerts in die Ungleichung kann man feststellen, welcher der beiden Teilebenen die gesuchte Lösung liefert. Beispielsweise erkennt man sofort, dass $z = 0 + \mathbf{i} = \mathbf{i}$ als Vertreter der oberen Halbebene die Ungleichung erfüllt.

Tipp: Die Bedingung $a < b$ beschreibt demnach die obere Halbebene.
Die Lösungsmenge umfasst alle Zahlen, die oberhalb der Winkelhalbierenden $a = b$ im I. und III. Quadranten liegen (vgl. Abb. 16.15).

Tipp: Weil eine scharfe Ungleichung vorgegeben ist, gehören $z_0 = 0$ sowie die Winkelhalbierende selbst nicht dazu.

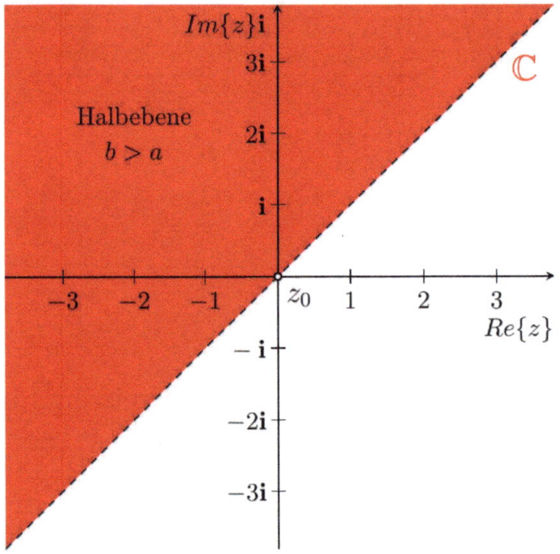

Abb. 16.15 Halbebene $b > a$

→ *Zur Aufgabe auf Seite 167*

Zu 15.3.2 Übung

a) *Tipp:* Beim Rechnen mit komplexen Zahlen gibt es Unterschiede zum reellen Zahlenbereich. Zuerst sollten Sie die Gleichung $z^{-1} = z$ mit $z = a + b\mathbf{i}$ umschreiben.

Tipp: Als Nächstes kann man für $z \neq 0$ in der linken Seite die Division ausführen:

$$\frac{1}{a+b\mathbf{i}} = a+b\mathbf{i} \quad \Leftrightarrow \quad \frac{a-b\mathbf{i}}{(a+b\mathbf{i})(a-b\mathbf{i})} = a+b\mathbf{i} \quad \Leftrightarrow \quad \frac{a}{a^2+b^2} - \frac{b}{a^2+b^2}\mathbf{i} = a+b\mathbf{i}.$$

Tipp: Eine Gleichung komplexwertiger Terme ist entstanden. Diese bedeutet stets, dass auf beiden Seiten die Real- und Imaginärteile gleich sind. Eine komplexwertige Gleichung ist demnach äquivalent zu zwei separaten Bedingungen im Real- und Imaginärteil, wobei a und b grundsätzlich nichtlinear auftreten können. In dieser Aufgabe lautet das nichtlineare Gleichungssystem:

$$Re: \quad \frac{a}{a^2+b^2} = a, \quad Im: \quad -\frac{b}{a^2+b^2} = b.$$

Tipp: Nur in speziellen Situationen lassen sich nichtlineare Gleichungssysteme exakt lösen. Im vorliegenden Beispiel gelingt dies mithilfe von Fallunterscheidungen.
Stellt man beide Gleichungen um und klammert aus, entsteht in jeder Gleichung ein Produkt:

$$Re: \quad a\left(\frac{1}{a^2+b^2} - 1\right) = 0, \quad Im: \quad -b\left(\frac{1}{a^2+b^2} + 1\right) = 0.$$

In beiden Gleichungen könnte zunächst jeweils einer der Faktoren gleich null sein.
Weil der Term in der Klammer der zweiten Gleichung stets positiv für $a, b \in \mathbb{R}$ ist, muss $b = 0$ gelten. Damit verbleiben zwei Fälle für die Gleichung des Realteils.
Der erste Fall $a = b = 0$ kann nicht eintreten, weil $z \neq 0$ vorgegeben ist, z steht im Nenner.
Im zweiten Fall ist der Term in der Klammer der ersten Gleichung gleich null:

$$\frac{1}{a^2+0^2} - 1 = 0 \quad \Leftrightarrow \quad a^2 = 1.$$

Demnach existieren zwei Lösungen $z = \pm 1 + 0 \cdot \mathbf{i} = \pm 1$.

b) *Tipp:* Die Gleichung $z^{-1} = \overline{z}$ wird analog wie bei Übung **a)** gelöst.
Zuerst schreibt man die Gleichung mit $z = a + b\mathbf{i}$ und $\overline{z} = a - b\mathbf{i}$ um:

$$\frac{1}{a+b\mathbf{i}} = a-b\mathbf{i} \quad \Leftrightarrow \quad \frac{a-b\mathbf{i}}{(a+b\mathbf{i})(a-b\mathbf{i})} = a-b\mathbf{i} \quad \Leftrightarrow \quad \frac{a}{a^2+b^2} - \frac{b}{a^2+b^2}\mathbf{i} = a-b\mathbf{i}.$$

Tipp: Man erhält für $z \neq 0$ aus der komplexwertigen Gleichung zwei entsprechende Gleichungen:

$$Re: \quad \frac{a}{a^2+b^2} = a, \qquad Im: \quad \frac{b}{a^2+b^2} = b.$$

Tipp: Umformen der Gleichungen und ausklammern führt in jeder Gleichung zu einem Produkt:

$$Re: \quad a\left(\frac{1}{a^2+b^2} - 1\right) = 0, \qquad Im: \quad b\left(\frac{1}{a^2+b^2} - 1\right) = 0.$$

Die Schreibweise als Produkt erlaubt es, drei verschiedene Fälle zu betrachten.
Wählt man in der ersten Gleichung $a = 0$ und untersucht für diesen Fall die zweite Gleichung,

muss wegen $z \neq 0$ der Ausdruck in der Klammer gleich null sein:

$$\frac{1}{0^2+b^2} = 1 \quad \Leftrightarrow \quad b^2 = 1 \quad \Leftrightarrow \quad z_{1,2} = \pm\mathbf{i}.$$

Wählt man in der zweiten Gleichung $b = 0$ und untersucht für diesen Wert die erste Gleichung, muss der Term in der Klammer gleich null sein:

$$\frac{1}{a^2+0^2} = 1 \quad \Leftrightarrow \quad a^2 = 1 \quad \Leftrightarrow \quad z_{3,4} = \pm 1.$$

Im letzten Fall wird beachtet, dass in den Gleichungen die gleiche Klammer als Faktor enthalten ist, demnach sind beide auch gleich null für $a^2+b^2 = 1$, d. h. für alle Zahlen auf dem Einheitskreis. Die Zahlen $z_{1,2,3,4}$ gehören ebenfalls zu dieser Menge. Die Lösungsmenge lautet demnach:

$$\mathsf{L} = \left\{ z = a + b\mathbf{i} \,|\, a^2 + b^2 = 1 \right\}.$$

c) *Tipp:* Für eine komplexe Zahl existieren genau drei verschiedene dritte Wurzeln. Zur Berechnung muss als Erstes die multivalente Schreibweise der Euler'schen Form hergestellt werden:

$$(z_{w_k})^3 = -1 - \mathbf{i} = \sqrt{2}e^{\mathbf{i}\frac{5\pi}{4}} = \sqrt{2}e^{\mathbf{i}\left(\frac{5\pi}{4} \pm k2\pi\right)},\ k = 0, 1, 2.$$

Tipp: Die drei Wurzeln liegen auf einem Kreis mit dem Radius $r = \sqrt[3]{\sqrt{2}} = \sqrt[6]{2}$.
Das Argument des Hauptwertes lautet:

$$\varphi_{w_0} = \frac{1}{3} \cdot \frac{5\pi}{4} = \frac{5\pi}{12}.$$

Die Argumente unterscheiden sich durch ein Drittel des Vollkreises, man erhält die Wurzelwerte:

$$k = 0: \quad \varphi_{w_0} = \frac{5\pi}{12} + 0 \cdot \frac{2\pi}{3} = \frac{5\pi}{12} \quad \Rightarrow \quad z_{w_0} = \sqrt[6]{2}e^{\mathbf{i}\frac{5\pi}{12}},$$

$$k = 1: \quad \varphi_{w_1} = \frac{5\pi}{12} + 1 \cdot \frac{2\pi}{3} = \frac{13\pi}{12} \quad \Rightarrow \quad z_{w_1} = \sqrt[6]{2}e^{\mathbf{i}\frac{13\pi}{12}},$$

$$k = 2: \quad \varphi_{w_2} = \frac{5\pi}{12} + 2 \cdot \frac{2\pi}{3} = \frac{21\pi}{12} \quad \Rightarrow \quad z_{w_2} = \sqrt[6]{2}e^{\mathbf{i}\frac{21\pi}{12}}.$$

d) *Tipp:* Derartige Gleichungen sollte man zunächst unter Beachtung von $\mathbf{i}^2 = -1$ vereinfachen und die konjugiert komplexen Anteile umschreiben:

$$\mathbf{i}\overline{z} = \overline{-\mathbf{i}z} \quad \Leftrightarrow \quad \mathbf{i}(a - b\mathbf{i}) = \overline{-\mathbf{i}(a + b\mathbf{i})} \quad \Leftrightarrow \quad \mathbf{i}a + b = \mathbf{i}a + b.$$

Tipp: Die Real- und Imaginärteile beider Seiten der Gleichung ergeben wahre Aussagen:

$$Re: \ b = b, \qquad Im: \ a = a.$$

Alle komplexen Zahlen sind Lösungen, $\mathbf{i}\overline{z} = \overline{-\mathbf{i}z}$ ist demnach eine allgemeingültige Formel.

→ *Zur Aufgabe auf Seite 168*

Zu 15.3.3 Übung

a) *Tipp:* Als Erstes sollten Sie im Term der rechten Seite dividieren und das Ergebnis unter Beachtung von $\mathbf{i}^2 = -1$ in algebraischer Form darstellen:

$$\begin{aligned}\frac{(2-\mathbf{i})}{(\sqrt{3}+\mathbf{i})} &= \frac{(2-\mathbf{i})(\sqrt{3}-\mathbf{i})}{(\sqrt{3}+\mathbf{i})(\sqrt{3}-\mathbf{i})}\\ &= \frac{2\sqrt{3}+(-1)-(\sqrt{3}+2)\mathbf{i}}{3-(-1)}\\ &= \frac{2\sqrt{3}-1-(\sqrt{3}+2)\mathbf{i}}{4}\\ &= \frac{2\sqrt{3}-1}{4}-\frac{\sqrt{3}+2}{4}\mathbf{i} \approx 0.616-0.933\mathbf{i}.\end{aligned}$$

Tipp: Als Zweites wird die rechte Seite in Euler'scher Form mit allen Argumenten angegeben:

$$z_w{}^2 = \frac{2-\mathbf{i}}{\sqrt{3}+\mathbf{i}} \approx 0.616-0.933\mathbf{i} \approx \sqrt{0.616^2+0.933^2}e^{\mathbf{i}(303.4^\circ \pm k360^\circ)} \approx \sqrt{1.25}e^{\mathbf{i}(303.4^\circ \pm k360^\circ)}, k \in \mathsf{N}_0.$$

Zu bestimmen sind für $n = 2$ zwei Wurzeln, deren Betrag und Argumente in diesem Beispiel nur näherungsweise berechnet werden können:

$$r_w \approx \sqrt{\sqrt{1.25}} = \sqrt[4]{1.250} \approx 1.057,$$

$$\varphi_{w_0} \approx \frac{303.4}{2} = 151.7^\circ, \quad \varphi_{w_1} \approx 151.7^\circ + 180^\circ = 331.7^\circ.$$

Die Wurzeln lauten demnach:

$$z_{w_0} \approx 1.057e^{151.7^\circ\mathbf{i}}, \quad z_{w_1} \approx 1.057e^{331.7^\circ\mathbf{i}}.$$

b) *Tipp:* Zunächst sollten Sie die beiden Seiten der Gleichung separat vereinfachen.
Man setzt $z = a + b\mathbf{i}$ und $\overline{z} = a - b\mathbf{i}$ ein und führt die Division auf der rechten Seite in der algebraischen Normalform durch:

$$\begin{aligned}\textit{linke Seite:}\quad z+3\overline{z} &= a+b\mathbf{i}+3(a-b\mathbf{i}) = 4a-2b\mathbf{i},\\ \textit{rechte Seite:}\quad \frac{2-\mathbf{i}}{1+\mathbf{i}} &= \frac{(2-\mathbf{i})(1-\mathbf{i})}{(1+\mathbf{i})(1-\mathbf{i})} = \frac{2-1-(2+1)\mathbf{i}}{1+1} = \frac{1}{2}-\frac{3}{2}\mathbf{i}.\end{aligned}$$

Tipp: Die umgeformte Gleichung lautet demnach:

$$4a-2b\mathbf{i} = \frac{1}{2}-\frac{3}{2}\mathbf{i}.$$

Die Terme auf beiden Seiten sind gleich, wenn Real- und Imaginärteil gleich sind:

$$\textit{Re}: \; 4a = \frac{1}{2}, \qquad \textit{Im}: \; -2b = -\frac{3}{2}.$$

Die Lösung lautet $z = \frac{1}{8} + \frac{3}{4}\mathbf{i}$ und liegt im I. Quadranten.

c) *Tipp:* Auf der rechten Seite der Gleichung steht ein komplexwertiger Term, der in eine Zahl in algebraischer Normalform umgeschrieben wird. Man beseitigt den Doppelbruch und dividiert. Zuletzt wird im Zähler ausmultipliziert:

$$\frac{1+\dfrac{1}{1+\mathbf{i}}}{1-\dfrac{1}{1-\mathbf{i}}} = \frac{\dfrac{1+\mathbf{i}}{1+\mathbf{i}}+\dfrac{1}{1+\mathbf{i}}}{\dfrac{1-\mathbf{i}}{1-\mathbf{i}}-\dfrac{1}{1-\mathbf{i}}} = \frac{(2+\mathbf{i})(1-\mathbf{i})}{-\mathbf{i}(1+\mathbf{i})} = \frac{2-2\mathbf{i}+\mathbf{i}-(\mathbf{i})^2}{1-\mathbf{i}} = \frac{(3-\mathbf{i})(1+\mathbf{i})}{(1-\mathbf{i})(1+\mathbf{i})} = \frac{4+2\mathbf{i}}{2}.$$

Das Ergebnis lautet in algebraischer Normalform $z = 2 + \mathbf{i}$ und liegt im I. Quadranten.

→ *Zur Aufgabe auf Seite 168*

Zu 15.3.4 Übung

Tipp: Als Erstes sollten Sie den Term z^3 mithilfe des binomische Lehrsatzes aufstellen und unter Beachtung von $\mathbf{i}^2 = -1$ vereinfachen (s. Abschn. 3.2) :

$$z^3 = (a+b\mathbf{i})^3 = a^3 + 3a^2b\mathbf{i} + 3ab^2\mathbf{i}^2 + b^3\mathbf{i}^3 = a^3 + 3a^2b\mathbf{i} - 3ab^2 - b^3\mathbf{i}.$$

Tipp: Als Zweites werden die Imaginärteile von z^3 bzw. $z^3 - 2\mathbf{i}$ abgelesen:

$$Im\{z^3\} = 3a^2b - b^3, \quad Im\{z^3 - 2\mathbf{i}\} = 3a^2b - b^3 - 2.$$

Tipp: Unter Beachtung der beiden Imaginärteile kann man die Ungleichung umformen und vereinfachen:

$$\begin{aligned} Re\{\mathbf{i}\bar{z} - Im\{z^3\}\} + Im\{z^3 - 2\mathbf{i}\} &\geq 3, \\ Re\{\mathbf{i}(a - b\mathbf{i}) - (3a^2b - b^3)\} + 3a^2b - b^3 - 2 &\geq 3, \\ Re\{\mathbf{i}a - b\mathbf{i}^2\} - 3a^2b + b^3 + 3a^2b - b^3 - 2 &\geq 3 \quad \Leftrightarrow \quad b \geq 5. \end{aligned}$$

Lösungen sind demnach alle z der oberen Halbebene $b \geq 5$ einschließlich der Geraden $b = 5$.

→ *Zur Aufgabe auf Seite 168*

17 Hinweise und Lösungen zu den Tests

17.1 Umstellen von Gleichungen

Zu 1.4.1 Test

[1] $\boldsymbol{g} = y \cdot \left(\frac{R_3 \cdot R_2}{R_4} - \frac{R_0 \cdot 10 \cdot x^2}{C_4 \cdot R_3} \right)$

Falsch! Sie haben wahrscheinlich mit dem Klammerausdruck multipliziert, man muss jedoch dividieren.

[2] $\boldsymbol{g} = \frac{y \cdot R_3 \cdot R_4 \cdot C_4}{C_4 \cdot R_3{}^2 \cdot R_2 - R_4 \cdot R_0 \cdot 10 \cdot x^2}$

Richtige Lösung!

[3] $\boldsymbol{g} = \frac{C_4 \cdot R_3^2 \cdot R_2 - R_4 \cdot R_0 \cdot 10 \cdot x^2}{y \cdot R_3 \cdot R_4 \cdot C_4}$

Falsch! Sie haben vermutlich einen Fehler beim Beseitigen der Doppelbrüche gemacht.

[4] $\boldsymbol{g} = \frac{y}{\frac{R_3 \cdot R_2}{R_4} - \frac{R_0 \cdot 10 \cdot x^2}{C_4 \cdot R_3}}$

Richtige Lösung! Diese Lösung ist jedoch noch nicht in der üblichen Schreibweise; es sollten die Doppelbrüche beseitigt werden, um auf die Form [2] zu kommen.

Lösungsweg:

$$
\begin{aligned}
y &= \frac{\boldsymbol{g}^2 \cdot R_3 \cdot R_2}{\boldsymbol{g} \cdot R_4} - \frac{R_0 \cdot 10 \cdot x^2 \cdot \boldsymbol{g}}{C_4 \cdot R_3} \\
&= \frac{\boldsymbol{g} \cdot R_3 \cdot R_2}{R_4} - \frac{R_0 \cdot 10 \cdot x^2 \cdot \boldsymbol{g}}{C_4 \cdot R_3} \\
&= \boldsymbol{g} \cdot \left(\frac{R_3 \cdot R_2}{R_4} - \frac{R_0 \cdot 10 \cdot x^2}{C_4 \cdot R_3} \right),
\end{aligned}
$$

$$
\boldsymbol{g} = \frac{y}{\frac{R_3 \cdot R_2}{R_4} - \frac{R_0 \cdot 10 \cdot x^2}{C_4 \cdot R_3}}
$$

J. Siegert und N. Togobytska, *Mathematik trainieren: Brüche, Funktionen & Co.*, https://doi.org/10.1007/978-3-662-70607-7_17

$$= \frac{y}{\dfrac{C_4 \cdot R_2 \cdot {R_3}^2 - R_0 \cdot R_4 \cdot 10 \cdot x^2}{R_3 \cdot R_4 \cdot C_4}}$$

$$= \frac{y \cdot R_3 \cdot R_4 \cdot C_4}{C_4 \cdot R_2 \cdot {R_3}^2 - R_0 \cdot R_4 \cdot 10 \cdot x^2}.$$

→ *Zur Aufgabe auf Seite 5*

Zu 1.4.2 Test

[1] $\boldsymbol{f_L} = \left((m_1 - \sqrt[3]{a^5} - u_t) \cdot \beta\right)^2$

Falsch! Sie haben vielleicht nicht beachtet, dass bei der Division der Gleichung durch β dieser Parameter in den Nenner der Gleichung gelangt.

[2] $\boldsymbol{f_L} = \left(\dfrac{m_1 - \sqrt[3]{a^5} - u_t}{\beta}\right)^2$

Falsch! Wahrscheinlich haben Sie nicht berücksichtigt, dass beim Umkehren des Ausdrucks $\frac{1}{\sqrt{\boldsymbol{f_L}}}$ dies auch mit der anderen Seite gemacht werden muss.

[3] $\boldsymbol{f_L} = \left(\dfrac{\beta}{m_1 - \sqrt[3]{a^5} - u_t}\right)^2$

Richtige Lösung!

[4] $\boldsymbol{f_L} = \left((m_1 + \sqrt[3]{a^5} + u_t) \cdot \beta\right)^2$

Falsch! Sie haben vermutlich zusätzlich zu dem Fehler in [1] noch einen Vorzeichenfehler zugelassen. Bitte wiederholen Sie Ihre Lösung und vergleichen Sie beide Rechnungen Schritt für Schritt.

Lösungsweg:

$$m_1 - \sqrt[3]{\alpha^5} - u_t = \beta \cdot \left(\frac{1}{\sqrt{\boldsymbol{f_L}}}\right),$$

$$\sqrt{\boldsymbol{f_L}} = \frac{\beta}{m_1 - \sqrt[3]{\alpha^5} - u_t},$$

$$\boldsymbol{f_L} = \left(\frac{\beta}{m_1 - \sqrt[3]{\alpha^5} - u_t}\right)^2.$$

→ *Zur Aufgabe auf Seite 5*

Zu 1.4.3 Test

[1] $\boldsymbol{c} = U_d \cdot \dfrac{1}{-\dfrac{U_a - U_b}{f} + \dfrac{U_c}{A}}$

Falsch! Der Ausdruck $\frac{U_c}{A} - \frac{U_d}{\boldsymbol{c}}$ muss mit f multipliziert werden, Sie haben jedoch durch f geteilt.

[2] $\boldsymbol{c} = U_d \cdot \dfrac{1}{-\dfrac{U_a - U_b}{f} + \dfrac{U_c}{A}}$

Richtige Lösung! Sie sollten allerdings noch die Doppelbrüche beseitigen, um die Form [3] zu erhalten.

[3] $\boldsymbol{c} = \dfrac{U_d \cdot f \cdot A}{(U_b - U_a) \cdot A + U_c \cdot f}$

Richtige Lösung!

[4] $\boldsymbol{c} = \dfrac{(U_a - U_d) \cdot f}{(U_a - U_b) \cdot A}$

Falsch! Wahrscheinlich haben Sie einen Fehler beim Bilden des gemeinsamen Nenners gemacht:

$$\frac{U_c}{A} - \frac{U_d}{\boldsymbol{c}} \neq \frac{U_c - U_d}{A \cdot \boldsymbol{c}}.$$

Lösungsweg:

$$\begin{aligned}
f \cdot \left(\frac{U_c}{A} - \frac{U_d}{\boldsymbol{c}}\right) &= U_a - U_b, \\
\frac{U_c}{A} - \frac{U_d}{\boldsymbol{c}} &= \frac{U_a - U_b}{f}, \\
-\frac{U_d}{\boldsymbol{c}} &= \frac{U_a - U_b}{f} - \frac{U_c}{A}, \\
\frac{U_d}{\boldsymbol{c}} &= -\frac{U_a - U_b}{f} + \frac{U_c}{A}, \\
\frac{1}{\boldsymbol{c}} &= \frac{1}{U_d}\left(-\frac{U_a - U_b}{f} + \frac{U_c}{A}\right).
\end{aligned}$$

Zum Schluss wird $\boldsymbol{c}$ eliminiert und der Term auf der rechten Seite zusammengefasst:

$$\begin{aligned}
\boldsymbol{c} &= U_d \cdot \frac{1}{\left(-\dfrac{U_a - U_b}{f} + \dfrac{U_c}{A}\right)} \\
&= U_d \cdot \frac{1}{\left(\dfrac{-(U_a - U_b)A + f \cdot U_c}{fA}\right)} \\
&= U_d \cdot \frac{fA}{(-(U_a - U_b)A + f \cdot U_c)} \\
&= \frac{U_d \cdot f \cdot A}{(U_b - U_a) \cdot A + f \cdot U_c}.
\end{aligned}$$

→ Zur Aufgabe auf Seite 6

Zu 1.4.4 Test

1 $\boldsymbol{r_2} = \left(\frac{A \cdot Q_1 \cdot r_0 \cdot r_1 \cdot r_3}{-4 \cdot \phi \cdot \pi \cdot \varepsilon \cdot r_1 \cdot d \cdot r_3 + Q_1 \cdot d \cdot r_3 + r_0 \cdot Q_1 \cdot r_1}\right)^2 - B$

Richtige Lösung!

2 $\boldsymbol{r_2} = \left(-\frac{4\phi\pi\varepsilon}{Q_1} + \frac{1}{r_1} + \frac{r_0}{d \cdot r_3}\right)^2 \cdot \left(\frac{r_0 A}{d}\right)^2 + B$

Falsch! Wahrscheinlich ist Ihnen ein Vorzeichenfehler unterlaufen.

Lösungsweg:

$$\frac{4\phi\pi\varepsilon}{Q_1} = \frac{1}{r_1} - \frac{r_0}{d}\frac{A}{\sqrt{\boldsymbol{r_2} + B}} + \frac{r_0}{d \cdot r_3}.$$

Zur besseren Übersicht sollten Sie die Seiten vertauschen und den Term mit $\boldsymbol{r_2}$ separieren:

$$\begin{aligned}
-\frac{r_0}{d}\frac{A}{\sqrt{\boldsymbol{r_2} + B}} &= \frac{4\phi\pi\varepsilon}{Q_1} - \frac{1}{r_1} - \frac{r_0}{d \cdot r_3}, \\
\frac{r_0}{d}\frac{A}{\sqrt{\boldsymbol{r_2} + B}} &= -\frac{4\phi\pi\varepsilon}{Q_1} + \frac{1}{r_1} + \frac{r_0}{d \cdot r_3}, \\
\frac{1}{\sqrt{\boldsymbol{r_2} + B}} &= \left(-\frac{4\phi\pi\varepsilon}{Q_1} + \frac{1}{r_1} + \frac{r_0}{d \cdot r_3}\right) \cdot \frac{d}{r_0 A}, \\
\sqrt{\boldsymbol{r_2} + B} &= \frac{1}{\left(-\frac{4\phi\pi\varepsilon}{Q_1} + \frac{1}{r_1} + \frac{r_0}{d \cdot r_3}\right)} \cdot \frac{r_0 A}{d}, \\
\boldsymbol{r_2} + B &= \frac{1}{\left(-\frac{4\phi\pi\varepsilon}{Q_1} + \frac{1}{r_1} + \frac{r_0}{d \cdot r_3}\right)^2} \cdot \left(\frac{r_0 A}{d}\right)^2.
\end{aligned}$$

Als Nächstes sollten Sie die Terme auf der rechten Seite zusammenfassen:

$$\begin{aligned}
\boldsymbol{r_2} &= \frac{1}{\left(-\frac{4\phi\pi\varepsilon}{Q_1} + \frac{1}{r_1} + \frac{r_0}{d \cdot r_3}\right)^2} \cdot \left(\frac{r_0 A}{d}\right)^2 - B \\
&= \frac{1}{\left(\frac{-4 \cdot \phi \cdot \pi \cdot \varepsilon \cdot r_1 \cdot d \cdot r_3 + Q_1 \cdot d \cdot r_3 + r_0 \cdot Q_1 \cdot r_1}{Q_1 \cdot r_1 \cdot d \cdot r_3}\right)^2} \cdot \left(\frac{r_0 A}{d}\right)^2 - B \\
&= \left(\frac{Q_1 \cdot r_1 \cdot d \cdot r_3}{-4 \cdot \phi \cdot \pi \cdot \varepsilon \cdot r_1 \cdot d \cdot r_3 + Q_1 \cdot d \cdot r_3 + r_0 \cdot Q_1 \cdot r_1}\right)^2 \cdot \left(\frac{r_0 A}{d}\right)^2 - B \\
&= \left(\frac{A \cdot Q_1 \cdot r_0 \cdot r_1 \cdot r_3}{-4 \cdot \phi \cdot \pi \cdot \varepsilon \cdot r_1 \cdot d \cdot r_3 + Q_1 \cdot d \cdot r_3 + r_0 \cdot Q_1 \cdot r_1}\right)^2 - B.
\end{aligned}$$

→ *Zur Aufgabe auf Seite 6*

17.2 Potenzen und Wurzeln

Zu 2.4.1 Test

1 $y = \alpha^{k-m-f+l-4} \cdot \beta^{k-\frac{7}{2}} \cdot \mu^{\frac{3}{2}} \cdot \psi^{m+2} \cdot \gamma^{-5} \cdot \Omega$

Falsch! Sie haben vielleicht in der Aufgabenstellung die Division übersehen.

2 $y = \alpha^{\frac{k-3}{(m+f)(l-1)}} \cdot \beta^{\frac{k-3}{2}} \cdot \mu \cdot \psi^{m+2} \cdot \gamma^{-5} \cdot \Omega$

Falsch! Wenn zwei Ausdrücke mit gleicher Basis multipliziert bzw. dividiert werden, dann werden die Potenzen miteinander addiert bzw. voneinander subtrahiert. Sie haben aber wahrscheinlich multipliziert bzw. dividiert.

3 $y = \alpha^{k-m-f-l-2} \cdot \beta^{k-\frac{5}{2}} \cdot \mu^{\frac{5}{2}} \cdot \psi^{m+2} \cdot \gamma^{-5} \cdot \Omega^{-1}$

Richtige Lösung!

4 $y = \alpha^{k+m+f+l-4} \cdot \beta^{k-\frac{5}{2}} \cdot \mu^{\frac{5}{2}} \cdot \psi^{m+2} \cdot \gamma^{-5} \cdot \Omega^{-1}$

Falsch! Sie haben vermutlich vergessen, dass der positive Exponent im Nenner negativ wird, wenn man den entsprechenden Ausdruck in den Zähler schreibt. Statt $a^{k-3} \cdot a^{-(m+f)}$ wurde mit $a^{k-3} \cdot a^{+(m+f)}$ gerechnet.

Lösungsweg:

$$\begin{aligned}
y &= \frac{\alpha^{k-3} \cdot \beta^{k-3} \cdot \mu^2 \cdot \psi^{m+2}}{\alpha^{m+f} \cdot \gamma^5} : \frac{\Omega \cdot \alpha^{l-1}}{\beta^{\frac{1}{2}} \cdot \mu^{\frac{1}{2}}} \\
&= \frac{\alpha^{k-3} \cdot \beta^{k-3} \cdot \mu^2 \cdot \psi^{m+2}}{\alpha^{m+f} \cdot \gamma^5} \cdot \frac{\beta^{\frac{1}{2}} \cdot \mu^{\frac{1}{2}}}{\Omega \cdot \alpha^{l-1}} \\
&= \alpha^{k-3} \cdot \alpha^{-(m+f)} \cdot \alpha^{-(l-1)} \cdot \beta^{k-3} \cdot \beta^{\frac{1}{2}} \cdot \mu^2 \cdot \mu^{\frac{1}{2}} \cdot \psi^{m+2} \cdot \gamma^{-5} \cdot \Omega^{-1} \\
&= \alpha^{k-m-f-l-2} \cdot \beta^{k-\frac{5}{2}} \cdot \mu^{\frac{5}{2}} \cdot \psi^{m+2} \cdot \gamma^{-5} \cdot \Omega^{-1}.
\end{aligned}$$

→ *Zur Aufgabe auf Seite 11*

Zu 2.4.2 Test

1 $r = \pm\sqrt{\frac{y^{m+1}}{a^{pq}}}$

Sie haben die Aufgabe richtig gelöst!

2 $r = \pm\sqrt{\frac{y}{a^{pq}}}$

Falsch! Falls Sie diese Lösung erhalten haben, wurde wahrscheinlich bei der Multiplikation von y mit y^m ein Fehler gemacht.

3 $\boldsymbol{r} = \pm \sqrt[2n]{\frac{y^{m+1}}{a^{pq}}}$

Falsch! Wahrscheinlich haben Sie die Exponenten von $\boldsymbol{r}^{n+1}$ und $\boldsymbol{r}^{n-1}$ addiert, statt diese aufgrund des Potenzgesetzes voneinander zu subtrahieren.

4 $\frac{\boldsymbol{r}^n - \boldsymbol{r}}{\boldsymbol{r}^n + \boldsymbol{r}} = \frac{a^{pq}}{y^{m+1}}$

Falsch! Vermutlich haben Sie einen Fehler in der Anwendung der Potenzgesetze bzw. bei der Berechnung der Potenzen gemacht. Bitte beachten Sie:

$$\boldsymbol{r}^{n-1} \neq \boldsymbol{r}^n - \boldsymbol{r}, \qquad \boldsymbol{r}^{n-1} \neq \boldsymbol{r}^n + \boldsymbol{r}.$$

Lösungsweg:

$$\begin{aligned} y &= \frac{\boldsymbol{r}^{n+1} \cdot a^{pq}}{\boldsymbol{r}^{n-1} \cdot y^m}, \\ y^{m+1} &= \boldsymbol{r}^{n-n+1+1} \cdot a^{pq}, \\ \boldsymbol{r}^2 &= a^{-pq} \cdot y^{m+1} = \frac{y^{m+1}}{a^{pq}}, \\ \boldsymbol{r} &= \pm\sqrt{\frac{y^{m+1}}{a^{pq}}}. \end{aligned}$$

→ *Zur Aufgabe auf Seite 12*

Zu 2.4.3 Test

1 $y = \frac{b^2}{a^4}$

Falsch! Diese Antwort ist falsch, weil Sie wahrscheinlich die Division nicht berücksichtigt haben.

2 $y = \frac{a^8}{b^4}$

Richtige Lösung!

3 $y = \frac{a^2}{b}$

Falsch! Sie haben vermutlich Potenzen mit verschiedener Basis gekürzt.

4 $y = a \cdot b^2$

Falsch! Sie haben vielleicht beim Zusammenfassen der Potenzen einen Fehler gemacht. Eventuell haben Sie nicht beachtet, dass:

$$\frac{a^{\frac{1}{2}}}{b^{\frac{1}{4}}} \neq (ab)^{\frac{1}{2}-\frac{1}{4}}, \qquad \frac{(ab)^{\frac{1}{3}}}{a} \neq \frac{b^{\frac{1}{3}}}{1}.$$

Lösungsweg:

$$\begin{aligned}
y &= \sqrt[3]{\sqrt{\left(\frac{a^{0,5}}{b^{\frac{1}{4}}}\right)^{24}}} : \sqrt[3]{\sqrt[3]{\left(\frac{\sqrt[3]{b \cdot a}}{a}\right)^{81}}} \\
&= \sqrt[3]{\sqrt{\frac{a^{12}}{b^6}}} : \sqrt[3]{\sqrt[3]{\left(\frac{(b \cdot a)^{\frac{1}{3}}}{a}\right)^{81}}} \\
&= \sqrt[3]{\frac{a^{\frac{12}{2}}}{b^{\frac{6}{2}}}} : \sqrt[3]{\sqrt[3]{\frac{(b \cdot a)^{27}}{a^{81}}}} \\
&= \sqrt[3]{\frac{a^6}{b^3}} : \sqrt[3]{\frac{(b \cdot a)^{\frac{27}{3}}}{a^{\frac{81}{3}}}} \\
&= \frac{a^{\frac{6}{3}}}{b^{\frac{3}{3}}} : \sqrt[3]{\frac{(b \cdot a)^9}{a^{27}}} \\
&= \frac{a^2}{b} : \frac{(b \cdot a)^{\frac{9}{3}}}{a^{\frac{27}{3}}} = \frac{a^2}{b} : \frac{(b \cdot a)^3}{a^9} = \frac{a^2}{b} \cdot \frac{a^9}{b^3 \cdot a^3}.
\end{aligned}$$

Die Lösung lautet demnach:

$$y = \frac{a^8}{b^4} = \left(\frac{a^2}{b}\right)^4.$$

→ *Zur Aufgabe auf Seite 12*

Zu 2.4.4 Test

1 $\boldsymbol{h}^{\frac{131}{84}} = \alpha^{\frac{33}{7}} \beta^{-24} x^{19} \lambda^{-\frac{3}{4}} \quad \Leftrightarrow \quad \boldsymbol{h} = \alpha^{\frac{2772}{917}} \cdot \beta^{-\frac{2016}{131}} \cdot x^{\frac{1596}{131}} \cdot \lambda^{-\frac{63}{131}}$

Falsch! Sie sollten beachten, dass die Zähler in den folgenden zwei Gleichungen nicht übereinstimmen; die dritten Wurzeln fehlen in der rechten Gleichung in beiden Zählern:

$$\frac{\sqrt[3]{\alpha^4 \cdot \beta^5}}{\sqrt[4]{\frac{\lambda^3}{\boldsymbol{h}^7}}} = \frac{\sqrt[3]{(x \cdot \beta)^6 \cdot \sqrt[7]{\frac{\boldsymbol{h}^4}{\alpha^5}}}}{\sqrt[5]{(x \cdot \beta)^{125}}} \quad \not\Leftrightarrow \quad \frac{\alpha^4 \cdot \beta^5}{\sqrt[4]{\frac{\lambda^3}{\boldsymbol{h}^7}}} = \frac{(x \cdot \beta)^6 \cdot \sqrt[7]{\frac{\boldsymbol{h}^4}{\alpha^5}}}{\sqrt[5]{(x \cdot \beta)^{125}}}.$$

2 $\boldsymbol{h} = \alpha^{-\frac{132}{131}} \cdot \beta^{-\frac{2072}{131}} \cdot x^{-\frac{1932}{131}} \cdot \lambda^{\frac{63}{131}} = \sqrt[131]{\frac{\lambda^{63}}{\alpha^{132} \cdot \beta^{2072} \cdot x^{1932}}}$

Richtige Lösung!

3 $\boldsymbol{h} = \alpha^{\frac{63}{262}} \cdot \beta^{\frac{1344}{655}} \cdot x^{\frac{4536}{131}} \cdot \lambda^{-\frac{273}{131}}$

Falsch! Wahrscheinlich ist Ihnen ein Fehler in der Anwendung der Potenzgesetze unterlaufen.

4 $\boldsymbol{h} = \alpha^{\frac{924}{917}} \cdot \beta^{\frac{1344}{655}} \cdot x^{\frac{1932}{131}} \cdot \lambda^{-\frac{273}{131}}$

Falsch! Sie haben vielleicht einen Fehler in der Zusammenfassung der Exponenten zugelassen.

Lösungsweg:

$$\frac{\alpha^{\frac{4}{3}} \cdot \beta^{\frac{5}{3}}}{\frac{\lambda^{\frac{3}{4}}}{\boldsymbol{h}^{\frac{7}{4}}}} = \frac{\sqrt[3]{(x \cdot \beta)^6 \cdot \frac{\boldsymbol{h}^{\frac{4}{7}}}{\alpha^{\frac{5}{7}}}}}{(x \cdot \beta)^{\frac{125}{5}}},$$

$$\frac{\alpha^{\frac{4}{3}} \cdot \beta^{\frac{5}{3}}}{\frac{\lambda^{\frac{3}{4}}}{\boldsymbol{h}^{\frac{7}{4}}}} = \frac{(x \cdot \beta)^{\frac{6}{3}} \cdot \left(\frac{\boldsymbol{h}^{\frac{4}{7}}}{\alpha^{\frac{5}{7}}}\right)^{\frac{1}{3}}}{(x \cdot \beta)^{\frac{125}{5}}},$$

$$\frac{\alpha^{\frac{4}{3}} \cdot \beta^{\frac{5}{3}}}{\frac{\lambda^{\frac{3}{4}}}{\boldsymbol{h}^{\frac{7}{4}}}} = \frac{(x \cdot \beta)^2 \cdot \frac{\boldsymbol{h}^{\frac{4}{21}}}{\alpha^{\frac{5}{21}}}}{(x \cdot \beta)^{25}},$$

$$\frac{\alpha^{\frac{4}{3}} \cdot \beta^{\frac{5}{3}}}{\lambda^{\frac{3}{4}} \cdot \boldsymbol{h}^{-\frac{7}{4}}} = \frac{(x \cdot \beta)^2 \cdot \boldsymbol{h}^{\frac{4}{21}} \cdot \alpha^{-\frac{5}{21}}}{(x \cdot \beta)^{25}},$$

$$\frac{\alpha^{\frac{4}{3}} \cdot \beta^{\frac{5}{3}} \cdot (x \cdot \beta)^{25}}{\lambda^{\frac{3}{4}} \cdot (x \cdot \beta)^2 \cdot \alpha^{-\frac{5}{21}}} = \boldsymbol{h}^{\frac{4}{21}} \cdot \boldsymbol{h}^{-\frac{7}{4}}.$$

Als Nächstes empfiehlt es sich die Seiten zu tauschen und die Ausdrücke mit gleichen Basen zu sortieren. Danach kann man die Exponenten zusammenfassen und ggf. kürzen:

$$\boldsymbol{h}^{\frac{4}{21}} \boldsymbol{h}^{-\frac{7}{4}} = \left(\alpha^{\frac{4}{3}} \alpha^{\frac{5}{21}}\right) \cdot \left(\beta^{\frac{5}{3}} \beta^{25} \beta^{-2}\right) \cdot \left(x^{25} x^{-2}\right) \cdot \left(\lambda^{-\frac{3}{4}}\right),$$

$$\boldsymbol{h}^{-\frac{131}{84}} = \alpha^{\frac{11}{7}} \cdot \beta^{\frac{74}{3}} \cdot x^{23} \cdot \lambda^{-\frac{3}{4}}.$$

Zum Schluss eliminiert man $\boldsymbol{h}$. Die Lösung lautet:

$$\boldsymbol{h} = \alpha^{-\frac{132}{131}} \cdot \beta^{-\frac{2072}{131}} \cdot x^{-\frac{1932}{131}} \cdot \lambda^{\frac{63}{131}} = \frac{\lambda^{\frac{63}{131}}}{\alpha^{\frac{132}{131}} \cdot \beta^{\frac{2072}{131}} \cdot x^{\frac{1932}{131}}} = \sqrt[131]{\frac{\lambda^{63}}{\alpha^{132} \cdot \beta^{2072} \cdot x^{1932}}}.$$

→ *Zur Aufgabe auf Seite 12*

17.3 Binomische Formeln und binomischer Lehrsatz

Zu 3.4.1 Test

1 $y = \frac{n+1}{n-1} \cdot \sqrt{\frac{1}{n-1}}$

Falsch! Wahrscheinlich haben Sie den Binomialkoeffizienten nicht richtig notiert.

Bitte beachten Sie:

$$\binom{n}{n-1} \neq \frac{n}{n-1}, \qquad \binom{n}{n-1} \neq \frac{n!}{n-1},$$

$$\binom{n}{n-1} = \binom{n}{1} = \frac{n!}{(n-1)! \cdot 1!} = \frac{n \cdot (n-1)!}{(n-1)!} = n.$$

2 $y = \dfrac{n+1}{n-1}$

Richtige Lösung!

3 $y = \dfrac{n+1}{n-1} \cdot \sqrt{\dfrac{n+1}{n-1}}$

Falsch! Sie sollten beachten, dass

$$(n^2-1) \cdot (n-1) = (n-1) \cdot (n+1) \cdot (n-1) \neq (n-1)^3.$$

Lösungsweg:

Durch Anwendung der Definition des Binomialkoeffizienten (s. Abschn. 3.1) und der binomischen Formeln kann man den Ausdruck unter der Wurzel vereinfachen:

$$\begin{aligned} y &= \sqrt{\binom{n}{n-1} \cdot \frac{(n^2+2n+1)\,(n+1)}{(n^3-n)\,(n-1)}} \\ &= \sqrt{\frac{n!}{(n-1)!} \cdot \frac{(n+1)^2\,(n+1)}{n\,(n^2-1)\,(n-1)}} \\ &= \sqrt{\frac{n \cdot (n-1)!}{(n-1)!} \cdot \frac{(n+1)^2\,(n+1)}{n(n-1)(n+1)(n-1)}} \\ &= \sqrt{\frac{(n+1)^2}{(n-1)^2}} = \frac{n+1}{n-1}. \end{aligned}$$

→ *Zur Aufgabe auf Seite 18*

Zu 3.4.2 Test

1 $\boldsymbol{h} = \pm\sqrt{\dfrac{(\alpha-\beta)^2}{(\beta-\mu)\left(\frac{\mu}{5}-1\right)}} - 2$

Falsch! In Ihrer Lösung sind vermutlich mehrere Fehler enthalten. Bitte beachten Sie:

$$\frac{\beta^2-\mu^2}{\beta-\mu} \neq \beta-\mu, \qquad (\alpha-\beta)(\alpha+\beta) \neq (\alpha-\beta)^2,$$

$$\frac{\boldsymbol{h}^2}{4} + \boldsymbol{h} + 4 \neq (\boldsymbol{h}+2)^2, \qquad \boldsymbol{h}^2 + 4 \neq (\boldsymbol{h}+2)^2.$$

[2] $\boldsymbol{h} = \pm 2\sqrt{\dfrac{(\alpha-\beta)^2}{(\beta-\mu)\left(\frac{\mu}{5}-1\right)}} - 4$

Falsch! Sie haben wahrscheinlich die binomischen Formeln falsch verwendet bzw. verwechselt.

[3] $\boldsymbol{h} = \pm 2\sqrt{\dfrac{5\left(\alpha^2-\beta^2\right)}{(\beta+\mu)(\mu-5)}} - 4$

Richtige Lösung!

Lösungsweg:

$$\begin{aligned}
\frac{(\alpha-\beta)(\beta-\mu)}{\left(0.25\boldsymbol{h}^2+2\boldsymbol{h}+4\right)\left(0.04\mu^2-1\right)} &= \frac{\left(\beta^2-\mu^2\right)}{(\alpha+\beta)(0.2\mu+1)}, \\
(\alpha-\beta)(\beta-\mu)(\alpha+\beta)\left(\frac{\mu}{5}+1\right) &= \left(\beta^2-\mu^2\right)\left(\frac{\boldsymbol{h}^2}{4}+2\boldsymbol{h}+4\right)\left(\frac{\mu^2}{25}-1\right), \\
\left(\alpha^2-\beta^2\right)(\beta-\mu)\left(\frac{\mu}{5}+1\right) &= (\beta-\mu)(\beta+\mu)\left(\frac{\boldsymbol{h}^2}{4}+2\boldsymbol{h}+4\right)\left(\frac{\mu^2}{25}-1\right), \\
\left(\alpha^2-\beta^2\right)\left(\frac{\mu}{5}+1\right) &= (\beta+\mu)\left(\frac{\boldsymbol{h}}{2}+2\right)^2\left(\frac{\mu}{5}-1\right)\left(\frac{\mu}{5}+1\right), \\
\left(\alpha^2-\beta^2\right) &= (\beta+\mu)\left(\frac{\boldsymbol{h}}{2}+2\right)^2\left(\frac{\mu}{5}-1\right), \\
\left(\frac{\boldsymbol{h}}{2}+2\right)^2 &= \frac{\left(\alpha^2-\beta^2\right)}{(\beta+\mu)\left(\frac{\mu}{5}-1\right)}, \\
\frac{\boldsymbol{h}}{2} &= \pm\sqrt{\frac{\left(\alpha^2-\beta^2\right)}{(\beta+\mu)\left(\frac{\mu}{5}-1\right)}} - 2.
\end{aligned}$$

Das Ergebnis lautet demnach:

$$\boldsymbol{h} = \pm 2\sqrt{\frac{5\left(\alpha^2-\beta^2\right)}{(\beta+\mu)(\mu-5)}} - 4.$$

Entsprechend der Aufgabenstellung sind die Ausdrücke im Nenner unter der Wurzel verschieden von null.

→ *Zur Aufgabe auf Seite 19*

Zu 3.4.3 Test

[1] $A = 1\,365, \quad B = 455$

Richtige Lösung!

2 $A = 455, \quad B = 1\,365$

Falsch! Sie haben A mit B vertauscht, aber die Binomialkoeffizienten $\binom{15}{4} = \binom{15}{11} = 1\,365$ und $\binom{15}{12} = \binom{15}{3} = 455$ richtig berechnet.

3 $A = 330, \quad B = 220$

Falsch! Für A bzw. B muss $\binom{15}{4}$ bzw. $\binom{15}{3}$ berechnet werden, Sie haben aber $\binom{11}{4}$ bzw. $\binom{12}{3}$ bestimmt.

Lösungsweg:

$$(x+y)^n = \binom{n}{0}x^n y^0 + \binom{n}{1}x^{n-1}y + \cdots + \binom{n}{n-1}xy^{n-1} + \binom{n}{n}x^0 y^n,$$

$$(x+y)^{15} = \binom{15}{0}x^{15}y^0 + \cdots + \binom{15}{3}x^{12}y^3 + \cdots + \binom{15}{11}x^4 y^{11} + \cdots + \binom{15}{15}x^0 y^{15}.$$

Die gesuchten Koeffizienten lauten

$$A = \binom{15}{11} = \binom{15}{4} = \frac{15!}{(11!)\cdot 4!} = \frac{(11!)\cdot 12\cdot 13\cdot 14\cdot 15}{(11!)\cdot 2\cdot 3\cdot 4} = 7\cdot 13\cdot 15 = 1\,365,$$

$$B = \binom{15}{3} = \binom{15}{12} = \frac{15!}{3!\cdot(12!)} = \frac{(12!)\cdot 13\cdot 14\cdot 15}{2\cdot 3\cdot(12!)} = 5\cdot 7\cdot 13 = 455.$$

→ *Zur Aufgabe auf Seite 19*

Zu 3.4.4 Test

1 $y = \dfrac{1}{(\alpha^2-\gamma^2)}\sqrt{\dfrac{\alpha^5 + 8\alpha^4\gamma^4 + \gamma^5}{\alpha^2 - (\gamma^2 + 2\gamma + 1)}}$

Falsch! Sie sollten die gesamte Rechnung wiederholen und die Zwischenergebnisse Schritt für Schritt abgleichen.

2 $y = \dfrac{1}{\alpha-\gamma}\sqrt{\dfrac{1}{(\alpha-\gamma-1)}}$

Richtige Antwort!

3 $y = \dfrac{\alpha\sqrt{\alpha} + 2\alpha^2\gamma^2\sqrt{2} + \gamma\sqrt{\gamma}}{(\alpha^2-\gamma^2)\cdot(\alpha-(\gamma+2))}$

Falsch! Bitte beachten Sie

$$\sqrt{\alpha+\beta+\gamma} \neq \sqrt{\alpha} + \sqrt{\beta} + \sqrt{\gamma}.$$

Lösungsweg:

$$y = \sqrt{\frac{\alpha^3 + 3\alpha^2\gamma + 3\alpha\gamma^2 + \gamma^3 + \alpha^2 + 2\alpha\gamma + \gamma^2}{(\alpha^2-\gamma^2)^2\cdot(\alpha^2 - (\gamma^2 + 2\gamma + 1))}}$$

$$= \sqrt{\frac{(\alpha^3 + 3\alpha^2\gamma + 3\alpha\gamma^2 + \gamma^3) + (\alpha^2 + 2\alpha\gamma + \gamma^2)}{((\alpha-\gamma)(\alpha+\gamma))^2 \cdot (\alpha^2 - (\gamma+1)^2)}}$$

$$= \sqrt{\frac{(\alpha+\gamma)^3 + (\alpha+\gamma)^2}{(\alpha-\gamma)^2 \cdot (\alpha+\gamma)^2 \cdot (\alpha - (\gamma+1)) \cdot (\alpha + (\gamma+1))}}$$

$$= \sqrt{\frac{(\alpha+\gamma)^2 (1 + (\alpha+\gamma))}{(\alpha-\gamma)^2 \cdot (\alpha+\gamma)^2 \cdot (\alpha - (\gamma+1)) \cdot (\alpha + (\gamma+1))}}$$

$$= \sqrt{\frac{(\alpha+\gamma)^2 (1 + \alpha + \gamma)}{(\alpha-\gamma)^2 (\alpha+\gamma)^2 \cdot (\alpha - \gamma - 1) \cdot (\alpha + \gamma + 1)}}$$

$$= \sqrt{\frac{1}{(\alpha-\gamma)^2 \cdot (\alpha-\gamma-1)}} = \frac{1}{\alpha-\gamma}\sqrt{\frac{1}{(\alpha-\gamma-1)}}.$$

→ *Zur Aufgabe auf Seite 19*

17.4 Polynomdivision

Zu 4.4.1 Test

1 $x_1 = 1, \quad x_2 = -2, \quad x_3 = -3$

Falsch! Sie haben sich bei der Bestimmung von x_2 und x_3 verrechnet.

2 $x_1 = 1,$ der Rest der Polynomdivision lautet acht

Falsch! Bei der Polynomdivision haben Sie sich verrechnet. Wahrscheinlich wurde der Vorzeichenwechsel beim Subtrahieren der Ausdrücke vergessen.

3 $x_1 = 1, \quad x_2 = 6, \quad x_3 = -1$

Richtige Lösung!

Lösungsweg:

Zunächst muss eine Nullstelle x_1 bestimmt werden.
Bei einfachen Beispielen kann man versuchen, diese durch Probieren zu finden. Bei ganzzahligem Absolutglied sind die Nullstellen oft ganzzahlige Teiler von $\frac{a_0}{a_n}$.
Im einfachsten Fall ist einer der Werte ± 1 eine Nullstelle, was man leicht überprüfen kann, der Funktionswert ist gleich null.
Grundsätzlich dividiert man das Polynom durch das Binom $(x - x_1)$. Wenn bei dieser Division kein Rest entsteht, ist x_1 tatsächlich eine Nullstelle. Falls nicht, wiederholt man die Suche.

Beispielsweise erhält man für das Polynom $P_3(x) = x^3 - 6x^2 - x + 6$ den Quotienten $\frac{a_0}{a_3} = \frac{6}{1} = 6$, die ganzzahligen Teiler davon und Kandidaten für Nullstellen sind demnach ± 1, ± 2, ± 3 und ± 6. Offenbar lautet die erste Nullstelle eins, es gilt $P_3(1) = 0$.

Die Division von $P_3(x) = x^3 - 6x^2 - x + 6$ durch das Binom $(x-1)$ ist ohne Rest möglich:

$$
\begin{array}{rrrrrl}
 & (x^3 & -6x^2 & -x & +6) & : (x-1) = x^2 - 5x - 6. \\
- & (x^3 & -x^2) & & & \\
\hline
 & & -5x^2 & -x & +6 & \\
 & - & (-5x^2 & +5x) & & \\
\hline
 & & & -6x & +6 & \\
 & & - & (-6x & +6) & \\
\hline
 & & & & 0 &
\end{array}
$$

Nun werden die zwei restlichen Nullstellen vom Polynom $P_2(x) = x^2 - 5x - 6$ durch Verwendung der p-q-Formel bestimmt:

$$
\begin{aligned}
x_{2,3} &= 2.5 \pm \sqrt{(2.5)^2 + 6}, \\
x_{2,3} &= 2.5 \pm \sqrt{12.25}, \\
x_2 = 6, &\qquad x_3 = -1.
\end{aligned}
$$

→ *Zur Aufgabe auf Seite 24*

Zu 4.4.2 Test

1 $2a^3b^{x+2} + 3a^2b^{2x-1}, \quad R = 0$

Richtige Lösung!

2 $2a^3, \quad R = b^{x+2} + 2a^2b^3 - 2a^3b^{x+5} + 3a^4b^{2x-1} - 3a^2b^{2x+2}$

Falsch! Bei der Berechnung des ersten Summanden des Quotienten müssen Sie beachten, dass die Multiplikation dieses Terms mit dem Divisor den kompletten ersten Term des Dividenden ergeben muss. Der erste Summand lautet:

$$\left(2a^5b^{x+2}\right) : a^2 = 2a^3b^{x+2}.$$

3 $2a^3b^{x+2} + 3a^2b^{2x-1}, \quad R = 2a^3b^{x+2} - 2a^3b^{x+5} - 3a^2b^{2x-1}$

Falsch! Beachten Sie bitte:

$$2a^3b^{x+2} \cdot \left(-b^3\right) = -2a^3b^{x+5}, \qquad 3a^2b^{2x-1} \cdot \left(-b^3\right) = -3a^2b^{2x+2}.$$

Lösungsweg:

$$
\begin{array}{rrrrrl}
 & (2a^5b^{x+2} & -2a^3b^{x+5} & +3a^4b^{2x-1} & -3a^2b^{2x+2}) & : (a^2 - b^3) = 2a^3b^{x+2} + 3a^2b^{2x-1}. \\
- & (2a^5b^{x+2} & -2a^3b^{x+5}) & & & \\
\hline
 & & & 3a^4b^{2x-1} & -3a^2b^{2x+2} & \\
 & & - & (3a^4b^{2x-1} & -3a^2b^{2x+2}) & \\
\hline
 & & & & 0 &
\end{array}
$$

→ *Zur Aufgabe auf Seite 24*

Zu 4.4.3 Test

1 $5\lambda^7 + 5\lambda^6 + 5\lambda^5 + 5\lambda^4 + 2\lambda^3 + \lambda + 1, \quad R = 0$

Falsch! Sie haben vermutlich den Vorzeichenwechsel beim Subtrahieren der Ausdrücke vergessen.

2 $5\lambda^7 - 5\lambda^6 + 5\lambda^5 - 5\lambda^4 + 2\lambda^3 + \lambda - 1\,, \quad R = 0$

Richtige Lösung!

3 $5\lambda^8 - 3\lambda^4 + 2\lambda^3\,, \quad R = \lambda$

Falsch! Sie haben wahrscheinlich nicht beachtet, dass man das erste Teilergebnis mit dem Divisor multipliziert und das Ergebnis vom Dividenden subtrahiert.

Lösungsweg:

$$\begin{array}{rrrrr}
(5\lambda^8 & -3\lambda^4 & +2\lambda^3 & +\lambda^2 & -1) \\
-\,(5\lambda^8 & +5\lambda^7) & & & \\ \hline
-5\lambda^7 & -3\lambda^4 & +2\lambda^3 & +\lambda^2 & -1 \\
-\,(-5\lambda^7 & -5\lambda^6) & & & \\ \hline
5\lambda^6 & -3\lambda^4 & +2\lambda^3 & +\lambda^2 & -1 \\
-\,(5\lambda^6 & +5\lambda^5) & & & \\ \hline
-5\lambda^5 & -3\lambda^4 & +2\lambda^3 & +\lambda^2 & -1 \\
-\,(-5\lambda^5 & -5\lambda^4) & & & \\ \hline
 & 2\lambda^4 & +2\lambda^3 & +\lambda^2 & -1 \\
 & -\,(2\lambda^4 & +2\lambda^3) & & \\ \hline
 & & & \lambda^2 & -1 \\
 & & & -\,(\lambda^2 & +\lambda) \\ \hline
 & & & -\lambda & -1 \\
 & & & -\,(-\lambda & -1) \\ \hline
 & & & & 0
\end{array}
\quad : (\lambda + 1) = 5\lambda^7 - 5\lambda^6 + 5\lambda^5 - 5\lambda^4 + 2\lambda^3 + \lambda - 1.$$

→ *Zur Aufgabe auf Seite 24*

Zu 4.4.4 Test

1 $\alpha^2\beta^x - \lambda^{y+6}\beta^{x-10}\,, \quad R = \lambda^{y+12}\beta^{x-2}$

Richtige Lösung!

2 $\alpha^2\beta^x - \lambda^{y+6}\beta^{x-10}\,, \quad R = 0$

Falsch! Bitte lösen Sie die Aufgabe noch einmal. Überprüfen Sie, ob bei der Division α als Grundlage verwendet wurde oder eine der anderen Variablen.

3 $\alpha^2\lambda^{y-1}\beta^x - \lambda^y\beta^x\,, \quad R = \lambda^{y+12}\beta^{x-2}$

Falsch! Bitte sortieren Sie auf jedem Schritt die Terme nach fallendem Exponenten von α.

Lösungsweg:

Zuerst wird eine der Variablen festgelegt, bezüglich der dividiert werden soll, beispielsweise α. Die Terme sind bereits nach fallenden Potenzen geordnet:

$$\left(\alpha^4\beta^{x+4} - \alpha^2\lambda^{y+6}\beta^{x-6} + \alpha^2\lambda^6\beta^{x+8}\right) : \left(\alpha^2\beta^4 + \lambda^6\beta^8\right).$$

Das Rechenschema führt man nun unter Beachtung der auftretenden Potenzen von α durch, dabei werden die Terme jeweils nach fallenden Exponenten von α sortiert:

$$\begin{array}{l}
(\alpha^4\beta^{x+4} - \alpha^2\lambda^{y+6}\beta^{x-6} + \alpha^2\lambda^6\beta^{x+8}) \;:\; (\alpha^2\beta^4 + \lambda^6\beta^8) = \alpha^2\beta^x - \lambda^{y+6}\beta^{x-10} + \dfrac{\lambda^{y+12}\beta^{x-2}}{\alpha^2\beta^4 + \lambda^6\beta^8}. \\
\underline{-\,(\alpha^4\beta^{x+4} \qquad\qquad\qquad\quad + \alpha^2\lambda^6\beta^{x+8})} \\
\qquad - \alpha^2\lambda^{y+6}\beta^{x-6} \\
\underline{\quad -\,(-\alpha^2\lambda^{y+6}\beta^{x-6} - \lambda^{y+12}\beta^{x-2})} \\
\qquad\qquad\qquad\quad \lambda^{y+12}\beta^{x-2}
\end{array}$$

→ *Zur Aufgabe auf Seite 25*

17.5 Mengen

Zu 5.4.1 Test

1 $n = 36$

Falsch! Sie haben nur die Anzahl aller möglichen Augenpaare festgestellt und die zusätzliche Bedingung nicht beachtet.

2 $n = 15$

Richtig!

3 $n = 6$

Falsch! Bitte überlegen Sie noch einmal, es gibt mehr als sechs Möglichkeiten.

Lösungsweg:

Von den 36 möglichen Paaren erfüllen 15 die gestellte Bedingung:

$\mathsf{L} = \{(1{,}2), (1{,}3), (1{,}4), (1{,}5), (1{,}6), (2{,}3), (2{,}4), (2{,}5), (2{,}6), (3{,}4), (3{,}5), (3{,}6), (4{,}5), (4{,}6), (5{,}6)\}$.

→ *Zur Aufgabe auf Seite 30*

Zu 5.4.2 Test

1 $n = 12$

Falsch! Auf jeder Position befindet sich entweder ein Loch oder eine Erhebung, deshalb gibt es insgesamt mehr als zwölf Kodierungen. Eine Position erzeugt zwei Möglichkeiten, zwei Positionen $2 \cdot 2 = 4$, drei Positionen $2 \cdot 2 \cdot 2 = 8$ usw. Die richtige Lösung lautet demnach 64.

2 $n = 720$

Falsch! Sie haben die gesuchte Anzahl mit der Anzahl der Permutationen $6! = 720$ verwechselt.

3 $n = 64$

Richtig!

Lösungsweg:

Auf einer Position der Kodierung kann entweder eine Erhebung oder ein Loch vorhanden sein. Mit jeder weiteren Position verdoppelt sich die Anzahl. Bei der Blindenschrift hat man demnach $n = 2 \cdot 2 \cdot 2 \cdot 2 \cdot 2 \cdot 2 = 2^6 = 64$ Möglichkeiten.

→ *Zur Aufgabe auf Seite 30*

17.6 Funktionen

Zu 6.4.1 Test

1 *Wahre Aussage!*

Lösungsweg:

Aus der Ungleichung $n! < (n+1)!$ folgt offenbar:

$$\frac{1}{n!} > \frac{1}{(n+1)!},$$

damit gilt auch $f_n > f_{n+1}$ und die strenge Monotonie ist bewiesen.

2 *Wahre Aussage!*

Lösungsweg:

Zu prüfen ist, ob die Ungleichung

$$f_n = \frac{n}{(2n+1)!} > \frac{n+1}{(2(n+1)+1)!} = f_{n+1}$$

gilt. Multipliziert man auf beiden Seiten nacheinander mit den positiven Größen der Nenner, bleibt das Relationszeichen erhalten:

$$\begin{aligned} n &> (2n+1)! \cdot \frac{n+1}{(2(n+1)+1)!}, \\ n \cdot (2(n+1)+1)! &> (2n+1)! \cdot (n+1), \\ n \cdot (2n+3)! &> (2n+1)! \cdot (n+1). \end{aligned}$$

Wenn diese Ungleichung gilt, wäre auch die strenge Monotonie bewiesen. Nach einigen wenigen äquivalenten Umformungen wird dies plausibel.

Zunächst kann man unter Beachtung von

$$(2n+3)! = (2n+1)! \cdot (2n+2)(2n+3)$$

die linke Seite umschreiben:

$$n \cdot (2n+1)! \cdot (2n+2) \cdot (2n+3) > (2n+1)! \cdot (n+1).$$

Als Nächstes wird auf beiden Seiten durch den positiven Faktor $(2n+1)!$ dividiert:

$$n(2n+2)(2n+3) > n+1.$$

Multipliziert man auf der linken Seite aus, entsteht die zu $f_n > f_{n+1}$ äquivalente Bedingung:

$$\begin{aligned} 4n^3 + 10n^2 + 6n &> n+1, \\ 4n^3 + 10n^2 + 5n &> 1. \end{aligned}$$

Diese Ungleichung ist für alle $n \in \mathbb{N}$ erfüllt. Da alle Umformungen äquivalent durchgeführt wurden, folgt daraus die strenge Monotonie.

3 *Falsche Aussage!*

Offensichtlich kann eine alternierende Folge nicht streng monoton sein.
Durch den Vorzeichenwechsel liegen die Glieder abwechselnd auf jeweils verschiedenen Seiten der x-Achse; dies steht im Widerspruch zu einer Monotonieeigenschaft.

→ *Zur Aufgabe auf Seite 39*

Zu 6.4.2 Test

1 *Wahre Aussage!*

Lösungsweg:

Für die zwei Funktionen gilt:

$$f(x) = f(-x) \quad \wedge \quad g(x) = -g(-x).$$

Multipliziert man die Seiten der beiden Gleichungen miteinander, ergibt sich die Bedingung für eine ungerade Funktion:

$$f(x)g(x) = -f(-x)g(-x).$$

2 *Keine Aussage möglich!*

Begründung: Das Ergebnis hängt davon ab, in welchem Verhältnis zueinander die Funktionen monoton anwachsen. Wählt man beispielsweise $y = f(x) = x$ und $y = g(x) = 2x$, ergibt die Differenz der Funktionen $f(x) - g(x) = -x$ eine streng monoton fallende Funktion; umgekehrt entsteht jedoch bei der Subtraktion $g(x) - f(x) = x$ eine streng monoton wachsende Funktion.

→ *Zur Aufgabe auf Seite 39*

17.7 Lineare Funktionen

Zu 7.4.1 Test

1 a) $y = 3x - 5$, b) $y = \frac{5}{3}x - \frac{22}{3}$

Falsch! Sie haben bei der Lösung wahrscheinlich den Zusammenhang zwischen zwei senkrechten Geraden nicht richtig berücksichtigt.

2 a) $y = -\frac{1}{3}x - \frac{7}{3}$, b) $y = \frac{3}{5}x - \frac{26}{5}$

Richtige Lösung!

3 a) $y = \frac{1}{3}x - \frac{5}{3}$, b) $y = -\frac{3}{5}x - \frac{14}{5}$

Falsch! Sie haben vielleicht den Zusammenhang zwischen den Anstiegen zweier senkrechter Geraden nicht richtig berücksichtigt.

Lösungsweg:

a) Die Steigung der Geraden, die durch die Punkte $A(-2{,}3)$ und $B(-5, -6)$ verläuft, wird mit m_1 bezeichnet und folgendermaßen berechnet:

$$m_1 = \frac{(-6) - (3)}{(-5) - (-2)} = 3.$$

Die gesuchte Gerade hat die Steigung m_2. Da beide Geraden zueinander senkrecht stehen, gilt die Beziehung

$$m_2 = -\frac{1}{m_1} = -\frac{1}{3}.$$

Mithilfe des gegebenen Punktes $C(-1, -2)$ und der Steigung erhält man die Gleichung der Geraden:

$$\begin{aligned} y - (-2) &= -\frac{1}{3}\big(x - (-1)\big), \\ y &= -\frac{1}{3}x - \frac{7}{3}. \end{aligned}$$

b) Um die Steigung der Geraden $5x + 3y - 8 = 0$ zu finden, wird die Gleichung umgestellt:

$$y = -\frac{5}{3}x + \frac{8}{3}.$$

Die gesuchte Gerade besitzt die Steigung $\frac{3}{5}$ und verläuft durch den Punkt $D(2, -4)$; erneut kann die Punktrichtungsformel verwendet werden. Die Gleichung der linearen Funktion lautet:

$$y = \frac{3}{5}x - \frac{26}{5}.$$

→ *Zur Aufgabe auf Seite 50*

Zu 7.4.2 Test

1 **a)** Die Geraden sind parallel. **b)** Es gibt keinen Schnittpunkt.

Falsch! Sie sollten die Steigungen der beiden Geraden zuerst bestimmen. Da diese verschiedene Werte aufweisen, es existiert ein Schnittpunkt.

2 **a)** Die Geraden sind nicht parallel. **b)** $P_S\left(\frac{1}{5}, -\frac{18}{5}\right)$

Falsch! Beim Gleichsetzen der beiden Gleichungen haben Sie sich wahrscheinlich verrechnet.

3 **a)** Die Geraden sind nicht parallel. **b)** $P_S(1, -2)$

Richtig!

Lösungsweg:

Zunächst erhalten Sie für die Anstiege:

$$2x - y - 4 = 0 \quad \Rightarrow \quad y = 2x - 4 \quad \Rightarrow \quad m_1 = 2,$$
$$6x - 2y = 10 \quad \Rightarrow \quad y = 3x - 5 \quad \Rightarrow \quad m_2 = 3.$$

Da die Steigungen der zwei Geraden nicht gleich sind, existiert der Schnittpunkt. Um diesen zu berechnen, muss man gleichsetzen:

$$2x_S - 4 = 3x_S - 5 \quad \Rightarrow \quad x_S = 1.$$

Um die y_S-Komponente zu erhalten, setzt man den x_S-Wert in eine der Geradengleichungen ein und stellt nach y_S um. Der Schnittpunkt lautet $P_S(1, -2)$.

→ *Zur Aufgabe auf Seite 51*

Zu 7.4.3 Test

1 $y = |2x - 1|$

Falsch! Der Graph dieser Funktion wird in Abb. 17.1 gezeigt.

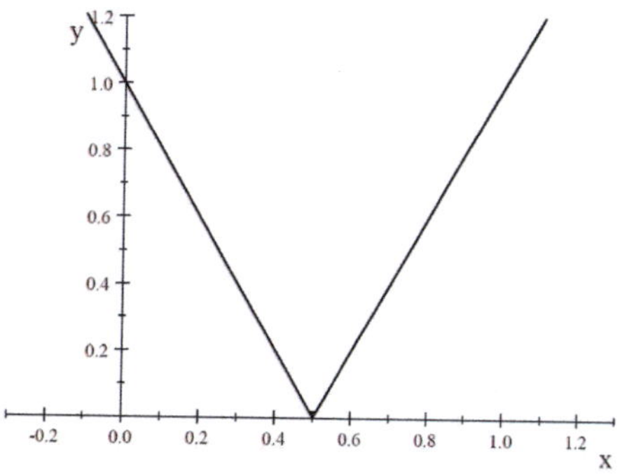

Abb. 17.1 Graph der Betragsfunktion $y = f(x) = |2x - 1|$

2 $y = |x+1| - x$

Falsch! Ihre falsche Funktion ist in Abb. 17.2 skizziert. Wahrscheinlich haben Sie im ersten Schritt den Graphen von $y = x$ statt nach rechts nach links verschoben.

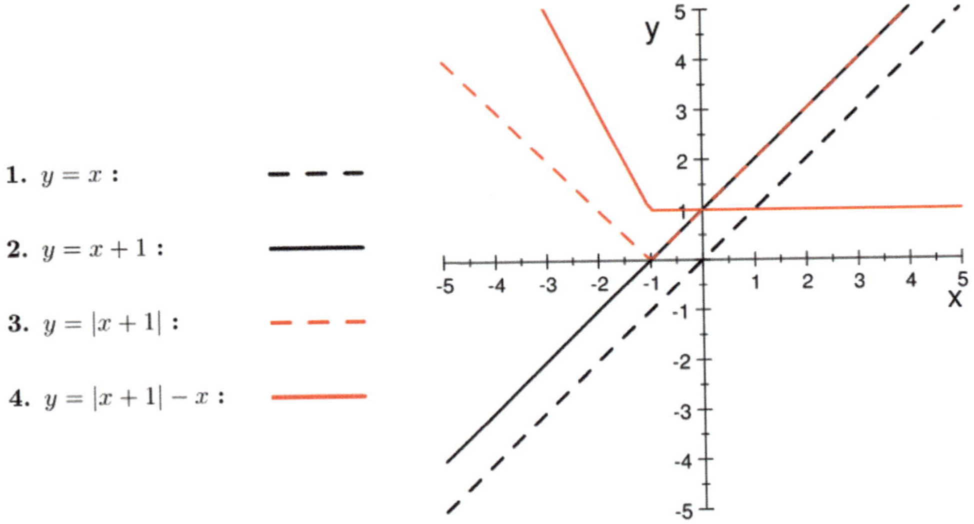

Abb. 17.2 Algorithmus zur Skizze des Graphen von $y = |x+1| - x$

3 $y = |x-1| + x$

Richtige Lösung! Die Teilschritte und der Graph der Lösung sind in Abb. 17.3 dargestellt.

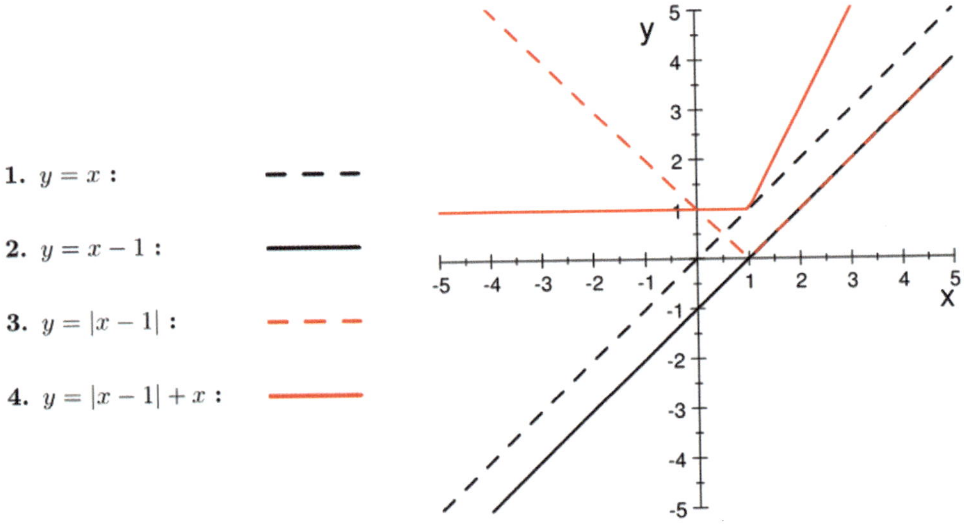

Abb. 17.3 Algorithmus zur Skizze des Graphen von $y = f(x) = |x-1| + x$

Zur Kontrolle der einzelnen Geradenstücke reicht es aus, außer $P(1{,}1)$ jeweils noch einen weiteren Punkt beispielsweise mit einem ganzzahligen $x-$Wert zu benutzen.

Zusätzlich kann man beachten, dass sich beim Addieren zweier linearer Funktionen stets die Steigungen und Absolutglieder addieren (vgl. Abschn. 7.1).
Demnach entsteht bei der Addition von $|x-1|$ und x links von eins eine Parallele zur x-Achse, die Steigungen der Geraden in diesem Intervall lauten minus eins und plus eins. Im Intervall rechts von eins verdoppelt sich die Steigung.

→ *Zur Aufgabe auf Seite 52*

Zu 7.4.4 Test

1 $|a| = \frac{1}{2}\sqrt{233}, \qquad |b| = 5\sqrt{5}, \qquad |c| = \frac{1}{2}\sqrt{421}$

Falsch! Ihnen ist vermutlich einen Vorzeichenfehler bei der Berechnung des Abstands unterlaufen.

2 $|a| = \frac{1}{2}\sqrt{145}, \qquad |b| = \sqrt{37}, \qquad |c| = \frac{1}{2}\sqrt{109}$

Richtige Antwort!

3 $|a| = \frac{1}{2}\sqrt{85}, \qquad |b| = \sqrt{74}, \qquad |c| = \frac{1}{2}\sqrt{365}$

Falsch! Sie haben sich wahrscheinlich bei der Bestimmung der Mittelpunkte verrechnet oder den Satz des Pythagoras nicht richtig verwendet.

Lösungsweg:

Der Mittelpunkt einer Strecke zwischen zwei Punkten $A(x_1,y_1)$ und $B(x_2,y_2)$ lautet:

$$x_m = \frac{x_1 + x_2}{2}, \quad y_m = \frac{y_1 + y_2}{2}.$$

Der Mittelpunkt P_{m_1} der Strecke zwischen den Punkten A und B besitzt die Koordinaten:

$$x_{m_1} = \frac{1+8}{2} = \frac{9}{2}, \quad y_{m_1} = \frac{0+2}{2} = 1.$$

Die Koordinaten des Mittelpunkts P_{m_2} der Strecke zwischen zwischen B und C lauten:

$$x_{m_2} = \frac{8+3}{2} = \frac{11}{2}, \quad y_{m_2} = \frac{2+6}{2} = 4.$$

Der Mittelpunkt P_{m_3} der Strecke zwischen C und A hat die Koordinaten:

$$x_{m_3} = \frac{3+1}{2} = 2, \quad y_{m_3} = \frac{0+6}{2} = 3.$$

Die Länge der drei Seitenhalbierenden a, b und c kann jeweils mit dem Satz des Pythagoras berechnet werden:

$$|a| = \sqrt{(x_A - x_{m_2})^2 + (y_A - y_{m_2})^2} = \sqrt{\left(1 - \frac{11}{2}\right)^2 + (0-4)^2} = \frac{1}{2}\sqrt{145},$$

$$|b| = \sqrt{(x_B - x_{m_3})^2 + (y_B - y_{m_3})^2} = \sqrt{(8-2)^2 + (2-3)^2} = \sqrt{37},$$

$$|c| = \sqrt{(x_C - x_{m_1})^2 + (y_C - y_{m_1})^2} = \sqrt{\left(3 - \frac{9}{2}\right)^2 + (6-1)^2} = \frac{1}{2}\sqrt{109}.$$

→ *Zur Aufgabe auf Seite 51*

17.8 Quadratische Funktionen

Zu 8.4.1 Test

1 $y = -(x+6)^2 - 8$, keine Nullstellen

Falsch! Setzen Sie einen beliebigen x-Wert wie beispielsweise $x_* = 0$ sowohl in den originalen Ausdruck als auch in die umgeformte Schreibweise ein, erhalten Sie verschiedene y-Werte.

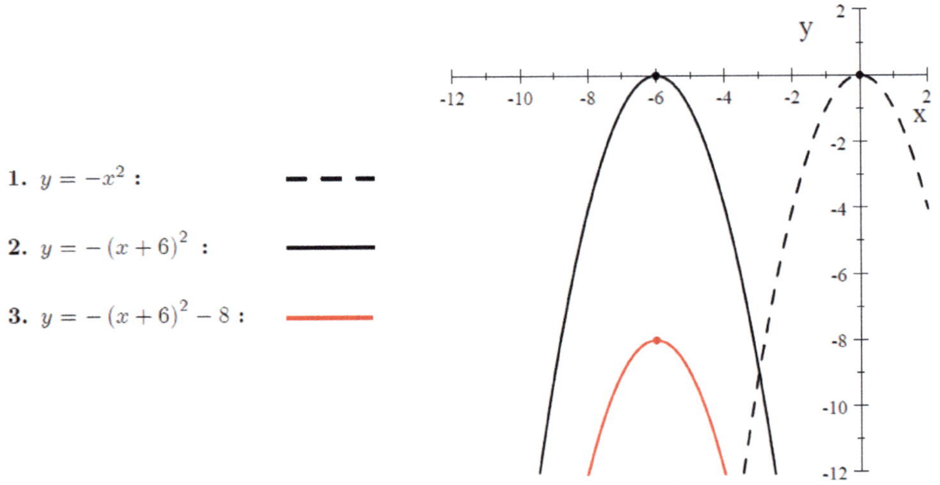

Abb. 17.4 Algorithmus zur Skizze des Graphen von $y = -(x+6)^2 - 8$

Zur Überprüfung können Sie auch den Scheitelpunkt $P_S(-6,-8)$ der von Ihnen berechneten Parabel nutzen (s. Abb. 17.4). Dieser Punkt liegt nicht auf der gegebenen Parabel.
Vielleicht haben Sie die binomische Formel falsch verwendet.

2 $y = -(x+3)^2 + 1$, $x_1 = -2$, $x_2 = -4$

Falsch! Wahrscheinlich ist Ihnen ein Vorzeichenfehler oder ein Fehler bei der Berechnung der quadratischen Ergänzung unterlaufen. Wenn man beispielsweise den Scheitelpunkt $P_S(-3,1)$ dieser Funktion (s. Abb. 17.5) im gegebenen Term einsetzt zeigt sich, dass Ihr Ergebnis nicht richtig ist.

Hinweis: Erhält man beim Einsetzen eines Testwerts eine wahre Aussage, kann noch nicht entschieden werden, ob das Ergebnis richtig ist. Beispielsweise liefert $x_* = 0$ sowohl in der falschen als auch in der richtigen Funktion den gleichen Schnittpunkt mit der y-Achse.

3 $y = -(x-3)^2 + 1$, $x_1 = 2$, $x_2 = 4$

Richtige Lösung!

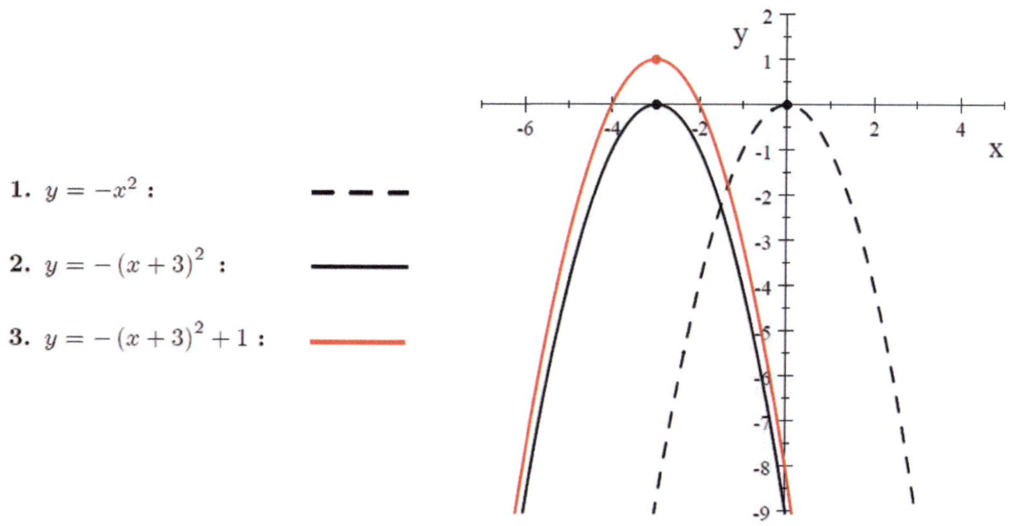

Abb. 17.5 Algorithmus zur Skizze des Graphen von $y = f(x) = -(x+3)^2 + 1$

Lösungsweg:

Zuerst sollten Sie mithilfe der quadratischen Ergänzung die Scheitelpunktform der gegebenen Parabelfunktion herstellen:

$$\begin{aligned} y &= -x^2 + 6x - 8 \\ &= -\left(x^2 - 6x\right) - 8 \\ &= -\left(x^2 - 6x + 9 - 9\right) - 8 = -(x-3)^2 + 1. \end{aligned}$$

Der Funktionsgraph mit dem Scheitelpunkt $P_S(3{,}1)$ ist in Abb. 17.6 dargestellt. Die Vorgehensweise kann man mit der schrittweisen Veränderung der Lage des Scheitelpunkts kontrollieren.

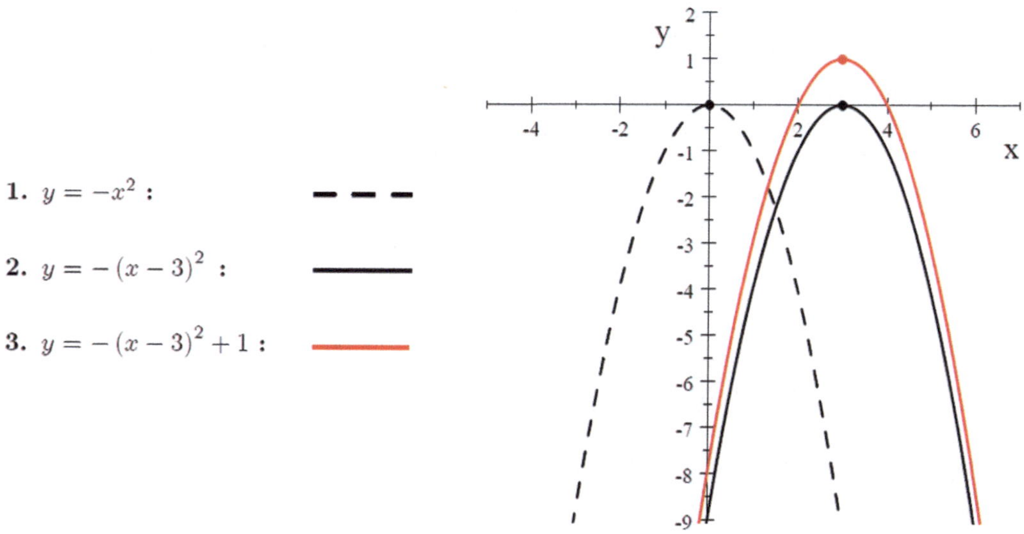

Abb. 17.6 Algorithmus zur Skizze des Graphen von $y = -(x-3)^2 + 1$

Die Nullstellen berechnet man mithilfe der p-q-Formel aus der Gleichung $x^2 - 6x + 8 = 0$:

$$x_{1,2} = \frac{-(-6)}{2} \pm \sqrt{\left(\frac{-6}{2}\right)^2 - 8} = 3 \pm \sqrt{1}.$$

Die Funktion schneidet demnach die $x-$Achse in $x_1 = 2$ und $x_2 = 4$.

→ *Zur Aufgabe auf Seite 65*

Zu 8.4.2. Test

1 $\mathsf{L} = \left(-\infty, \frac{3-\sqrt{37}}{2}\right] \cup \left[\frac{1+\sqrt{37}}{2}, \infty\right)$

Richtige Lösung!

2 $\mathsf{L} = \left(-\infty, \frac{1-\sqrt{37}}{2}\right] \cup \left[\frac{1+\sqrt{37}}{2}, \infty\right)$

Falsch! Wahrscheinlich haben Sie bei der Bestimmung der Lösungsmenge im Fall $x < 1$ einen Fehler gemacht. Vielleicht wurde die p-q-Formel falsch benutzt.

3 $\mathsf{L} = \left[\frac{3-\sqrt{37}}{2}, \frac{1+\sqrt{37}}{2}\right]$

Falsch! Sie haben die Lösungsmenge falsch gewählt. Bitte prüfen Sie Ihre Vorgehensweise bei der Untersuchung der in beiden Fällen entstandenen quadratischen Ungleichung.

Lösungsweg:

Für die Bestimmung der Lösungsmenge werden zunächst die notwendigen Fälle festgelegt, die Reihenfolge ist beliebig. Zwei Situationen sind möglich:
Im ersten Fall beispielsweise für $x < 1$ muss wegen $x - 1 < 0$ der Betragsterm mit einer „Minusklammer" umgeschrieben werden; es gilt $|x - 1| = -(x - 1)$.
Beim Ersetzen des Betrags durch die „Minusklammer" ergibt sich demnach:

$$\begin{aligned} -x^2 + 3x + 8 &\leq -(x-1) + x, \\ -x^2 + 3x + 8 &\leq -x + 1 + x, \\ 0 &\leq x^2 - 3x - 7. \end{aligned}$$

Für diese Ungleichung ist zu überlegen, für welche x-Werte im Intervall $x < 1$ die (nach oben geöffnete) Normalparabel $y = f(x) = x^2 - 3x - 7$ keine negativen y-Werte besitzt.
Zur Bestimmung dieser Menge verwendet man die Nullstellen der Funktion $y = f(x)$, die erneut mit der p-q-Formel berechnet werden:

$$x_{1,2} = -\frac{-3}{2} \pm \sqrt{\frac{9}{4} - (-7)} = \frac{3}{2} \pm \sqrt{\frac{9}{4} + \frac{28}{4}} = \frac{3}{2} \pm \sqrt{\frac{37}{4}} = \frac{3 \pm \sqrt{37}}{2}.$$

Die Funktionswerte dieser Normalparabel sind außerhalb des Intervalls (x_1,x_2) positiv. Gleichzeitig gilt in diesem Fall grundsätzlich $x < 1$.
Die erste Teillösungsmenge ergibt sich demnach aus der Schnittmenge beider Intervalle:

$$\mathbf{L}_1 = \left(-\infty, \frac{3-\sqrt{37}}{2}\right].$$

Im zweiten Fall $x - 1 \geq 0$ werden die Betragsstriche weggelassen; man könnte auch eine „Plusklammer“ notieren: $|x-1| = +(x-1) = x-1$. Die umgeschriebene Ungleichung lautet demnach:

$$\begin{aligned} -x^2 + 3x + 8 &\leq x - 1 + x, \\ 0 &\leq x^2 - x - 9. \end{aligned}$$

Als Nächstes wird im Intervall $x \geq 1$ die Menge der x-Werte bestimmt, für die Funktionswerte der nach oben geöffneten Parabel $y = f(x) = x^2 - x - 9$ nicht negativ sind.

Die Nullstellen der Funktion werden mithilfe der p-q-Formel berechnet:

$$x_{1,2} = -\frac{-1}{2} \pm \sqrt{\frac{1}{4} - (-9)} = \frac{1}{2} \pm \sqrt{\frac{1}{4} + \frac{36}{4}} = \frac{1}{2} \pm \frac{\sqrt{37}}{2}.$$

Lösungen sind alle x-Werte, die außerhalb des Intervalls $[x_2,x_1]$ liegen und gleichzeitig $x \geq 1$ sind.

Die zweite Teillösungsmenge lautet demnach:

$$\mathsf{L}_2 = \left[\frac{1+\sqrt{37}}{2}, +\infty\right).$$

Zum Schluss erhält man die Lösung der Aufgabe aus der Vereinigungsmenge:

$$\mathsf{L} = \mathsf{L}_1 \cup \mathsf{L}_2 = \left(-\infty, \frac{3-\sqrt{37}}{2}\right] \cup \left[\frac{1+\sqrt{37}}{2}, +\infty\right).$$

→ *Zur Aufgabe auf Seite 65*

Zu 8.4.3 Test

1 $y = (x-3)^2 - 2$

Falsch! Weil ein Teil des gegebenen Funktionsgraphen an der x-Achse gespiegelt wurde, muss die Funktionsvorschrift einen Ausdruck mit einem Betrag enthalten.
Man kann auch am Punkt $P(3,1)$ erkennen, dass diese Lösung falsch ist.

2 $y = |(x-3)^2 - 3| + 1$

Falsch! Dies kann nicht zutreffen, da offenbar bei dieser Funktion der Term mit dem Betrag um eine Einheit in positiver y-Richtung verschoben wird. Man erhält $y \geq 1$.

3 $y = |(x-3)^2 - 3| - 2$

Richtig!

Lösungsweg:

Der Funktionsgraph in Abb. 8.8 entsteht schrittweise, aus der Normalparabel erhält man zunächst $y = (x-3)^2 - 3$ durch Verschiebung um drei Einheiten nach rechts und drei nach unten. Weiterhin kann man in Abb. 8.8 feststellen, dass die Funktion einen Betrag enthalten muss, die unterhalb der x-Achse liegenden Teile des Graphen werden an dieser nach oben gespiegelt:

$$y = \left|(x-3)^2 - 3\right|.$$

In Abb. 8.8 erkennt man ebenso, dass einige Teile des gegebenen Graphen im negativen y-Bereich liegen. Die Kurve muss noch um zwei Einheiten in negativer y-Richtung verschoben werden, dies zeigt sich auch an der Verlagerung des Scheitelpunkts.
Demnach lautet die Funktion (s. Abb. 17.7):

$$y = \left|(x-3)^2 - 3\right| - 2.$$

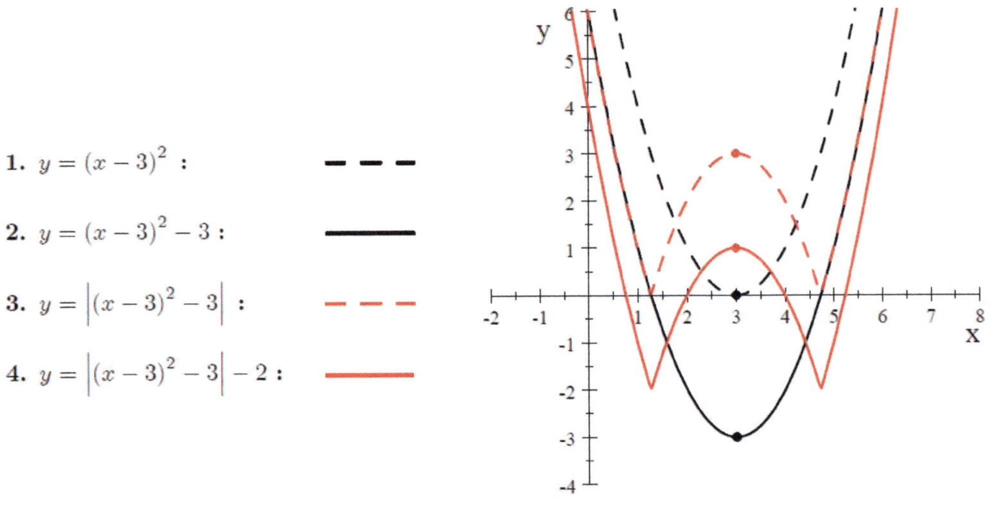

Abb. 17.7 Algorithmus zur Skizze des Graphen von $y = |(x-3)^2 - 3| - 2$

→ *Zur Aufgabe auf Seite 66*

Zu 8.4.4 Test

1 $x_1 = \dfrac{(a+b)^2}{a-b}, \qquad x_2 = a + b$

Falsch! Bitte beachten Sie, dass i. d. R. $a^2 + b^2 \neq (a+b)^2$.

2 $x_1 = a + \sqrt{a^2 - a + b}, \quad x_2 = a - \sqrt{a^2 - a + b}$

Falsch! Sie sollten beachten, dass für $b \neq 0 : a^2 + b^2 \neq (a+b)(a-b) = a^2 - b^2$.

3 $x_1 = \dfrac{a^2+b^2}{a-b}, \qquad x_2 = \dfrac{a^2+b^2}{a+b}$

Richtige Lösung!

Lösungsweg:

Die Gleichung ist in der Normalform gegeben, wobei p und q von den Parametern a und b abhängen:

$$p = -\frac{2a\cdot(a^2+b^2)}{a^2-b^2}, \quad q = \frac{(a^2+b^2)^2}{a^2-b^2}.$$

In der Aufgabenstellung ist vorgegeben, dass $a^2 \neq b^2$ gelten soll. Demnach ist der Nenner verschieden von null.
Zur Bestimmung der Nullstellen wird die p-q-Formel benutzt:

$$x_{1,2} = -\frac{-\dfrac{2a\cdot(a^2+b^2)}{a^2-b^2}}{2} \pm \sqrt{\frac{\left(\dfrac{2a\cdot(a^2+b^2)}{a^2-b^2}\right)^2}{4} - \frac{(a^2+b^2)^2}{a^2-b^2}}.$$

Als Nächstes sollte man die Doppelbrüche beseitigen und die Ausdrücke zusammenfassen:

$$\begin{aligned}
x_{1,2} &= \frac{a\cdot(a^2+b^2)}{a^2-b^2} \pm \sqrt{\left(\frac{a\cdot(a^2+b^2)}{a^2-b^2}\right)^2 - \frac{(a^2+b^2)^2}{a^2-b^2}}\\
&= \frac{a\cdot(a^2+b^2)}{a^2-b^2} \pm \sqrt{\frac{a^2\cdot(a^2+b^2)^2}{(a^2-b^2)^2} - \frac{(a^2+b^2)^2}{a^2-b^2}}\\
&= \frac{a\cdot(a^2+b^2)}{a^2-b^2} \pm \sqrt{\frac{a^2\cdot(a^2+b^2)^2 - (a^2+b^2)^2\cdot(a^2-b^2)}{(a^2-b^2)^2}}\\
&= \frac{a\cdot(a^2+b^2)}{a^2-b^2} \pm \sqrt{\frac{(a^2+b^2)^2\,(a^2-a^2+b^2)}{(a^2-b^2)^2}}\\
&= \frac{a\cdot(a^2+b^2)}{a^2-b^2} \pm \sqrt{\frac{(a^2+b^2)^2\,(b^2)}{(a^2-b^2)^2}}.
\end{aligned}$$

Im Radikanden stehen nur quadratische Terme, die Wurzel kann gezogen werden.
Die Brüche lassen sich zusammenfassen. Im Zähler kann man ausklammern und im Nenner die dritte binomische Formel verwenden:

$$\begin{aligned}
x_{1,2} &= \frac{a\cdot(a^2+b^2)}{a^2-b^2} \pm \frac{(a^2+b^2)\,b}{a^2-b^2}\\
&= \frac{a\cdot(a^2+b^2)\ \pm\ (a^2+b^2)\,b}{a^2-b^2}\\
&= \frac{(a^2+b^2)\ (a\pm\ b)}{(a-b)\cdot(a+b)}.
\end{aligned}$$

Die gesuchten Nullstellen lauten:

$$x_1 = \frac{(a^2+b^2)\,(a+\ b)}{(a-b)\cdot(a+b)} = \frac{a^2+b^2}{a-b}, \qquad x_2 = \frac{(a^2+b^2)\,(a-\ b)}{(a-b)\cdot(a+b)} = \frac{a^2+b^2}{a+b}.$$

Für die Probe setzt man beide Terme nacheinander in die Ausgangsgleichung ein, benutzt die binomischen Formeln und fasst die entstehenden Terme auf der linken Seite zusammen.

Die Substitution von x_1 ergibt:

$$\begin{aligned}\left(\frac{a^2+b^2}{a-b}\right)^2 - \frac{2a\cdot(a^2+b^2)}{a^2-b^2}\cdot\frac{a^2+b^2}{a-b} + \frac{(a^2+b^2)^2}{a^2-b^2} &= 0,\\ \frac{(a^2+b^2)^2}{(a-b)^2} - \frac{2a\cdot(a^2+b^2)^2}{(a-b)^2(a+b)} + \frac{(a^2+b^2)^2}{(a-b)(a+b)} &= 0.\end{aligned}$$

Die Brüche kann man mithilfe des Hauptnenners $(a-b)^2(a+b)$ gleichnamig machen und zusammenfassen. Danach reicht es aus zu prüfen, ob der entstandene Zähler gleich null ist:

$$(a^2+b^2)^2(a+b) - 2a\cdot(a^2+b^2)^2 + \left(a^2+b^2\right)^2(a-b) = 0.$$

Auf keinen Fall sollte man diesen Ausdruck ausmultiplizieren. Die Rechnung würde dadurch unübersichtlicher werden, dies könnte zu Fehlern führen.
Stattdessen ist es vorteilhafter, als Nächstes den Term $(a^2+b^2)^2$ auszuklammern:

$$(a^2+b^2)^2\underbrace{(a+b-2a+a-b)}_{=0} = 0 \quad \Rightarrow \textit{wahre Aussage.}$$

Demnach ist der gesamte Bruch auf der linken Seite gleich null. Die Probe war für x_1 erfolgreich.

Mit der zweiten Nullstelle x_2 wird die Kontrolle analog durchgeführt:

$$\begin{aligned}\left(\frac{a^2+b^2}{a+b}\right)^2 - \frac{2a\cdot(a^2+b^2)}{a^2-b^2}\cdot\frac{a^2+b^2}{a+b} + \frac{(a^2+b^2)^2}{a^2-b^2} &= 0,\\ \frac{(a^2+b^2)^2}{(a+b)^2} - \frac{2a\cdot(a^2+b^2)^2}{(a+b)^2(a-b)} + \frac{(a^2+b^2)^2}{(a-b)(a+b)} &= 0.\end{aligned}$$

Die Brüche fasst man erneut durch Erweitern auf den Hauptnenner $(a+b)^2(a-b)$ zusammen und prüft, ob der entstehende Zähler gleich null ist.
Auch in diesem Fall sollte man nicht ausmultiplizieren, sondern den Term $(a^2+b^2)^2$ ausklammern:

$$\begin{aligned}(a^2+b^2)^2(a-b) - 2a\cdot(a^2+b^2)^2 + \left(a^2+b^2\right)^2(a+b) &= 0,\\ (a^2+b^2)^2\underbrace{(a-b-2a+a+b)}_{=0} &= 0 \quad \Rightarrow \textit{wahre Aussage.}\end{aligned}$$

Der Zähler auf der linken Seite ergibt null, demnach war die Kontrolle erneut erfolgreich.

Die Lösungsmenge besitzt die Elemente x_1 und x_2, sie lautet:

$$\mathsf{L} = \left\{ \frac{a^2+b^2}{a-b}, \frac{a^2+b^2}{a+b} \right\}.$$

Hinweis: Grafisch kann diese Lösungsmenge nicht bestimmt werden, weil x_1 und x_2 von den Parametern a und b abhängen.

→ *Zur Aufgabe auf Seite 66*

17.9 Potenz- und Wurzelfunktionen

Zu 9.4.1 Test

[1] $\mathsf{D} = [4,\infty)\,, \quad x = 6$

Falsch! Sie sollten beachten, dass eine Wurzel mit dem Exponenten vier gegeben ist.

[2] $\mathsf{D} = [4,\infty)\,, \quad x = 8$

Falsch! Sie sollten beachten, dass $2^4 \neq 2 \cdot 4$ gilt.

[3] $\mathsf{D} = [4,\infty)\,, \quad x = 12$

Richtig!

Lösungsweg:

Zuerst sollten Sie die Definitionsmenge bestimmen. Der Radikand darf nicht negativ sein:

$$2x - 8 \;\geq\; 0 \;\Rightarrow\; x \geq 4.$$

Im nächsten Schritt wird die Gleichung umgestellt und durch Potenzieren gelöst:

$$\begin{aligned} \sqrt[4]{2x-8} + 5 &= 7, \\ \sqrt[4]{2x-8} &= 2, \\ \left(\sqrt[4]{2x-8}\right)^4 &= 2^4, \\ 2x - 8 &= 16. \end{aligned}$$

Der Wert $x = 12$ ist die Lösung, er liegt im Definitionsbereich und erfüllt die gegebene Wurzelgleichung; beim Einsetzen ergibt sich auf beiden Seiten sieben.

→ *Zur Aufgabe auf Seite 73*

Zu 9.4.2 Test

[1] $x = 6$

Falsch! Vielleicht haben Sie die Funktion $y = f_1(x)$ von der Aufgabenstellung falsch übernommen.

2 $x = 7$

Falsch! Beim Quadrieren der Funktion $y = f_1(x)$ haben Sie vermutlich die binomische Formel nicht korrekt verwendet.

3 $x = \frac{23}{7}$

Richtig!

Lösungsweg:

Zuerst sollte man die Definitionsmenge bestimmen. Die Funktion $y = f_1(x)$ ist für alle x definiert, $y = f_2(x)$ jedoch nur, wenn der Term unter der Wurzel nicht kleiner null wird.
Die Definitionsmenge ist die Lösungsmenge der quadratischen Ungleichung:

$$x^2 + 2x - 10 \geq 0.$$

Diese Normalparabel $y = x^2 + 2x - 10$ ist nach oben geöffnet, zulässig sind demnach nur x-Werte außerhalb des Intervalls zwischen den Nullstellen. Die Bedingung lautet:

$$x \notin \left(-1 - \sqrt{11}, -1 + \sqrt{11}\right).$$

Als Nächstes setzt man beide Funktionsausdrücke gleich und beseitigt die Wurzeln schrittweise durch Quadrieren mithilfe der binomischen Formeln:

$$\begin{aligned}
\sqrt{x^2+3} - 1 &= \sqrt{x^2 + 2x - 10}, \\
\left(\sqrt{x^2+3} - 1\right)^2 &= \left(\sqrt{x^2 + 2x - 10}\right)^2, \\
-2\sqrt{x^2+3} &= 2x - 14, \\
-\sqrt{x^2+3} &= x - 7, \\
\left(-\sqrt{x^2+3}\right)^2 &= (x-7)^2, \\
x^2 + 3 &= x^2 - 14x + 49 \quad \Rightarrow \quad x = \frac{23}{7}.
\end{aligned}$$

Dieser Wert ist die Lösung, er liegt im Definitionsbereich und erfüllt die Ausgangsgleichung, beim Substituieren des x-Werts erhält man in beiden Funktionsausdrücken $\frac{19}{7}$.
Die zwei Funktionen berühren sich demnach im Punkt $P\left(\frac{23}{7}, \frac{19}{7}\right)$.

→ *Zur Aufgabe auf Seite 73*

Zu 9.4.3 Test

1 $\mathsf{D} = \left[-\frac{8}{7}, \infty\right)$, $x = \frac{40}{7}$

Falsch! Sie haben leider schon den Definitionsbereich falsch bestimmt und dann vermutlich nach dem Quadrieren einen Vorzeichenfehler im letzten Summanden auf der rechten Seite begangen. Die korrekte Gleichung lautet:

$$7x + 8 = 16 + 8\sqrt{7x - 24} + 7x{-}24.$$

Ihre weitere Rechnung ab Ihrem fehlerhaften Zwischenschritt war korrekt.

2 $\mathsf{D} = \left[\frac{24}{7}, \infty\right), \; x = \frac{26}{7}$

Falsch! Der Definitionsbereich wurde richtig bestimmt. In der weiteren Rechnung haben Sie wahrscheinlich beim ersten Quadrieren die Wurzel vergessen:

$$7x + 8 = 16 + 8\sqrt{7x - 24} + 7x - 24.$$

3 $\mathsf{D} = \left[\frac{24}{7}, \infty\right), \; x = \frac{40}{7}$

Richtige Antwort!

Lösungsweg:

Tipp: Zuerst bestimmt man den Definitionsbereich. Die Radikanden dürfen nicht negativ werden:

$$(7x + 8 \geq 0) \quad \wedge \quad (7x - 24 \geq 0)\,,$$

$$\left(x \geq -\frac{8}{7}\right) \quad \wedge \quad \left(x \geq \frac{24}{7}\right).$$

Die Schnittmenge beider Bedingungen ergibt den Definitionsbereich $\mathsf{D} = \left[\frac{24}{7}, \infty\right)$.

Tipp: Zur Berechnung der Lösung wird die Gleichung auf beiden Seiten quadriert, links verschwindet die Wurzel, rechts wird eine binomische Formel verwendet:

$$\begin{aligned} \left(\sqrt{7x+8}\right)^2 &= \left(4 + \sqrt{7x - 24}\right)^2, \\ 7x + 8 &= 16 + 8\sqrt{7x - 24} + 7x - 24. \end{aligned}$$

Tipp: Die letzte Wurzel wird beseitigt, indem man diese zunächst separiert und danach beide Seiten der Gleichung erneut quadriert:

$$\begin{aligned} 16 &= 8\sqrt{7x - 24}, \\ 2^2 &= \left(\sqrt{7x - 24}\right)^2, \\ 4 &= 7x - 24 \quad \Rightarrow \quad x = 4. \end{aligned}$$

Dieser x-Wert ist die Lösung, er liegt in der Definitionsmenge und erfüllt die Ausgangsgleichung, beim Substituieren von $x = 4$ erhält man auf beiden Seiten sechs.

→ *Zur Aufgabe auf Seite 74*

Zu 9.4.4 Test

1 $x_{1,2} = -\frac{5}{2} \pm \frac{1}{2}\sqrt{5}$

Richtige Lösung!

2 $x_1 = -2, \qquad x_2 = -3$

Falsch! Bitte lösen Sie die Aufgabe nach einer Pause noch einmal.

3 Für die Gleichung existiert keine Lösung.

Falsch!

Lösungsweg:

Tipp: Zuerst sollten Sie die Definitionsmenge bestimmen. Die Funktion $y = x^2 + 5x + 6$ besitzt im Intervall $(-3, -2)$ negative Werte, die Funktion $y = x^4 - 18x^2 + 81 = (x^2 - 9)^2$ hat die Nullstellen $x = \pm 3$ und ist sonst positiv. Deshalb lautet die Definitionsmenge der gegebenen Gleichung:

$$\mathsf{D} = \{x \mid (x \notin [-3, -2]\ ) \wedge (x \neq 3)\}.$$

Tipp: Als Nächstes werden die Wurzeln durch Quadrieren beseitigt. Die entstehenden Terme kann man mithilfe der binomischen Formeln und durch Kürzen vereinfachen:

$$\begin{aligned}
(x-3)\sqrt{x^2+5x+6} &= (x+2)\left(\sqrt{x^4-18x^2+81}\right), \\
\left((x-3)\sqrt{x^2+5x+6}\right)^2 &= (x+2)^2\left(\sqrt{x^4-18x^2+81}\right)^2, \\
(x-3)^2\left(x^2+5x+6\right) &= (x+2)^2\left(x^4-18x^2+81\right), \\
(x-3)^2\left(x^2+5x+6\right) &= (x+2)^2\left(x^2-9\right)^2, \\
(x-3)^2(x+2)(x+3) &= (x+2)^2\left((x-3)(x+3)\right)^2, \\
(x-3)^2(x+2)(x+3) &= (x+2)^2(x-3)^2(x+3)^2, \\
(x+2)(x+3) &= 1 \;\Rightarrow\; x^2+5x+5=0.
\end{aligned}$$

Tipp: Zuletzt berechnen Sie die gesuchten x-Werte unter Verwendung der p-q-Formel:

$$x_{1,2} = -\frac{5}{2} \pm \sqrt{\left(\frac{5}{2}\right)^2 - 5} = -\frac{5}{2} \pm \frac{1}{2}\sqrt{5} = \frac{-5 \pm \sqrt{5}}{2}.$$

Beide Werte sind Lösungen, sie liegen in der Definitionsmenge und erfüllen die Ausgangsgleichung.

Tipp: Bei der Probe ist es von Vorteil, nach der Substitution von $x_{1,2}$ beide Seiten der Ausgangsgleichung separat zusammenzufassen. Man erhält nach etwas Rechnung und dem Rationalmachen des Nenners auf beiden Seiten $\frac{-11+\sqrt{5}}{58}$ bzw. $\frac{-11-\sqrt{5}}{58}$.
Im Term auf der linken Seite sollte man die binomische Formel benutzen.

Auf der rechten Seite vereinfacht sich der Ausdruck, die Wurzel ergibt für $x_{1,2}$ eins:

$$\sqrt{x_{1,2}^2 + 5x_{1,2} + 6} = 1.$$

→ *Zur Aufgabe auf Seite 74*

17.10 Exponential- und Logarithmusfunktionen

Zu 10.4.1 Test

1 $x = 30$

Falsch! Vielleicht haben Sie vermutet, dass die Gleichungen $\log_a b = c$ und $b = c \cdot a$ äquivalent sind, das trifft jedoch nicht zu (vgl. Abschn. 10.1).

2 $x = \dfrac{5}{6}$

Falsch! Wahrscheinlich wurde die Definition des Logarithmus (s. Abschn. 10.1) falsch verwendet und vorausgesetzt, dass $\log_a b = c$ äquivalent ist zu $b = \frac{c}{a}$.

3 $x = 2^{243}$

Richtig!

Lösungsweg:

Bei der Lösung geht man rekursiv vor und wendet die Definition des jeweiligen Logarithmus an:

$$\begin{aligned} \log_3(\log_2 x) &= 5, \\ \log_2 x &= 3^5 = 243 \quad \Leftrightarrow \quad x = 2^{243}. \end{aligned}$$

Bei der Probe wiederholt sich der Lösungsweg.

→ *Zur Aufgabe auf Seite 82*

Zu 10.4.2 Test

1 $A = 1$

Falsch! Wahrscheinlich haben Sie nicht beachtet, dass $\log_a (b^c) \neq (\log_a b)^c$ gilt.

2 $A = -2$

Falsch! Vielleicht haben Sie nicht berücksichtigt, dass $\log_a a = 1$.

3 $A = -1$

Richtig!

Lösungsweg:

Unter Beachtung von $\log_a a = 1$ und der Logarithmengesetze (s. Abschn. 10.1) erhält man:

$$\begin{aligned}
\log_5(125) &= \log_5\left(5^3\right) = 3\log_5 5 = 3,\\
4\log_2\left(\sqrt{2}\right) &= 4\log_2\left(2^{\frac{1}{2}}\right) = 4\cdot\frac{1}{2}\log_2 2 = 2,\\
\log_3\frac{1}{27} &= \log_3\left(27^{-1}\right) = -\log_3\left(3^3\right) = -3\log_3 3 = -3,\\
\log_7\sqrt[3]{49} &= \log_7\left(49^{\frac{1}{3}}\right) = \frac{1}{3}\log_7 49 = \frac{1}{3}\log_7\left(7^2\right) = \frac{2}{3}\log_7 7 = \frac{2}{3}.
\end{aligned}$$

Zum Schluss kann A elementar berechnet werden:

$$A = 3 - 2 + (-3)\cdot\left(\frac{2}{3}\right) = -1.$$

→ *Zur Aufgabe auf Seite 82*

Zu 10.4.3 Test

1 $x_1 = \dfrac{1+\sqrt{29}}{2}, \qquad x_2 = \dfrac{1-\sqrt{29}}{2}$

Falsch! Sie sollten die Logarithmengesetze wiederholen und beachten, dass

$$\log_3 a - \log_3 b = \log_3\left(\frac{a}{b}\right) \neq \log_3(a-b).$$

2 $x = 9$

Falsch! Bei Ihrer Lösung haben Sie vermutlich einen Fehler gemacht. Bitte beachten Sie:

$$\log_3\left(x^2-1\right) \neq \log_3\left(x^2\right) - \log_3 1, \qquad \log_3(x+3) \neq \log_3 x + \log_3 3.$$

3 $x_1 = 5, \qquad x_2 = -2$

Richtige Lösung!

Lösungsweg:

Die Definitionsmenge der Gleichung ergibt sich aus den Bedingungen für die Existenz der beiden logarithmischen Ausdrücke:

$$\left(x^2 > 1\right) \wedge (x > -3) \;\Rightarrow\; \mathsf{D} = (-3,-1)\cup(1,+\infty).$$

Die Lösungen werden durch Anwendung der Logarithmengesetze (s. Abschn. 10.1) ermittelt:

$$\begin{aligned}
\log_3\left(x^2-1\right) &= 1 + \log_3(x+3),\\
\log_3\left(x^2-1\right) - \log_3(x+3) &= 1,\\
\log_3\left(\frac{x^2-1}{x+3}\right) &= 1 = \log_3 3.
\end{aligned}$$

Als Nächstes sollte man logarithmieren:

$$\begin{aligned} \frac{x^2-1}{x+3} &= 3, \\ x^2-1 &= 3\cdot(x+3). \end{aligned}$$

Durch Umformung entsteht daraus eine quadratische Gleichung in Normalform:

$$x^2-3x-10 = 0,$$

die man mithilfe der p-q-Formel löst:

$$x_{1,2} = \frac{3}{2} \pm \sqrt{\left(\frac{3}{2}\right)^2 + 10} = \frac{3}{2} \pm \sqrt{\frac{49}{4}} = \frac{3}{2} \pm \frac{7}{2}.$$

Beide Werte $x_1 = 5$ und $x_2 = -2$ sind Lösungen; sie liegen in der Definitionsmenge und erfüllen die Ausgangsgleichung.

→ *Zur Aufgabe auf Seite 83*

Zu 10.4.4 Test

1 $x_1 \approx 12.188, \qquad x_2 \approx 13.076$

Falsch! Ihnen ist wahrscheinlich folgender Fehler unterlaufen:

$$\lg a - \lg b = \lg\frac{a}{b} \neq \lg(a-b).$$

2 $x_1 \approx 180.393, \qquad x_2 \approx 0.866$

Falsch! Ihre Probe führt nur für x_1 zu einer wahren Aussage. Der Wert x_2 erfüllt die Gleichung nicht und ist demnach eine Scheinlösung.

3 $x = 10^{\frac{17}{4}}$

Falsch! Wahrscheinlich haben Sie die Logarithmengesetze falsch benutzt. Bitte beachten Sie:

$$\log 8x \neq 8\log x, \quad \log(a+b) \neq \log a + \log.$$

4 $x \approx 180.384$

Richtig!

Lösungsweg:

Die Definitionsmenge dieser Aufgabe lautet $\mathsf{D} = \mathbb{R}^+$.

Zur Lösung verwendet man Logarithmengesetze und die Definition des Logarithmus:

$$\lg(8x) - \lg\left(1+\sqrt{x}\right) = 2,$$

$$\begin{aligned}\lg\left(\frac{8x}{1+\sqrt{x}}\right) &= 2,\\ \frac{8x}{1+\sqrt{x}} &= 10^2.\end{aligned}$$

Diese Wurzelgleichung formt man zunächst so um, dass die Wurzel auf einer Seite steht, anschließend wird auf beiden Seiten quadriert.

Mithilfe der binomischen Formel wird eine quadratische Gleichung in Normalform aufgestellt:

$$\begin{aligned}8x &= 100\left(1+\sqrt{x}\right),\\ 8x-100 &= 100\sqrt{x},\\ (8x-100)^2 &= 10\,000x,\\ 64x^2-1\,600x+10\,000 &= 10\,000x,\\ 64x^2-11\,600x+10\,000 &= 0,\\ x^2-181.25x+156.25 &= 0.\end{aligned}$$

Die entstandene Gleichung kann man mit der p-q-Formel lösen:

$$\begin{aligned}x_{1,2} &= -\frac{-181.25}{2} \pm \sqrt{\left(\frac{181.25}{2}\right)^2 - 156.25}\\ &= 90.625 \pm \sqrt{(90.625)^2 - 156.25}\\ &= 90.625 \pm \sqrt{8\,056.640625} \approx 90.625 \pm 89.759.\end{aligned}$$

Beide x-Werte liegen offenbar in der Definitionsmenge. Setzt man $x_1 \approx 180.384$ in die Ausgangsgleichung ein, ergibt sich eine wahre Aussage. Der Wert $x_2 \approx 0.866$ führt zu einem Widerspruch; demnach ist x_2 eine Scheinlösung. Die Lösungsmenge besitzt nur das Element x_1.

→ *Zur Aufgabe auf Seite 83*

17.11 Trigonometrische Funktionen

Zu 11.4.1 Test

[1] 0.5

Falsch! Vielleicht wurde der trigonometrische Pythagoras (s. Abschn. 11.1) nicht richtig benutzt.

[2] $\frac{123}{100}$

Falsch! Wahrscheinlich ist Ihnen ein Fehler beim Umstellen der Formeln unterlaufen.

3 $\frac{\sqrt{3}}{2}$

Richtige Antwort!

Lösungsweg:

Auf der Grundlage des Satzes des Pythagoras am Einheitskreis (s. Abschn. 11.1) erhält man:

$$\sin\alpha \;=\; \pm\sqrt{1-\cos^2\alpha}.$$

Der Wert des Kosinus $\cos\alpha = 0.5$ kann demnach zwei Winkeln $\alpha_{1,2}$ bzw. deren im Vorzeichen verschiedenen Sinus-Werten zugeordnet werden (s. Abb. 17.8):

$$\sin\alpha_{1,2} = \pm\sqrt{1-\cos^2\frac{\pi}{3}} = \pm\sqrt{1-\frac{1}{4}} = \pm\frac{\sqrt{3}}{2}.$$

Entsprechend der Aufgabenstellung benötigt man nur α_1. Die Lösung lautet $\sin\frac{\pi}{3} = \frac{\sqrt{3}}{2}$.

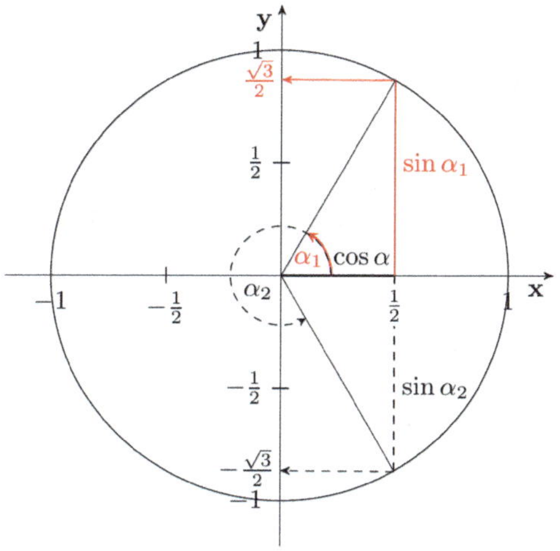

Abb. 17.8 Zuordnung von zwei Sinuswerten zu einem Kosinuswert

→ *Zur Aufgabe auf Seite 94*

Zu 11.4.2 Test

1 r-a-t-e-n

Falsch! Das ist leider die falsche Lösung.

2 h-t-w-b-e-r-l-i-n

Richtig!

3 w-i-n-t-e-r

Falsch! Leider ist Ihre Lösung unvollständig, es fehlen b-h-l.

Lösungsweg:

Tipp: Bitte nutzen Sie die Tab. 11.1 und die Winkelbeziehungen am Vollkreis.

Tipp: Die Umrechnung von Grad in Radiant kann mithilfe der in Abschn. 11.1 angegebenen Formel durchgeführt werden.

→ *Zur Aufgabe auf Seite 94*

Zu 11.4.3 Test

1 c-d-e

Falsch! Leider ist diese Antwort nicht komplett.

2 a-b-c-d-e

Richtige Lösung! Alle Aussagen sind richtig.

3 a-c-e

Falsch! Es fehlen weitere Lösungen.

Lösungsweg:

Bei der Lösung werden die Definitionen der trigonometrischen Funktionen und der Satz des Pythagoras am Einheitskreis geübt:

a) $$\frac{1}{\cos^2 x} - 1 = \frac{1-\cos^2 x}{\cos^2 x} = \frac{\sin^2 x}{\cos^2 x} = \tan^2 x,$$

b) $$\frac{1}{\sin x \cot x} = \frac{1}{\sin x \frac{\cos x}{\sin x}} = \frac{1}{\cos x} = (\cos x)^{-1},$$

c) $$\sin x + (\cos x \cdot \cot x) = \sin x + \cos x \cdot \frac{\cos x}{\sin x} = \sin x + \frac{\cos^2 x}{\sin x} = \frac{\sin^2 x + \cos^2 x}{\sin x} = \frac{1}{\sin x},$$

d) $$\frac{\tan x - \sin x \cdot \cos x}{\tan x} = \frac{\tan x}{\tan x} - \frac{\sin x \cdot \cos x}{\tan x} = 1 - \frac{\sin x \cdot \cos x}{\frac{\sin x}{\cos x}} = 1 - \cos^2 x = \sin^2 x,$$

e) $$\frac{1}{\cos x} - \sin x \cdot \tan x = \frac{1}{\cos x} - \sin x \cdot \frac{\sin x}{\cos x} = \frac{1}{\cos x} - \frac{\sin^2 x}{\cos x} = \frac{1-\sin^2 x}{\cos x} = \cos x.$$

→ *Zur Aufgabe auf Seite 95*

Zu 11.4.4 Test

1 Keine der Aussagen trifft zu.

Falsch! Bitte wiederholen Sie die Grundlagen.

2 Alle Aussagen sind richtig.

Richtige Lösung!

3 a-b-d-e

Falsch! Es fehlt die richtige Antwort **c)**. Vielleicht haben Sie den Satz des trigonometrischen Pythagoras nicht richtig benutzt.

Lösungsweg:

Bei dieser Aufgabe trainiert man die Umkehrfunktionen der trigonometrischen Funktionen.

a) $A = \cos\alpha \quad \Leftrightarrow \quad \alpha = \arccos A,$

$B = \arccos\frac{1}{2} \quad \Leftrightarrow \quad \cos B = \frac{1}{2} \quad \Leftrightarrow \quad B = 60° \quad \Rightarrow \quad \sin 60° = \frac{\sqrt{3}}{2}.$

b) $A = \sin\alpha \quad \Leftrightarrow \quad \alpha = \arcsin A \quad \Rightarrow \quad \sin\frac{\pi}{4} = \frac{\sqrt{2}}{2}.$

c) $A = \sin\alpha \quad \Leftrightarrow \quad \alpha = \arcsin A,$

$A = \arcsin 1 \quad \Leftrightarrow \quad \sin A = 1 \quad \Leftrightarrow \quad A = 90°,$

$B = \arcsin(-1) \quad \Leftrightarrow \quad \sin B = -1 \quad \Leftrightarrow \quad B = -90° \quad \Rightarrow \quad A + B = 0°.$

d) $A = \cos\alpha \quad \Leftrightarrow \quad \alpha = \arccos A,$

$A = \arccos 1 \quad \Leftrightarrow \quad \cos A = 1 \quad \Leftrightarrow \quad A = 0°,$

$B = \arccos(-1) \quad \Leftrightarrow \quad \cos B = -1 \quad \Leftrightarrow \quad B = 180° \quad \Rightarrow \quad A + B = 180°.$

e) $\cos 60° = \frac{1}{2} \quad \Rightarrow \quad 3x = 60° \pm k\cdot 360°,\ k \in \mathbb{N}_0, \quad \Rightarrow \quad x = 20° \pm k \cdot 120°,\ k \in \mathbb{N}_0.$

→ *Zur Aufgabe auf Seite 95*

17.12 Kurven und Funktionen in Polarkoordinaten

Zu 12.4.1 Test

1 $r = \sqrt{3}, \quad \varphi = 60°$

Falsch! Sie sollten beachten, dass $\cos 30° = \frac{\sqrt{3}}{2}$.

2 $r = \sqrt{3}, \quad \varphi = 30°$

Richtige Lösung!

3 $r = \frac{\sqrt{3}}{2}, \quad \varphi = 60°$

Falsch! Wahrscheinlich ist Ihnen bei der Berechnung des Wertes r ein Fehler unterlaufen. In der kurzen Rechnung sollten Sie den falschen Schritt schnell entdecken.

Lösungsweg:

Mithilfe der Formeln aus Abschn. 12.1 erhält man die Polarkoordinaten des Punktes A:

$$r^2 = x^2 + y^2 \quad \Rightarrow \quad \left(\frac{3}{2}\right)^2 + \left(\frac{\sqrt{3}}{2}\right)^2 = \frac{12}{4} \quad \Rightarrow \quad r = \sqrt{3}.$$

$$x = r \cdot \cos\varphi \quad \Rightarrow \quad \frac{3}{2} = \sqrt{3}\cos\varphi \quad \Rightarrow \quad \cos\varphi = \frac{3}{2\sqrt{3}} = \frac{\sqrt{3}}{2} \quad \Rightarrow \quad \varphi = 30°.$$

Die Polarkoordinaten des Punktes A lauten demnach $A(\sqrt{3}; 30°)$.

→ *Zur Aufgabe auf Seite 106*

Zu 12.4.2 Test

1 $x = -\frac{\sqrt{2}}{2}, \quad y = \frac{\sqrt{2}}{2}$

Falsch! Wahrscheinlich haben Sie die Koordinate $r = 7$ als Faktor vergessen.

2 $x = \frac{7\sqrt{2}}{2}, \quad y = -\frac{7\sqrt{2}}{2}$

Falsch! Vermutlich wurde in der Umrechnung der Koordinaten ein Vorzeichenfehler zugelassen.

3 $x = -\frac{7\sqrt{2}}{2}, \quad y = \frac{7\sqrt{2}}{2}$

Richtig!

Lösungsweg:

Aus den Polarkoordinaten $r = 7$ und $\varphi = \frac{3\pi}{4}$ lassen sich die kartesischen Koordinaten x und y berechnen (vgl. Abschn. 12.1):

$$x = 7 \cdot \cos\frac{3\pi}{4} = -\frac{7\sqrt{2}}{2} \approx -4.95, \qquad y = 7 \cdot \sin\frac{3\pi}{4} = \frac{7\sqrt{2}}{2} \approx 4.95.$$

Der Abstand des Punktes P beträgt zu beiden Achsen $\frac{7\sqrt{2}}{2}$ Längeneinheiten.

→ *Zur Aufgabe auf Seite 107*

Zu 12.4.3 Test

1 $\varphi_{1,2} = \pm 60°$

Richtige Antwort!

2 $\varphi_{1,2} = \pm 30°$

Falsch! Sie sollten beachten, dass $\cos(\pm 30°) = \frac{\sqrt{3}}{2}$.

3 $\varphi_{1,2} = \pm 120°$

Falsch! Vermutlich haben Sie nicht beachtet, dass $\cos(\pm 120°) = -\frac{\sqrt{3}}{2}$ gilt (s. Abb. 11.6).

Lösungsweg:

Mithilfe der Formeln zur Umrechnung der Koordinaten aus Abschn. 12.1 erhält man:

$$r = 1 + \cos\varphi \quad \Rightarrow \quad \frac{3}{2} = 1 + \cos\varphi, \quad \cos\varphi = \frac{1}{2} \quad \Rightarrow \varphi_{1,2} = \pm 60° = \pm\frac{\pi}{3}.$$

→ *Zur Aufgabe auf Seite 107*

Zu 12.4.4 Test

1 $\varphi_{1,2} = \pm 60°, \quad r_{1,2} = 6$

Falsch! Ihre Antwort ist noch unvollständig. Es existieren zwei weitere Schnittpunkte.

2 $\varphi_{1,2} = \pm 120°, \quad r_{1,2} = 2$

Falsch! Diese Antwort ist nicht vollständig, insgesamt gibt es vier Schnittpunkte.

3 $\varphi_{1,2} = \pm 60°, \quad \varphi_{3,4} = \pm 120°, \quad r_{1,2} = 6, \quad r_{3,4} = 2$

Richtig!

Lösungsweg:

Gesucht sind die Schnittpunkte der Kurven für $\varphi \in [0{,}2\pi)$, in der Vorschrift von K_2 muss der Winkel verschieden von null sein, da man anderenfalls durch null dividieren würde:

$$K_1: \quad r = 4 \cdot (1 + \cos\varphi), \qquad K_2: \quad r = \frac{3}{1 - \cos\varphi}, \ \varphi \neq 0°.$$

Ein Schnittpunkt gehört zu beiden Kurven, deshalb darf man r gleichsetzen.
Als Nächstes wird die entstandene Gleichung umgeformt und mithilfe der binomischen Formel sowie des trigonometrischen Pythagoras nach $\sin\varphi$ aufgelöst:

$$\begin{aligned} 4 \cdot (1 + \cos\varphi) &= \frac{3}{1 - \cos\varphi}, \\ (1 + \cos\varphi) \cdot (1 - \cos\varphi) &= \frac{3}{4}, \\ 1 - \cos^2 &= \frac{3}{4}, \\ \sin^2\varphi &= \frac{3}{4} \quad \Rightarrow \quad \sin\varphi = \pm\sqrt{\frac{3}{4}} = \pm\frac{\sqrt{3}}{2}. \end{aligned}$$

Am Einheitskreis (s. Abb. 11.6) gibt es vier Winkel mit den Sinuswerten $\pm\frac{\sqrt{3}}{2}$ (s. Abb.17.9):

$$\varphi_{1,2} = \pm 60°, \qquad \varphi_{3,4} = \pm 120°.$$

Nach der Berechnung der Winkel lassen sich die dazugehörige Polarkoordinaten r des jeweiligen Schnittpunktes bestimmen. Dazu setzt man die Winkelwerte in beide Kurvengleichungen ein, damit wird gleichzeitig das Ergebnis kontrolliert:

$$K_1:\quad r_{1,2} = 4\cdot(1+\cos(\pm 60°)) = 4\cdot\left(1+\frac{1}{2}\right) = 6. \qquad r_{3,4} = 4\cdot(1+\cos(\pm 120°)) = 4\cdot\left(1-\frac{1}{2}\right) = 2.$$

$$K_2:\quad r_{1,2} = r = \frac{3}{1-\cos(\pm 60°)} = r = \frac{3}{1-0.5} = 6. \qquad r_{3,4} = r = \frac{3}{1-\cos(\pm 120°)} = r = \frac{3}{1+0.5} = 2.$$

Die Lösungsmenge lautet demnach:

$$\mathsf{L} = \left\{P_1\left(3{,}3\sqrt{3}\right), P_2\left(3,-3\sqrt{3}\right), P_3\left(-1,\sqrt{3}\right), P_4\left(-1,-\sqrt{3}\right)\right\}.$$

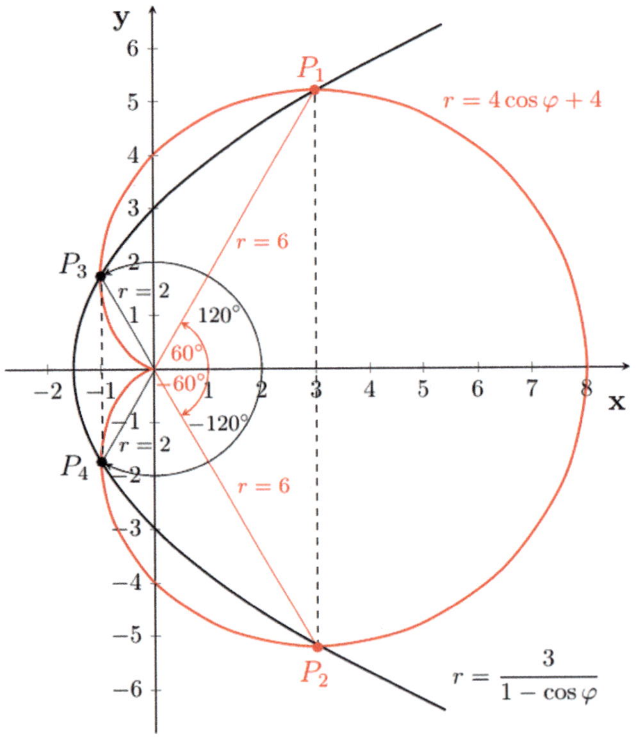

Abb. 17.9 Schnittpunkte der Kurven

→ *Zur Aufgabe auf Seite 107*

17.13 Lineare Gleichungssysteme

Zu 13.4.1 Test

[1] $\mathsf{L} = \left\{\left(\frac{1}{47}, -\frac{4}{47}\right)\right\}$

Falsch! Wahrscheinlich haben Sie richtig begonnen und die Gleichungen zunächst erweitert:

$$\begin{cases} (\mathbf{I}): & 2\cdot(\boldsymbol{x} - 2\boldsymbol{y} + 4) = 3\cdot(\boldsymbol{x} + 3\boldsymbol{y} + 3), \\ (\mathbf{II}): & 3\cdot(\boldsymbol{x} + 2\boldsymbol{y} + 3) = 2\cdot(\boldsymbol{x} - 3\boldsymbol{y} + 4). \end{cases}$$

Eventuell haben Sie beim Ausmultiplizieren in der ersten Gleichung ein Vorzeichen falsch notiert:

$$(\mathbf{I}): \quad \text{-}2\boldsymbol{x} - 4\boldsymbol{y} + 8 = 3\boldsymbol{x} + 9\boldsymbol{y} + 9.$$

In der linken Seite steht jedoch $+\boldsymbol{x}$. Wenn Sie die Rechnung nach diesem Fehler korrekt weitergeführt haben, entsteht die von Ihnen gefundene Lösung.

[2] $\mathsf{L} = \left\{\left(-\frac{3}{27}, \frac{3}{27}\right)\right\}$

Falsch! Die Probe führt in beiden Gleichungen zu einem Widerspruch. Vielleicht haben Sie beim Erweitern der Gleichungen jeweils den Nenner der rechten Seite vergessen.
Das korrekt erweiterte System lautet:

$$\begin{cases} (\mathbf{I}): & \mathbf{2}\cdot(\boldsymbol{x} - 2\boldsymbol{y} + 4) = 3\cdot(\boldsymbol{x} + 3\boldsymbol{y} + 3), \\ (\mathbf{II}): & \mathbf{3}\cdot(\boldsymbol{x} + 2\boldsymbol{y} + 3) = 2\cdot(\boldsymbol{x} - 3\boldsymbol{y} + 4). \end{cases}$$

[3] $\mathsf{L} = \{(0, -1)\}$

Falsche Lösung! Die Probe führt offenbar zu falschen Aussagen. Ihnen ist jedoch nur ein kleiner Flüchtigkeitsfehler unterlaufen, die Variablen der richtigen Lösung wurden vertauscht.

[4] $\mathsf{L} = \{(-1{,}0)\}$

Richtige Lösung! Bitte prüfen Sie, ob von Ihnen das vorgegebene Zeitlimit (für die Lösung und die Probe) eingehalten wurde.

[5] *Sie haben ein anderes Ergebnis erhalten.*

Wenn Sie die Probe durchführen, erhalten Sie zumindest in einer der Gleichungen einen Widerspruch. Bitte kontrollieren Sie zunächst die Rechnung der Probe und danach Ihren Lösungsweg. Um den Fehler in umfangreichen Rechnungen zu finden empfiehlt es sich, diesen schrittweise einzugrenzen (s. Abschn. 13.1).

Lösungsweg:

In den Gleichungen stehen Terme mit $\boldsymbol{x}$ und $\boldsymbol{y}$ im Nenner, deshalb wird im ersten Schritt der Definitionsbereich untersucht.
Jeder der linearen Terme im Nenner muss von null verschieden sein. Der Definitionsbereich lautet:

$$\mathsf{D} = \left\{ (\boldsymbol{x},\boldsymbol{y}) \in \mathbb{R}^2 \;\middle|\; \left(\boldsymbol{y} \neq -\frac{1}{3}\boldsymbol{x} - 1\right) \wedge \left(\boldsymbol{y} \neq \frac{1}{3}\boldsymbol{x} + \frac{4}{3}\right) \right\}.$$

Falls einer der Nenner gleich null ist, liegt der entsprechende Punkt $P(\boldsymbol{x},\boldsymbol{y})$ auf einer der beiden Geraden $\boldsymbol{y} = -\frac{1}{3}\boldsymbol{x} - 1$ bzw. $\boldsymbol{y} = \frac{1}{3}\boldsymbol{x} + \frac{4}{3}$.
Als Nächstes werden die Gleichungen mit dem jeweiligen Nenner erweitert und ausmultipliziert:

$$\begin{cases} \textbf{(I)}: & 2\boldsymbol{x} - 4\boldsymbol{y} + 8 = 3\boldsymbol{x} + 9\boldsymbol{y} + 9, \\ \textbf{(II)}: & 3\boldsymbol{x} + 6\boldsymbol{y} + 9 = 2\boldsymbol{x} - 6\boldsymbol{y} + 8. \end{cases}$$

Das System sollte man in die klassische Form umschreiben:

$$\begin{cases} \textbf{(I)}: & -\boldsymbol{x} - 13\boldsymbol{y} = 1, \\ \textbf{(II)}: & \boldsymbol{x} + 12\boldsymbol{y} = -1. \end{cases}$$

Beim Addieren beider Gleichungen wird $\boldsymbol{x}$ eliminiert. Da auf der rechten Seite auch null entsteht, erhält man $\boldsymbol{y} = 0$. Für die Variable $\boldsymbol{x}$ ergibt sich demnach $\boldsymbol{x} = -1$.
Der Punkt $P(-1,0)$ liegt im Definitionsbereich.
Zuletzt kontrolliert man die Rechnung und setzt beide Variablen in die Ausgangsgleichungen ein, es entstehen wahre Aussagen:

$$\textbf{(I)}: \quad \frac{-1+0+4}{-1-0+3} = \frac{3}{2}, \qquad \textbf{(II)}: \quad \frac{-1+0+3}{-1-0+4} = \frac{2}{3}.$$

Die Probe war erfolgreich. Die Aufgabe besitzt das Zahlenpaar $(-1,0)$ als Lösung.

→ *Zur Aufgabe auf Seite 122*

Zu 13.4.2 Test

1 $\mathsf{L} = \left\{ \left(\frac{10t^2 - 9s}{2(5t^2-3)}, \frac{10t - 15st}{4(5t^2-3)} \right) \;\middle|\; (s,t) \in \mathbb{R}^2,\, t^2 \neq \frac{3}{5} \right\}$

Falsch! Wahrscheinlich ist Ihnen gleich zu Beginn ein Fehler unterlaufen. In der ersten Gleichung haben Sie auf der rechten Seite vor t vermutlich den Faktor fünf notiert. Die Gleichung lautet richtig:

$$\textbf{(I)}: \quad 5t\boldsymbol{\alpha} - 6\boldsymbol{\beta} = \mathbf{1} \cdot t.$$

Die weitere Rechnung nach diesem falschen Schritt wurden von Ihnen fehlerfrei durchgeführt. In der Probe entsteht selbstverständlich ein Widerspruch.

2 $\mathsf{L} = \left\{ \left(\frac{t^2 - 9s}{2(5t^2-3)}, \frac{2t - 15st}{4(5t^2-3)} \right) \;\middle|\; (s,t) \in \mathbb{R}^2,\, t^2 \neq \frac{3}{5} \right\}$

Falsch! Die Variable $\boldsymbol{\beta}$ wurde richtig berechnet. Wahrscheinlich haben Sie im letzten Schritt bei der Berechnung von $\boldsymbol{\alpha}$ im Zähler den Faktor zwei vor dem Summanden t^2 vergessen.
Der korrekte Term lautet:

$$\boldsymbol{\alpha} = \frac{\mathbf{2} \cdot t^2 - 9s}{2(5t^2-3)}.$$

3 $\mathsf{L} = \left\{ \left(\frac{2t^2 - 9s}{2(5t^2 - 3)}, \frac{2t - 15st}{4(5t^2 - 3)} \right) \;\middle|\; (s,t) \in \mathbb{R}^2,\, t^2 \neq \frac{3}{5} \right\}$

Richtiges Ergebnis! Ist es Ihnen auch gelungen, das vorgegebene Zeitlimit einzuhalten? Sehr gut!

4 $\mathsf{L} = \left\{ \left(\frac{2t^2 - 9s}{2(5t^2 - 3)}, \frac{2t - 15ts}{4(5t^2 - 3)} \right) \;\middle|\; (s,t) \in \mathbb{R}^2,\, t^2 \neq \frac{3}{5} \right\}$

Falsch! Wahrscheinlich sind Ihnen mehrere Fehler unterlaufen. Zunächst haben Sie $\boldsymbol{\beta}$ berechnet, dabei jedoch falsch vereinfacht und den Faktor zwei nur aus dem ersten Summanden gekürzt. Bitte vergleichen Sie Ihren Term mit dem korrekten Ausdruck:

$$\boldsymbol{\beta} = \frac{\mathbf{2} \cdot t - 15st}{4(5t^2 - 3)}.$$

Die nachfolgende Berechnung von $\boldsymbol{\alpha}$ verlief ohne weitere Fehler bis zum vorletzten Schritt. Zum Schluss wurde vermutlich im Zähler der Summand $-6s$ vergessen.

5 *Sie haben ein anderes Ergebnis erhalten.*

Versuchen Sie, Ihren Fehler schrittweise einzugrenzen (s. Abschn. 13.1).

Lösungsweg:

Das System ist nicht in der klassischen Form gegeben, diese sollte man zunächst herstellen:

$$\begin{cases} \textbf{(I)}: & 5t\boldsymbol{\alpha} & - & 6\boldsymbol{\beta} & = & t, \\ \textbf{(II)}: & -2\boldsymbol{\alpha} & + & 4t\boldsymbol{\beta} & = & -3s. \end{cases}$$

Für die Bestimmung der Lösung eignet sich beispielsweise das Substitutionsverfahren, in der zweiten Gleichung kann die Unbekannte $\boldsymbol{\alpha}$ separiert werden:

$$\textbf{(II)}: \quad \boldsymbol{\alpha} = 2t\boldsymbol{\beta} + \frac{3}{2}s.$$

Nach Einsetzen des Terms in die erste Gleichung wird $\boldsymbol{\beta}$ berechnet:

$$\textbf{(I)}: \quad 5t \cdot (2t\boldsymbol{\beta} + \frac{3}{2}s) - 6\boldsymbol{\beta} = t \quad \Rightarrow \quad \boldsymbol{\beta} = \frac{t - \frac{15}{2}st}{10t^2 - 6} = \frac{2t - 15st}{4(5t^2 - 3)}, \quad t^2 \neq \frac{3}{5}.$$

Substituiert man diesen Ausdruck für $\boldsymbol{\beta}$ in die zweite Gleichung, kann $\boldsymbol{\alpha}$ bestimmt werden:

$$\textbf{(II)}: \quad \boldsymbol{\alpha} = 2t \cdot \frac{2t - 15st}{4(5t^2 - 3)} + \frac{3}{2}s = \frac{2t^2 - 15st^2 + 15st^2 - 9s}{2(5t^2 - 3)} = \frac{2t^2 - 9s}{2(5t^2 - 3)}.$$

Zur Kontrolle werden die Terme für die Variablen in die Ausgangsgleichungen eingesetzt:

$$\textbf{(I)}: \quad \left(5 \cdot \frac{2t^2 - 9s}{2(5t^2 - 3)} - 1\right) t - 6 \cdot \frac{2t - 15st}{4(5t^2 - 3)} \quad = \quad 0,$$

$$(\mathbf{II}):\quad 3s + 4t \cdot \frac{2t - 15st}{4(5t^2 - 3)} - 2 \cdot \frac{2t^2 - 9s}{2(5t^2 - 3)} \;=\; 0.$$

In den Gleichungen werden die linksstehenden Terme gleichnamig gemacht und zusammengefasst:

$$(\mathbf{I}):\quad \frac{(10t^2 - 45s - 10t^2 + 6)t}{2(5t^2 - 3)} + \frac{-6t + 45st}{2(5t^2 - 3)} \;=\; \frac{10t^3 - 45st - 10t^3 + 6t - 6t + 45st}{2(5t^2 - 3)},$$

$$(\mathbf{II}):\quad \frac{15st^2 - 9s}{5t^2 - 3} + \frac{2t^2 - 15st^2}{5t^2 - 3} + \frac{-2t^2 + 9s}{5t^2 - 3} \;=\; \frac{15st^2 - 9s + 2t^2 - 15st^2 - 2t^2 + 9s}{5t^2 - 3}.$$

Beide Zähler sind gleich null, es entstehen wahre Aussagen. Die Lösung lautet demnach:

$$\mathsf{L} = \left\{ \left(\frac{2t^2 - 9s}{2(5t^2 - 3)}, \frac{2t - 15ts}{4(5t^2 - 3)} \right) \;\middle|\; (s,t) \in \mathbb{R}^2,\, t^2 \neq \frac{3}{5} \right\}.$$

→ *Zur Aufgabe auf Seite 122*

Zu 13.4.3 Test

[1] $\mathsf{L} = \left\{ \left(\frac{a \sin\alpha - b \sin\beta}{\sin^2\beta - \sin^2\alpha}, \frac{a \sin\beta + b \sin\alpha}{\sin^2\beta - \sin^2\alpha} \right) \;\middle|\; \alpha, \beta \in (0,2\pi),\, a, b \in \mathbb{R}^+,\ \sin^2\alpha \neq \sin^2\beta \right\}$

Falsch! Wahrscheinlich haben Sie die Variable $\boldsymbol{y}$ richtig bestimmt. Bei der Berechnung von $\boldsymbol{x}$ wurde im Zähler vor dem Term $b \sin^2\beta$ das Vorzeichen falsch gesetzt, korrekt wäre:

$$\boldsymbol{x} = \frac{a \sin\alpha + b \sin\beta}{\sin^2\beta - \sin^2\alpha}.$$

[2] $\mathsf{L} = \left\{ \left(-\frac{a \sin\alpha + b \sin\beta}{\sin^2\beta - \sin^2\alpha}, \frac{a \sin\beta + b \sin\alpha}{\sin^2\beta - \sin^2\alpha} \right) \;\middle|\; \alpha, \beta \in (0,2\pi),\, a, b \in \mathbb{R}^+,\ \sin^2\alpha \neq \sin^2\beta \right\}$

Falsch! Die Rechnung wurde vermutlich richtig begonnen und $\boldsymbol{y}$ als Erstes korrekt bestimmt. Bei der Berechnung der Unbekannten $\boldsymbol{x}$ haben Sie wahrscheinlich vor dem Faktor $\sin\beta$ das falsche Vorzeichen notiert. Die richtige Gleichung lautet:

$$+\sin\beta \cdot \boldsymbol{x} = \sin\alpha \cdot \frac{a \sin\beta + b \sin\alpha}{\sin^2\beta - \sin^2\alpha} + b.$$

[3] $\mathsf{L} = \left\{ \left(\frac{a \sin\beta + b \sin\alpha}{\sin^2\beta - \sin^2\alpha}, \frac{a \sin\alpha + b \sin\beta}{\sin^2\beta - \sin^2\alpha} \right) \;\middle|\; \alpha, \beta \in (0,2\pi),\, a, b \in \mathbb{R}^+,\ \sin^2\alpha \neq \sin^2\beta \right\}$

Falsch! Sie haben jedoch nur die beiden Variablen in der Lösung vertauscht.

[4] $\mathsf{L} = \left\{ \left(\frac{a \sin\alpha + b \sin\beta}{\sin^2\beta - \sin^2\alpha}, \frac{a \sin\beta + b \sin\alpha}{\sin^2\beta - \sin^2\alpha} \right) \;\middle|\; \alpha, \beta \in (0,2\pi),\, a, b \in \mathbb{R}^+,\ \sin^2\alpha \neq \sin^2\beta, \alpha \neq 0 \right\}$

Richtiges Ergebnis!

[5] *Sie haben ein anderes Ergebnis erhalten.*

Bitte versuchen Sie, Ihre Fehler einzugrenzen (s. Abschn. 13.1).

Lösungsweg:

Wäre im Ausgangssystem einer der trigonometrischen Koeffizienten gleich null, d. h. $\alpha = \pi$ oder $\beta = \pi$, könnte man $\boldsymbol{x}$ und $\boldsymbol{y}$ direkt bestimmen. Dieser Sachverhalt wird nicht weiter untersucht. Der Fall $\sin\alpha = \sin\beta = 0$ kann nicht auftreten, anderenfalls entsteht ein Widerspruch.
Demnach wird nur der Fall $\sin\beta \neq 0$ und $\sin\alpha \neq 0$ betrachtet. Man nutzt bei der Lösung aus, dass bei den Unbekannten des Systems nur trigonometrische Koeffizienten vorhanden sind.
In derartigen Situationen ist es oft von Vorteil, die Gleichungen geschickt zu multiplizieren und mit dem Additionsverfahren zu arbeiten. Multipliziert man beispielsweise die erste Gleichung mit $\sin\beta$ und die zweite mit $\sin\alpha$, werden die Koeffizienten vor $\boldsymbol{x}$ angepasst:

$$\begin{cases} \sin\beta\cdot(\mathbf{I}): & -\sin\alpha\cdot\sin\beta\cdot\boldsymbol{x} & + & \sin^2\beta\cdot\boldsymbol{y} & = & a\cdot\sin\beta, \\ \sin\alpha\cdot(\mathbf{II}): & \sin\beta\cdot\sin\alpha\cdot\boldsymbol{x} & - & \sin^2\alpha\cdot\boldsymbol{y} & = & b\cdot\sin\alpha. \end{cases}$$

Bei Addition dieser Gleichungen wird die Variable $\boldsymbol{x}$ eliminiert; $\boldsymbol{y}$ kann berechnet werden:

$$\sin\beta\cdot(\mathbf{I}) + \sin\alpha\cdot(\mathbf{II}): \ (\sin^2\beta - \sin^2\alpha)\cdot\boldsymbol{y} = a\cdot\sin\beta + b\cdot\sin\alpha \ \Rightarrow \ \boldsymbol{y} = \frac{a\cdot\sin\beta + b\cdot\sin\alpha}{\sin^2\beta - \sin^2\alpha}.$$

Um die Division durch null zu vermeiden, wird dabei $\sin^2\beta \neq \sin^2\alpha$ vorausgesetzt.
Die Substitution von $\boldsymbol{y}$ in die zweite Gleichung ermöglicht der Berechnung von $\boldsymbol{x}$:

$$(\mathbf{II}): \sin\beta\cdot\boldsymbol{x} = \sin\alpha\cdot\frac{a\cdot\sin\beta + b\cdot\sin\alpha}{\sin^2\beta - \sin^2\alpha} + b.$$

Die Gleichung löst man nach $\boldsymbol{x}$ auf:

$$\boldsymbol{x} = \frac{\sin\alpha(a\cdot\sin\beta + b\cdot\sin\alpha)}{\sin\beta(\sin^2\beta - \sin^2\alpha)} + b\frac{(\sin^2\beta - \sin^2\alpha)}{\sin\beta(\sin^2\beta - \sin^2\alpha)}.$$

Der Term lässt sich vereinfachen und zusammenzufassen:

$$\boldsymbol{x} = \frac{a\sin\alpha\sin\beta + b\sin^2\alpha + b\sin^2\beta - b\sin^2\alpha}{\sin\beta(\sin^2\beta - \sin^2\alpha)} = \frac{a\sin\alpha\sin\beta + b\sin^2\beta}{\sin\beta(\sin^2\beta - \sin^2\alpha)} = \frac{a\sin\alpha + b\sin\beta}{\sin^2\beta - \sin^2\alpha}.$$

Als Letztes wird die Probe durch Einsetzen in die Ausgangsgleichungen durchgeführt:

$$\begin{aligned} (\mathbf{I}): \quad & -\frac{a\sin\alpha + b\sin\beta}{\sin^2\beta - \sin^2\alpha}\cdot\sin\alpha + \frac{a\cdot\sin\beta + b\cdot\sin\alpha}{\sin^2\beta - \sin^2\alpha}\cdot\sin\beta = a, \\ (\mathbf{II}): \quad & \frac{a\sin\alpha + b\sin\beta}{\sin^2\beta - \sin^2\alpha}\cdot\sin\beta - \frac{a\cdot\sin\beta + b\cdot\sin\alpha}{\sin^2\beta - \sin^2\alpha}\cdot\sin\alpha = b. \end{aligned}$$

Die linken Seiten werden zu einem Bruch zusammengefasst und vereinfacht.
In beiden Gleichungen erhält man nach dem Kürzen wahre Aussagen:

$$\begin{aligned} (\mathbf{I}): \quad & \frac{-a\sin^2\alpha - b\sin\alpha\sin\beta + a\sin^2\beta + b\sin\alpha\sin\beta}{\sin^2\beta - \sin^2\alpha} = \frac{a(\sin^2\beta - \sin^2\alpha)}{(\sin^2\beta - \sin^2\alpha)} = a, \\ (\mathbf{II}): \quad & \frac{a\sin\alpha\sin\beta + b\sin^2\beta - a\sin\alpha\sin\beta - b\sin^2\alpha}{\sin^2\beta - \sin^2\alpha} = \frac{b(\sin^2\beta - \sin^2\alpha)}{(\sin^2\beta - \sin^2\alpha)} = b. \end{aligned}$$

Die Lösungsmenge lautet:

$$\mathsf{L}=\left\{\left(\frac{a\sin\alpha+b\sin\beta}{\sin^2\beta-\sin^2\alpha},\frac{a\sin\beta+b\sin\alpha}{\sin^2\beta-\sin^2\alpha}\right)\ \middle|\ \alpha,\beta\in(0{,}2\pi),\ a,b\in\mathbb{R}^+,\ \ \sin^2\alpha\neq\sin^2\beta\right\}.$$

→ *Zur Aufgabe auf Seite 123*

Zu 13.4.4 Test

1 $\mathsf{L}=\left\{\left(\frac{8-3\alpha\beta}{3\alpha^2-2\gamma},\frac{4\alpha+\beta\gamma}{3\alpha^2-2\gamma}\right)\ \middle|\ \alpha\in\mathbb{R}^+,\,(\beta{,}\gamma)\in\mathbb{R}^2,\,3\alpha^2-2\gamma\neq0\right\}$

Falsch! Sie haben wahrscheinlich den Lösungsweg mithilfe des Substitutionsverfahrens richtig begonnen, als Erstes die Unbekannte $\boldsymbol{x}$ eliminiert danach $\boldsymbol{y}$ korrekt berechnet:

$$\boldsymbol{y}=\frac{4\alpha+\beta\gamma}{3\alpha^2-2\gamma}.$$

Bei der Bestimmung der Variablen $\boldsymbol{x}$ ist Ihnen vermutlich im folgenden Schritt beim Ausmultiplizieren im Zähler ein Vorzeichenfehler unterlaufen. Der richtige Ausdruck lautet:

$$\boldsymbol{x}=\frac{8+3\alpha\beta}{3\alpha^2-2\gamma}.$$

2 $\mathsf{L}=\left\{\left(\frac{8+3\alpha\beta}{3\alpha^2-2\gamma},\frac{4\alpha+\beta\gamma}{3\alpha^2-2\gamma}\right)\ \middle|\ \alpha\in\mathbb{R}^+,\,(\beta{,}\gamma)\in\mathbb{R}^2,\,3\alpha^2-2\gamma\neq0\right\}$

Richtige Lösung!

3 $\mathsf{L}=\left\{\left(\frac{3\alpha^2\beta+8\alpha}{3\alpha^2-2\gamma},\frac{4\alpha+\beta\gamma}{3\alpha^2+2\gamma}\right)\ \middle|\ \alpha\in\mathbb{R}^+,\,(\beta{,}\gamma)\in\mathbb{R}^2,\,3\alpha^2-2\gamma\neq0\right\}$

Falsche Lösung! Vermutlich wurden zunächst die Variable $\boldsymbol{y}$ und für $\boldsymbol{x}$ das Zwischenergebnis richtig berechnet:

$$\boldsymbol{x}=\frac{-2\beta\gamma+3\alpha^2\beta+8\alpha+2\beta\gamma}{\alpha(3\alpha^2-2\gamma)}=\frac{3\alpha^2\beta+8\alpha}{\alpha(3\alpha^2-2\gamma)}.$$

Eventuell haben Sie in der weiteren Rechnung beim Ausklammern von α im Zähler nicht korrekt gearbeitet und einen Faktor zu viel berücksichtigt.

4 $\mathsf{L}=\left\{\left(\frac{3\alpha^2\beta+4\beta\gamma+8\alpha}{3\alpha^3+2\alpha\gamma},\frac{4\alpha+\beta\gamma}{3\alpha^2-2\gamma}\right)\ \middle|\ \alpha\in\mathbb{R}^+,\,(\beta{,}\gamma)\in\mathbb{R}^2,\,3\alpha^2-2\gamma\neq0\right\}$

Falsch! Wenn Sie Ihre Lösung in die Ausgangsgleichungen einsetzen, führt dies zu falschen Aussagen, die Probe scheitert.
Wahrscheinlich wurde bei der Berechnung von $\boldsymbol{y}$ im Nenner das Vorzeichen des zweiten Summanden 2γ vertauscht. Der fehlerbehaftete Term lautet:

$$\boldsymbol{y}=\frac{4\alpha+\beta\gamma}{3\alpha^2+2\gamma}.$$

5 *Sie haben ein anderes Ergebnis erhalten.*

Überprüfen Sie zunächst die Probe. Anschließend sollten Sie versuchen, Ihren Fehler schrittweise einzugrenzen (s. Abschn. 13.1).

Lösungsweg:

Das System ist in der klassische Form gegeben und enthält die Parameter α, β und γ, die sich in die Lösung übertragen. Es entsteht eine allgemeine Lösung. Grafisch kann die Aufgabe nicht gelöst werden.

Wählt man als Methode das Substitutionsverfahren, kann beispielsweise die erste Gleichung für $\alpha \neq 0$ nach $\boldsymbol{x}$ aufgelöst werden:

$$\textbf{(I)}: \quad \boldsymbol{x} = \frac{2}{\alpha}\boldsymbol{y} + \frac{\beta}{\alpha}.$$

Diesen Term setzt man in die zweite Gleichung ein und berechnet $\boldsymbol{y}$:

$$\textbf{(II)}: \quad -\gamma \cdot \left(\frac{2}{\alpha}\boldsymbol{y} + \frac{\beta}{\alpha}\right) + 3\alpha\boldsymbol{y} = 4 \quad \Rightarrow \quad \boldsymbol{y} = \frac{4 + \frac{\gamma\beta}{\alpha}}{3\alpha - \frac{2\gamma}{\alpha}} = \frac{4\alpha + \beta\gamma}{3\alpha^2 - 2\gamma}, \quad 3\alpha^2 - 2\gamma \neq 0.$$

Nach dem Substituieren in die erste Gleichung löst man diese nach der Variablen $\boldsymbol{x}$ auf:

$$\textbf{(I)}: \quad \alpha\boldsymbol{x} - 2 \cdot \frac{4\alpha + \beta\gamma}{3\alpha^2 - 2\gamma} = \beta \quad \Rightarrow \quad \boldsymbol{x} = \frac{2}{\alpha} \cdot \frac{4\alpha + \beta\gamma}{3\alpha^2 - 2\gamma} + \frac{\beta}{\alpha}.$$

Dieser Term wird durch Erweitern auf einen gemeinsamen Nenner umgeschrieben und zu einem Bruch zusammengefasst. Zuletzt kürzt man durch α:

$$\boldsymbol{x} = \frac{-2\beta\gamma + 3\alpha^2\beta + 8\alpha + 2\beta\gamma}{\alpha(3\alpha^2 - 2\gamma)} = \frac{3\alpha^2\beta + 8\alpha}{\alpha(3\alpha^2 - 2\gamma)} = \frac{8 + 3\alpha\beta}{3\alpha^2 - 2\gamma}.$$

Zur Kontrolle setzt man die Terme der Variablen in beide Ausgangsgleichungen ein:

$$\begin{aligned} \textbf{(I)}: &\quad \alpha \cdot \frac{8 + 3\alpha\beta}{3\alpha^2 - 2\gamma} - 2 \cdot \frac{4\alpha + \beta\gamma}{3\alpha^2 - 2\gamma} = \beta, \\ \textbf{(II)}: &\quad -\gamma \cdot \frac{8 + 3\alpha\beta}{3\alpha^2 - 2\gamma} + 3\alpha \cdot \frac{4\alpha + \beta\gamma}{3\alpha^2 - 2\gamma} = 4. \end{aligned}$$

In beiden Gleichungen erhält man nach dem Zusammenfassen auf der linken Seite und Kürzen eine wahre Aussage:

$$\frac{\alpha \cdot (8 + 3\alpha\beta) - 2 \cdot (4\alpha + \beta\gamma)}{3\alpha^2 - 2\gamma} = \frac{8\alpha + 3\alpha^2\beta - 8\alpha - 2\beta\gamma}{3\alpha^2 - 2\gamma} = \frac{\beta(3\alpha^2 - 2\gamma)}{3\alpha^2 - 2\gamma} = \beta,$$

$$\frac{-\gamma \cdot (8 + 3\alpha\beta) + 3\alpha \cdot (4\alpha + \beta\gamma)}{3\alpha^2 - 2\gamma} = \frac{-8\gamma - 3\alpha\beta\gamma + 12\alpha^2 + 3\alpha\beta\gamma}{3\alpha^2 - 2\gamma} = \frac{4(3\alpha^2 - 2\gamma)}{3\alpha^2 - 2\gamma} = 4.$$

Hinweis: Bitte beachten Sie, dass jeweils der Term der Klammer als Faktor gekürzt wurde.

Die Probe war erfolgreich. Die Lösungsmenge lautet:

$$\mathsf{L} = \left\{ \left(\frac{8 + 3\alpha\beta}{3\alpha^2 - 2\gamma}, \frac{4\alpha + \beta\gamma}{3\alpha^2 - 2\gamma} \right) \;\middle|\; \alpha \in \mathbb{R}^+,\, (\beta,\gamma) \in \mathbb{R}^2,\, 3\alpha^2 - 2\gamma \neq 0 \right\}.$$

→ *Zur Aufgabe auf Seite 123*

17.14 Vektorrechnung

Zu 14.4.1 Test

[1] $\vec{b}_{\vec{a}} = -\frac{8}{5}(\vec{e_x} - 2\,\vec{e_y}),\ \vec{a}_n = -\frac{1}{5}(2\,\vec{e_x} + \vec{e_y})$

Falsch! Sie haben die orthogonale Projektion vertauscht (vgl. Abschn. 14.1) und stattdessen $\vec{a}_{\vec{b}}$ berechnet. Gesucht wird jedoch die Zerlegung $\vec{b} = \vec{b}_{\vec{a}} + \vec{a}_n$.

[2] $\vec{b}_{\vec{a}} = \frac{8}{13}(2\,\vec{e_x} - 3\,\vec{e_y}),\ \vec{a}_n = -\frac{1}{13}(29\,\vec{e_x} - 50\,\vec{e_y})$

Falsch! Sie haben zunächst $\vec{b}_{\vec{a}}$ richtig berechnet, danach diesen Vektor jedoch zu $\vec{b}$ addiert und nicht von $\vec{b}$ subtrahiert.

[3] $\vec{b}_{\vec{a}} = \frac{8}{13}(2\,\vec{e_x} - 3\,\vec{e_y}),\ \vec{a}_n = -\frac{1}{13}(15\,\vec{e_x} + 2\,\vec{e_y})$

Falsch! Wahrscheinlich ist Ihnen bei der Berechnung des Vektors $\vec{a}_n$ ein Fehler in der ersten Koordinate unterlaufen. Vermutlich haben Sie dort den Erweiterungsfaktor dreizehn vergessen.

[4] $\vec{b}_{\vec{a}} = \frac{8}{13}(2\,\vec{e_x} - 3\,\vec{e_y}),\ \vec{a}_n = -\frac{1}{13}(3\,\vec{e_x} + 2\,\vec{e_y})$

Richtige Lösung!

[5] *Sie haben eine andere Lösung erhalten.*

Bitte kontrollieren Sie, ob Sie die richtige Formel benutzt haben (vgl. Abschn. 14.1) und wiederholen Sie die Rechnung separat.

Lösungsweg:

Zunächst berechnet man die Hilfsgrößen $|\vec{a}| = \sqrt{13}$, $|\vec{b}| = \sqrt{5}$ und $\vec{a} \cdot \vec{b} = -8$. Die Vektoren sind demnach nicht orthogonal. Die orthogonale Projektion $\vec{b}_{\vec{a}}$ lautet:

$$\vec{b}_{\vec{a}} = \frac{1}{|\vec{a}|^2}(\vec{a} \cdot \vec{b})\,\vec{a} = \frac{8}{13}(2\,\vec{e_x} - 3\,\vec{e_y}).$$

Die Normalkomponente ergibt sich demnach aus:

$$\vec{a}_n = \vec{b} - \vec{b}_{\vec{a}} = -\frac{1}{13}(3\,\vec{e_x} + 2\,\vec{e_y}).$$

Zur Kontrolle kann man die Orthogonalität $\vec{b}_{\vec{a}} \perp \vec{a}_n$ überprüfen und das Skalarprodukt beider Vektoren berechnen:

$$\vec{b}_{\vec{a}} \cdot \vec{a}_n = -\frac{8}{13}\begin{pmatrix} 2 \\ -3 \end{pmatrix} \cdot \frac{1}{13}\begin{pmatrix} 3 \\ 2 \end{pmatrix} = -\frac{8}{13} \cdot \frac{1}{13}(2 \cdot 3 - 3 \cdot 2) = 0.$$

→ *Zur Aufgabe auf Seite 144*

Zu 14.4.2 Test

[1] $24 - 16\sqrt{2}$

Falsch! Sie haben vermutlich die binomische Formel richtig angewendet:

$$\left(\vec{a} - \vec{b}\right)^2 = \left(\vec{a} - \vec{b}\right) \cdot \left(\vec{a} - \vec{b}\right) = \left(\vec{a} - \vec{b}\right)^2 = \vec{a} \cdot \vec{a} - 2\,\vec{a} \cdot \vec{b} + \vec{b} \cdot \vec{b},$$

im nächsten Schritt jedoch im Skalarprodukt den Kosinus-Faktor vergessen. Die korrekte Gleichung lautet:

$$\vec{a} \cdot \vec{a} - 2\,\vec{a} \cdot \vec{b} + \vec{b} \cdot \vec{b} = |\vec{a}||\vec{a}| - 2|\vec{a}||\vec{b}|\cos\varphi + |\vec{b}||\vec{b}|.$$

[2] 40

Richtige Lösung!

[3] 16

Falsch! Vermutlich haben Sie das Vorzeichen der Kosinusfunktion nicht beachtet (s. Abb. 11.6), φ liegt im II. Quadranten:

$$\cos 135° = -\frac{1}{2}\sqrt{2}.$$

[3] $2\sqrt{2}+12$

Falsch! Wahrscheinlich haben Sie bei der Berechnung jeweils einen Faktor vergessen:

$$\vec{a} \cdot \vec{a} \neq |\vec{a}|, \quad \vec{b} \cdot \vec{b} \neq |\vec{b}|.$$

Die korrekten Formeln lauten (s. Abschn. 14.1):

$$\vec{a} \cdot \vec{a} = |\vec{a}||\vec{a}|, \quad \vec{b} \cdot \vec{b} = |\vec{b}||\vec{b}|.$$

[5] *Sie haben eine andere Lösung erhalten.*

Bitte kontrollieren Sie, ob die binomische Formel richtig angewendet und der Kosinuswert korrekt bestimmt wurden. In dem kurzen Lösungsweg sollten Sie Ihren Fehler schnell finden.

Lösungsweg:

Als Erstes wird die binomische Formel benutzt, die auch mit dem Skalarprodukt gilt:

$$\left(\vec{a} - \vec{b}\right) \cdot \left(\vec{a} - \vec{b}\right) = \vec{a} \cdot \vec{a} - 2\,\vec{a} \cdot \vec{b} + \vec{b} \cdot \vec{b}.$$

Das Skalarprodukt eines Vektors mit sich selbst ergibt den jeweiligen Betrag zum Quadrat (s. Abschn. 14.1).
Mit den gegebenen Beträgen und dem Wert von $\cos 135° = -\frac{1}{2}\sqrt{2}$ erhält man:

$$|\vec{a}||\vec{a}| - 2|\vec{a}||\vec{b}|\cos 135° + |\vec{b}||\vec{b}| = (2\sqrt{2})^2 + 2 \cdot 2\sqrt{2} \cdot 4\frac{1}{2}\sqrt{2} + 4^2 = 24 + 16 = 40.$$

→ *Zur Aufgabe auf Seite 144*

Zu 14.4.3 Test

1 $\lambda = \frac{57}{5}$, $\mu = \frac{118}{5}$

Falsch! Sie haben λ mit μ vertauscht. Die Probe zeigt, dass Ihr Ergebnis nicht richtig ist.

2 $\lambda = \frac{118}{5}$, $\mu = \frac{57}{5}$

Richtige Lösung!

3 $\lambda = -\frac{118}{5}$, $\mu = \frac{57}{5}$

Falsch! Wahrscheinlich wurde bei der Berechnung des Wertes λ ein Vorzeichenfehler verursacht.

5 *Sie haben eine andere Lösung erhalten.*

Bitte kontrollieren Sie schrittweise Ihre Lösung und wiederholen Sie ggf. die Rechnung.

Lösungsweg:

Als Erstes wird der Vektor $\overrightarrow{OP}$ bestimmt:

$$\overrightarrow{OP} = 4\begin{pmatrix} 2 \\ 5 \end{pmatrix} + 7\begin{pmatrix} -3 \\ 4 \end{pmatrix} = \begin{pmatrix} -13 \\ 48 \end{pmatrix}.$$

Im nächsten Schritt stellt man mithilfe der Vektorgleichung $\lambda\,\vec{u} + \mu\,\vec{v} = \overrightarrow{OP}$ das entsprechende LGS auf:

$$\lambda\begin{pmatrix} -2 \\ 3 \end{pmatrix} + \mu\begin{pmatrix} 3 \\ -2 \end{pmatrix} = \begin{pmatrix} -13 \\ 48 \end{pmatrix} \quad \Leftrightarrow \quad \begin{cases} \textbf{(I)}: & -2\lambda + 3\mu = -13, \\ \textbf{(II)}: & 3\lambda - 2\mu = 48. \end{cases}$$

Zur Lösung empfiehlt sich das Additionsverfahren. Erweitert man die erste Gleichung mit drei und die zweite mit zwei, wird bei nachfolgender Addition λ eliminiert:

$$3 \cdot \textbf{(I)} + 2 \cdot \textbf{(II)}: \quad 5\mu = 57 \quad \Rightarrow \quad \mu = \frac{57}{5}.$$

Die andere Koordinate ergibt sich beispielsweise durch Substitution von μ in die erste Gleichung:

$$-2\lambda = -13 - 3 \cdot \frac{57}{5} = -\frac{236}{5} \quad \Rightarrow \quad \lambda = \frac{118}{5}.$$

Die Komponenten des Vektors $\overrightarrow{OP}$ bzgl. der vorgegeben Richtungen lauten $\lambda\,\vec{u}$ und $\mu\,\vec{v}$.
Die Probe bestätigt, dass die Zerlegung richtig berechnet wurde:

$$\begin{aligned}
(\mathbf{I}): \quad -2\cdot\frac{118}{5} &+ 3\cdot\frac{57}{5} = -13,\\
(\mathbf{II}): \quad 3\cdot\frac{118}{5} &- 2\cdot\frac{57}{5} = 48.
\end{aligned}$$

→ *Zur Aufgabe auf Seite 144*

Zu 14.4.4 Test

1 $|\overrightarrow{F_S}| \approx 26.961$, $\alpha \approx 146.6°$

Falsch! Sie haben die Rechnung richtig begonnen.
In der zweiten Koordinate von $\overrightarrow{F_S}$ ist Ihnen wahrscheinlich ein Fehler im zweiten Summanden unterlaufen; beim Kürzen wurden vermutlich im Zähler und Nenner die Faktoren vertauscht. Mit der falschen Koordinate ergeben sich die von Ihnen berechneten Werte für den Betrag und den Winkel α. Der korrekte Vektor $\overrightarrow{F_S}$ ist im Lösungsweg angegeben.

2 $|\overrightarrow{F_S}| \approx 24.602$, $\alpha \approx 156.2°$

Falsch! Wahrscheinlich wurde bei der Berechnung des ersten Summanden in der zweiten Koordinate einen Faktor zehn vergessen. Ihr falsches Resultat lautet vermutlich:

$$\overrightarrow{F_S} = \begin{pmatrix} 5\dfrac{\sqrt{26}}{13} - 20 - 2\sqrt{5} \\ -\mathbf{5}\dfrac{\sqrt{26}}{26} - 4\sqrt{5} \end{pmatrix}.$$

Die nachfolgende Berechnung wurde von Ihnen korrekt durchgeführt.

3 $|\overrightarrow{F_S}| \approx 29.300$, $\alpha \approx 140.2°$

Richtige Lösung!

4 *Sie haben eine andere Lösung erhalten.*

Bitte überprüfen Sie Ihre Vorgehensweise durch eine separate Rechnung. Häufig werden Faktoren falsch berücksichtigt oder vergessen. Falls zumindest eine der beiden Koordinaten richtig ist, lässt sich der Fehler vielleicht weiter eingrenzen.

Lösungsweg:

Als Erstes bestimmt man die Vektoren $\overrightarrow{P_0P_k} = \overrightarrow{OP_k} - \overrightarrow{OP_0}$, $k = 1, 2, 3$:

$$\overrightarrow{P_0P_1} = \begin{pmatrix} 1 \\ -5 \end{pmatrix}, \quad \overrightarrow{P_0P_2} = \begin{pmatrix} -8 \\ 0 \end{pmatrix}, \quad \overrightarrow{P_0P_3} = \begin{pmatrix} -3 \\ -6 \end{pmatrix}.$$

Die Einheitsvektoren dieser Richtungen und der Vektoren $\overrightarrow{F_k}$ sind identisch:

$$\overrightarrow{P_0P_{k\mathbf{e}}} = \overrightarrow{F_{k\mathbf{e}}},\ k = 1, 2, 3.$$

Durch Multiplikation mit den entsprechenden Beträgen erhält man die einzelnen Summanden:

$$\overrightarrow{F_1} = \left|\overrightarrow{F_1}\right| \frac{1}{\left|\overrightarrow{P_0P_1}\right|} \begin{pmatrix} 1 \\ -5 \end{pmatrix},\quad \overrightarrow{F_2} = \left|\overrightarrow{F_2}\right| \frac{1}{\left|\overrightarrow{P_0P_2}\right|} \begin{pmatrix} -8 \\ 0 \end{pmatrix},\quad \overrightarrow{F_3} = \left|\overrightarrow{F_3}\right| \frac{1}{\left|\overrightarrow{P_0P_3}\right|} \begin{pmatrix} -3 \\ -6 \end{pmatrix}.$$

Die Vektoren sollte man zunächst vereinfachen und die Nenner rational machen:

$$\begin{aligned}
\overrightarrow{F_1} &= 10\frac{1}{\sqrt{26}}\begin{pmatrix} 1 \\ -5 \end{pmatrix} &= 10\frac{\sqrt{26}}{26}\begin{pmatrix} 1 \\ -5 \end{pmatrix} &= \frac{5\sqrt{26}}{13}\begin{pmatrix} 1 \\ -5 \end{pmatrix}, \\
\overrightarrow{F_2} &= 20\frac{1}{\sqrt{64}}\begin{pmatrix} -8 \\ 0 \end{pmatrix} &= 20\frac{8}{8}\begin{pmatrix} -1 \\ 0 \end{pmatrix} &= -20\begin{pmatrix} 1 \\ 0 \end{pmatrix}, \\
\overrightarrow{F_3} &= 10\frac{1}{\sqrt{45}}\begin{pmatrix} -3 \\ -6 \end{pmatrix} &= 30\frac{\sqrt{45}}{45}\begin{pmatrix} -1 \\ -2 \end{pmatrix} &= -2\sqrt{5}\begin{pmatrix} 1 \\ 2 \end{pmatrix}.
\end{aligned}$$

Die drei Vektoren werden addiert:

$$\overrightarrow{F_S} = \overrightarrow{F_1} + \overrightarrow{F_2} + \overrightarrow{F_3} = \begin{pmatrix} \frac{5\sqrt{26}}{13} - 20 - 2\sqrt{5} \\ -\frac{25\sqrt{26}}{13} - 4\sqrt{5} \end{pmatrix} \approx \begin{pmatrix} 1.961 - 20 - 4.472 \\ -9.806 - 8.944 \end{pmatrix} = \begin{pmatrix} -22.511 \\ -18.750 \end{pmatrix}.$$

Die gesuchten Größen lauten (vgl. 14.1):

$$|\overrightarrow{F_S}| \approx \sqrt{22.511^2 + 18.750^2} \approx \sqrt{858.308} \approx 29.297,$$

$$\cos\alpha \approx -\frac{22.511}{29.297} \approx -0.768 \quad \Rightarrow \quad \alpha \approx 140.2°.$$

Hinweis: Mithilfe von Parallelverschiebung der Wirkungslinien kann man in Abb. 14.14 die Lösung grafisch ermitteln und damit die rechnerischen Ergebnisse auf Plausibilität prüfen.

→ *Zur Aufgabe auf Seite 145*

17.15 Komplexe Zahlen und komplexwertige Rechnung

Zu 15.4.1 Test

[1] $t = 0,\ z_2 = 0$

Diese Lösung ist falsch! Wahrscheinlich haben Sie beim Einsetzen von z_1 in die Gleichung statt z_1^2 nicht quadriert sondern $2z_1$ notiert. Beim weiteren Rechnen ergibt sich $z_2 = 0$.

Dies muss jedoch falsch sein, weil komplexwertige Lösungen quadratischer Gleichungen mit reellen Koeffizienten stets als konjugiert komplexe Paare auftreten.

2 $t = 5,\ z_2 = 1 - 2\mathbf{i}$

Richtige Lösung!

3 $t = 5,\ z_{2,3} = 1 \pm \mathbf{i}$

Falsch! Der Parameter t wurde richtig bestimmt, aber bei Anwendung der p-q-Formel ist Ihnen vermutlich ein Fehler unterlaufen. Wahrscheinlich haben Sie in der Berechnung der Diskriminanten nicht $\frac{p^2}{4} - q$ sondern $p^2 - q$ bestimmt.

4 *Sie haben eine andere Lösung erhalten.*

Bitte überprüfen Sie Ihre Vorgehensweise durch eine separate Rechnung. Der Rechenweg ist kurz und Sie sollten Ihren Fehler schnell finden.

Lösungsweg:

Tipp: Weil z_1 eine Lösung der Gleichung ist, muss beim Einsetzen von z_1 in die Gleichung eine wahre Aussage entstehen. Daraus wird t berechnet:

$$z_1^2 - 2z_1 + t = (1 + 2\mathbf{i})^2 - 2 \cdot (1 + 2\mathbf{i}) + t = 1 + 4\mathbf{i} + 4\mathbf{i}^2 - 2 - 4\mathbf{i} + t = -5 + t = 0.$$

Für den Parameter erhält man $t = 5$.

Tipp: Um die zweite Lösung der quadratischen Gleichung $z^2 - 2z + 5 = 0$ zu bestimmen, wird die p-q-Formel benutzt:

$$z_{1,2} = 1 \pm \sqrt{-4} = 1 \pm 2\mathbf{i}.$$

→ *Zur Aufgabe auf Seite 168*

Zu 15.4.2 Test

1 $\mathsf{L} = \{z = a + b\mathbf{i} \mid (a \geq 2)\}$

Falsch! Wahrscheinlich haben Sie nur die erste Ungleichung im Bereich der reellen Zahlen gelöst und die zweite ignoriert. Ungleichungen mit Beträgen erfordern in $\mathbb{C}$ andere Herangehensweisen als im Reellen. Bitte beachten Sie die entsprechende Theorie und insbesondere Übung 15.3.

2 $\mathsf{L} = \{z = a + b\mathbf{i} \mid (a \geq 1) \wedge (-4a \geq b)\}$

Falsche Lösung! Die erste Ungleichung wurde vermutlich richtig gelöst. Bei der zweiten ist Ihnen wahrscheinlich bereits im ersten Schritt ein Fehler beim Notieren des Zeichens der Ungleichung unterlaufen, statt $\leq$ muss $\geq$ geschrieben werden.

3 $\mathsf{L} = \{z = a + b\mathbf{i} \mid (a \geq 1) \wedge (-4a \leq b)\}$

Richtige Lösung!

4 *Sie haben eine andere Lösung erhalten.*

Bitte überprüfen Sie Ihre Vorgehensweise durch eine separate Rechnung.

Lösungsweg:

Gesucht wird die Schnittmenge der zwei entsprechenden Teillösungsmengen.
Zunächst kann man die erste Ungleichung untersuchen und mithilfe des Betrags von $z-2, z \in \mathbb{C}$ umschreiben (vgl. Abschn. 15.1):

$$|z-2| \leq |z| \quad \Leftrightarrow \quad \sqrt{(a-2)^2+b^2} \leq \sqrt{a^2+b^2}.$$

Beide Seiten werden quadriert:

$$(a-2)^2+b^2 \leq a^2+b^2.$$

Als Letztes wird die Ungleichung mithilfe der binomischen Formel vereinfacht:

$$a^2-4a+4+b^2 \leq a^2+b^2 \quad \Leftrightarrow \quad 1 \leq a.$$

Die Teillösungsmenge L_1 besteht demnach aus den komplexen Zahlen in der rechten Halbebene $a \geq 1$, einschließlich der Zahlen auf der Parallelen zur imaginären Achse $a = 1$ (s. Abb. 17.10).

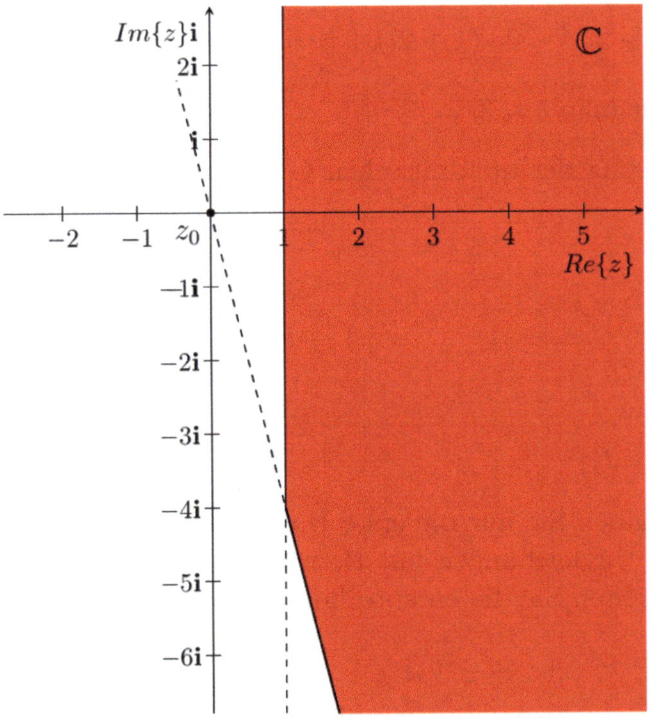

Abb. 17.10 Schnittmenge der Halbebenen $a \geq 1$ und $b \geq -4a$

Die zweite Ungleichung wird analog wie die erste behandelt. Zunächst schreibt man die Beträge der komplexwertigen Terme auf beiden Seiten als Wurzelausdrücke:

$$|z+4+\mathbf{i}| \;\geq\; |z-4-\mathbf{i}| \quad \Leftrightarrow \quad \sqrt{(a+4)^2+(b+1)^2} \geq \sqrt{(a-4)^2+(b-1)^2}.$$

Beide Seiten werden quadriert und zusammengefasst:

$$\begin{aligned}(a+4)^2+(b+1)^2 &\geq (a-4)^2+(b-1)^2,\\ a^2+8a+16+b^2+2b+1 &\geq a^2-8a+16+b^2-2b+1,\\ 16a &\geq -4b \quad \Leftrightarrow \quad 4a \geq -b.\end{aligned}$$

Alle komplexen Zahlen der Halbebene $4a \geq -b$ bzw. $-4a \leq b$ sind demnach Elemente der zweiten Teillösungsmenge L_2, die Zahlen auf der Geraden $b=-4a$ zählen ebenso dazu.
Die Lösungsmenge ist die Schnittmenge der beiden Teilmengen (s. Abb. 17.10). Sie lautet:

$$\mathsf{L}=\mathsf{L}_1 \cap \mathsf{L}_2 = \{z=a+b\mathbf{i} \,|\, (a \geq 1) \wedge (-4a \leq b)\}\,.$$

Beispielsweise gehört die Zahl $z=2$ zur Lösungsmenge.

→ *Zur Aufgabe auf Seite 169*

Zu 15.4.3 Test

1 $z_{1,2}=\pm 2\mathrm{i}$

Falsch! Wahrscheinlich wurde richtig gerechnet, aber am Schluss die Wurzel vergessen.

2 $z_0=0,\, z_{1,2}=\pm\sqrt{2}\mathrm{i}$

Diese Lösung ist falsch! Der Fall $z_0=0$ ist nicht erlaubt, z bzw. $\overline{z}$ stehen im Nenner.

3 $z_{1,2}=\pm\sqrt{2}\mathrm{i}$

Richtige Lösung!

4 *Sie haben eine andere Lösung erhalten.*

Vielleicht ist Ihnen beim Ausmultiplizieren oder Zusammenfassen ein Fehler unterlaufen.

Lösungsweg:

Da z und $\overline{z}$ im Nenner der Gleichung stehen, müssen beide verschieden von null sein.
Zunächst sollte man die Terme auf beiden Seiten zusammenfassen und dann mit z und $\overline{z}$ erweitern:

$$\begin{aligned}z+\frac{3}{z} &= \overline{z}+\frac{1}{\overline{z}},\\ a+b\mathbf{i}+\frac{3}{a+b\mathbf{i}} &= a-b\mathbf{i}+\frac{1}{a-b\mathbf{i}},\\ \frac{(a+b\mathbf{i})^2+3}{a+b\mathbf{i}} &= \frac{(a-b\mathbf{i})^2+1}{a-b\mathbf{i}},\\ \left(a^2-b^2+3+2ab\mathbf{i}\right)(a-b\mathbf{i}) &= \left(a^2-b^2+1-2ab\mathbf{i}\right)(a+b\mathbf{i}).\end{aligned}$$

Im zweiten Schritt multipliziert man beide Seiten unter Beachtung von $\mathbf{i}^2=-1$ separat aus und vereinfacht. Die Real- und Imaginärteile werden dabei sortiert:

$$\begin{aligned}
\textit{linke Seite:}\quad & (a^2 - b^2 + 3 + 2ab\mathbf{i})\,(a - b\mathbf{i}) \\
& = (a^2 - b^2 + 3 + 2ab\mathbf{i})\,a - (a^2 - b^2 + 3 + 2ab\mathbf{i})\,b\mathbf{i} \\
& = a^3 - ab^2 + 3a + 2a^2b\mathbf{i} - a^2b\mathbf{i} + b^3\mathbf{i} - 3b\mathbf{i} + 2ab^2 \\
& = a^3 + ab^2 + 3a + a^2b\mathbf{i} + b^3\mathbf{i} - 3b\mathbf{i},
\end{aligned}$$

$$\begin{aligned}
\textit{rechte Seite:}\quad & (a^2 - b^2 + 1 - 2ab\mathbf{i})\,(a + b\mathbf{i}) \\
& = (a^2 - b^2 + 1 - 2ab\mathbf{i})\,a + (a^2 - b^2 + 1 - 2ab\mathbf{i})\,b\mathbf{i} \\
& = a^3 - ab^2 + a - 2a^2b\mathbf{i} + a^2b\mathbf{i} - b^3\mathbf{i} + b\mathbf{i} + 2ab^2 \\
& = a^3 + ab^2 + a - a^2b\mathbf{i} - b^3\mathbf{i} + b\mathbf{i}.
\end{aligned}$$

Auf beiden Seiten heben sich demnach Ausdrücke auf bzw. lassen sich zusammenfassen:

$$\begin{aligned}
a^3 + ab^2 + 3a + a^2b\mathbf{i} + b^3\mathbf{i} - 3b\mathbf{i} &= a^3 + ab^2 + a - a^2b\mathbf{i} - b^3\mathbf{i} + b\mathbf{i}, \\
2a &= -2a^2b\mathbf{i} - 2b^3\mathbf{i} + 4b\mathbf{i}.
\end{aligned}$$

Diese Gleichung komplexer Terme gilt nur dann, wenn die Real- und Imaginärteile auf beiden Seiten gleich null sind:

$$(a = 0) \quad \wedge \quad (\ b \cdot (-a^2 - b^2 + 2) = 0\ ).$$

Für $a = 0$ ergeben sich in der zweiten Bedingung die Fälle $b = 0$ oder $b^2 = 2$. Da $z \neq 0$ vorgegeben ist, scheidet jedoch der erste Fall $(a = 0) \wedge (b = 0)$ aus.
Der zweite Fall $(a = 0) \wedge (b = \pm\sqrt{2})$ führt zu Lösungen, diese lauten $z_{1,2} = \pm\sqrt{2}\mathbf{i}$.
Die Substitution beider Werte in die Ausgangsgleichung führt zu wahren Aussagen:

$$\begin{aligned}
z_1 + \frac{3}{z_1} &= \overline{z_1} + \frac{1}{\overline{z_1}}, \\
\sqrt{2}\mathbf{i} + \frac{3}{\sqrt{2}\mathbf{i}} &= \overline{\sqrt{2}\mathbf{i}} + \frac{1}{\overline{\sqrt{2}\mathbf{i}}}, \\
\sqrt{2}\mathbf{i} + \frac{3}{\sqrt{2}\mathbf{i}} &= -\sqrt{2}\mathbf{i} + \frac{1}{-\sqrt{2}\mathbf{i}}, \\
2\sqrt{2}\mathbf{i} &= -4\frac{1}{\sqrt{2}\mathbf{i}}, \\
2\sqrt{2}\sqrt{2}(\mathbf{i})^2 &= -4 \quad \Rightarrow \quad -4 = -4.
\end{aligned}$$

$$\begin{aligned}
z_2 + \frac{3}{z_2} &= \overline{z_2} + \frac{1}{\overline{z_2}}, \\
-\sqrt{2}\mathbf{i} + \frac{3}{-\sqrt{2}\mathbf{i}} &= \overline{-\sqrt{2}\mathbf{i}} + \frac{1}{\overline{-\sqrt{2}\mathbf{i}}}, \\
-\sqrt{2}\mathbf{i} + \frac{3}{-\sqrt{2}\mathbf{i}} &= \sqrt{2}\mathbf{i} + \frac{1}{\sqrt{2}\mathbf{i}}, \\
-2\sqrt{2}\mathbf{i} &= 4\frac{1}{\sqrt{2}\mathbf{i}}, \\
-2\sqrt{2}\sqrt{2}(\mathbf{i})^2 &= 4 \quad \Rightarrow \quad 4 = 4.
\end{aligned}$$

→ *Zur Aufgabe auf Seite 169*

Zu 15.4.4 Test

1 $3a^2 + b^2 \geq 1$

Falsch! Zum Ersten haben Sie das Zeichen der Ungleichung umgedreht.
Zum Zweiten gibt es vermutlich einen Rechenfehler bei der Bestimmung des Absolutgliedes auf

der rechten Seite. Anstelle von eins muss sich drei ergeben.

2 $a^2 + 3b^2 \leq 3$

Falsche Lösung! Vermutlich wurden beim Lösen die Koeffizienten vor a und b vertauscht.

3 $a^2 + \frac{1}{3}b^2 \leq 1$

Richtige Lösung!

4 *Sie haben eine andere Lösung erhalten.*

Bitte überprüfen Sie, ob der Realteil von $z\overline{z} + \mathbf{i}z^2 + 1$ und der Imaginärteil von $\mathbf{i}z^2 + \mathbf{i}z\overline{z} + z^2 - 4\mathbf{i}$ richtig bestimmt wurden. Häufig treten Fehler bei einem Vorzeichen auf.

Lösungsweg:

Als Erstes sollte man den Real- und Imaginärteil der entsprechenden Terme separat bestimmen:

$$\begin{aligned} z\overline{z} + \mathbf{i}z^2 + 1 &= a^2 + b^2 + \mathbf{i}(a^2 - b^2 + 2ab\mathbf{i}) + 1 \\ &= a^2 + b^2 - 2ab + 1 + \mathbf{i}(a^2 - b^2), \\ &\Rightarrow \quad Re\{z\overline{z} + \mathbf{i}z^2 + 1\} = a^2 + b^2 - 2ab + 1, \end{aligned}$$

$$\begin{aligned} \mathbf{i}z^2 + \mathbf{i}z\overline{z} + z^2 - 4\mathbf{i} &= \mathbf{i}(a^2 - b^2 + 2ab\mathbf{i}) + \mathbf{i}(a^2 + b^2) + a^2 - b^2 + 2ab\mathbf{i} - 4\mathbf{i} \\ &= -2ab + a^2 - b^2 + \mathbf{i}(2a^2 + 2ab - 4), \\ &\Rightarrow \quad Im\{\mathbf{i}z^2 + \mathbf{i}z\overline{z} + z^2 - 4\mathbf{i}\} = 2a^2 + 2ab - 4. \end{aligned}$$

Im zweiten Schritt kann demnach die vorgegebene Ungleichung vereinfacht werden:

$$(a^2 + b^2 - 2ab + 1) + (2a^2 + 2ab - 4) \leq 0 \quad \Leftrightarrow \quad 3a^2 + b^2 \leq 3.$$

Die darin enthaltene Gleichung beschreibt eine Ellipse (s. Abb. 17.11).

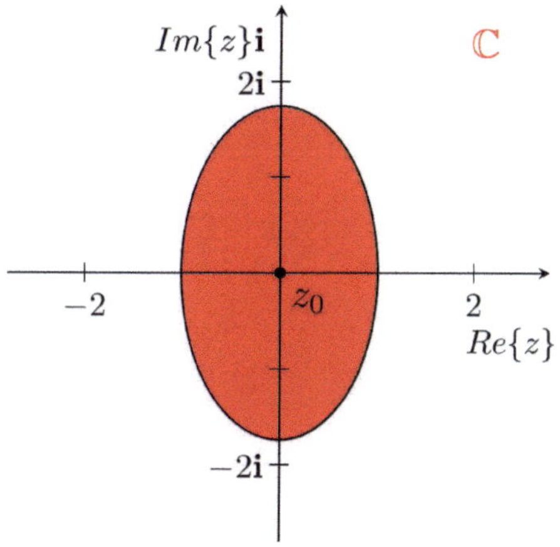

Abb. 17.11 Ellipse mit $M(0{,}0)$ und den Halbachsen $1, \sqrt{3}$

Diese besitzt den mit dem Mittelpunkt $M(0{,}0)$ und die Halbachsen gleich eins und $\sqrt{3}$ in Richtung der reellen bzw. imaginären-Achse, die Gleichung lautet:

$$a^2 + \frac{1}{3}b^2 = 1.$$

Hinweis: In der allgemeinen Ellipsengleichung (s. Abschn. 12.1) wurden die Variablen mit x und y sowie die Halbachsen mit a und b bezeichnet. In diesem Beispiel lauten die Variablen a und b.

Die Lösungsmenge besteht demnach aus den komplexen Zahlen, die im Inneren und auf dem Rand dieser Ellipse liegen :

$$\mathsf{L} = \left\{ z = a + b\mathbf{i} \,\middle|\, a^2 + \frac{1}{3}b^2 \leq 1 \right\}.$$

Hinweis: Durch Einsetzen von Testwerten in der Ausgangsungleichung kann überprüft werden, ob das Ergebnis plausibel ist.
Wählt man beispielsweise den Testwert $z = 1$, entsteht eine wahre Aussage, für $z = 2$ ist die Ungleichung nicht erfüllt.

→ *Zur Aufgabe auf Seite 169*

18 Hinweise zum Studium und Tipps für Klausuren

18.1 Zur Arbeit im Semester

Für ein erfolgreiches Studium gibt es kein Patentrezept; der Erfolg hängt größtenteils von Ihnen selbst ab. Studieren muss man erlernen und sich die individuell optimalen Verhaltensweisen bzw. Lernmethoden für den Wissenserwerb aneignen.
Aus der Sicht unserer langjährigen Erfahrungen als Lehrkräfte möchten wir Ihnen gern einige grundsätzliche Anregungen und Hinweise zum Studium geben. Teilweise handelt es sich dabei um einfachste Selbstverständlichkeiten.
Vielleicht helfen Ihnen diese Tipps, bisher verborgene Reserven zu entdecken, ungenutzte Ressourcen zu erschließen und mehr Freude am Studium zu haben.

Als Erstes sollten Sie vorab Ihre **zeitliche Belastbarkeit** realistisch überdenken, um Ihre Semester gut zu planen und zu strukturieren. Mit einer guten Planung legen Sie den Grundstein dafür, dass sie gern studieren.
Ein Studium besteht grundsätzlich nicht nur aus den angebotenen Lehrveranstaltungen, sondern beinhaltet sehr viel Selbststudium; dabei wird offiziell von zwei gleich großen Anteilen ausgegangen. Viele Studierende sind sich dessen nicht bewusst oder unterschätzen die sich daraus ergebenden Konsequenzen.
Dazu eine kleine Beispielrechnung. Bei einem Studiengang mit sechs Semestern Regelstudienzeit und ca. 30 Stunden Lehrveranstaltungen pro Woche ist demnach von einer formalen wöchentlichen Gesamtbelastung von 60 Stunden auszugehen. Wenn man sechs Tage studieren würde, wäre eine reine Studienzeit von zehn Stunden pro Tag zu bewältigen. Diese verteilen sich i. d. R. auf fünf Module in einem Semester; deshalb wären durchschnittlich an einem Studientag zwei Stunden pro Modul zu veranschlagen. Dabei sind die Fahrzeiten zum Campus und Erholungspausen nicht berücksichtigt!
Falls man im laufenden Semester parallel zu den Lehrveranstaltungen beispielsweise noch täglich vier Stunden in einem Job arbeitet, verringert sich die Kapazität zwangsläufig und man wird aus zeitlichen Gründen etwa zwei Module weniger absolvieren können. Selbst wenn man den Sonntag mit einbezieht, ist das volle Pensum des Studiums parallel zu einem Job nur schwer zu schaffen. Realistisch betrachtet sind Job und Studium in einem Semester nur schwer miteinander zu vereinbaren; das Geldverdienen sollte man besser in die Semesterferien verschieben.

Einige Studierende überschätzen ihre Leistungsfähigkeit und treffen die fatale Entscheidung, am Selbststudium zu kürzen oder auch nur einen Teil der Lehrveranstaltungen zu besuchen; dies führt später häufig zu unbefriedigenden Leistungen oder nicht bestandenen Prüfungen. Fast immer erkennt man leider erst nach dem Misserfolg, dass man sich schlecht entschieden hat.
Falls Sie während der Lehrveranstaltungszeit Ihren Lebensunterhalt finanziell absichern müssen,

J. Siegert und N. Togobytska, *Mathematik trainieren: Brüche, Funktionen & Co.*, https://doi.org/10.1007/978-3-662-70607-7_18

sollten Sie von vornherein die Belastung im aktuellen Semester um eine entsprechend Anzahl der Module bzw. Prüfungen reduzieren und eine Verlängerung der Regelstudienzeit planen. Diese Variante wird wahrscheinlich erfolgreicher und mit weniger Stress verlaufen als eine eventuell erforderliche Verlängerung infolge von Wiederholungen nicht bestandener Studienfächer.

Bei der Auswahl und Entscheidung für einen bestimmten Studiengang sollte selbstverständlich dafür nicht nur eine **starke Motivation**, sondern auch entsprechendes fachliches Interesse vorhanden sein. Manchmal ist es hilfreich, wenn man sich nach den ersten Semestern noch einmal umorientiert. Unabhängig vom Fach erfordert jedoch jedes Studium grundsätzlich viel Kraft, Fleiß, Ausdauer sowie Disziplin.
Dies gilt insbesondere für diejenigen Fächer, die man weniger interessant findet. Fast jeder trifft in seinem Studium auf die eine oder andere Lehrveranstaltung, deren Lehrinhalte schwerer zu verstehen sind. In diesem Fall sollten Sie sich überwinden und besonders motivieren können. Befassen Sie sich mit diesem ungeliebten Fach und schieben Sie es nicht „auf die lange Bank“.

Ein wesentlicher Schlüssel zum Erfolg ist eine eigene **effektive Lernmethodik**. Das Erlernen der Fähigkeit zum Studieren kostet viel Mühe und erfordert Geduld. Probieren Sie verschiedene Lerntechniken und Vorgehensweisen um herauszufinden, welche Lernmethoden bei Ihnen effektiv funktionieren und wie Sie die besten Ergebnisse erzielen können. Beispielsweise sind eigene strukturierte Zusammenfassungen oder eine Übersicht des aktuellen Stoffes oft sehr hilfreich, insbesondere wenn man sie selbst durchdacht hat. Auf alle Fälle wird es sich lohnen, wenn Sie frühzeitig, regelmäßig und auch in aller Ruhe über Ihre Lernhaltung und -methoden nachdenken, diese ggf. ändern und die Lernstrategie kontinuierlich weiter optimieren.
In den Links am Schluss dieses Kapitels findet man dazu weitere Empfehlungen und Hinweise.

Es wird sich ebenso auszahlen, wenn Sie im Semester von Beginn an **kontinuierlich und diszipliniert** an der Vertiefung Ihres Wissen arbeiten. Für das Verstehen und zum Verarbeiten des Stoffes sowie für die Vor- und Nachbereitung der Lehrveranstaltungen braucht man Zeit, innere Ruhe und eine geeignete Umgebung, vor allem im Fach Mathematik. Strukturieren Sie Ihren Tagesablauf und arbeiten Sie von Anfang an nach einem **festen Zeitplan**. Wenn Sie sich frühzeitig daran gewöhnen, haben Sie davon in der Prüfungszeit deutliche Vorteile. Genügend Freiräume zur Erholung und Freizeit gehören auch in den Plan!
Einigen Studierenden fällt es prinzipiell schwer, zeitaufwendige Protokolle und Belegarbeiten frühzeitig zu beginnen. „Hinausschieber“ produzieren eine Riesenwelle unerledigter Aufgaben und damit großen zusätzlichen Druck am Semesterende oder sogar in der Prüfungszeit.

Arbeiten Sie im **Selbststudium** gründlich: Zunächst lernen und wiederholen Sie den Stoff und die Theorie der Lehrveranstaltung, dann wenden Sie ihn an. Das „motorische Losrechnen“ ohne vorheriges Verstehen der Aufgabe bzw. Durchdenken des Stoffes bringt statt des erhofften scheinbaren Zeitgewinns nur Aktionismus und führt zu keinem wirklichen Wissenszuwachs; bei ähnlichen Aufgaben wird es Ihnen wahrscheinlich schwer fallen, einen Lösungsansatz zu finden. Analysieren Sie die Aufgabenstellung (was ist gegeben, was wird gesucht, welche Sachverhalte und Formeln werden benötigt, wie sieht der prinzipielle Lösungsweg aus, warum werden welche Schritte gegangen).
In keinem Fall ist es von Vorteil, die Lösungen der in Lehrveranstaltungen oder Klausurtrainer-Büchern erläuterten Aufgaben als formale Rezepte zum Einsetzen in Formeln oder gar zum motorischen Abschreiben verwenden.
Zum einen erkennen Sie mögliche Denkfehler und Wissenslücken nicht, wenn Sie nachgeschlagene

Lösungswege „nachahmen“, in der Klausur gibt es auch keine Lösungsvorlage zum Nachlesen. Zum anderen festigen Sie durch eigene aktive Denkprozesse Ihr Wissen wesentlich besser. Formale Vorgehensweisen ohne Begreifen der fachlichen Zusammenhänge vergessen Sie schnell wieder. Wenn in höheren Semestern Sachverhalte erneut benötigt und angewendet werden, ist die Erinnerung an diese erfahrungsgemäß eher gegeben, wenn Sie den Lernstoff nicht nur für eine Prüfung auswendig gelernt, sondern tatsächlich verstanden haben.
Den größeren Lerneffekt werden Sie erzielen, wenn Sie die vorgeschlagenen Lösungswege erst nach eigenen Lösungsversuchen durchgehen.

Achten Sie beim Selbststudium auf logische Zusammenhänge, lassen Sie keinen Stoff aus, auch wenn Sie zunächst damit nicht zurechtkommen. Bemühen Sie sich, zunächst schwierig erscheinenden Sachverhalte zu verstehen und nicht auf „später“ zu verschieben, da insbesondere in der Mathematik viele Lehrinhalte aufeinander aufbauen. Im Einzelfall kann man einen zunächst unverständlichen Sachverhalt als solchen markieren und zur Klärung Hilfe holen.
Schaffen Sie sich im Selbststudium beim Lösen von umfangreichen Aufgaben durch kleine Teilschritte Erfolgserlebnisse („Das habe ich bis zu diesem Schritt verstanden, ich kann diese Rechnung bei vorgegebener Zeit durchführen ...“). Das bringt Selbstsicherheit und verringert zumindest ein wenig die Prüfungsangst.

Die **Lehrveranstaltungen** sollten Sie aktiv nutzen und nicht nur passiv besuchen. Formale Anwesenheit, Fotografieren der Tafelbilder, Mitnehmen der Arbeitsmaterialien bzw. eines Skripts und die Kopie der Mitschriften Ihrer Kommilitonen garantieren keinen Lernerfolg. Arbeiten Sie konzentriert und diszipliniert in der Lehrveranstaltung mit, lenken Sie sich und Ihre Kommilitonen möglichst nicht durch Schwatzen oder das beliebte Internet ab. Achten Sie auf Hinweise Ihrer Lehrkraft, notieren Sie sich diese unbedingt, denn oft werden zunächst scheinbar verstandene Erläuterungen später doch wieder vergessen und somit nicht berücksichtigt. Sie sollten handschriftlich und nicht am Computer mitschreiben. Untersuchungen bestätigen, dass dies für den Lernerfolg die bessere Methode ist.
Bemühen Sie sich stets um Pünktlichkeit. Unpünktlichkeit und selbst kurzzeitige Abwesenheit von einer Lehrveranstaltung erschweren Ihr Verständnis. Das Hinein- und Hinausgehen während einer Veranstaltung stört zudem alle anderen interessierten Studierenden und selbstverständlich auch Ihre Lehrkraft. Die Erfahrung besagt, dass undisziplinierte Studierende eher die schlechteren Studienleistungen erreichen.

Ein weiterer Tipp: Lernen Sie aus Ihren Fehlern! Dafür sollten Sie sich frühzeitig im Semester in jedem Fach eine „**Fehler- und Fragenliste**“ anfertigen und stetig ergänzen. Bei der unmittelbaren Prüfungsvorbereitung sind derartige Notizen wertvoll und hilfreich. Wenn Ihre Kommilitonen Fragen stellen, sollten Sie genau hinhören. Vielleicht ist zu diesen Sachverhalten auch bei Ihnen noch Klärungsbedarf vorhanden, Sie haben diese Wissenslücke jedoch selbst noch nicht erkannt.

Lernen Sie möglichst im **Team**, jeder Ihrer Kommilitonen verfügt über Stärken und Schwächen, die sich gegenseitig ausgleichen. Einige besitzen bessere theoretische Kenntnisse, andere mehr Verständnis für praktischen Anwendungen. In Ihrer Lerngruppe sollte allerdings zumindest ein Studierender sein, der die fachlichen Inhalte gut verstanden hat.
Zuerst sollten Sie jedoch die Aufgaben selbstständig für sich lösen und die Vorgehensweise selbst überlegen. Im nächsten Schritt können Sie im Team gemeinsam arbeiten.
Der Vorteil des Lernens in Gruppen besteht nicht nur darin, dass man ggf. vorhandene Fragen untereinander abklären kann. Vielmehr führt das Besprechen der Lehrinhalte und Lösungsschritte

zu einer zusätzlichen Strukturierung und Festigung sowie oftmals auch zu weiteren Überlegungen und Fragestellungen, deren Diskussion wiederum das Verständnis vertieft.
Stellen Sie sich dazu regelmäßig gegenseitig Fragen wie in einer mündlichen Prüfung.

Trainieren Sie bereits im Selbststudium und im Team unbedingt das **Lösen der Aufgaben bei vorgegebener Bearbeitungszeit** sowie die korrekte mathematische Schreibweise. Je intensiver man dies im Semester übt und verinnerlicht, desto besser wird dies dann in der Prüfung gelingen. In einer Klausur kommt es nicht nur auf die Fähigkeit an, eine Aufgabe lösen zu können, sondern auch auf eine zügige Vorgehensweise und Umsetzung.

18.2 Tipps für Klausuren

Arbeiten Sie in der „heißen" Phase der Prüfungsvorbereitung weiterhin nach einem **festen Zeitplan**, unter Beachtung von Erholungsphasen und einem Puffer.
Planen Sie genügend Zeit zum Wiederholen ein. Tiefgehendes Lernen ist in der Prüfungszeit nur noch in geringem Umfang möglich; insbesondere dann, wenn an Ihrer Hochschule Prüfungen an aufeinander folgenden Tagen stattfinden. Nach der ersten Klausur wird wenig Energie und Kraft für die Vorbereitung der nächsten übrig sein.
Lesen Sie sich in Ruhe vor der Prüfung Ihre „Fehler- und Fragenliste", Zusammenfassungen und Übersichten durch.

Bereiten Sie am Abend vor einer Klausur alle erforderlichen Dinge (arbeitsfähigen Taschenrechner, weitere zugelassene Hilfsmittel, Dokument mit Lichtbild zur Identifikation) „abmarschbereit" vor. Nehmen Sie ausreichend Arbeitspapier mit, schreiben Sie darauf vorab Ihren Namen und Ihre Matrikelnummer. Nummerieren Sie die Blätter bereits vorab.

Erscheinen Sie **rechtzeitig** am Prüfungsort, planen Sie für die Anfahrt und eventuelle Verspätungen eine Zeitreserve ein, sonst erzeugen Sie sich zusätzlichen Stress. Bei verspätetem Eintreffen verringert sich automatisch Ihre Bearbeitungszeit.
Vermeiden Sie vor der Klausur den **Pulk der aufgeregten Kommilitonen**. Selbst wenn Sie jetzt noch Wissenslücken feststellen würden, können Sie diese nicht wirklich „5 vor 12" ausmerzen. Besser ist, das eigene Gelernte nun zu aktivieren und auszuschöpfen. Versuchen Sie sich mental zu beruhigen. Wenn Sie gut gelernt haben, gibt es keinen Grund zur Prüfungsangst.

Kontrollieren Sie vor Beginn, ob Sie nur die zugelassenen Hilfsmittel bereitgelegt haben. Handys ausschalten und in die Tasche packen!
Lesen Sie zu Beginn der Klausur zunächst alle Aufgaben **gründlich** durch. Das Hervorheben der angesprochenen Sachverhalte mit einem markierenden Stift vor dem Lösen einer Aufgabe kann das Verständnis der Aufgabenstellung verbessern.
Legen Sie als Erstes für alle Aufgaben (orientiert an den jeweils erreichbaren Punkten) Bearbeitszeiten fest. Halten Sie Ihre **eigenen Zeitvorgaben** konsequent ein. Ist das geplante Zeitvolumen für eine Aufgabe erschöpft, gehen Sie zur nächsten über. Sollte es die Zeit erlauben, können Sie am Ende immer noch zu der unvollständig gelösten Aufgabe zurückkommen. Das Zeitmanagement hilft, das „Verrennen bzw. Festfahren" in einer Aufgabe, Stress und eine "Torschlusspanik" kurz vor der Abgabe zu vermeiden. Bemühen Sie sich um ein konzentriertes Arbeiten und zügiges Vorgehen. Ist man zu langsam, geht Zeit für andere Aufgaben verloren. Das führt wahrscheinlich zu einem schlechteren Ergebnis.

Bei der **Reihenfolge** der Bearbeitung der Aufgaben sollten Sie sich nach Prioritäten orientieren: Wo gibt es die meisten Punkte, was kann ich besonders gut?
Benutzen Sie für jede Aufgabe ein neues Blatt. Vermeiden Sie das Vermischen der Lösungen verschiedener Aufgaben, dies erhöht die Übersicht.
Schreiben Sie ordentlich und gut lesbar (keine „Minischrift"). Manchmal können Studierende ihre eigene Schrift und ihre Zahlen nicht lesen und erzeugen dadurch in der weiteren Rechnung Fehler. Bei Unleserlichkeit könnten zudem Punkte abgezogen werden!

Schreiben Sie in kurzen Stichworten auf, was Sie sich überlegen. Achten Sie insbesondere beim Lösen der Aufgaben auf eine nachvollziehbare Erläuterung Ihrer Vorgehensweise und die Begründung aller Schritte. Oft gibt es auch für **Zwischenergebnisse** Punkte; es geht i. d. R. nicht nur um die Angabe der Ergebnisse. Wenn Sie Ihre Vorgehensweise nicht ausreichend und nachvollziehbar begründen, droht Punktverlust. Fassen Sie sich trotzdem kurz.
Nutzen Sie die übliche mathematische Symbolik, dies bringt Zeitgewinn! Beachten Sie unbedingt die Klammersetzung und alle anderen formalen Schreibweisen. Defizite in diesen trivialen Dingen führen schnell zu weiteren Punktverlusten.

Auch wenn es nicht direkt gefordert wird sollten Sie Ihre Ergebnisse unbedingt mit eine **Probe** überprüfen, sowohl auf Plausibilität als auch durch Einsetzen der Ergebnisse in die Ausgangsaufgabe.
Falls Sie Fehler vermuten und es gelingt Ihnen beim Nachrechnen nicht auf Anhieb diese zu entdecken, sollten Sie die Aufgabe zurückstellen und auf einem separaten Blatt später noch einmal lösen, falls es die Zeit hergibt. Fehlersuche ist oft sehr zeitaufwendig und sollte bereits im Semester trainiert werden (s. Abschn. 13.1). Erfahrungsgemäß führt in Klausuren oft eine Neuberechnung schneller zum korrekten Ergebnis als die sukzessive Korrektur des ersten Lösungsweges, insbesondere wenn in einer Aufgabe mehrere Fehler gemacht wurden.
Unter Umständen wird auch positiv bewertet, dass Sie erkannt haben, dass Ihr Ergebnis nicht richtig sein kann. Ein entsprechender Kommentar kann deshalb sinnvoll sein.

Vor der Abgabe sollten Sie Ihre Blätter (einschließlich der Nebenrechnungen) auf Vollständigkeit kontrollieren. Wenn Ihre Lehrkraft den Service nicht selbst anbietet, tackern Sie Ihre Klausur am Schluss.

Falls dann doch einmal ein Malheur passiert ist und eine Prüfung nicht bestanden wurde, geht das Leben trotzdem weiter! Die Fehler sollte man gründlich analysieren, daraus lernen, sich mit einem gesunden Maß selbstkritisch bewerten und nach Verbesserungsmöglichkeiten suchen, womit sich der Kreis schließt.

Links

1. Dobrovoda H.: Psychologische Beratung der HTW Berlin. https://www.htw-berlin.de/einrichtungen/zentrale-referate/studienberatung-career-service/psychologische-beratung/#c5702. Zugegriffen: 11.11.2024

2. Bucur D.: Teaching Teaching & Understanding Understanding (1/3). https://www.youtube.com/watch?v=oeuoEqzY1Js. Zugegriffen: 11.11.2024

3. Grotehusmann S.: Blackout bei Prüfungen. https://www.studis-online.de/Studieren/Lernen/blackout.php. Zugegriffen: 11.11.2024

Literatur

Die folgende Liste enthält eine Auswahl von Büchern und weitere Quellen zu den im Trainingskurs behandelten Sachverhalten. Ein Anspruch auf Vollständigkeit wird dabei nicht erhoben.

1. Berane E., Gärtner K.-H., Lohse H.: Wiederholungsprogramm Gleichungen und Funktionen, Fachbuchverlag, Leipzig (1983)
2. Cramer E., Nešlehová J.: Vorkurs Mathematik. Springer (2016)
3. Polster S.: Mathematik alpha. http://mathematikalpha.de/. Zugegriffen 11.11.2024
4. Schäfer W., K. Georgi K., Trippler G.: Mathematik-Vorkurs. Springer-Vieweg, Heidelberg (2006)
5. Schirotzek W., Scholz S.: Starthilfe Mathematik. Springer-Vieweg, Heidelberg (2005)
6. Schneider A.: Portal Mathebibel. http://www.mathebibel.de/. Zugegriffen: 11.11.2024
7. Siegert J.: Online-Kompaktkurs Elementarmathematik für Studienanfänger technischer Studiengänge. http://elearning-material.htw-berlin.de/KM2/. Zugegriffen: 11.11.2024

Links zu Lernvideos

Im Rahmen des eLearning-Projekts Online Kompaktkurs Mathematik der HTW Berlin nutzten wir Videos, die von der Firma sofatutor.com produziert wurden. Seit dem Start des Online Kompaktkurses waren diese ohne Einschränkungen frei zugänglich; aktuell werden sie von Prof. Dr. N. Togobytska in der Mediathek der HTW Berlin mit Einverständnis von sofatutor.com zur öffentlichen Nutzung angeboten.
Einige der Videos liegen in der Schnittmenge mehrerer Kapitel, in diesem Fall wird jeweils nur einmal verlinkt.

Zu Kapitel 1:

1. sofatutor.com: Bruchrechnung 1. https://mediathek.htw-berlin.de/video/bruchrechung-1/4241a8d73c005edcfd37cde1a498ce92. Zugegriffen: 11.11.2024
2. sofatutor.com: Umstellen von Gleichungen. https://mediathek.htw-berlin.de/video/umstellen-von-gleichungen/51bbdae16606cc24ab3b55005df9a4b6. Zugegriffen: 11.11.2024

J. Siegert und N. Togobytska, *Mathematik trainieren: Brüche, Funktionen & Co.*, https://doi.org/10.1007/978-3-662-70607-7

Zu Kapitel 3:

1. sofatutor.com: Binomialkoeffizienten. https://mediathek.htw-berlin.de/ video/ binomialkoeffizienten/0ca5b8c2b620351b1ebe97a1ac37922d. Zugegriffen: 11.11.2024
2. sofatutor.com: Binomische Formeln und Vereinfachung von Ausdrücken. https://mediathek.htw-berlin.de/video/ binomische-formeln/ aef3e212e86a98e08506cd73a38aba4b. Zugegriffen: 11.11.2024
3. sofatutor.com: Bruchrechnung 2 und binomische Formeln. https://mediathek.htw-berlin.de/video/bruchrechnung-2/17c2fb03683a399a8858 ddb878fac6a9.Zugegriffen: 11.11.2024
4. sofatutor.com: Weitere Anwendungen binomischer Formeln. https://mediathek.htw-berlin.de/video/brche-3/8956d9f384975c4bc4d388316934daed. Zugegriffen: 11.11.2024

Zu Kapitel 5:

1. sofatutor.com: Mengenlehre. https://mediathek.htw-berlin.de/video/ mengenlehre/1d8c85d81c4e374a2b26b1db934f88c1. Zugegriffen: 11.11.2024
2. sofatutor.com: Mengenlehre Übung 1. https://mediathek.htw-berlin.de/ video/mengenlehre-uebung-1/8fa6905e1f178bb9801f1bdb1d64be03. Zugegriffen: 11.11..2024
3. sofatutor.com: Mengenlehre Übung 2. https://mediathek.htw-berlin.de/ video/mengenlehre-uebung-2/3f596b2125b2590ccd957d094a96b150. Zugegriffen: 11.11.2024

Zu Kapitel 6:

1. sofatutor.com: Funktionsbegriff. https://mediathek. htw-berlin.de/video/ funktionbegriff/c45ecfc163c6d4a1912ffe9d7e35c050. Zugegriffen: 11.11.2024
2. sofatutor.com:https: Funktionen Übung 1. https://mediathek.htw-berlin.de/ video/funktionen-bung-1/ba6bb2833663b20ed7aaf46070a6f597. Zugegriffen: 11.11.2024
3. sofatutor.com: Funktionen Übung 2. https://mediathek.htw-berlin.de/video/ funktionen-bung-2/5df6651e212b77b429288ed35652789c. Zugegriffen: 11.11.2024

4. sofatutor.com: Funktionseigenschaften. https://mediathek.htw-berlin.de/video/funktionseigenschaften/b55abf324006da25ec889de643596013. Zugegriffen: 11.11.2024

5. sofatutor.com: Umkehrfunktion. https://mediathek.htw-berlin.de/video/umkehrfunktionen-/164eddcebd663b3881b9296111d1b70e. Zugegriffen: 11.11.2024

6. sofatutor.com: Zusammenhang einer Ellipse mit einer Funktion. https://mediathek.htw-berlin.de/video/zusammenhang-einer-funktion-mit-einer-ellipse/ 6880ac0bd0231865d6556ce 55e07c97f. Zugegriffen: 11.11.2024

Zu Kapitel 7:

1. sofatutor.com: Betragsfunktion. https://mediathek.htw-berlin.de/video/betragsfunktion/1d08224c81c5e8d67c3f22a5fd6e4b03. Zugegriffen: 11.11.2024

Zu Kapitel 8:

1. sofatutor.com: Quadratische Ungleichungen. https://mediathek.htw-berlin.de/video/quadratische-ungleichungen/27c95465838d58384d56e084513751d3. Zugegriffen: 11.11.2024

Zu Kapitel 10:

1. sofatutor.com: Exponential- und Logarithmusfunktionen. https://mediathek.htw-berlin.de/video/exponential-und-logarithmusfunktionen/046076f2810980c0047223e5e35ab75c. Zugegriffen: 11.11.2024

2. sofatutor.com: Exponentialgleichungen 1. https://mediathek.htw-berlin.de/video/exponentialgleichungen-1-new/2e1f5f472f909bf164e4eca51029bf47. Zugegriffen: 11.11.2024

3. sofatutor.com: Exponentialgleichungen 2. https://mediathek.htw-berlin.de/video/exponentialgleichungen-2/c785bcba77c8a2d0792902d55323d286. Zugegriffen: 11.11.2024

4. sofatutor.com: Exponentialgleichungen 3. https://mediathek.htw-berlin.de/video/exponentialgleichungen-3/e901fcdcad48b080f51a73b0535b5aab. Zugegriffen: 11.11.2024

5. sofatutor.com: Exponentialgleichungen 4. https://mediathek.htw-berlin.de/video/exponentialgleichungen-4/e279a549ef305448a1c53bde48a47b9f. Zugegriffen: 11.11.2024

6. sofatutor.com: Logarithmusbegriff. https://mediathek.htw-berlin.de/category/video/logarithmusbegriff/c47c146568ec1ab6a59eaaee6765e715/95. Zugegriffen: 11.11.2024

7. sofatutor.com: Logarithmengesetze. https://mediathek.htw-berlin.de/video/logarithmen-gesetze/7977f400cb0f72d99f4ef89dc1bcde8a. Zugegriffen: 11.11.2024

8. sofatutor.com: Logarithmen Übung. https://mediathek.htw-berlin.de/video/logarithmen-bung/6db553d07e61ad2d9fdc5428597c0714. Zugegriffen: 11.11.2024

9. sofatutor.com: Logarithmische Gleichungen 1. https://mediathek.htw-berlin.de/video/logarithmische-gleichungen-1/6acd4adcc90c8cb2d73db3900bcd0ac1. Zugegriffen: 11.11.2024

10. sofatutor.com: Logarithmische Gleichungen 2. https://mediathek.htw-berlin.de/category/video/logarithmische-gleichungen-2/0f2aa13f065b8c57797e2d92843496ca/95. Zugegriffen: 11.11.2024

11. sofatutor.com: Logarithmische Gleichungen 3. https://mediathek.htw-berlin.de/video/logarithmische-gleichungen-3/8056100868d3a179f333dfd5449ba19c. Zugegriffen: 11.11.2024

Zu Kapitel 11:

1. sofatutor.com: Winkelbeziehungen, Polarkoordinaten. https://mediathek.htw-berlin.de/video/winkelbeziehungen/b0e626c1c8d6979af7b4de3cbcf13f69. Zugegriffen: 11.11.2024

2. sofatutor.com: Polarkoordinaten. https://mediathek.htw-berlin.de/video/polarkoordinaten/bee11a2b3371668be3d2fb29d6b6f55a. Zugegriffen: 11.11.2024

Zu Kapitel 12:

1. sofatutor.com: Funktionen in Polarkoordinaten. https://mediathek.htw-berlin.de/category/video/-funktionen-in-polarkoordinaten/8d4f5bb5cd0be3ca6f8501a321f8acc0/95. Zugegriffen: 11.11.2024

Stichwortverzeichnis

J. Siegert und N. Togobytska, *Mathematik trainieren: Brüche, Funktionen & Co.*, https://doi.org/10.1007/978-3-662-70607-7